Raine Haikarainen

TAIVAALLA OPITTUA

Ilmailu ja turvallisuusajattelun kehittyminen

FSC
www.fsc.org
MIX
Paperi vastuullisista lähteistä
Paper from responsible sources
FSC® C105338

Kannen kuva: Matias Jaskari
Kannen suunnittelu: Books on Demand
Taitto: Erja Saarinen
Kustantaja: BoD – Books on Demand, Helsinki, Suomi
Valmistaja: BoD – Books on Demand, Norderstedt, Saksa

3. painos.

Suomen tietokirjailijat ry. on tukenut kirjan kirjoittamista. Helsingin yliopiston humanistis-yhteiskuntatieteellisen instituutin julkaisutuki on mahdollistanut tutkimuksen painatuksen. Tutkimus on osa Strategisen tutkimuksen neuvoston rahoittamaa ETAIROS-hanketta (www.etairos.fi).

ETAIROS

ISBN: 978-952-80-6059-8

SISÄLLYS

LÄHTEET, KIRJALLISUUS, VIITTEET

JOHDANTO

Ilma on salaperäisin, kiehtovin
ja haastavin kaikista elementeistä.
David Beauty (1988)[1]

Vuonna 2010 saavutettiin ilmailun historiassa merkittävä rajapyykki. Kansainvälistä reittiliikennettä lentäville suurille yhtiöille ei tuolloin tapahtunut ensimmäistäkään kuolemaan johtanutta lento-onnettomuutta. Saavutus on historiallinen, kun samaan aikaan liikennemäärät olivat jatkuvasti kasvaneet. Sama myönteinen asiaintila vallitsi myös vuosina 2015 ja 2017.

Lentoturvallisuuden myönteinen kehitys on monen tekijän summa. Siihen ovat vaikuttaneet teknisten järjestelmien parantuminen, kansainvälinen sääntely, inhimillisten tekijöiden parempi ymmärtäminen sekä turvallisuustutkimuksen edistyminen. Samalla on syntynyt toimintamalleja, joita on voitu hyödyntää muillakin korkeaa riskiä edustavilla toiminta-alueilla. Näitä ovat liikenteen lisäksi muun muassa sairaalat, ydinvoimalat ja prosessiteollisuus.

Kaupallisen ilmailun kehitys ei ole ollut kuitenkaan vain menestyskertomus. 2020-luvulle tultaessa lentomatkustus on kohdannut historiansa syvimmät kriisit. Lisääntynyt ympäristötietoisuus pakottaa lentoyhtiöt teknologisiin ja toiminnallisiin uudistuksiin. Pandemia on paljastanut toimialan taloudellisen haavoittuvuuden. Yhdysvaltalaisen Boeing-yhtiön ongelmat B737 MAX -konetyypin kanssa palauttivat ilmailun turvallisuuskeskustelun peruskysymysten äärelle.

Kriisit ovat kuuluneet ilmailuun alusta asti, ja niiden kautta kehitys on mennyt eteenpäin. Tässä tutkimuksessani pyrin kuvaamaan tuota kehitystä erityisesti turvallisuusajattelun näkökulmasta. Tutkimus on osa Suomen Akatemian tukeman Strategisen tutkimuksen neuvoston ETAIROS-hanketta. Neljän yliopiston ja Teknologian tutkimuskeskus VTT:n konsortiossa tutkitaan tekoälyn eettistä käyttöä yhteiskunnan palveluksessa.

Kirjoitustyössä olen tukeutunut alan akateemiseen tutkimukseen, virallisiin asiakirjoihin, keskeiseen kirjallisuuteen sekä asiantuntijahaastatteluihin. Esittelen samalla tunnetuimpien turvallisuus- ja onnettomuusteoreetikkojen keskeisiä ajatuksia eri vuosikymmeninä. Niiden kautta välittyy kuva turvallisuusajattelun kehityksestä, jossa ilmailu on ollut edelläkävijänä. Nämä teoreettiset osuudet on erotettu taitossa harmaalla taustalla.

Olen käyttänyt ja suomentanut ilmailun ja turvallisuustutkimuksen termejä ja käsitteitä, joilla kaikilla ei ole vakiintunutta suomenkielistä vastinetta. Siksi tekstissä on useissa kohti säilytetty myös alkuperäinen englanninkielinen ilmaisu. Kirjan kolmanteen painokseen on tehty vähäisiä sisällöllisiä tarkennuksia sekä päivitetty kirjallisuus- ja lähdeluettelo.

Ilmailuturvallisuuden huima kehitys ei ole perustunut vain teknisiin parannuksiin. Korkean luotettavuuden rakentamisessa yhä tärkeämmiksi ovat muodostuneet yhteistoimintaan, kommunikaatioon, virheistä oppimiseen ja toimintakulttuuriin liittyvät tekijät. Uusimmassa tutkimuksessa turvallisuus ymmärretään kompleksiseksi ja dynaamiseksi prosessiksi, jossa sosiaaliset ja teknologiset tekijät kietoutuvat tiiviisti yhteen.

Tällaisenaan ilmailun turvallisuusajattelu antaa malleja inhimilliseen toimintaan. Ilmailu opettaa nöyryyttä ja elämistä epävarmuuksien keskellä, samalla kun se tarjoaa matkoja salaperäisessä, kiehtovassa ja haastavassa elementissä.

Raine Haikarainen

1
TEKNINEN KEHITYS RAKENTAA TURVALLISUUTTA

1.1 Seikkailu-urheilusta matkustajaliikenteeseen

Lentämisen salaisuuden selvittäminen lintuja tarkkailemalla oli hyvä idea. Opitaanhan taikatemppujenkin salaisuudet tarkkailemalla taikuria. Kun kerran olet keksinyt, kuinka temppu tehdään ja mihin pitää tarkkaavaisuus suunnata, kykenet näkemään asioita, joita et ennen nähnyt, koska et osannut katsoa oikealla tavalla.

Orville Wright (1871–1948)[2]

Yhdysvaltalaisia Wrightin veljeksiä Orvillea ja Wilburia pidetään oikeutetusti lentämisen pioneereina. Heidän ensimmäisistä lennoistaan tuulisena joulukuun 17. päivänä vuonna 1903 modernin ilmailun aikakauden lasketaan alkaneen. Tosin heitä ennen oli jo lennetty ilmaa kevyemmillä kuumailma- ja kaasupalloilla, samoin ilmaa raskaammilla liitokoneilla. Wrigthin veljesten suoritus oli kuitenkin monin tavoin käänteentekevä. Heidän pitkäjänteinen työnsä antoi varhaisen mallin ilmailuturvallisuuden rakentamiseen.

Veljesten kodissa suosittiin intellektuaalista keskustelua ja kokeilutoimintaa. Isä Milton Wright kannusti poikiaan tiedonhankintaan ja toi heille usein matkatuliaisina fysikaalisiin kokeisiin innostavia leikkikaluja. Äiti Susan oli puolestaan tunnettu teknisestä näppäryydestään.[3] Orville Wright on kuvannut kodin merkitystä ratkaisevan tärkeäksi heidän ilmailu-uralleen.

Jos isäni ei olisi kannustanut lapsiaan harjoittamaan älyllistä kiinnostusta ilman rahallisen voiton tavoittelua, varhain syntynyt uteliaisuutemme lentämistä kohtaan olisi kuihtunut eikä olisi kantanut hedelmää.[4]

Veljekset viihtyivät toistensa seurassa rakentaen kojeita ja seuraamalla uutisia teknisistä keksinnöistä. Erityisen kiinnostavia olivat tiedot saksalalaisen Otto Lilienthalin liitokoneista sekä amerikkalaisen fyysikon ja tähtitieteilijän Samuel Pierpoint Langleyn onnistuneet kokeilut höyrykäyttöisillä lennokeilla.[5] Esimerkkien innoittamana veljekset päättivät ryhtyä rakentamaan omalla moottorillaan toimivaa lentolaitetta.

Hanke edellytti aerodynamiikan perusteiden ymmärtämistä, taitoa käsitellä materiaaleja sekä systemaattista ideoiden testaamista. Heidän päivätyönsä polkupyörien valmistajana antoi kokemusta kevyiden ja kestävien materiaalien hallinnassa. Polkupyöräily auttoi samalla ymmärtämään yhtä keskeistä lentokonesuunnittelun periaatetta: polkupyörän tavoin lentokone toimii kolmiulotteisessa avaruudessa, jossa suunnan muutokset edellyttävät kallistamista ja samalla tasapainon ja kiihtyvyyden välisen suhteen ymmärtämisestä.

Veljesten Flyer-kone ei ole ilmailun historiassa merkittävä vain siksi, että se nousi oman moottorin voimalla taivaalle. Kehityksen kannalta uranuurtavaa oli, että kone ja sen myöhemmät versiot olivat ohjattavia. Ohjattavuus oli ilmailun alkuaikoina suuri rakenteellinen ja aerodynaaminen haaste. Myöskään yleinen mielipide ei tukenut kokeiluja. Vielä vuonna 1900 *The Times* -lehti julisti etusivullaan, että ihmisen ilmaa raskaampi lentäminen oli teknisesti mahdotonta.[6]

Ohjattavuuden ratkaiseminen edellytti ennakkoluulotonta ajattelua, jossa piti olla valmis luopumaan aikaisemmin vallalla olleista ajatusmalleista. Ilmailupioneerien varhaisia kokeiluja oli haitannut pitäytyminen 1800-luvun teknologisiin fantasioihin. Niihin kuuluivat raskaat höyrykäyttöiset ilma-alukset, jotka muistuttivat lähinnä siivilleen nostettuja laivoja. Ihanteena oli matkustusmukavuuden varmistamiseksi mahdollisimman suuri vakavuus: kulkuneuvo ei saisi kallistella ilmassa, ja sen pitäisi olla niin massiivinen, etteivät pienet tuulet pääsisi sitä heittelemään.

Wrightin veljekset irrottautuivat näistä ennakkomielikuvista. Samalla he harrastivat ajatustyön rinnalla käytännön kokeilutoimintaa.[7] Tarkoitusta palveli tuulitunneli, jossa kokeiltiin yli 200 siipiprofiilia ja erilaisten potkuriratkaisujen toimivuutta. Moottoroituun ensilentoon valmistauduttiin huolellisesti. Veljekset tekivät rakentamallaan liitokoneella lähes 700 koelentoa ennen kuin päättivät asentaa koneeseen voimalähteen.[8] Nykytiedon valossa veljesten aerodynaamisessa perustietämyksessä oli kuitenkin merkittäviä aukkoja, mikä merkitsi suuria vaikeuksia hallita lentolaitetta kaarroksissa ja turbulenttisessa ilmamassassa.[9]

Systemaattisella kehittämistyöllään veljekset loivat mallin ilmailun turvallisuuskulttuurille. Olennaista oli hyväksyä, että lentäminen on riskialtista ja epäonnistumisen mahdollisuus on aina läsnä. Riskialttiiden järjestelmien kohdalla ei ole mahdollisuutta saavuttaa onnettomuuksien ja poikkeustilanteiden nollatoleranssia.[10] Mikäli sitä pidettäisiin absoluuttisena periaatteena, johdonmukaisena seurauksena olisi riskialttiista toiminnasta luopuminen. Wrightin veljekset hyväksyivät tämän periaatteen jo varhain.

> *Lentäessäni olen oppinut, että huolimattomuus ja liiallinen luottamus ovat yleensä paljon vaarallisempia kuin vapaaehtoinen riskien hyväksyminen.*
>
> *Wilbur Wright kirjeessään vuonna 1900*[11]

Wrightin veljeksistä vanhempi Wilbur kirjoitti isälleen ajatuksiaan ensimmäisten lentoyritysten jälkeen. Vaikka kyseessä olivat lyhyiden liitolentojen kautta saadut kokemukset, Wilbur tuli sanoittaneeksi ilmailuturvallisuuden kannalta keskeisen periaatteen. Lentäminen on turvallisuuskriittistä toimintaa, jossa vaarojen olemassaolo tulee hyväksyä. Siksi riskien ennakointi ja varmistustoimenpiteet ovat olennainen osa turvallista lentämistä. Wilbur Wrightiä onkin luonnehdittu enemmän lennonvalmistelufanaatikoksi (*fanatic of preflight*) kuin varsinaiseksi ilmailufanaatikoksi (*fanatic of flight*). Mielikuvan synnytti hänen perusteellinen valmistautumisensa jokaiselle lennolle.[12]

Wilbur Wrightin turvallisuuskriittiset ajatukset ja ilmailun riskit saivat traagisen todistuksen viisi vuotta Flyer-koneen ensilennon jälkeen. Oliver-veljen ohjaama kone oli lähtenyt esittelylennolle ja kärsi potkurivaurion, jolloin pilotti menetti koneen hallinnan. Onnettomuudessa kuoli matkustajana ollut luutnantti Thomas E. Selfridge. Hänestä tuli uuden liikennemuodon ensimmäinen kuolonuhri.[13]

Ilmailun riskienhallinta on runsaan sadan vuoden aikana kehittynyt teknisen edistymisen rinnalla. Ratkaiseva edistys tapahtui, kun maksavien matkustajien kuljettaminen yleistyi 1920-luvulle tultaessa. Tätä aikaisemmin lentämisen riskit olivat kohdistuneet lähinnä koneen lentäjään tai miehistöön. Matkustajien turvallisuuden ja oikeuksien varmistaminen synnytti tarpeen ilmailun kontrollointiin ja sääntelyyn. Ilmailun turvallisuuskulttuurin kehittyminen onkin ollut vahvasti ilmailun sääntelyn historiaa. Sääntely on kuitenkin tapahtunut kiinteässä yhteydessä tekniseen kehitykseen. Tekniset innovaatiot ovat vieneet kehitystä eteenpäin, ja sääntely on seurannut tätä kehitystä. Tämä piirre on havaittavissa alkuajoista näihin päiviin asti.

Yhdysvaltoja on oikeutetusti pidetty ilmailuturvallisuuden pioneerimaana. Siellä on luotu lainsäädäntöä ja järjestelmiä, jotka ovat toimineet malleina globaalille turvallisuusajattelulle. Samalla Yhdysvaltojen ja erityisesti Euroopan välillä on valinnut dynaaminen vuorovaikutussuhde, joka on tuottanut toimivia turvallisuuskonsepteja. Maanosien väliset kulttuurierot ovat osaltaan heijastuneet erilaisiin näkemyksiin ihmisen ja koneiden välisestä yhteistoiminnasta. Nämä erot ovat näkyneet myös lentokonesuunnittelussa.

Lentoliikenteen riskialttiit ensiaskeleet

Ilmaliikenteen pioneeriajalle oli tyypillistä sääntelyn lähes täydellinen puuttuminen. Lentäjiltä ei vaadittu lupakirjoja eikä kelpuutuksia lentämiseen erilaisissa sääolosuhteissa. Lentokoneiden suunnittelua ja rakentamista ei rajoitettu määräyksillä. Lentolaitteen saattoi rakentaa kuka tahansa ja millä tavoin tahansa. Usein rakentaja oli koneen tuleva lentäjä ja kontrolloivana tekijänä ainoastaan oma itsesuojeluvaisto – jossa siinäkin oli suuria eroja. Ensimmäiset lennot olivat koelentoja ja vaatimattomia matkalentoja. Lyhyistä pyrähdyksistä huolimatta jopa yksi kolmestatuhannesta lentoretkestä saattoi päättyä kohtalokkaasti. Kaluston lievempiä vaurioitumisia ei välttämättä edes tilastoitu.[14] Lentäminen ilman edeltävää koulutusta oli Debonsin ja Kooncen (2009) mukaan "flirttailua kuoleman kanssa heiveröisesti rakennetuissa ja epästabiileissa koneissa".[15]

Ensimmäinen maailmansota merkitsi lentotekniikan voimakasta kehitystä. Kehitystyö suuntautui koneiden suorituskyvyn parantamiseen, mikä tapahtui usein turvallisuuden kustannuksella. Arvioiden mukaan ensimmäisen maailmansodan aikana olisi rakennettu peräti 300 000 erilaista lentolaitetta ja ilmailuonnettomuuksissa olisi menehtynyt noin 50 000 pilottia. Uhrit eivät välttämättä kuolleet varsinaisissa taistelutehtävissä, vaan suuri määrä pilotteja menetettiin teknisten syiden takia onnettomuuksissa. Myös koulutusvaihe oli monelle pilotille kohtalokas heidän opetellessaan lentotaitoja yksipaikkaisilla ja vaikeasti hallittavilla koneillaan.[16] Menetysten ohessa sota synnytti kuitenkin sankaritarinoita ja sankarihahmoja, jotka ovat eläneet pitkään kirjallisuudessa ja mielikuvissa.[17] Sankaritarinat vahvistivat mielikuvia lentämisestä yksilökeskeisenä riskinottamisena ja äärimmäisyyksiä tavoittelevana seikkailutoimintana.

Sodan jälkeen useat armeijan pilotit jatkoivat tutuksi tullutta riskihakuista lentämistään. Ilmasirkuksista tuli suosittua kansanhuvia, ja yleisö sai ihailla huimia taitolentoesityksiä. Suuri yleisö mielsi ilmailun enemmän seikkailuromanttisena ja utopistisena toimintana kuin vakavasti otettavana matkustusmuotona.[18] Muutos alkoi tapahtua vasta siinä vaiheessa, kun lentokoneita ryhdyttiin käyttämään kaupallisessa liikenteessä, ensivaiheessa postin kuljettamisessa. Yhdysvalloissa oli 1920-luvulle tultaessa kehitetty määratietoisesti maan sisäistä postilentoverkostoa, mutta uudistukset eivät häivyttäneet ihmisten mielikuvia lentämisestä riskialttiina liikennemuotona. Mielikuvaa vahvistivat tilastot.

Onnettomuustilastojen mukaan 1920-luvun alkupuolella postilento-onnettomuuksissa menehtyi jokaista 10 000 lentotuntia kohden yksi henkilö. Suurimpana yksittäisenä tekijänä olivat sääolot, erityisesti koneen joutuminen pilveen ja maanäkyvyyden menettäminen. Vallalla oli tuolloin käsitys, että taitava pilotti kykeni säilyttämään asentotajunsa ilman horisonttinäkyvyyttä pelkällä istuintuntumallaan. Vaarallinen käsitys osoittautui sittemmin kohtalokkaan virheelliseksi. [19]

Postilentoyhtiöiden toiminnassa vähäteltiin lentämisen vaaroja ja otettiin tietoisia riskejä. Yhdysvaltoihin perustetun postilentotoimiston apulaisjohtaja Otto Praeger julisti vuonna 1918, etteivät "lumi, sade, helle tai yön pimeys saa estää postilentäjiä lentämästä heille uskottuja reittejä".[20] Lentoturvallisuuden isäksi kutsuttu Jerome F. Lederer on puolestaan todennut, että 1920-luvun postilentoyhtiöiden hellimä periaate "postin täytyy kulkea" osoittautui kohtalokkaan vaaralliseksi. Hänen mukaansa se tuotti todennäköisesti enemmän kuolonuhreja kuin mikään muu ilmailuhistorian aikana toteutettu liikennepoliittinen ohjelma.[21]

Vaikuttavan kuvauksen varhaisen postilentämisen vaaroista välittää Antoine de Saint-Exupéry tunnetussa teoksessaan *Vol ne Nuit* (suom. *Yölento*). Nuori lentäjä Fabien kokee monen työtoverinsa kohtalon, kun hän joutuu nousemaan lennollaan yhtenäisen pilvikaton päälle. Ilman koneen asentoa ilmaisevia instrumentteja laskeutuminen maanäkyvyyteen on käytännössä tuhoon tuomittu yritys. Elämänsä viimeisinä hetkinä lentäjä saattaa kuitenkin ihailla ympärillä aukeavaa kaunista näkymää.

> *Fabien harhaili keskellä yötä pilvimeren hohteessa, mutta hänen alapuolellaan odotti ikuisuus. Hän oli eksynyt maailmoihin, jotka kaikkine tähtineen olivat yksin hänen. Hänen käsissään oli vielä elämää, ja hän puristi yhä tiukasti ohjaimia. Hän oli toivottomalla vaelluksellaan tähdestä toiseen mukanaan tuo hyödytön aarteensa, oma elämänsä, josta hänen pian oli luovuttava.*[22]

Riskeistä huolimatta postiliikenne lentoteitse lisääntyi. Samalla koneiden koot sekä kokonaispainot kasvoivat.[23] Tällöin oli mahdollista rakentaa rahtitilojen yhteyteen muutamia ylimääräisiä istuinpaikkoja. Muutamat uskaliaat matkustajat olivatkin valmiita lentämään postisäkkien keskellä siitäkin huolimatta, että vuosina 1918–1921 tilastojen mukaan joka neljässadas matkustaja menetti henkensä postilento-onnettomuuksissa.[24] Samalla alkoi vahvistua ajatus, että turvallisuudesta ei ollut vastuussa ainoastaan lentäjä, vaan myös lentotoiminnan muut toimihenkilöt. Vuonna 1919 yhdysvaltalainen postilentoyhtiö edellytti, että huonon sään vallitessa paikallisjohtajan oli uskaltauduttava itse kyytiläiseksi lyhyelle koelennolle, ennen kuin hän saattoi määrätä pilotit suorittamaan vaativaa lentotehtävää.[25]

Ensimmäisenä kaupallisena reittilentona pidetään yleisesti tammikuun 1. päivänä vuonna 1914 avattua lentoyhteyttä Floridan Tampan ja St. Petersburgin kaupunkien välillä. Kaksitasoiseen Benoist 14 -lentoveneeseen mahtui lentäjän lisäksi vain yksi matkustaja. Viiden dollarin hintaiset liput eivät taanneet kuitenkaan reitin kannattavuutta, ja toiminta päättyi kolmen kuukauden jälkeen.[26] Ensimmäinen kansainvälinen ja kaupallinen reittilento lennettiin puolestaan 22. maaliskuuta 1919 Pariisin ja Brysselin välillä. Farman F60 Goliath -kone oli kehitetty sodanaikaisesta pommikoneesta, ja kyytiin mahtui peräti 12 matkustajaa.[27] Alkuvaiheet olivat vaatimattomia, mutta vähensivät ihmisten pelkoja ja loivat pohjan nykyisen ilmailuteollisuuden synnylle.

Ilmailun julkisuuskuvan muuttumiseen vaikuttivat myös onnistuneet pitkät matkalennot. Kesäkuussa 1919 kaksi englantilaista pilottia voittivat *Daily Mail* -lehden 50 000 dollarin palkinnon: rahasumma oli varattu lentäjälle, joka onnistuisi ylittämään Atlantin 72 tunnissa. Kaksimoottorinen Vickers Vimy saavutti Irlannin rannikon 16 lentotunnin ja 3 200 kilometrin jälkeen. Koneen päällikkö John Alcock totesi onnistuneen lennon päätteeksi olevansa ensimmäinen ihminen Euroopan mantereella, joka saattoi todeta olleensa "eilen Amerikassa". Alcock aavisteli samalla, että jonain päivänä ihmiset saattavat matkustaa lentäen Atlantin yli yhtä vaivattomasti kuin olivat tottuneet matkustamaan laivoilla. Ajatusta pidettiin yleisesti utopistisena.[28]

Ilmailun kansainvälisen sääntelyn alku

Riskeistä huolimatta siviili- ja sotilasilmailu jatkoivat kasvuaan. Sotilasilmailussa kehitys oli erityisen nopeaa, mutta samalla kasvoivat myös onnettomuusluvut. Yhdysvaltain puolustusvoimat käynnisti vuonna 1921 ensimmäisen tilastotutkimuksen lento-onnettomuuksista ja niiden syistä. Tutkimuksessa selvisi, että pelkästään yhden vuoden aikana 77 000 lentotuntia kohden oli tapahtunut 361 vakavaa onnettomuutta. Suhteutettuna tämän päivän tilastoihin määrä merkitsisi maailmanlaajuisesti tuhansien matkustajakoneiden menettämistä pelkästään yhden päivän aikana. Cusic et al. (2017) toteavatkin, että vastaavalla onnettomuustiheydellä "meillä ei olisi pian millä lentää".[29]

Voimakas tekninen kehitys ja sodan jälkeinen rajojen avautuminen merkitsivät lentoliikenteelle uusia mahdollisuuksia. Entisestä huimapäiden äärimmäisyyslajista oli vähitellen kehittymässä vakavasti otettava ja yhä turvallisempi liikennemuoto. Tämä edellytti kuitenkin selkeitä määräyksiä kaikille lentotoiminnan osapuolille: koneiden valmistajille ja huoltajille, lentäjien kouluttajille sekä kaupallisesta toiminnasta vastaaville. Samalla lisääntyi tarve luoda ilmatilan käyttämisen juridiikkaa. Uusi liikennemuoto merkitsi kansanvälisesti uutta tilannetta, kun valtakuntien fyysiset rajat menettivät osan merkityksestään. Oli pakko määritellä ilmatilan käyttöön liittyvät oikeudet.

Ilmailun sääntelyn historiaa voi tosin jäljittää vielä 1900-lukua kauemmaksikin. Perinteinen ajattelumalli on ollut jo roomalaisessa oikeudessa noudatettu maksiimi *cuius est solum, eius est usque ad coelum*, "kenen on maa, hänen on myös taivas". Ihmisen ryhtyessä lentämään tämä periaate jouduttiin luonnollisesti miettimään uudestaan. Kuvaavaa on, että pian ensimmäisten kuumailma- ja vetypallolentojen jälkeen 1700-luvun lopulla laadittiin Ranskassa ensimmäiset ilmaliikennettä säätelevät ja rajoittavat määräykset. Tuolloin määräysten varsinaisena kohteena eivät olleet lentolaitteessa matkustavien oikeudet, vaan lähinnä omaisuuden suojaaminen taivaalta mahdollisesti putoavilta esineiltä. Ilmailun sääntelyllä on siten pitkä historia.[30]

Yhtenä osana ensimmäisen maailmansodan voittajavaltioiden isännöimää Pariisin rauhankonferenssia (1919–1920) käsiteltiin myös ilmailun tulevaisuuteen liittyviä asioita. Sota oli osoittanut ilma-aseen tehokkuuden, ja oli ilmeisestä, että sotakoneiden kautta saadut kokemukset tulisivat siirtymään myös siviili-ilmailuun. Siksi tarvittiin yli kansallisuusrajojen ylittävää sääntelyä ja sopimista.

Pariisissa 14.10.1919 solmittua ilmaliikenteen sääntelyä koskevaa sopimusta voidaan pitää ensimmäisenä kansainvälisenä ilmaliikennesopimuksena.[31] Pariisin sopimus (*Paris Convention*) korosti jokaisen allekirjoittajamaan oikeutta määrätä oman ilmatilansa käytöstä. Samalla luotiin puitteet, joissa sopimusosapuolet saattoivat lentää toistensa ilmatilassa ja käyttää hyväkseen ilmailun suunnistusvälineitä.[32] Teknisen kehityksen ja turvallisuuden näkökulmista merkittävä päätös oli vaatimus jokaisen ilma-aluksen rekisteröinnistä sekä lentokelpoisuuden varmistamisesta. Jäsenmaiden oli kehitettävä säännöstö, jolla kaluston toimivuus sekä lentävän henkilökunnan ja mekaanikkojen pätevyys voitiin osoittaa. Näin oli otettu ensimmäinen askel kohti lentoliikenteen globaalia sääntelyä.[33]

Pariisin sopimus ei kuitenkaan tunnistanut erikseen kaupallista liikennettä. Se jakoi ilma-alukset vain kahteen ryhmään, valtion lentokoneisiin ja yksityisiin lentokoneisiin. Edellisiin kuuluivat sotilaskoneiden lisäksi postin, tullin ja poliisin käyttämä kalusto. Kaikki muut koneet laskettiin yksityisten koneiden luokkaan.

Tulevaisuuden kannalta merkittävimmäksi päätökseksi muodostui kansainvälisen komission perustaminen ilmaliikenteen seuraamista ja kehittämistä varten. *International Comission for Air Navigation* (ICAN) järjesti alueellisia ilmailun turvallisuuteen ja sääntelyyn liittyviä konferensseja ja loin pohjan myöhemmälle kehitykselle, erityisesti kansainvälisen siviili-ilmailujärjestön ICAO:n (*International Civil Aviation Organization*) syntymiselle.[34]

Pariisin sopimuksen vanavedessä syntyivät ensimmäiset kansalliset sääntelysopimukset. Yhdysvallat oli jättäytynyt sopimuksen ulkopuolelle, mutta lähtenyt sen hengessä kehittämään voimakkaasti kansallista lainsäädäntöään. Työn tuloksena hyväksyttiin vuonna 1926 laki kaupallisesta ilmaliikenteestä (*The Air Commerce Act*), joka antoi esimerkin myös muille kansallisille sopimuksille. Laki mahdollisti muun muassa viranomaisten suorittamat puolueettomat onnettomuustutkinnat. Samalla määriteltiin lupavaatimukset huoltotoiminnalle, lentokoneiden valmistamiselle, pilottien koulutukselle ja kelpoisuudelle sekä lentokentiltä vaadittaville ominaisuuksille.[35]

Vuonna 1929 solmittu Varsovan sopimus (*Warsaw Convention*) luo puolestaan periaatteet kaupalliselle matkustajaliikenteelle ja korvauksille onnettomuustapauksissa. Aikaisemmin oli pääasiallisena käytäntönä, että matkustajan tuli todistaa onnettomuuden johtuneen virheestä. Varsovan sopimus käänsi todistustaakan: lentoyhtiö oli korvausvelvollinen, mikäli se ei pystynyt todistamaan toteuttaneensa kaikkia onnettomuuden torjumisen kannalta välttämättömiä toimia. Samalla asetettiin ylärajat lentoyhtiöiden korvausvastuulle.[36] Turvallisuus ja kannattava taloudellinen toiminta liittyivät sopimuksen myötä yhä tiukemmin toisiinsa.

Mittarilentämisen uusi aika

Vaikka vuoden 1926 ilmailulaki loi pohjan lentomääräyksille, se jätti samalla monet kysymykset avoimiksi. Varsinainen lentotoiminta oli edelleen sääntelyn ulkopuolella, ja pilotit saattoivat valita vapaasti lentokorkeutensa ja reittinsä sekä päättää, milloin lento oli sääolosuhteiden puolesta mahdollinen. Tekninen kehitys eteni kuitenkin 1930-luvulle tultaessa niin nopeasti, että määräykset eivät pysyneet perässä. Varsinkin lentokoneiden navigointitekniikan parantuminen mahdollisti lentämisen huonossa näkyvyydessä ja synnytti tarpeen ohjata ja kontrolloida ilmaliikennettä.

Yksi merkittävä edistysaskel ja aavistus tulevavasta koettiin, kun koelentäjä ja ilmailutekniikan tutkija Jimmy Doolittle lensi maailman ensimmäisen mittarilennon 24.11.1929. Historiallisen lennon mahdollistivat amerikkalaisen Sperry-yhtiön kehittämät uudet instrumentit, erityisesti koneen asentoa osoittava keinohorisontti. 15 minuutin lento suoritettiin kaksipaikkaisella Consolidated NY–2-koulukoneella, jota Doolittlen ohjasi kuomulla peitetyssä takaohjaamossa. Etuohjaamossa istunut turvapilotti piti näyttävästi koko lennon ajan käsiään avo-ohjaamon ulkopuolella. Katsojat saattoivat vakuuttua lentäjän ohjanneen konettaan itsenäisesti ilman maanäkyvyyttä koko koelennon ajan.[37]

Doolittlen koelento herätti runsaasti kiinnostusta. Turvapilotista huolimatta suoritusta pidettiin riskialttiina. Onnistuneen lennon jälkeen lentokonetehdas ja laitetoimittajat halusivat järjestää näyttelyn, jossa esiteltiin lennon mahdollistanutta kalustoa. Vierailijoiden yllätykseksi näyttelyssä oli esillä myös kuva tavallisesta pesukoneesta. Kuvan valinneen Bendix-yhtiön mukaan se esitti "pesukonetta, jolla Doolittle pesi lennon jälkeen alusasunsa". [38]

Onnistunut koe osoitti, että lentäminen ilman maanäkyvyyttä oli mahdollista, mutta edellytti tarkoituksenmukaisen mittariston. Doolittlen lennolla oli suuri symbolinen merkitys. Lennon mahdollistaneet mittarit loivat Edwardsin (1988) mukaan "salaisuuksien verhon ihmisten ja sen maailman välille, jonka he olivat oppineet tuntemaan tavallisen arkipäiväkokemuksensa perusteella".[39] Teoreettinen vahvistus mittarilentämiselle saatiin vasta muutaman vuoden päästä, kun ilmestyi alan klassikkoteos *Blind Flying in Theory and Practice* (1932).[40] Vasta silloin oltiin valmiit myöntämään, että ilman asianmukaista mittarivarustusta kokenutkin lentäjä menetti pilveen joutuessaan nopeasti asentotajunsa. Tietämättömyydestä oli kuitenkin maksettu jo kova hinta.

Yhdysvalloissa mielenkiinto suuntautui Eurooppaa voimakkaammin kaupallisiin toimijoihin, joiden aggressiivinen kilpailu kiihdytti ilmailuteknologian kehittämistä. Samalla syntyi paineita lentoturvallisuuden parantamiseen. Lento- ja navigointitekniikan kehitys oli 1930-luvulla nopeaa, ja Yhdysvalloista muodostui tätä kehitystä johtava mantere. Ensimmäinen maailmansota oli merkinnyt eurooppalaisen ilmailuteknologian menestysaikaa, mutta painopiste siirtyi kuitenkin sodan jälkeen uudelle mantereelle. Muutosta on selitetty Euroopan pyrkimyksellä keskittyä kansallisten lentoyhtiöiden synnyttämiseen ja tukemiseen. Yhdysvalloissa mielenkiinto suuntautui kaupallisiin toimijoihin, joiden kilpailu kiihdytti ilmailuteknologian ja -turvallisuuden kehittämistä.

Euroopassa kehitystä ohjasivat valtiot, ja niiden kiinnostus synnytti ensimmäiset kansalliset lentoyhtiöt. Osa näistä jo 1920-luvulla perustetuista yhtiöistä jäi elämään, ja ne edustavat maailman vanhimpia edelleen toimivia lentoyhtiöitä. Niihin kuuluvat muun muassa hollantilainen KLM, australialainen Qantas sekä suomalainen Finnair. Viimeksi mainittu perustettiin 1.11.1923 tuolloin Aero-nimellä ja on siten laskentatavan mukaan maailman neljänneksi tai viidenneksi vanhin edelleen toimiva lentoyhtiö.[41]

Tärkeä sopimus Chicagossa

> *On varsin ironista, että kolme kansainväliseen ilmailuoikeuteen eniten heijastunutta ja sitä ohjannutta tapahtumaa ovat kaikki olleet suorassa yhteydessä ilmailun tuhoaviin mahdollisuuksiin.*
>
> *Ronald Bartsch (2012)*[42]

Kansainvälisen ilmailuoikeuden asiantuntijan, professori Ronald I. C. Bartschin (2012) mukaan kolme tällaista merkittävää vaikuttajaa ovat olleet ensimmäinen ja toinen maailmansota sekä New Yorkin terroristi-isku World Trade Centeriin 11.9.2001. Ajatus ilmentää ilmailun turvallisuuskulttuurin paradoksista luonnetta. Kehitystä ovat usein vieneet eteenpäin traagiset tapahtumat, epäonnistumiset ja erityisesti sota-aikojen kokemukset.

Ilmailun turvallisuushistoriassa on jopa saatettu puhua onnettomuusprioriteetista (*blood priority*) tai hautakiviturvallisuudesta (*tombstone safety*) kuvaamassa tätä kehitystä. Ilmaisuilla on tarkoitettu, kuinka tuhoisat katastrofit ja ihmishenkien menetykset ovat määrittäneet turvallisuuskulttuuriin marssijärjestyksen. Muutoksia on tehty, kun onnettomuuksista ja katastrofeista on maksettu tarpeeksi kova hinta.[43] Erityisesti tämä koskee toista maailmansotaa. Allaz (2004, 32) toteaakin suoraan, että ”sota oli helvetillinen laboratorio, jossa ilmailu kasvoi aikuiseksi ja sai virheettömän täydellisyyden muotonsa”.[44]

Ilmailun sääntely ja viranomaismääräykset eivät välttämättä ole koskaan olleet kaupallisen lentoliikenteen kiinnostavimpia keskustelunaiheita.[45] Ilmailuhistoriallisessa kirjallisuudessakin pääpaino on ollut teknisen kehityksen kuvaamisessa sääntelyhistorian jäädessä selvästi taka-alalle. Hyvä esimerkki on Ray Holandan (2009) ilmailun turvallisuushistoriaa käsittelevä teos *A History of Aviation Safety*. Lähes 400-sivuisessa teoksessa ei lainkaan käsitellä kansainvälisten sopimusten tai ICAO:n keskeistä roolia.[46]

Vaikka lentoyhtiöiden liiketaloudesta vastaavat eivät ole ilmailun sääntelyä rakastaneet, turvallisuuden kaupallinen merkitys on toki aina ymmärretty. Julkisuudessa saatetaan usein korostaa turvallisuuden ensisijaista merkitystä ilmailuyrityksissä. Todellisuudessa jokaisen yrityksen varsinainen päämäärä on kannattava toiminta ja positiivisen tuloksen tekeminen. Kannattavuus ja turvallisuus on kuitenkin kaupallisessa ilmailussa sidottu kiinteästi ja jännitteisesti toisiinsa. Kaupallisesti menestyneet ilmailuyritykset ovatkin sisäistäneet oikeaksi osoittautuneen ja usein toistetun periaatteen: turvallisuus on kallista, mutta ei läheskään niin kallista kuin turvallisuudesta tinkiminen.[47] Samalla toimijoiden on ollut pakko myöntää, että yhteiskunnan ohjaus on keskeinen tekijä pyrittäessä turvalliseen lentämiseen.[48]

Ilmailun turvallisuuskulttuurin edistämisessä ratkaisevan tärkeä – ellei tärkein – merkitys on ollut Kansainvälisen siviili-ilmailujärjestön ICAO:n (*International Civil Aviation Organization*) perustamisella. Periaatepäätös kansainvälisen ilmailuorganisaation synnyttämisestä tehtiin Yhdysvaltojen Chicagossa joulukuussa 1944 toisen maailmansodan vielä riehuessa. Aloitteen laajapohjaiseksi kokoukseksi oli alun perin esittänyt Britannia, mutta varsinaisen kutsun esitti Yhdysvallat.[49]

Chicagon kokoukseen osallistui 54 virallista kansallista edustajaa, joista moni oli tehnyt sodan keskellä riskialttiin matkan Yhdysvaltoihin. Virallisten edustajien lisäksi paikan päällä oli yli 900 erilaista asiantuntijaa, sihteeriä ja toimittajaa. Kokousta on pidetty siihenastisen historian laajimpana kansainvälisenä konferenssina.[50] Osallistujat olivat hyvin tietoisia, kuinka käynnissä oleva sota oli osoittanut ilma-aseen ja ilmakuljetusten tehokkuuden sekä merkityksen. Delegaatit halusivat kuitenkin suunnata katseensa eteenpäin ja nähdä siviili-ilmailun merkityksen sodan jälkeisessä maailmassa. Myös Neuvostoliiton oli alun perin tarkoitus osallistua kokoukseen, mutta Kreml kutsui yllättäen jo kokoukseen matkalla olleet edustajat takaisin kotiin. Seurauksena oli lähes puoli vuosisataa kestänyt kansainvälinen lentokielto Neuvostoliiton ilmatilassa.[51]

Kokouksen alkajaisiksi kuultiin presidentti Franklin D. Rooseveltin tervehdys, jossa hän korosti voimakkaasti ilmailun tulevaa merkitystä rauhan rakentajana.

Rauhan jälleenrakentaminen merkitsee kommunikaatioyhteyksien jälleenrakentamista ja turvallisia vuorovaikutussuhteita. Ilmaliikenne tulee olemaan ensimmäinen keino, jolla voimme parantaa sodan synnyttämiä haavoja ja rakentaa maailmaa uudelleen rauhanajan perustalle.[52]

Kaiken kaikkiaan 37 päivää kestänyt kokous julkaisi vaativan ja raskaan työskentelynsä lopuksi 7.12.1944 päätösasiakirjan, joka tunnetaan yleisesti Chicagon sopimuksena (*Chicago Convention*).[53] Asiakirjan allekirjoitus tapahtui symbolisesti merkittävänä päivänä, tasan kolme vuotta Pearl Harbourin hyökkäyksen jälkeen.[54] Uuden järjestön rauhanhakuista päämäärää kuvaa päätösasiakirjan ensimmäisessä artiklassa mainittu tehtävä "luoda ja suojella ystävyyttä ja ymmärrystä kansojen ja ihmisten välillä".[55] Kaiken kaikkiaan 96 artiklaa käsittävän asiakirjan keskeinen sisältö oli pyrkimys lentoliikenteen mahdollistaminen yli kansallisten rajojen. Chicagon sopimus tunnetaan myös ilmaliikenteen vapauksien sopimuksena (*Freedoms of the Air*).[56]

Vapauksien määrittelyn ohella tärkein päätös oli ICAO:n perustaminen. Valmisteluprosessien jälkeen se tapahtui 4.4.1947. Järjestön tulevaisuuden kannalta oli merkittävää, että jo Chicagon sopimuksessa oli määritelty, kuinka tuleva organisaatio voi yleiskokouksensa päätöksellä liittyä maailmanlaajuiseen yhteisöön, jonka tehtävä oli palvella rauhaa.[57] Päätöksellä ennakoitiin seuraavana vuonna perustetun Yhdistyneiden kansakuntien (YK) syntyä.

Vastaperustettu ICAO liittyikin toukokuussa 1947 YK:n jäseneksi erityisellä mandaatilla. Liittyminen ei tosin sujunut täysin ongelmitta.[58] Järjestö säilytti riippumattoman asiantuntijaroolinsa, samalla kun jäsenyys mahdollisti yhteistyön YK:n alaisten erityisjärjestöjen kanssa. ICAO:sta muodostuikin yksi YK:n toimivimmista ja arvostetuimmista erityisjärjestöistä.[59] Tunnetussa kirjassaan Faktojen maailma (*Factfulness*) Hans Rosling kuvaa ICAO:n syntymistä voimakkain sanoin: "Sanoisinpa, että Chicagon sopimus on ihmiskunnan mahtavinta yhteistyötä ikinä. On ällistyttävää, miten hyvin ihmiset voivat tehdä työtä yhdessä, kun heillä on samat pelot."[60]

ICAO ja siviili-ilmailun turvallisuusajattelu

Ilmailu on näytellyt tärkeintä osaa sodan voittamisessa. Sen pitää seuraavaksi näytellä tärkeintä osaa rauhan voittamisessa.

Belgian delegaation puheenjohtaja (1947)[61]

ICAO:n synnyn taustalla vaikutti tarve paikata traagisia ja traumaattisia sotakokemuksia. Siviililentoliikenne lähti kehittymään sotien jälkeen ennennäkemättömän voimakkaasti ja avasi rajat ystävällismieliselle kanssakäymiselle. Entiset taisteluvälineet muuttuivat konkreettisesti yhteyksien rakentajiksi. Pelkästään Yhdysvalloissa arvioitiin toisen maailmansodan aikana rakennetun yli 17 000 monimoottorista kuljetuskonetta.[62] Näistä jäljelle jääneitä muutettiin matkustajakäyttöön, ja entiset sotilaslentäjät hakeutuivat lentoyhtiöiden palvelukseen. Täysien ylijäämävarastojen edulliset koneet mahdollistivat myös pienemmille yhtiöille uudet kalustohankinnat. Muun muassa Aero (myöhemmin Finnair) hankki vuonna 1946 kahdeksan C-47 (DC-3) -kuljetuskonetta, jotka muutettiin matkustajakäyttöön.[63]

Lentoliikenteen nopea kasvu edellytti entistä tehokkaampaa sääntelyä. Chicagon sopimus tarjosi laajapohjaisen poliittisen ja ideologisen alustan erityisesti ilmailun turvallisuuden kehittämiseksi. Alusta lähtien oli selvää, että uuden maailmanjärjestön suositusten piti noudattaa kaksoisstrategiaa. ICAO:n tuli perusasiakirjansa mukaisesti kehittää siviili-ilmailua ”turvalliseksi ja hyvin järjestetyksi ja harjoittaa sitä yhtäläisten mahdollisuuksien pohjalta terveesti ja taloudellisesti”.[64] Turvallisuus ja kaupallinen kannattavuus sidottiin siis alusta lähtien kiinteästi toisiinsa.[65]

ICAO:n syntyvaiheessa oli epäselvää, millä tavoin Chicagon sopimuksen periaatteita tulisi viedä eteenpäin. Kuinka kaupallinen toiminta ja turvallisuushakuisuus voitaisiin tarkoituksenmukaisesti linkittää toisiinsa? Lisäjännitteitä toi ilmailumaailman jakaantuminen kolmeen vahvaan kansalliseen vaikuttajaan. Ranska korosti diplomatiahistoriansa kansainvälistä merkitystä ja puhui voimakkaasti ranskan puolesta ilmailun kansainvälisenä kielenä. Britannia oli sotien jälkeen nouseva ilmailumahti, ja imperiumin raunioille syntynyt Kansainyhteisö tarjosi luontevan verkoston ilmailun kehittämiseksi. Yhdysvallat oli puolestaan kohonnut 1930-luvun lopulta johtavaksi lentokonevalmistajaksi ja samalla kaupallisen lentoliikenteen kehittäjäksi.[66]

Teknologisten, taloudellisten ja kansallistuntoon liittyvien jännitteiden keskellä ICAO:n synty oli diplomatian voitto. Kompromissihenkeä heijasti Kanadan Montrealin valitseminen järjestön ensimmäisen yleiskokouksen pitopaikaksi. Monikulttuurista ja ranskan kielen hallitsemaa Montrealia on joskus kutsuttu maailman toiseksi tärkeimmäksi ranskalaiseksi kaupungiksi.[67] Samalla kun valinta tyynnytti ranskalaisten vaatimuksia, se oli toimiva kompromissi Yhdysvaltain ja Britannian jännitteiden välillä. Kokouspaikan valinta oli merkittävä, koska se pohjusti Montrealin myöhempää valintaa ICAO:n pysyväksi hallintokeskukseksi.

ICAO:n ensimmäinen yleiskokous loi pohjan siviili-ilmailun tehokkaan turvallisuuskulttuurin kehittymiselle. Lähtökohta ei kuitenkaan ollut helppo. Sotien jälkeiset jännitteet hallitsivat ilmapiiriä. Kokousedustajilla ei ollut yhtenäistä näkemystä, millä tavoin kansainvälistä ilmaliikennettä olisi järkevä säännellä. Kuvaavaa näkemysten moninaisuudelle oli, että esimerkiksi Australian ja Uuden Seelannin edustajat ehdottivat ilmailun täydellistä kansainvälistä yhteistyötä. Sitä varten tuli luoda globaali organisaatio, joka laatisi määräykset, hallinnoisi lentoväyliä ja omistaisi jopa lentokoneet sekä niiden tarvitsemat maalaitteet. Ehdotus ei kuitenkaan saanut kannatusta.[68] Se kertoo kuitenkin, kuinka tyhjältä pöydältä jouduttiin lähtemään liikkeelle.

Ilmailun kansainvälisen sääntelyn synty oli kuin Wright-veljesten lentokokeilut. Aikaisempia malleja ei juuri ollut, ja kehitystyö vaati aikaa ja ennakkoluulotonta ajattelua.

Kädenvääntö yhteisistä periaatteista

Kuuma aihe oli niin ikään konferenssissa ja sen julkaisuissa käytetty kieli. Englanti ja ranska olivat tasavahvoja, ja kummallakin oli kannattajansa. Virallisiksi kieliksi ehdotettiin myös espanjaa, arabiaa, romaanisia ja slaavilaisia kieliä sekä kiinaa. Virallisiksi kokousraportin kieliksi valikoituivat lopulta englanti, ranska ja espanja. Käyttökieleksi sovittiin englanti.[69] Jälkimmäisellä päätöksellä oli tärkeä merkitys. Se vahvisti englannin asemaa ja loi siitä aikanaan ilmailun virallisen kielen, mikä puolestaan edesauttoi englannin muodostumista myös kaupankäynnin ja tutkimuksen maailmanlaajuiseksi valtakieleksi. Erityisesti ranskaa puhuvien näkökulmasta tämä kehitys herätti ristiriitaisia tunteita: ranskasta ei tullutkaan ilmailun *lingua franca*.[70] Lopullisesti englanti hyväksyttiin ilmailun käyttökieleksi ICAO:n yleiskokouksessa Montrealissa 1950.[71]

ICAO:n tulevan toiminnan kannalta oli merkittävää, että järjestö osasi rajata tehtävänsä. Ehdotukset ylikansallisesta kaupallisesta toimijasta hylättiin. Sen sijaan kokous päätti, että järjestö keskittyy ilmailun standardien luomiseen, tilastointiin sekä informaation jakamiseen. Nämä kaikki tähtäsivät avoimeen tietojen vaihtoon ja sitä kautta ilmailun turvallisuuden ja taloudellisen tehokkuuden parantamiseen. Työskentelyn pohjaksi tulivat Chicagossa lausutut periaatteet ja niiden hengessä luodut, lähinnä teknisiin standardeihin keskittyvät liitteet (*Annex*).

Jo ennen Montrealin perustavaa kokousta väliaikainen ICAO:n konferenssi oli tehnyt periaatepäätöksen teknisiin standardeihin liittyvän suositusjärjestelmän (*Standards and Recommended Practices*, SARP) luomiseksi. SARP-järjestelmästä tuli yksi ICAO:n vaikuttavimmista työkaluista. Järjestelmän nimestä paljastuu ICAO:n keskeinen toimintaperiaate. Kansainvälinen siviili-ilmailujärjestö ei voi tehdä jäsenvaltioitaan sitovia päätöksiä, vaan ne ovat suosituksia. Ainoa kaikkia velvoittava päätös on lentosääntöjä koskeva Artikla 12. Sen hyväksyminen on jäsenyyden ehto. Samalla artiklan hyväksyminen merkitsee tosiasiallisesti ICAO:n päätösten normatiivisuutta.

> *Jokainen sopimusvaltio sitoutuu ryhtymään toimenpiteisiin, että jokainen sen alueen yläpuolella lentävä tai alueella oleva sekä jokainen sen kansallisuusmerkillä varustettu ilma-alus – olkoon tämä missä tahansa – noudattaa siellä voimassa olevia ilma-alusten lentoa ja liikkumista koskevia sääntöjä ja määräyksiä. Jokainen sopimusvaltio sitoutuu pitämään tätä*

koskevat säännöksensä mahdollisimman yhdenmukaisina tämän sopimuksen perusteella kulloinkin laadittavien sääntöjen kanssa. Aavan meren yläpuolella ovat voimassa tämän sopimuksen nojalla laaditut säännöt. Jokainen sopimusvaltio sitoutuu panemaan syytteeseen kaikki sovellettavia määräyksiä rikkovat henkilöt.[72]

Lentosääntöjä koskevaa sopimusta lukuun ottamatta kaikille ICAO:n suosituksille tulee saada jäsenvaltioiden lainsäätäjän hyväksyntä. Sopimusteksteissä toistuvat ilmaisut, jotka viittaavat päätösten luonteeseen ja kiireellisyysasteeseen. Jäsenvaltioiden edellytetään "kiirehtivän" ja "muistuttavan" tai jäsenvaltioita "rohkaistaan", "kutsutaan mukaan" ja "kehotetaan panemaan toimeen". Taustalla on vakuuttuminen siitä, että kansainvälinen rohkaiseminen ja joissain tapauksissa jopa lievä painostaminen, ovat menetelminä hedelmällisempiä kuin laillinen pakottaminen.[73]

Ilmailuturvallisuuden kehittämisen keskeinen työväline on ollut onnettomuus- ja vaaratilanteiden huolellinen ja puolueeton tutkinta. Turvallisuustutkinnan historia onkin lähes yhtä pitkä kuin kaupallisen ilmailun. Tietävästi ensimmäinen ilmailun turvallisuustutkintaelin aloitti toimintansa Yhdistyneessä kuningaskunnassa jo vuonna 1915.[74] ICAO:n merkitys tutkinnan kehittäjänä on kuitenkin ollut ratkaisevan tärkeä. Perustamisasiakirjaan vuonna 1951 lisätty Liite (*Annex)* 13 on määritellyt tutkinnan periaatteet näihin päiviin asti. Samalla asiakirja on antanut mallin muidenkin toimialojen turvallisuustutkinnoille. Turvallisuuslainsäädäntöä tutkineen Juha Piirosen (2013) mukaan "kansainvälinen siviili-ilmailujärjestö on myös turvallisuustutkinnan kehittämistä ajatellen kaikista merkittävin kansainvälinen järjestö".[75]

Miten onnettomuuksia on teoretisoitu?

Korkean luotettavuustason organisaatioiden kehitys on tapahtunut usein kriisien kautta. Suuret onnettomuudet – ovat ne sitten luonnonmullistuksia tai lento-onnettomuuksia – ovat virittäneet laajoja keskusteluja onnettomuuksien syvimmistä syistä. Teollistuminen on synnyttänyt uudenlaisia työperäisiä riskejä, joissa ihmisen suunnittelemilla koneilla on keskeinen asema. Tekniset laitteistot näyttävät joissakin tapauksissa ottaneen ikään kuin ylivallan ihmisistä itsestään tai ainakin niiden toiminta näyttää olevan yhä autonomisempaa.

Tapahtumat ovat virittäneet perustavaa laatua olevaa pohdintaa onnettomuuksien olemuksesta. Ovatko ne vain kohtalon sanelemia tapahtumia, joihin pitää suhtautua enemmän tai vähemmän fatalistisesti? Vai onko onnettomuuksissa kyse järkiperäisesti ymmärrettävistä syy- ja seurausketjuista, joita voidaan tutkia tieteellisin menetelmin ja joiden estämiseen voidaan rakentaa oma tieteenhaaransa?

Yhteiskuntatieteissä on viimeisinä vuosikymmeninä tutkittu teknologisten järjestelmien yllättäviä ja osin ristiriitaisia piirteitä. Taustalla on teknisen kehityksen arkipäiväistyminen, jolloin teknisen yhteiskunnan rakenteita ja niiden toimivuutta pidetään itsestäänselvyyksinä. Latour (1999) kuvaa, kuinka teknologiset toimijaverkostot ovat muuttuneet näkymättömiksi ja olemukseltaan eräänlaisiksi "mustiksi laatikoiksi". Lentotietojen tallentamisesta lainatulla vertauskuvalla hän tarkoittaa teknologisen yhteiskunnan olemusta, joka paljastaa salaisuutensa poikkeusolosuhteissa. Kun kaikki sujuu normaalisti, on helppo unohtaa, kuinka monimutkaisia ja vaikeasti hallittavia tekniset järjestelmät ovat. Vasta yllättävät häiriöt avaavat normaalitilanteissa suljetut mustat laatikot ja paljastavat teknologisen yhteiskunnan monimutkaiset syvärakenteet.[76] Latourin mukaan kehitykseen sisältyykin paradoksaalinen piirre. Mitä paremmin tiede ja teknologia onnistuvat tehtävissään, sitä utuisemmiksi ja epäselvemmiksi ne kehittyvät. Teknisen kehityksen menestys toimii siten tavallaan itseään vastaan. [77]

Onnettomuustutkinta uutena tieteenalana

Onnettomuuksien tutkiminen on muuttunut teknologisen kehityksen myötä. Esiteollisella ajalla onnettomuuksia tutkittiin lähinnä filosofian ja teologian kysymyksinä. Tällöin keskeisiä tutkimusaiheita olivat kärsimyksen olemuksen pohdinta ja vastoinkäymisten sietäminen. Luonnontieteiden kehittyessä tutkimuksen intressit siirtyivät yhä enemmän tapahtumaketjujen teknisten ja inhimillisten syiden selvittämiseen. Perinteisen onnettomuusfilosofisen pohdinnan tilalle on tullut käytännönläheinen ja tapauskertomuksiin perustuva tutkimustyö.

Anglosaksisessa maailmassa on 1990-luvulta lähtien käytetty nimitystä turvallisuustiede. Sen nimissä on julkaistu tieteellisiä artikkeleita ja aikakauskirjoja (esim. *Safety Science*). Euroopan komission tieliikenneturvallisuutta käsittelevässä asiakirjassa on käytetty onnettomuustutkinnan kohdalla puolestaan sanaa akkidentologia.[78] Millä nimellä uutta tutkimusperinnettä sitten kutsutaankin, sitä hallitsevat sekä teknisestä että humanistisesta ja yhteiskunnallisesta tutkimuksesta nousevat menetelmät. Turvallisuus- ja onnettomuustutkinnan lainsäädännössä on lisäksi luettavissa heijastuksia perinteisestä onnettomuusfilosofisesta ajattelusta. Dekkerin ja Nycen (2014) mukaan se edustaa humanistisena tutkimuksena "viimeisten joukossa valistuksen ihanteita rationaalisuudesta ja pragmaattisuudesta".[79]

Tunnettu sosiologi Ulrich Beck (1995) on tehnyt tunnetuksi sanan riskiyhteiskunta, jolla hän tarkoittaa teknologisen kehityksen varaan rakentuvaa monimutkaista ja vaikeasti hallittavaa maailmaa. Beckin ajattelusta on löydettävissä vahvasti kohtalonomaisia piirteitä: hän korostaa voimakkaasti modernin yhteiskunnan itseohjautuvuutta ja tilannetta, jossa erilaiset turvainstituutiot eivät enää pysy kehityksen perässä. Riskit ovat hänen mukaansa nimenomaan teknologisia. Mitä enemmän teknologiset järjestelmät hallitsevat maailmaa, sitä suurempi on onnettomuuksien todennäköisyys. Maailmasta on tullut "riskiteollisuuden koekenttä."[80]

Modernin onnettomuusteoreettisen tutkimuksen historia on lyhyt. Sen synty sijoittuu selvästi teollisen yhteiskunnan syntyyn ja sen luomiin uudenlaisiin riskitekijöihin. Teorioissa on nähtävissä selvää kehittymistä. Ensimmäisiä moderneja onnettomuusteorioita hallitsee yksilön roolin korostus. Vähitellen painopiste muuttuu yhteisöllisemmäksi ja onnettomuudet nähdään yhä selvemmin monitahoisina turvallisuusjärjestelmien epäonnistumisina. Viimeisessä vaiheessa tutkimuksen keskiöön ovat nousseet kulttuureiden syvärakenteiden tekijät sekä kysymykset yhä autonomisemmaksi muuttuneesta tekniikasta.[81]

Act of God – roomalaisesta oikeudesta moderniin lainsäädäntöön

Torstaina 3.10.2013 nousi Lagosin lentokentältä Nigeriassa ilmaan 20-paikkainen Embraer 120 -potkuriturbiinikone. Pian lähdön jälkeen kone menetti korkeuttaan ja syöksyi ohjaamattomassa tilassa maahan. Kahdestakymmenestä matkustajasta ja miehistön jäsenestä neljä säilyi hengissä.[82]

Nigeriassa oli 2000-luvun aikana tapahtunut lyhyen ajan sisällä useita tuhoisia lento-onnettomuuksia, eikä pienen tilauskoneen tuhoutuminen olisikaan normaalitapauksessa välttämättä ylittänyt uutiskynnystä. Associated Airlines -yhtiön turma saavutti kuitenkin maailmanlaajaa huomiota. Syynä oli välittömästi onnettomuuden jälkeen paikallisen ilmailuministerin lehdistölle antama lausunto. Hänen mukaansa kyseessä oli puhdas Jumalan tahto tai teko, *Act of God*. Onnettomuus oli väistämätön, eikä siksi ollut tarvetta enempää spekuloida onnettomuuteen johtaneilla syillä. Ministerin lausunto herätti huomiota, ja se uutisoitiin laajasti kansainvälisessä mediassa. Lausuntoa pidettiin yleisesti kyseenalaisena ja ilmailun moderniin turvallisuusajatteluun sopimattomana.[83]

Vaikka ministerin lausuntoa arvosteltiin, hän tukeutui itse asiassa vanhaan länsimaiseen oikeuskäsitteeseen. *Act of God* -periaate löytyy edelleen eräistä kansainvälisistä laki- ja sopimuskokoelmista, esimerkiksi YK:n merenkulun rahtiliikennettä ohjaavasta niin sanotusta Rotterdamin yleissopimuksesta.[84] Sanaparilla on viitattu erityisesti luonnonmullistuksiin ja onnettomuuksiin, jotka ovat ennalta aavistamattomia ja ihmisen vaikutusmahdollisuuksien ulkopuolella. Käsitteen tausta voidaan jäljittää aina roomalaiseen oikeuskäytäntöön, jossa tunnettiin suuremman voiman (*vis maior)* periaate. Sillä on tarkoitettu tapahtumia, jotka ovat väistämättömiä ja joihin ihminen ei pysty vaikuttamaan. Antiikin aikana *vis maior* saattoi viitata myös ihmisen aikaansaamiin yllättäviin tilanteisiin, joiden toinen osapuoli ei ollut vastuussa tapahtuneesta. Jos merirosvot hyökkäsivät puolustuskyvyttömän aluksen kimppuun, kapteenia ei tullut rangaista lastinsa menettämisestä.[85]

Roomalaisen oikeuden latinankielinen termi siirtyi myöhemmin ranskan kieleen. *Force majeure* on edelleen yleisessä käytössä, ja sillä tarkoitetaan laaja-alaisesti ymmärrettyä pakottavaa syytä. Englannin kieleen termiä ei kuitenkaan haluttu siirtää sellaisenaan. Sen sijaan 1500- ja 1600-lukujen oikeusoppineet tukeutuivat oman aikansa filosofisteologiseen käsitteistöön. Koska Jumala ymmärrettiin aristotelisen filosofian termein ensimmäiseksi syyksi (*prima causa*), oli johdonmukaista, että yllättävät ja käsittämättömät onnettomuudet tulkittiin myös teologisia termejä käyttäen. *Act of God* otettiin käyttöön englantilaisessa oikeussanastossa 1700-luvulla, ja myöhemmin se tuli myös osaksi yhdysvaltalaista oikeuskäsitteistöä.

Käsitteen näihin päiviin kestänyttä elinvoimaisuutta selittää osaltaan vakuutusoikeuden nopea kehitys. Hankalissa korvaustapauksissa on jouduttu miettimään yksityiskohtaisesti, milloin onnettomuuksissa on ollut kyse ihmisen itsensä aiheuttamista tapahtumaketjuista ja milloin ei. *Act of God* on tällöin ollut vakuutuksenantajille käyttökelpoinen selitysperuste niissä tapauksissa, joihin tavanomaisia sopimusehtoja ei ole voitu soveltaa.

Myös englannin kielen onnettomuutta kuvaava sana *accident* on aikain saatossa saanut erilaisia tulkintoja. Sana voidaan jäljittää latinan sanaan aksidenssi. Se on yhdessä substanssin kanssa Aristoteleen filosofian keskeisimpiä käsitteitä. Sanalla on kuvattu esineiden tai asioiden tilapäisiä sekä muuttuvia ominaisuuksia. Substanssit ovat taas pysyviä olemuksia.

Aksidenssi-termi ilmestyi englannin kieleen 1400-luvulla, jolloin se saa nykyisen yllättävää tapahtumaa ja onnettomuutta merkitsevän sisältönsä. Etymologisesti englannin sana tulee lähelle latinan verbiä *accidere*, joka merkitsee kaatumista tai putoamista. Keskiajan filosofisessa käsitteistössä sana ei kuitenkaan tarkoittanut vain onnettomuutta, vaan sillä kuvattiin laajasti erilaisia olemuksellisia muutoksia ja ymmärryksen ylittäviä tapahtumia.[86] *Accident* ja *Act of God* olivat tuolloin teoreettisfilosofisina termeinä lähellä toisiaan, ja ne ilmensivät todellisuuden salattua ja yllätyksiä täynnä olevaa olemusta.[87]

Keskiajan tieteellisessä ajattelussa ei ollut nykymuotoisia käsitteellisiä työkaluja, joilla olisi tutkittu asioiden seuraus- ja vaikutussuhteita. Luonnontieteelliset ja tekniset selitysmallit kehittyivät vasta myöhemmin. Sitä ennen *Act of God* tarjosi tutkijoille rationaalisesti riittävän ja kokonaisvaltaisen selitysperusteen.[88] Greenin (2003) mukaan onnettomuuden käsitehistoria onkin varsin lyhyt. Nykymuotoinen onnettomuuden määrittely muotoutuu vasta 1600-luvulla, jolloin se tulee filosofien sisäpiirikeskusteluista yleisempään käyttöön. Tuolloin tapahtuneet maailmankuvan muutokset nostivat uudella tavalla esiin kysymykset seuraussuhteista, välttämättömyyksistä, mahdollisuuksista ja riskeistä.[89]

Avenin (2012) mukaan tällä hetkellä ei ole yleisesti hyväksyttyä määritelmää riskille. Uusimmissa riskienhallintamalleissa korostuvat yleisen epävarmuuden hyväksyminen, syvällisen tiedon tärkeys sekä yllätyksiin valmistautuminen.[90] Ne täydentävät aikaisempaa ajattelua, jossa pyrittiin laskemaan lähinnä todennäköisyyksiä. Uudelle riskiajattelulle on ominaista, että riskiarvioinnissa otetaan vakavasti kaikki saatavilla oleva tieto valmistautuen samalla myös yllätyksiin. Tämän vuoksi riskien arvioinnin tulos ei voi esimerkiksi olla vain yksinkertainen prosenttiluku. Nisulan (2018) mukaan toimintaympäristöt ovatkin yhä useammin "monivuorovaikutteisia" (*complex*). Tutkija kuvaa tätä todellisuutta paradoksisella ilmaisullaan, kuinka riskienhallinnassa "monet tuntemattomat tekijät ovat tuntemattomalla tavalla tuntemattomia".[91]

Muuttuva onnettomuusajattelu

Englanninkielinen termi *by accident* (vahingossa) kuvastaa onnettomuusajattelussa tapahtunutta muutosta. Sanoista muodostui 1900-luvulle tultaessa yksi modernin ihmisen maailmaa kuvaava ja sellaisenaan välttämätön ilmaisu. Tämän päivän koulutettu ihminen – vaikka myöntäisikin todellisuuden viime kädessä salatun luonteen – haluaa onnettomuuksien kohdalla päästä filosofisten selitysmallien taakse. Hänelle on tärkeää selvittää tapahtumien taustatekijät, mahdolliset teknisten järjestelmien pettämiset sekä inhimillisten tekijöiden vaikutukset. Onnettomuudet eivät siten ole olemukseltaan vain sattumuksia tai selvittämättömiä mysteerejä.

Ajattelutavan muuttumista kuvaavat myös terminologiset muutokset, jotka ovat heijastuneet 2000-luvulla onnettomuustutkintaan ja sen sanastoon. Onnettomuus-sanan käyttöä on haluttu aktiivisesti vähentää. Perinteisen onnettomuustutkinnankin tilalle on tullut turvallisuustutkinta (*safety investigation*). Lääketieteen johtaviin aikakauskirjoihin lukeutuva *British Medical Journal* (BMJ) on puolestaan vuodesta 2001 alkaen kieltänyt sanan *accident* käytön julkaisuissaan. Ratkaisua perustellaan sillä, että monet vahingolliset tapahtumat ovat ennakoitavissa ja estettävissä, mitä ajatusta sana onnettomuus ei välttämättä välitä. Se kuvastaa enemmän tapahtuman väistämättömyyttä ja kohtalonomaisuutta.[92] BMJ suositteleekin, että onnettomuus-sanan tilalla käytetään tapahtunutta täsmällisemmin kuvaavia ilmaisuja, kuten tapaturma, törmäys, myrkytys tai virhe.[93]

BMJ:n omaksuma kanta on osin ymmärrettävä. Yhden ongelman ratkaisu herättää samalla myös kysymyksiä. Onko onnettomuuksista vapaa maailma mahdollinen? Miten reagoimme niihin traagisiin tapahtumiin, joille ei löydy loogista ja hyväksyttävää syytä? Nämä kysymykset eivät ole vain teoreettisia, vaan ne ovat nousseet esiin muun muassa onnettomuuksien nollatoleranssiin pyrkivässä verkostoliikkeessä (*Zero Accident Vision*, ZAV).[94]

Onnettomuuden vastakohta on turvallinen toiminta. Jos onnettomuuden käsitteellinen määrittely on vaikeaa, sitä on myös turvallisuuden määrittely. Yleinen tapa on määritellä turvallisuus vapaudeksi vaarasta ja riskistä.[95] Tällainen negaation kautta määrittely on kuitenkin monin tavoin ongelmallinen. Inhimillinen toiminta pitää sisällään väistämättä vaaroja ja riskejä.

Korkeaan luotettavuuteen tähtäävän toiminnan kannalta realistisemmassa määritelmässä hyväksytäänkin riskin olemassaolo. Reasonin (2000) mukaan turvallisuudessa on kyse "yksilöiden tai organisaatioiden kyvystä käsitellä riskejä ja vaaroja, jotta vaurioilta ja menetyksiltä vältyttäisiin, ja samalla voitaisiin saavuttaa toiminnalle asetetut tavoitteet".[96]

> *Luvun alussa kuvatussa nigerialaisen koneen onnettomuustapauksessa liikenneministeri katsoi, että Act of God -periaate riittää eikä lisätutkimuksiin ole tarvetta. Tapaukseen johtaneet syyt jäisivät siten selitystä vaille. Ministerin ehdotus ei kuitenkaan tyydyttänyt paikallisia ilmailun asiantuntijoita.*
>
> *Onnettomuuden selvittämiseksi asetettiin tutkijalautakunta, joka aikanaan julkaisi oman raporttinsa. Onnettomuuden taustalta löytyi useita inhimillisiä virheitä ja yhtiön toimintakulttuuria koskevia puutteita. Tutkijalautakunta totesi, että koneen tuhoutumiseen johtivat lopulta lennon kriittisellä hetkellä vaikuttaneet konk-*

reettiset tekijät: koneen laskulaippoja ei ollut valittu asianmukaisesti nousua varten, toinen moottori toimi vajaateholla ja miehistön ohjaamoyhteistyössä oli puutteita.[97]

1.2 Vaativat järjestelmät ja rajallinen ihminen

Lentokoneista oli kehittynyt toisen maailmansodan aikana yhä monimutkaisempia mekaanisteknisiä kokonaisuuksia. Kehitystä oli tapahtunut tekniikan kaikilla osa-alueilla: aerodynamiikassa, rakenteiden keveydessä, navigointilaitteissa ja korkealla lentämisen mahdollistavassa paineistuksessa. Suurin kehitys oli kuitenkin tapahtunut moottoreissa ja niiden tehoissa. Kun Wright-veljesten historiallisessa koneessa oli 12 hevosvoimaa, tehokkaimmat lentokonemoottorit kehittivät 1950-luvulle tultaessa jo yli 3 000 hevosvoimaa. Lisääntynyt teho toi mukanaan myös ongelmia.

Suurempia tehoja tarvittiin, koska koneiden koot olivat kasvaneet ja niillä haluttiin lentää korkeammalla ja nopeammin. Samalla tuolloin käytössä ollut mäntämoottoritekniikka vaati yhä monimutkaisempia rakenteita. Yhdessä moottorissa saattoi olla satoja liikkuvia osia, joista merkittävä osa teki vielä edestakaista liikettä. Moottorit vaativat täyskorjauksen tyypillisesti 1 000–2 000 lentotunnin välein, kun nykyisissä suihkumoottoreissa vastaavat toimenpiteet tehdään vasta kymmenientuhansien tuntien jälkeen.

Suurten mäntämoottorikoneiden kohdalla saattoi tilastojen mukaan tapahtua jokaisen 4 000 lentotunnin aikana moottorin pysäyttämisen vaatinut häiriö tai rikkoutuminen.[98] Yksi viimeisimmistä tehokkaista mäntämoottorikoneista oli Atlantin liikenteessä käytetty nelimoottorinen Lockheed Constellation. Konetta on usein kehuttu maailman kauneimmaksi matkustajakoneeksi, mutta vikaherkkien moottoreidensa vuoksi konetyyppi tunnettiin aikoinaan myös maailman nopeimpana kolmimoottorikoneena – perille kun tultiin usein yksi moottori sammutettuna.[99]

Comet-onnettomuuksien kovat opetukset

Ratkaiseva muutos tapahtui, kun mekaanisesti monimutkaiset moottorit korvattiin rakenteellisesti yksinkertaisemmilla suihkuturbiineilla. Siirtyminen uuteen suihkukoneiden aikakauteen ei kuitenkaan sujunut ongelmitta.

Brittiläisen lentokonetehdas de Havillandin rakentama suihkumoottorikäyttöinen DH-106 Comet -matkustajakone aloitti kaupallisen liikenteen toukokuussa 1952. Suihkukoneiden aikakauden katsotaankin alkaneen Cometin ensilennosta 27. heinäkuuta 1949. Uusi matkustajakone oli vanhoihin mäntämoottorikoneisiin verrattuna nopeampi ja äänettömämpi. Matkustajat kehuivat erityisesti uusien voimalaitteiden värinätöntä käyntiä. Comet-suihkukonetta pidettiin vakuuttavana näyttönä brittiläisestä ilmailuosaamisesta, ja konetyyppi herätti maailmalla yleistä ihastusta. Useat länsimaiset lentoyhtiöt – yhdysvaltalaisia myöten – tekivät runsaasti aiesopimuksia uuden sukupolven lentokoneiden hankkimisesta.[100]

Suomalaisetkin saivat ihastella uuden teknologian huipputuotetta. Yksi ensimmäisistä valmistuneista Cometeista tuli hakemaan Edinburghin herttua Philipin (1921–2021) Helsingin olympialaisista 4. elokuuta 1952. Kyseessä oli samalla ensimmäinen kerta, kun Suomeen laskeutui suihkukone. Tapahtuma herätti luonnollisesti suurta huomiota, olihan Cometin ensimmäisestä kaupallisesta lennosta kulunut vain kaksi kuukautta.[101] Suomalaisten matkustamisen katsottiin siirtyneen uuteen aikakauteen, kun maamme "yhdistettiin reaktioilmailun piiriin".[102]

Vajaan parin ensimmäisen käyttövuoden aikana konetyypille tapahtui laskuvaurioita ja yksi ukkosmyrskyssä tapahtunut tuhoutuminen toukokuussa 1953. Silti Cometia pidettiin turvallisena ja onnistuneena konstruktiona. Tilanne muuttui dramaattisesti seuraavana vuonna. Vuonna 1954 tapahtui Cometille kaksi onnettomuutta, jotka vaikuttivat ratkaisevasti sekä konetyypin tulevaisuuteen että liikenneilmailun onnettomuustutkintaan.

Tammikuun 1. päivänä 1954 lähti matkustajia täynnä oleva BOAC-yhtiön Comet reittilennolle Roomasta kohti Lontoota. Vajaa puoli tuntia lähdön jälkeen ja koneen saavutettua lähes reittikorkeuden yhteys siihen katkesi yllättäen. Lentäjät eivät ehtineet raportoida poikkeustilanteesta. Pian nähtiin ilmassa hajonneen koneen rungon osia putoavan Elba-saaren lähettyville Italian länsirannikolle.[103]

Onnettomuuden jälkeen BOAC maadoitti kaikki Comet-koneet jatkotutkimuksia varten. Syitä ei kuitenkaan löydetty, ja yleisesti epäiltiin, että kyseessä saattoi olla sabotaasi. Koneet palasivat liikenteeseen 23. maaliskuuta. Ei kulunut kuin kuusitoista päivää, niin sama kohtalo koettiin uudestaan. Jälleen oli kyseessä Roomasta lähtenyt Comet, jonka määräkenttänä oli tuolloin Kairo. Vajaan tunnin lennon jälkeen ja saavutettuaan reittikorkeuden kone tuhoutui yhtä mystisellä tavalla kuin edeltäjänsäkin.[104]

Kaksi uudelle konetyypille yllättäen tapahtunutta onnettomuutta aiheuttivat suuren mediakohun. Välittömänä seurauksena oli, että Comet-koneiden lentokelpoisuustodistus peruutettiin. Arvokkaiden koneiden jääminen maahan aiheutti yhtiöille mittavat taloudelliset tappiot. Koneen valmistaneelle de Havilland -tehtaalle ja britannialaiselle lentokoneteollisuudelle koituneella imagotappiolla oli vielä kauaskantoisemmat seuraukset. Onnettomuudet päättivät Britannian aikakauden maailman johtavana ilmailuteollisuusmaana.[105] Pari päivää jälkimmäisen onnettomuuden jälkeen pääministeri Winston Churchill käynnisti onnettomuustutkinnan. Hän lausui määrätietoisesti, että "Comet-mysteerin ratkaisemisen vaatimia kustannuksia ei pidä laskea rahassa eikä miestyövuosissa".[106]

Elban edustalla kadonneen koneen jäännökset onnistuttiin nostamaan merestä. Toista konetta ei koskaan löydetty. Löytyneen hylyn palasista rakennettiin mahdollisimman tarkka rekonstruktio ja rakenteelliset vauriot analysoitiin yksityiskohtaisesti. Lisäksi BOAC-yhtiö lahjoitti yhden koneen tutkimustyötä varten. Koneen runkoa kuormitettiin paineisella vedellä, jolloin pystyttiin simuloimaan koneen rakenteisiin lennon eri vaiheissa kohdistuneita rasituksia.[107]

Perusteellisissa tutkimuksissa paljastui, että onnettomuudet olivat johtuneet metallin väsymisestä. Rungon suunnittelussa ei ollut osattu ottaa riittävästi huomioon suurten painevaihteluiden vaikutusta alumiiniseen rakenteeseen, lensihän Comet yli kaksi kertaa korkeammalla kuin muut koneet ja ilmanpaineen vaihtelut olivat huomattavat. Tutkinnan jälkeen koneiden rakenteita vahvistettiin ja muun muassa ikkunoiden suorakaiteiset kulmat pyöristettiin kestämään paremmin väsymismurtumia.

Comet palasi kaupalliseen liikenteeseen vasta vuonna 1958. Onnettomuuksien aiheuttama mainetappio oli kuitenkin niin suuri, että suihkumatkustajaliikenteen aloittanut ikoninen lentokone ei enää kiinnostanut lentoyhtiöitä. Vaikka konetyyppi lensi vielä pitkään – viimeinen lento lennettiin niinkin myöhään kuin vuonna 1997 – matkustajakoneiden valmistamisen painopiste siirtyi 1950-luvun loppupuolella Yhdysvaltoihin. Koneen merkitys oli kuitenkin ilmailun kehityksessä suuri.[108] Ilmailuhistorioitsija Ronald Davisin (1994) mukaan Comet ”muutti maailman tekemällä sen paljon pienemmäksi paikaksi – on se sitten hyvä tai huono asia”.[109]

Kaksi dramaattista onnettomuutta eivät heijastuneet ainoastaan kansainvälisiin lentokonemarkkinoihin. Onnettomuuksilla oli merkittävä vaikutus lento-onnettomuuksien tutkintaan ja samalla turvallisuusajattelun kehittymiseen. Pääministeri Churchillin perustama tutkintakomitea teki siihenastisen ilmailunhistorian laajimman onnettomuustutkinnan. Työryhmän laajapohjainen ja puolueeton tutkimustyö antoi mallin tuleville ilmailuonnettomuuksien selvittämisille.[110]

Onnettomuustutkinnan seurauksena koneiden rakenteiden suunnittelussa ja käytössä otettiin käyttöön kaksi erityistä turvallisuusperiaatetta. Ensinnäkin tuli tarpeelliseksi määritellä aikaisempaa tarkemmin rakenteiden turvallinen käyttöaika (*safe life*). Laskennassa voitiin käyttää yksinkertaista kalenteriaikaa, jolloin kriittiset osat oli vaihdettava määräajoin – silloinkin, kun ne vielä toimivat normaalisti. Turvallinen käyttöaika voitiin määritellä myös todellisina käyntijaksoina, jolloin aktiivinen käyttöaika määritteli komponentin vaihtamisen. Jälkimmäinen käytäntö oli ollut jo aikaisemmin käytössä lentokonemoottoreissa, jotka tuli täyskorjata tai vaihtaa määrätyn lentotuntimäärän jälkeen. Comet-turman myötä säännöllisen tarkkailun kohteeksi joutuivat painerungot sekä muut kriittiset rakenteet.[111]

Turvallisen käyttöajan lisäksi Comet-onnettomuus vaikutti myös toisen turvallisuusperiaatteen syntymiseen. Periaatteesta on käytetty suomenkielistä ilmaisua vikasietoisuus tai vikaturvallisuus (*fail safe*). Ilmaisulla on tarkoitettu rakenteiden ominaisuutta, jonka avulla vaurioitumiset eivät johda kohtalokkaisiin hajoamisiin ja vaaroihin.

Vikasietoisuus tulee lähelle redundanssia eli rakenteisiin ja järjestelmiin sisään rakennettua varmistusta.[112] Redundanssista on käytetty suomenkielisiä vastineita toiste ja rinnakkaisperiaate.[113]

Lentokonetekniikassa periaate merkitsi varautumista jo suunnitteluvaiheessa mahdollisiin rakenteiden pettämisiin ja niiden seurausvaikutuksiin. Lentokoneiden moottoreiden asennukset tuli toteuttaa niin, että mahdollinen moottorin vaurioituminen ei vaurioittaisi tärkeitä rungon tai siipien rakenteita. Kyseessä on siis tarkasti suunniteltu hallittu hajoaminen.[114]

Tarpeelliset tarkistuslistat

> *Lokakuun 30. päivä 1935 on jäänyt ilmailun historiaan. Tuolloin yhdysvaltalainen Boeing-tehdas halusi järjestää mittavan kutsuvierastapahtuman ja esitellä arvovaltaiselle yleisölle uuden nelimoottorisen Model 299 -pommikoneensa. Koneen miehistö oli erittäin kokenut, ja kaikki sujui virheettömästi koneen nousuun asti. Päästyään ilmaan perämies havaitsi koneen korkeusperäsimen tuulilukon olevan päällä ja yritti pikaisesti avata sen. Aika ei kuitenkaan riittänyt lukon avaamiseen ja suurikokoinen lentokone menetti ohjattavuutensa ja syöksyi maahan tuhoutuen täysin. Onnettomuudessa kuoli kaksi miehistön jäsentä. Onnettomuustutkinta paljasti pian, että kokenut miehistö oli tehnyt alkeellisen virheen. Varmistettaessa ennen lähtöä koneen lukuisten järjestelmien toimivuutta ohjainlukon irrottaminen oli kaikessa kiireessä unohtunut. Sen seurauksena ilmaan päässyt kone ei ollut enää ohjattavissa.*[115]

Uudelle konetyypille tapahtunut näyttävä onnettomuus viritti valmistajatehtaassa perusteellisen keskustelun tapahtuneesta ja sen syistä. Varsin pian vahvistui käsitys, ettei kyse ollut koulutuksen tai kokemuksen puutteesta. Koneen päällikkö oli tehtaan kokenein koelentäjä. Nelimoottorisen koneen tärkeät järjestelmät olivat vain niin monimutkaisia, että yhden ihmisen muistikapasiteetti ei riittänyt etukäteen tehtävien tarkistusten suorittamiseen. Konetyypissä oli liian paljon lentokonetta yhden ihmisen lennettäväksi.[116]

Valmistajatehdas päättikin tehdä koneen seuraaville käyttäjille tarkan muistilistan lennon eri vaiheiden edellyttämistä toimenpiteistä. Ensimmäiset versiot käsittivät neljä eri listaa. Yksi keskittyi nousuun, toinen matkalentoon, kolmas laskeutumiseen ja neljäs laskun jälkeen tehtäviin tarkastuksiin. Listojen käyttöönotto vaikutti ratkaisevalla tavalla Boeing 299 -koneiden turvallisuuteen. Konetyyppi sai sarjavalmistuksessa tunnuksen B-17 ja myöhemmin Lentävänä linnoituksena tunnettua konetta rakennettiin peräti 12 731 kappaletta. Tarkistuslistojen käyttöönoton jälkeen B-17:llä lennettiin yli kolme miljoonaa kilometriä ilman onnettomuuksia.[117]

Kokemusten myötä tarkistuslistoista kehittyi pilottien käyttöön yksityiskohtainen ja johdonmukainen työkalu. Gordon et al. (2013) toteavatkin, että ”modernin ilmailun ammattilaiset elävät tarkistuslistojen kanssa ja kuolevat ilman niitä”.[118] Tarkistuslistan päätehtävä on varmistaa, että miehistö on tehnyt koneeseen turvallisen lentämisen vaatimat asetukset ja valmistelut asianmukaisella tavalla. Keskeinen tavoite on varmistaa toiminnan tasainen laatu. Tarkistuslistat auttavat säilyttämään määritellyn turvallisuustason koko lennon ajan ja jokaisella lennolla.

Vaikka tarkistuslistan toimenpiteet ulottuvat koko lentoon – maassa tapahtuvat rullaukset mukaan lukien – erityinen huomio keskittyy lennon kriittisiin vaiheisiin: nousuun, lähestymiseen ja laskuun. Vaikka nämä vaiheet käsittävät kaupallisten lentojen kokonaisajoista vain vajaan kolmanneksen, niiden aikana on tilastojen mukaan tapahtunut vajaa 80 prosenttia koneen tuhoutumiseen johtaneista onnettomuuksista.[119]

Ensimmäisen sukupolven tarkistuslistoihin oli yksinkertaisesti koottu kaikki mahdolliset toimenpiteet, joita lennon valmistelu ja suorittaminen edellyttivät. Pian huomattiin, että listoista muodostui pitkiä ja vaikeasti luettavia. Niissä eivät välttämättä myöskään korostuneet tärkeiden ja vähemmän tärkeiden toimenpiteiden erot. Erityisesti tämä tuli näkyviin hätä- ja poikkeustilanteissa. Niitä varten tarvittiin omat tarkistuslistat, jotka voisivat helpottaa kovan paineen alla työskentelevää miehistöä ja auttaa keskittymään turvallisuuden kannalta olennaisiin asioihin.

Helppokäyttöisiksi tarkoitetut muistin apuneuvot paljastivat käytännössä pilottien erilaiset toimintamallit. Tarkistuslistojen alkuperäisenä tehtävänä oli toimia selkeänä tehtävälistana, eräänlaisena ohjaamotoimintojen keittokirjana. Miehistön tuli käydä lista systemaattisesti läpi ja tehdä samalla vaadittavat toimenpiteet. Kokemus kuitenkin osoitti, että listoja käytettiin myös tehtyjen toimenpiteiden varmistuksena: Lentäjät tekivät ensiksi tarkistukset ja asetukset muistin varassa. Vasta sen jälkeen tarkistuslistan avulla käytiin läpi, että mitään ei ollut unohtunut. Jälkimmäinen malli yleistyi, kun valvottavien järjestelmien lukumäärä lisääntyi ja samalla tarkistuslistojen pituus kasvoi. Kumpikin käyttötapa edustaa turvallisen toiminnan redundanssia. Listat toimivat muistin ja monitoroinnin varmistuksena.[120]

Tarkistuslistojen käyttöönotosta huolimatta unohduksia tapahtui, ja osa niistä johti onnettomuuksiin. 1980- ja 1990-lukujen vaihteessa tapahtui Yhdysvalloissa kolme onnettomuutta, joiden yhteisenä tekijänä oli olennaisen tärkeiden asetusten unohtaminen. Yhteistä oli, että lentäjät olivat unohtaneet asettaa koneiden siipien etureunasolakot, laskulaipat sekä sivuperäsinsäädöt nousun ja laskeutumisen edellyttämiin asentoihin. Onnettomuustutkinnoissa paljastui lisäksi, että tarkistuslistan läpikäymisessä oli ollut puutteita.[121]

Onnettomuudet virittivät pohtimaan tarkistuslistojen käyttöön liittyviä inhimillisiä ja periaatteellisia tekijöitä. Oliko niin, että sinänsä yksinkertaisten muistilistojen käyttö oli todellisuudessa vaativampaa ja unohduksille alttiimpaa kuin oli etukäteen kuviteltu? Tutkimuksissa paljastuikin, että vaikka tarkistuslistoista on muodostunut lentoturvallisuuden keskeinen työkalu, niiden käyttö ei ole ollut ongelmatonta.[122]

Tarkistuslistojen rajoitukset tulivat esiin erityisesti poikkeus- ja hätätilanteissa, joissa vaikeudet tyypillisesti eskaloituvat nopeasti ja ohjaamoon tulee runsaasti keskenään ristiriitaista hälytysinformaatiota. Hätätilanteiden listojen tulee siksi olla riittävän selkeitä ja yksinkertaisia. Käyttökelpoisuuden kannalta ratkaisevia tekijöitä voivat olla jopa listojen ulkoasuun liittyvät yksityiskohdat. Millaisia kirjasintyyppejä on käytetty, miten teksti on muotoiltu ja missä järjestyksessä asiat esitetään? Tarkistuslistan looginen johdonmukaisuus on tällöin käytettävyyden tärkein ominaisuus.[123]

NASAn tutkimuksessa todettiin, että tarkistuslistojen käytössä ilmenevät unohdukset eivät johtuneet asiantuntemuksen tai kokemuksen puutteesta, vaan ne olivat seurausta normaalista ihmismielen ja -muistin työskentelytavasta. Ihmiselle on ensinnäkin tyypillistä tehdä takautuvia muistivirheitä (*retrospective memory errors*), kuten unohtaa, mihin on jättänyt avaimensa. Toisaalta hän voi unohtaa aikomuksensa (*prospective memory errors*) ja pohtia, mihin kokoukseen hän olikaan menossa.[124] Tarkistuslistojen tehokkaan käytön kannalta oli tärkeää tunnustaa nämä ihmisen muistikapasiteetin heikkoudet. Euroopan unionin lentoturvallisuusvirasto (*European Union Aviation Safety Agency*, EASA) toteaakin tarkistuslistoihin liittyvässä raportissaan, kuinka "ihmisen muisti pitää sisällään luonnostaan inhimillisen erehdyksen".[125]

Teknisten apuneuvojen ohella tehokkaiksi ovat osoittautuneet selkeät toimintamenetelmät ja oikeanlainen rutiininomaisuus. Jälkimmäistä edustaa toimintaa ohjaavien vihjeiden ja muistipolkujen luominen. Tällaisia vihjeitä voivat olla esimerkiksi laskutelineiden valitseminen koneen ylittäessä tietyn lähestymismajakan, oikean ilmanpaineen asettaminen korkeusmittariin jätettäessä määrätty lentokorkeus tai lähtöä edeltävän tarkistuslistan lukeminen sen jälkeen, kun koneen ovet on suljettu.

Muistipolut voivat kuitenkin katketa, mikäli samaan aikaan tapahtuu häiriöitä, jotka katkaisevat vireillä olevan tarkastusprosessin. Monien kohtalokkaiden unohdusten taustalla on ollut juuri tarkistuslistan lukemisen kriittisellä hetkellä tapahtunut keskeytys ja unohdus palata kesken jääneeseen tehtävälistaan.[126]

Tarkistuslistat ja toiminta hätätilanteissa

Syyskuun 2. päivänä 1998 lähti New Yorkin JFK:n kentältä Swissairin vuoro 111 kohti Sveitsin Geneveä. Vajaa tunti läh-

dön jälkeen MD 11 -laajarunkokoneen miehistö haistoi savun hajua ohjaamossa ja ryhtyi välittömästi tutkimaan sen syytä. He käyttivät apunaan kolmea tarkistuslistaa, jotka oli tarkoitettu savuongelmien ratkaisemiseen. Havaintojen perusteella näytti siltä, että vika oli koneen ilmastointijärjestelmässä, ja miehistö keskittyi sen selvittämiseen. Todellisuudessa koneen ohjaamon katossa olevissa sähkölaitteissa oli tapahtunut oikosulku, minkä seurauksena syttyi tuhoisa tulipalo. Palon paikallistaminen oli kuitenkin vaikeaa. Miehistö toimi huolellisesti tarkistuslistojen mukaan ja päätti suorittaa hätälaskun Nova Scotian Halifaxin lentokentälle. Palo levisi kuitenkin nopeasti ja johti lopulta koneen sähkölaitteiden ja avioniikan täydelliseen vaurioitumiseen. 25 minuuttia ongelman havaitsemisesta kone syöksyi mereen ja kaikki kyydissä olleet menehtyivät.

Swissairia kohdannut onnettomuus herätti laajaa huomiota. Lentoyhtiön maine oli hyvä, ja se oli tunnettu sveitsiläistä tarkkuutta edustavasta toimintakulttuuristaan. Koneen päällikkö oli erittäin kokenut, ja hän toimi yhtiössä sekä kouluttajana että tarkastuslentäjänä. Välittömästi onnettomuuden jälkeen käynnistyi lehtien keskustelupalstoilla voimakas ajatustenvaihto onnettomuuden syistä. Tunnetulle yhtiölle tapahtunut mystinen onnettomuus horjutti vakavasti ihmisten luottamusta sekä lentomatkustamiseen että yleisemmin koko teknologiseen kulttuuriin. Ihmisten reaktiot ja tulkinnat onnettomuuden syistä edustivat Potthastin (2003) mukaan ”poikkeuksellisen yhteisöllistä pyrkimystä palauttaa luottamus”.[127]

Keskustelussa nousivat esille erityisesti miehistön toimenpiteet ja tarkistuslistojen käyttö. Joidenkin mielestä onnettomuus olisi voitu välttää, mikäli pitkien tarkistuslistojen lukemisen sijasta miehistö olisi välittömästi hakeutunut hätälaskuun. Tutkinnassa oli näet paljastunut, että palovaroitukseen liittyvän listan lukeminen saattoi kestää jopa puoli tuntia.[128] Oliko onnettomuuden syynä se, että tunnollisena tunnettu kapteeni oli liian sidoksissa tarkistuslistoihin ja niiden yksityiskohtaiseen läpikäymiseen? Hän oli kuitenkin toiminut juuri, kuten Swissairin ohjeissa määrättiin. [129]

Mittava onnettomuustutkinta paljasti kuitenkin, että koneen etuosassa alkanut palo oli ollut huomattavasti vakavampi kuin mihin miehistö oli varautunut. Lisäksi palo levisi niin nopeasti, että aikaa kentälle pääsyyn ei olisi ollut riittävästi.[130] Useiden tarkistuslistojen tarkastelu osoitti, ettei niissä korostettu savun havaitsemista merkkinä vakavasta palovaarasta. Swissairin ja McDonnell Douglas-tehtaan savuhavaintoja koskevissa tarkistuslistoissa viittaus laskeutumiseen oli vasta viimeinen toimenpidekohta.[131]

Tarkistuslistat noudattavat koneen valmistajan ja käyttäjän yhdessä laatimia ja hyväksymiä normaalitoimintamenetelmiä (*Standard Operations Procedures*, SOP). Poikkeustilanteissa menetelmät voivat osoittautua kuitenkin liian raskaiksi ja tilanteen kokonaishallinnan kannalta on tarkoituksenmukaista poiketa niistä. Tällöin joudutaan miettimään menetelmien ja tarkistuslistojen toimivuutta. Miten menetelmät voivat tarjota mahdollisimman toimivaa resilienssiä eli kykyä sopeutua nopeasti muuttuneisiin olosuhteisiin ja selviämään niiden keskellä?

Swissairin onnettomuus johti konevalmistajat päivittämään hätätoimenpidelistojaan. Johtavat konevalmistajat Airbus ja Boeing uudistivat toimintaohjeita ja siirsivät hätälaskun valmistelun listojen tärkeysluokituksessa ylöspäin.[132] Onnettomuus käynnisti lisäksi laajan julkisen keskustelun ja tutkimustoiminnan, jossa esitettiin erilaisia syitä tapahtuneelle.[133] Tutkimuksissa analysoitiin lisäksi onnettomuuden vaikutuksia uhrien omaisille, paikallisille viranomaisille sekä muille auttajille.[134]

Tehokkuuden ja huolellisuuden jännite

Swissairin onnettomuus oli suuri tragedia, jossa menetettiin 229 ihmishenkeä. Onnettomuus vaikutti lentoturvallisuuden parantamiseen sekä teknisten muutosten että toimintamenetelmien tarkentamisen kautta. Menetelmien tarkentaminen ja suositusten antaminen eivät kuitenkaan välttämättä edellytä kohtalokkaita onnettomuuksia. Yhtä lailla vaara- ja poikkeamatilanteet voivat antaa tutkijoille arvokasta materiaalia.

Syyskuun 13. päivänä 2011 lähti Kööpenhaminan Kastrupin kentältä Cimber Air -yhtiön ATR-72-potkuriturbiinikone kohti Tanskan Aalborgia. Pian lähdön jälkeen vasemman moottorin varoitusvalot syttyivät. Osa turbiinin siivistä oli murtunut ja rikkonut öljyputkia sekä sytyttänyt tulipalon. Miehistö reagoi tilanteeseen välittömästi sammuttamalla moottorin ja pyytämällä välitöntä hätälähestymistä laskua varten. Viiden minuutin ja kahden sekunnin lennon jälkeen kone laskeutui onnistuneesti ja moottoripalo oli saatu sammumaan. Matkustajat poistuivat normaalisti ovien kautta, eikä tapahtuma aiheuttanut henkilövahinkoja.[135]

Toisin kuin Swissairin onnettomuus, tanskalaisen koneen hätälasku ei aiheuttanut suurta mediajulkisuutta. Kyseessä oli kuitenkin vakava vaaratilanne, minkä vuoksi paikallinen ilmailuviranomainen käynnisti turvallisuustutkinnan. Tutkinnassa löytyi väsymismurtumia turbiinisiipien rakenteissa. Havainto johti huoltomääräysten tarkentamiseen. Samalla raportti kiinnitti huomiota ohjaamotyöskentelyyn lennon kriittisessä vaiheessa.

Vakava moottorihäiriö lennon ensimmäisten minuuttien aikana merkitsee aina miehistölle suurta kuormitusta. Koneen laskulaipat ja -telineet saattavat olla vielä ulkona, ilmanopeus pieni, aerodynaaminen vastus suuri ja korkeutta vähän. Koneen hallinta vaatii tällöin intensiivistä keskittymistä. Samanaikaisesti miehistön tulisi kyetä analysoimaan vikatilanteita sekä tehdä tarvittavia hätätoimenpiteitä.

ATR-koneen miehistö toimi vaaratilanteessa muistinvaraisesti ja keskittyi ennen kaikkea lentämiseen. Vaikka tehty ratkaisu merkitsi vakiomenetelmien hylkäämistä, se sai kuitenkin onnettomuustutkijoilta kiitosta.

Kun otetaan huomioon vakava vaaratilanne ja lentoturvallisuuden varmistaminen, vakiotoimintamenetelmien ja tarkistuslistojen hylkääminen (kuusi hätätilannelistaa) sekä toimiminen muistinvaraisesti, miehistön toimintaa on pidettävä vallinneissa oloissa optimaalisena ratkaisuna. Se nopeutti laskeutumista ja kevensi samalla miehistön työmäärää.[136]

Tanskan ilmailuviranomainen suosittelikin tutkintaselostuksessa, että aiheesta tuli käydä kansainvälistä keskustelua. Siinä tulisi keskittyä kysymyksiin, miten hätätilanteissa tulisi toimia mahdollisimman tarkoituksenmukaisesti. Entä kuinka miehistö valmistellaan tilanteisiin, joissa nopeat toimenpiteet ovat tarpeen ja tehtäviä on kyettävä tehokkaasti priorisoimaan? EASA julkaisikin tapahtuneen pohjalta muistion, jossa käsiteltiin poikkeustilanteiden muistinvaraista toimintaa ja annettiin suosituksia hätätilanteiden hallintaan.[137]

Cimber Airin vaaratilanne on myös esimerkki tapahtumasta, jossa miehistö joutui tasapainottelemaan tehokkuuden ja huolellisuuden välillä. Hollnagelin (2009) määrittelyn mukaan kyseessä on niin sanottu ETTO-periaate (*Efficiency Thoroughness Trade-Of*). Lyhenteellä hän kuvaa tilannetta, jossa yksilön on optimoitava toimintansa olemassa olevien vaatimusten ja käytettävissä olevien voimavarojen välillä. Tiukoista toimintaperiaatteista tinkiminen voi olla tällöin välttämätöntä, jotta voidaan säilyttää toimintakyky monimutkaisessa ja nopeasti muuttuvassa ympäristössä.[138] Pariès (2021) pitää tämän periaatteen tyypillisenä esimerkkinä kalastustroolarin kapteenin työtä. Vaarallinen työ edellyttää jatkuvasti tehokkuuden ja turvallisuuden välisessä jännitteessä toimimista. Ilman riskinottamista saaliit jäävät mereen. Kapteeni on siten yhtä aikaa taloudellinen strategi, toiminnallinen taktikko, manageri ja etulinjan operaattori.[139]

ETTO-periaate muistuttaa erityisesti ydinvoima-alalla sovellettua niin sanottua ALARA (*as low as reasonably achievable*) -periaatetta. Sen mukaan toiminnassa on pyrittävä niin pieneen riskitasoon kuin kohtuudella on mahdollista. On siis löydettävä optimaalinen taso, jossa toiminnan riskit ja turvallisuus ovat hyväksyttävässä tasapainossa.[140]

Tarkistuslistat ovat osa normaalimenetelmiä, jotka puolestaan muodostavat ilmailun turvallisuuskulttuurin rungon. Monessa koneessa ovat edelleen käytössä perinteiset fyysiset tarkistuslistat. Niiden tilalle ovat tulleet kuitenkin erilaiset sähköiset tarkistusjärjestelmät. Uudet varmistustekniikat perustuvat koneiden ohjaamoiden suunnittelufilosofian suuren muutokseen, joka on tapahtunut 1980-luvulta alkaen. Kehitykseen on vaikuttanut samalla materiaali, jota on saatu erilaisista lennon taltiointilaitteista. Niiden merkitys erityisesti onnettomuustutkinnan ja sitä kautta lentoturvallisuuden parantumisessa on ollut merkittävä.

Oranssinväriset mustat laatikot

> *Ilmailun historia on täynnä ideoita, joita ei aluksi hyväksytty, mutta joista myöhemmin tuli välttämättömyyksiä. Lentoarvotallentimet ovat hyvä esimerkki.*
>
> *Jerome Lederer*[141]

1950-luvun alun Comet-onnettomuuksien tutkintaan osallistui 28-vuotias australialainen kemian tohtori David Warren. Warrenin oli tarkoitus tutkia, olisiko mystisten onnettomuuksien syynä mahdollisesti polttoainesäiliöissä tapahtunut räjähdys.

Onnettomuustutkintaryhmän kokouksissa esitettiin useita erilaisia arvailuja onnettomuuksien syistä. Warren kiinnitti huomiota siihen, ettei kenelläkään ollut käsitystä, mitä koneen ohjaamossa ja matkustamossa oli viimeisinä kohtalokkaina hetkinä lopulta tapahtunut.[142] Erityisen hyödyllistä olisi ollut tietää, mitä lentäjät olivat keskenään keskustelleet. Samoihin aikoihin hän oli nähnyt kulutustavaramessuilla pienikokoisen Minifon-sanelukoneen, jolle oli mahdollista tallentaa puhetta kahden tunnin verran.[143] Olisiko mahdollista, että lentokoneiden ohjaamoissa olisi samanlaiset tallentimet, joita voitaisiin käyttää apuna onnettomuuksien tutkinnassa?

Warren lähti kehittämään ideaansa, joka nopeasti laajeni pelkästä puheen äänittämisestä lentoarvojen tallentamiseen. Tekninen toteutus oli haastava, pitihän laitteiston kestää onnettomuudesta johtuvat hidastusvoimat, tulipalot tai vesivahingot. Warrenin idea sai ensi alkuun myönteisen vastaanoton, ja hän julkaisi aiheesta lyhyen tutkielman.[144] Kirjoittajan mukaan ”kaikki tieto, mikä on käytettävissä onnettomuutta edeltäneiltä hetkiltä koskien lennon olosuhteita, lentäjien reaktioita jne., on mittaamattoman arvokasta”.[145]

Warrenin ”lentomuistijärjestelmän” tekninen toteutus osoittautui kuitenkin vaativaksi tehtäväksi. Hänen suunnittelemansa ja rakennuttamansa prototyypit eivät koskaan tulleet kaupalliseen käyttöön, eikä niitä edes patentoitu. Warrenia pidetään kuitenkin lennontaltiointilaitteiden keksijänä ja ensimmäisenä kehittäjänä.[146]

Kehitystyö siirtyi Australian mantereelta Britanniaan, missä rakennettiin ensimmäiset kaupalliseen käyttöön soveltuvat "mustat laatikot".[147] Nimitystä käytettiin lennontallentimista ensimmäisen kerran vuonna 1958, ja se on säilynyt, vaikka nykyiset laitteet on löytämisen helpottamiseksi asennettu oranssinväriseen suojakuoreen.[148]

Tosin jo Warrenia aikaisemminkin oli kehitetty taltiointimenetelmiä, joita oli käytetty koelentojen tulosten analysoinnissa. Toisen maailmansodan aikana oli liittoutuneilla käytössään yksinkertaisia tallentimia, joilla voitiin jälkikäteen tarkastella koneen nopeutta ja kiihtyvyysarvoja.[149]

Suomessa suunniteltiin samaan aikaan huomattavasti kehittyneempi tallennuslaitteisto. Laitteiston suunnittelusta vastasi Ilmavoimien aerodynaamisessa toimistossa jatkosodan aikana työskennellyt diplomi-insinööri Veijo Hietala. Hän suunnitteli ja rakensi kellokoneistolla käyvän lennonrekisteröintilaitteen, jolla pystyttiin taltioimaan lentokoneen nopeuden ja kiihtyvyyden lisäksi myös korkeus sekä ilman lämpötila. Laitteisto ei ollut kuitenkaan tarkoitettu onnettomuustutkinnan välineeksi. Siitä oli silti ratkaisevasti apua, kun tutkittiin koelennolla 19.11.1942 tuhoutuneen Myrsky-hävittäjän prototyypin aerodynaamisia ongelmia. Kyseessä lienee ensimmäinen kerta, kun lennontaltiointilaitetta voitiin käyttää apuna onnettomuustutkinnassa.[150]

Lennontallentimien (*Flight Data Recorder*, FDR ja *Cockpit Voice Recorder*, CVR) merkitys ja hyöty tunnistettiin saavuttaessa 1960-luvulle, mutta aktiiviseen käyttöön ne tulivat hitaasti. Warrenin perinteitä kunnioittaen Australia määräsi ensimmäisenä valtiona tallentimet pakollisiksi vuonna 1960. Perässä seurasi Yhdysvallat.[151] Britanniassa kehitys oli hitaampaa. Vuonna 1962 julkaistu muistio suorastaan epäili uuden tekniikan hyödyllisyyttä onnettomuustutkinnassa.

> *Britanniassa vallitsee yleinen näkemys siitä, että puheen taltioimisella on vähän, jos lainkaan, todellista käyttöä. Lisäksi yli 15 minuutin pituiset nauhoitukset ovat turhia. Mikäli vaatimus toteutuu, maksimiajan tulisi olla viisi minuuttia.*[152]

Taltiointilaitteet tulivatkin YK:n jäsenvaltioissa pakollisiksi yli 27 tonnia painavissa matkustajakoneissa vasta vuonna 1975. Päätökseen vaikutti erityisesti 18.6.1972 BEA Trident -koneelle tapahtunut tuhoisa onnettomuus.[153] Ensimmäinen kerta, jolloin modernien taltiointilaitteiden tietoa hyödynnettiin tutkintatyössä, oli tosin tapahtunut jo vuonna 1965. Tuolloin Lontoon Heathrow'ta huonossa säässä lähestynyt Vickers Vanguar -kone tuhoutui ja tallentimen tiedot paljastivat koneen käsittelyssä tapahtuneet virheet.[154] Myöhemmin Britannian asenteet taltiointilaitteisiin ovat muuttuneet ja maa on ollut ensimmäisten joukossa kehittämässä moderneja lentoarvojen (CAADRP) tallennus- ja analysointimenetelmiä.[155]

Digitaalitekniikka mullistaa lennontaltioinnin

Lennontallentimet ovat ratkaisevalla tavalla vaikuttaneet kaupalliseen ilmailuun ja sen kehittymisen. Campbellin (2007) mukaan "luultavasti mikään muu yksittäinen keksintö ei ole niin merkittävällä tavalla parantanut lentoturvallisuutta".[156] Kehitys ei ole ollut kuitenkaan ongelmatonta.

Ensimmäisinä vuosina laitteiden luotettavuus ja toiminta jättivät paljon toivomisen varaa. Samoin lentäjäorganisaatiot ja ammattiliitot suhtautuivat alkuvaiheessa tallentimiin varauksellisesti. Yleinen ajattelumalli oli, että niiden mukana ohjaamoon tuli lentäjän rinnalle vakoilija tai isoveli.[157] Samoin pilotit olivat epätietoisia, mihin kaikkeen tallennettua tietoa tultaisiin jälkeenpäin käyttämään. Oliko lentoyhtiöiden tarkoitus kenties kuunnella jälkikäteen luottamuksellisia ohjaamokeskusteluja? Kuvaavaa epäluulon ilmapiirille oli, että suomalaiset lentäjät nimesivät Veijo Hietalan suunnitteleman lentoarvotallentimen tunnetun naisvakooja Mata Harin mukaan.[158]

Tallentimet osoittautuivat epäilyksistä huolimatta onnettomuustutkinnan välttämättömiksi ja tehokkaiksi välineiksi. Erityisesti 27.3.1977 Teneriffan onnettomuudessa ohjaamokeskustelun tallenteilla oli ratkaisevan tärkeä merkitys. Miehistön keskustelut paljastivat kohtalokkaaseen tapahtumaan johtaneet tekijät.

Lentoturvallisuuskehityksen kannalta merkittäväksi muodostui ohjaamokeskusteluiden lisäksi tallentimien kautta saatu tieto lentoarvoista. Ensimmäisen polven FDR-laitteet tallensivat kuitenkin vain viittä arvoa: lentokorkeus, ohjaussuunta, ilmanopeus, kellonaika ja koneen kiihtyvyys. Vaikka arvot olivat lentämisen kannalta kriittisimpiä, ne eivät riittäneet vaativimpien onnettomuussyiden täydelliseen selvittämiseen. Tallenteista ei pystynyt lukemaan ohjainten asentoja, tehoasetuksia tai koneen käyttölaitteiden asetuksia.

Vuonna 1987 tapahtui merkittävä edistys, kun Yhdysvaltojen lentoturvallisuutta valvova ja tutkiva elin (NTSB) antoi kansalliselle ilmailuviranomaiselle suosituksen tallentimien kapasiteetin lisäämisestä. Samalla otettiin käyttöön ensimmäisen polven digitaaliset tallentimet (DFDR).[159] Parantuneella tekniikalla oli merkittävä vaikutus lennon kriittisten vaiheiden turvallisuuden lisäämiseen. 1980-luvulla tapahtui Yhdysvalloissa kaksi lento-onnettomuutta, joiden syiden selvittämisessä tallentimien välittämä tieto oli ensiarvoisen tärkeää ja johti selkeisiin teknisiin ja menetelmällisiin parannuksiin.

Kesäkuun 9. päivänä 1982 tuhoutui New Orleansissa Pan Am -yhtiön B727-kone välittömästi lentoonlähdön jälkeen.[160] *Lennontallentimet viittasivat voimakkaaseen alaspäin suuntautuvaan ilmavirtaukseen, joka oli kohdistunut koneeseen muutaman kymmenen metrin korkeudella. Lennontallentimien tallentamat viisi lentoarvoa eivät kuitenkaan antaneet tutkijoille riittävästi materiaalia onnettomuuden syyn täydelliseen selvittämiseen.*[161]

Vastaavan tyyppinen onnettomuus tapahtui muutama vuosi myöhemmin. Delta Airlinesin laajarunkoinen Lockheed L-1011 oli laskeutumassa Dallasin kansainväliselle kentälle 2.8.1985. Laskun loppuvaiheessa koneen lähestymislinjalle osui ukkosrintaman muodostama voimakas syöksyvirtaus, jonka johdosta kone menetti voimakkaasti korkeutta, ajautui kentän jatkeelle ja syttyi tuleen. Onnettomuudessa menehtyi 136 henkilöä koneessa olleesta 163:sta. Kone oli varustettu uudella digitaalisella tallentimella (DFDR), joka kykeni tallen-

tamaan 42 erilaista lentotietoa viimeisen kahden tunnin ajalta. Laitteiston ansiosta tutkijalautakunta pystyi analysoimaan tarkasti onnettomuuteen johtaneet tekijät.[162]

Kummassakin onnettomuudessa olivat syynä siihen asti vielä verrattain tuntemattomat sääilmiöt, matalalla tapahtuva syöksyvirtaus (*downburst*) ja tuuliväänne (*windshear*). Koneiden lentäessä pienellä ilmanopeudella voimakkaasti laskevat ilmavirtaukset olivat aiheuttaneet hallinnan menetyksen matalalla lentokorkeudella. Lennontallentimien kautta saatu tieto auttoi ymmärtämään ilmiöiden vakavuudet ja kehittämään turvallisuusjärjestelmiä.

Yhdysvaltojen ilmailuviranomainen (*Federal Aviation Administration*, FAA) edellytti vuonna 1987, että suuremmille lentokentille on asennettava syöksyvirtauksista varoittava Doppler-tutkajärjestelmä. Myöhemmin vastaavat laitteet asennettiin myös itse koneisiin. Lentoarvotallentimien kautta saatu tieto hyödynnettiin myös koulutuksessa. 1980-luvun lopusta lähtien lentäjien simulaattorikoulutuksessa on jäljitelty lennon kriittisessä vaiheessa ilmeneviä sääilmiöitä.[163]

Lentoarvotallentimia käytettiin alun perin selkeästi onnettomuustutkintaan, johon ne oli suunniteltukin. Ensimmäisten sukupolvien tallentimille oli tyypillistä, että tallennusaika oli rajallinen ja kerätty tieto poistui onnistuneesti sujuneen lennon jälkeen. Samalla kun tallentimien avulla on saatu arvokasta tietoa, niiden käyttö onnettomuustutkinnan välineenä on osoittautunut ilahduttavan vähäiseksi. Walker (2017) toteaakin lohdullisesti, että ”valtaosassa liikennelentokoneiden 30 tai 40 vuoden käyttöikää mustia laatikoita ei koskaan käytetä niiden alkuperäiseen tarkoitukseen”.[164]

Kehityksen myötä tallentimien tehtävä on muuttunut tai pikemminkin täydentynyt. Liikenneilmailussa onkin viimeisinä vuosikymmeninä koettu Cusick et al. (2017) sanoin ”ihmeellinen dilemma”.[165] Amalbertin (2001) mukaan yhä turvallisemmassa ilmailussa vallitsee paradoksinen tilanne. Varsinaisia onnettomuuksia on tapahtunut niin vähän, että niistä ei saada enää merkittävästi materiaalia turvallisuuden kehittämiseen.[166] Poikkeama- ja vaaratilanteita tapahtuu sen sijaan edelleen, ja niiden analysoinnin merkitys turvallisuuskulttuurin kehittämisessä on kasvanut. Samalla huomio on kiinnittynyt normaalitoimintaan ja siinä tapahtuvien pienten muutosten ja potentiaalisten turvallisuusriskien havaitsemiseen.

Menneisyyden ja tulevaisuuden mittarit

Kehitettäessä järjestelmän tai organisaation kokonaisturvallisuutta turvallisuustutkimuksen perinteinen menetelmä on ollut taaksepäin katsova. Onnettomuuksista sekä vaara- ja poikkeustilanteista on kerätty materiaalia, jota on analysoitu. Näin on saatu arvokasta tietoa vaarallisista paikoista, vääristä menetelmistä tai riskipitoisista rakenteista ja oloista. Tyypillinen esimerkki on liikenneonnettomuuksien tapahtumapaikkojen tilastointi. Tilastoinnin paljastamille vaarallisille paikoille on järkevää rakentaa liikennevaloja, suojateitä ja määrätä nopeusrajoituksia.

Näitä historiasuuntautuneita indikaattoreita voidaan kutsua reagoiviksi mittareiksi (*lagging indicators*).[167] Ilmailun turvallisuustutkinta on pisimmälle kehitetty malli reagoiviin mittareihin perustuvasta ja menestykselliseksi osoittautuneesta turvallisuuskulttuurista. Vuosikymmenten aikana yksityiskohtaisen tutkintatyön tuloksena on syntynyt mittava määrä kokemusperäistä tietoa, jonka avulla teknisiä rakenteita, menetelmiä ja määräyksiä on kehitetty. Näin karttunutta tietoa on jaettu maailmanlaajuisesti. Turvallisuustutkintaselostukset ovat pääsääntöisesti julkista materiaalia ja nykyisen sähköisen viestinnän aikana vapaasti luettavissa ja hyödynnettävissä.

Reagoivien ja taaksepäin suuntautuneiden mittareiden malli on tuttu monilta muiltakin elämänalueilta, myös ihmistieteissä. Filosofiassa, lääketieteessä, psykoanalyysissä ja teologiassa tunnetaan kreikkalaisperäinen käsite *anamneesi*. Sillä on vanhastaan tarkoitettu erilaisten asioiden muistamista ja mieleen palauttamista. Tämän muistamistapahtuman kautta potilas voi välittää lääkärille sairauttaan kokevia esitietoja ja elämänsä traumoja tai yhteisö voi kerrata oman historiansa ja olemuksensa kannalta keskeisiä tapahtumia. Kysymyksessä on ihmiselle ominainen tapa jäsentää elämää palauttamalla menneet tapahtumat eläviksi mielensä sisällä ja suuntautumalla siten kohti tulevaa.[168]

Anamneesi on osa ihmisen narratiivista todellisuutta. Yhteisesti jaettujen kertomusten kautta jäsennämme elämäämme ja opimme toinen toisiltamme. Meretojan (2017) mukaan kertomukset sekä laajentavat että supistavat meidän tajuamme siitä, mikä on elämässä mahdollista ja mikä ei.[169] Tämä piirre on ilmailussa ollut aina vahva. Kertyneitä kokemuksia on muisteltu, ja niitä on jaettu yhteisöllisesti. Näin on kertynyt kumulatiivista viisautta, jota on siirretty ilmailusukupolvelta toiselle.

Lentäjät tapaavat puhua kuppilatiimasta. Sanalla tarkoitetaan kahvilapöydän ääressä tapahtuvaa keskustelua, jossa käydään läpi lentokokemuksia ja siten kerätään epävirallisia lentotunteja eli ilmailuslangilla tiimaa. Kahden lentäjän ohjaamotyöskentely toteuttaa sekin anamneesia. Kun miehistö monitoroi toinen toistaan, vaihdetaan samalla kokemuksia. Keskinäisessä keskustelussa siirtyy paljon kertynyttä kokemusta ja yhteistä viisautta.

Kasvoista kasvoihin kohtaaminen ja elävä keskustelu ovat sekä ilmailussa että laajemminkin korkean luotettavuuden organisaatioissa osoittautuneet tärkeiksi turvallisuustekijöiksi. Turvallisuusteoreetikko Karl E. Weick (1987) katsoo, että yhtenä syynä tunnettuun Challenger-sukkulan tuhoon oli viranomaisten ja valmistajatehtaan edustajien kommunikointi vain puhelimen välityksellä.[170] Mikäli he olisivat kohdanneet kasvoista kasvoihin, informaatiota olisi välittynyt enemmän ja insinöörien huoli rakenteiden kestävyydestä olisi välittynyt laukaisupäätöksen tekijöille vakuuttavammin.[171]

Anamneettinen ja kertomuksiin perustuva kommunikatiivisuus näyttää olevan laajemminkin yksi keskeinen tekijä turvallisuuskriittisten organisaatioiden toiminnassa. Weickin (1987) mukaan tämä piirre edustaa erityislaatuista narratiivista viisautta ja järkiperäisen havainnoinnin kykyä.

> *Kertomusten merkittävyys ei ole ainoastaan niiden kyvyssä jäsentää toimintaa. Ne myös rekisteröivät, tiivistävät ja mahdollistavat sellaisten kokonaisuuksien hahmottamisen, jotka olisivat liian monimutkaisia tallentaa vain loogisina ja lineaarisina yhteenvetoina. Tarinat lisäävät toimijoiden keskuudessa riittävää ja tarpeellista vaihtelua (requisite variety). Siksi*

korkean luotettavuuden järjestelmät saattavat tehdä hallaa itselleen, jos niiden toiminta rajoittuu vain perinteisen rationaalisuuden vaalimiseen, eivätkä ne tunnista kertomuksiin sisältyvän viisauden (narrative rationality) voimaa.[172]

Ilmailun kohdalla turvallisuusmittareiden anamneettiseen arvoon sisältyy samalla paradoksaalinen piirre. Kaupallisen ilmailun turvallisuustilanne on parantunut niin lähelle täydellisyyttä, että turvallisuutta merkittävästi lisäävän onnettomuus- tai vaaratilannemateriaalin saaminen kehitystyöhön on ongelmallista.[173] Suomalaiset tutkijat Teemu Reiman ja Pia Oedewald (2008) toteavatkin Amalbertiin tukeutuen mittaamisen vaikeuden.

Toisaalta tästä syntyy se ongelma, että kun yrityksen turvallisuustaso paranee, sitä on yhä vaikeampi mitata olemassa olevilla mittareilla. Onkin kyseenalaista, miten hyvin mittarit tuottavat tietoa yrityksen turvallisuustasosta silloin, kun yritys on lähes täydellisen turvallinen.[174]

Äärimmäisen turvallisten (*ultra-safe*) organisaatioiden määritelmät ovat luonnollisesti monitulkintainen asia. Amalbertin (2001) mukaan näille organisaatioille on ominaista, että vakavia onnettomuuksia tapahtuu korkeintaan yksi miljoonaa operaatiota kohden ja että toiminta on ylisäänneltyä.[175] Ylisääntelyyn sisältyy myös ongelmia. Ongelmana saattaa tällöin olla se, että sääntely synnyttää painetta juridisiin prosesseihin, joilla niilläkään ei välttämättä ole suoranaista kytkentää varsinaiseen turvallisuuden kehitykseen. Ylimitoitettu sääntely voi paradoksisesti johtaa tilanteeseen, jossa rikkomukset ovat väistämättömiä, niiden raportointia vältetään ja samalla toiminnan läpinäkyvyys heikkenee.[176]

Liikenne- ja viestintäviraston johtava tutkija Heli Koivu suhtautuu varauksellisesti Amalbertin ajatuksiin. Hänen mukaansa esimerkiksi EASA on jo pidempään kehittänyt sääntelyä suuntaan, jossa yksityiskohtien kontrollista pyritään suorituskykyperustaiseen sääntelyyn. ”Sääntelyä uudistetaan vastaamaan nykytarpeita, ja uusien säädösten vaikutukset turvallisuuteen arvioidaan jo ennalta, päätettäessä, onko sääntely se työkalu, jolla kyseiseen ongelmaan pitäisi edes puuttua".[177] Lisäksi Koivun mukaan juuri poikkeamaraporttien kautta saadaan arvokasta tietoa siitä, missä riskienhallinnassa on onnistuttu ja missä ei, samalla kun raportoijat ehdottavat käytännön parannuksia. Liikenne- ja viestintävirasto Traficom on saanut vuosittain noin 10 000 poikkeamaraporttia, mikä on merkki hyvästä turvallisuuskulttuurista. Raportit eivät siten ole vain epäonnistumisen kuvauksia, vaan yhtä lailla kuvauksia onnistumisista ja toimivista suojauksista, jotka "pelastivat päivän".[178]

Taaksepäin suuntautuvien reagoivien indikaattoreiden rinnalle turvallisuustutkimuksessa onkin 1990-luvulta alkaen yhä vahvemmin kehitetty tapahtumien ennakoinnin ja ohjaamisen mittareita (*leading indicators*). Näille mittareille on ominaista, että ne keskittyvät löytämään mahdollisia uhkia ja hallitsemaan tulevaan toimintaan liittyviä riskejä.

Ohjaaville mittareille on lisäksi tyypillistä, että ne eivät yritä tunnistaa vain tapahtuneita poikkeamia, vaan keskittyvät näkemään myös toiminnan positiiviset piirteet ja onnistumiset. Reimanin ja Pietikäisen (2012) sanoin "turvallisuus on enemmän kuin vain riskien poissaoloa".[179] Tällöin huomio ei kiinnity vain epäonnistumisiin, vaan normaalitoimintaan ja siihen, miten ja miksi järjestelmät toimivat suunnitellulla tavalla. Normaalista onkin tullut turvallisuustutkimuksen keskeinen tutkimuskohde. Turvallisuus on siten paradoksisesti ilmaistuna Weickin (1987) mukaan "dynaamista tapahtumattomuutta".[180]

Liikenneilmailussa tätä turvallisuuskulttuurin paradigmamuutosta on tukenut digitaalisten lentoarvotallentimien huima kehitys. Tämä kehitys on suora johdannainen koko lentokonetekniikassa tapahtuneesta mullistuksesta, jossa ohjaintoiminnot ovat siirtyneet yhä enemmän tietokoneiden vastuulle. Lentäjällä ei ole enää suoraa tuntumaa lentokoneen ohjainpintoihin, vaan hän antaa ohjaimilla vain tarvittavia käskyjä. Nuo käskyt tietokone muuttaa ohjainpintojen liikkeeksi tai moottorin tehoasetuksiksi.

Tietokoneohjaus (*Fly-by-Wire*) mahdollistaa samalla lähes rajattoman datamäärän keräämisen ja tallentamisen koneen kulloisistakin liikkeistä ja ohjaajan tekemisistä. Tätä massiivista informaatiota on mahdollista käyttää lentotapahtuman entistä yksityiskohtaisemmassa arvioinnissa ja analyysissä. Lentoarvojen tallentimia ei puretakaan enää vain onnettomuustapauksissa, vaan tiedosta on tullut tärkeä sekä normaalitoiminnan että normaalista poikkeavan toiminnan seuraamisen ja kehittämisen väline.

Kehittyvät raportointi- ja analyysivälineet

> *Airbus 320 -matkustajakone lähestyy Helsinki-Vantaan lounaaseen suuntautuvaa kiitotietä 22R. Lumisateen vuoksi näkyvyys on heikko, ja lentäjät varautuvat tekemään lopullisen laskupäätöksen vasta aivan kiitotien kynnyksellä. Kiitotie odottaa aurausta, ja lennonjohto ilmoittaa jarrutustehojen olevan keskinkertaiset. Vähän aikaisemmin laskeutunut kone joutui pidentämään jarrutusmatkaansa ja valitsemaan kauempana olevan rullaustien liittymän. Lennonjohto arvioi kiitotiellä olevan ja lähestyvän koneen etäisyysmarginaalin jäävän liian vähäiseksi ja kehottaa laskeutuvaa konetta tekemään ylösvedon. Lentäjät tekevät työtä käskettyä ja kytkevät koneen automaattisen ylösvetotoiminnon päälle. Matkustajissa herättää hämmennystä lentotilan yllättävä muutos ja tunne kiihtyvyydestä koneen noustessa uutta lähestymistä varten. Uusi lasku sujuu eleettömästi, ja kone rullaa lumisateen keskellä kohti terminaalia ja lennonjohdon määräämä porttia. Poistuessaan koneesta matkustajat keskustelevat, että olipa aikamoinen kokemus. Joku päivittää tuntemuksiaan saman tien sosiaaliseen mediaan.*

Oheinen kertomus on kuvitteellinen, mutta se voisi olla totta. Henkilökunnan näkökulmasta tapahtunut ei sisällä dramatiikkaa, ja vastaavanlaisia tapahtumia toistuu aina silloin tällöin. Lento ei ole kuitenkaan lopullisesti ohi, vaan sen aikana kertynyt ja digitaalisesti tallentunut tietomäärä siirtyy analysoitavaksi ja hyödynnettäväksi.

Vuodesta 2005 alkaen ICAO on edellyttänyt jäsenvaltioidensa lentoyhtiöiltä, että yli 27 tonnia painavissa matkustajakoneissa tulisi ottaa käyttöön lentoarvojen digitaalinen tallentaminen ja siihen liittyvä analyysivälineistö.[181] Järjestelmästä on käytetty eri maissa ja yhtiöissä eri nimiä. Yhdysvaltojen ulkopuolella käytetty lyhenne on useimmiten FDM (*Flight Data Monitoring*) tai tarkemmin FDAP (*Flight Data Analysis Program*).[182] Riippumatta nimityksestä järjestelmän tarkoitus on sama: pyrkiä keräämään mahdollisimman paljon tietoa normaalitoiminnasta ja hyödyntää sitä niin, että vaaratilanteilta vältyttäisiin.

ICAO:n mukaan digitaaliseen tallentamiseen perustuvan riskien analysointihankkeen keskeiset tavoitteet ovat seuraavat:

- tunnistaa ja määritellä olemassa olevat toiminnalliset riskit
- tunnistaa ja määritellä muuttuvat toiminnalliset riskit
- arvioida muodollisesti, mitkä riskit eivät ole hyväksyttäviä
- ei-hyväksyttyjen riskien kohdalla toteuttaa korjaavia toimenpiteitä
- mitata toimenpiteiden tehokkuutta ja jatkaa riskien tutkimista.[183]

Nykyiset tallentimet pystyvät säilyttämään tuhannet eri arvot, jotka liittyvät niin lentokoneen järjestelmiin, toimintaan kuin ulkoisiin olosuhteisiin. Perinteisten ohjaamon äänitallenteiden lisäksi on mahdollista tallentaa kuvaa sekä ohjaamosta että koneen ulkopuolelta. Jokaisesta lennosta kertyy täten mittava määrä tietoa, jonka käsittely ja analysointi edellyttävät sekä kehittyneitä tallennus- ja tiedonsiirtovälineitä että yhteisesti sovittuja pelisääntöjä. Lentokoneen järjestelmistä ja lennon aikaisista tapahtumista kertynyt tieto voidaan purkaa sekä ilmassa että maassa.[184]

Lentoiminnasta kertyvän tiedon käsittely on luonnollisesti mittava haaste. Jokaisesta normaalista lennosta kertyvä, tuhansia eri arvoja sisältävä tietomäärä pitää pysyä analysoimaan tarkoituksenmukaisesti. Näin kertynyttä tietomäärää verrataan yhtiön määrittelemiin normaalitoiminnan malleihin. Tällöin tarkoituksena on selvittää, milloin toiminta on pysynyt tavoitteellisissa rajoissa. Vertailukohtana voivat olla esimerkiksi lähestymisen aikana toteutunut vajoamisnopeus, lentokoneen kosketuskohta kiitotiellä tai nousu/laskeutumismatkojen pituus. Tarkoitusta varten kehitetty analysointiohjelma pelkistää suuren tietomäärän selkeäksi lennon profiiliksi ja pystyy samalla nopeasti osoittamaan, milloin toiminnassa on ollut poikkeuksellisuutta.[185] Digitaalinen materiaali mahdollistaa operaatioiden tarkastelun ennakoivasti ja uhkien tunnistamisen ennen kuin ne johtavat vaaratilanteisiin ja onnettomuuksiin.[186] Pelkästä datasta ei kuitenkaan välttämättä välity kokonaiskuva, ja siksi sen rinnalla tarvitaan aktiivista poikkeamaraportointia.[187]

Digitaalisen teknologian avulla lentotoimintaa pystytään seuraamaan yksityiskohtaisen tarkasti. 1950-luvun lentäjien pelko siitä, että mustien laatikoiden kautta ohjaamoon tulee ylimääräinen vakooja, on toteutunut maksimaalisella tavalla. Vakooja ei sitä paitsi ole enää fyysisesti ohjaamossa, vaan tietoja voidaan purkaa myös etäisyyden päästä. Muutos on kuitenkin koitunut lentoturvallisuuden hyväksi.

Käytännössä lentoyhtiöt käsittelevät kertynyttä dataa anonyymisti. Selkeiden poikkeustapausten kohdalla on tarpeen myös jäljittää kyseinen lento ja sen miehistö. Yhtiöillä pitää olla tätä tarkoitusta varten luottamuksellisia tietoja käsitteleviä henkilöitä (*gatekeepers*) ja erilaisia turvallisuusryhmiä.[188] Näin syntynyttä kokemusmateriaalia kierrätetään yhtiön koulutuksesta ja jaetaan lentoturvallisuudesta vastaaville. Tarvittaessa analysoitu aineisto on myös yhtiön ulkopuolisten ilmailuviranomaisten ja onnettomuustutkinnan asiantuntijoiden käytössä. Yhä kattavampi tiedon taltiointi ja analysointi on herättänyt myös periaatteellisia kysymyksiä toimijoiden intimiteetistä ja julkisuudesta.[189]

Keskeistä näiden henkilöiden ja toimielinten työlle on vahvistaa avointa raportointikulttuuria ja ilmapiiriä, jossa poikkeamisia on mahdollista käsitellä ilman rankaisun pelkoa. Parhaimmillaan tehokas lentoarvojen digitaalinen analysointi tarjoaa esimerkin muillekin korkean luotettavuuden organisaatioille. Miehistön on voitava raportoida poikkeamatilanteista vapaasti vakuuttuneena siitä, että tietoja tullaan käyttämään ilmailuturvallisuuden parantamiseksi, ei heidän rankaisemisekseen.[190]

Kehittyvien teknologisten järjestelmien hauraus

Teollinen vallankumous, uudet liikennevälineet ja suurteollisuuden synty loivat yhdessä uudenlaisten riskien yhteiskunnan. 1900-luvun alkupuolen tehdaslaitokset olivat erittäin turvattomia paikkoja sekä työntekijöille että monessa tapauksessa vaarallisia myös laitosten ympäristöille. Erityisesti työturvallisuus oli alkeellisella tasolla. Onnettomuuksien kasvava määrä näkyi myös lisääntyvinä vakuutuskorvauksina ja oikeudenkäynteinä. Uudet kulkuneuvotkin loivat uudenlaisia riskejä. Vuonna 1893 Yhdysvalloissa hyväksyttiin junaliikennelaki, jossa ensimmäisen kerran määriteltiin matkustajien oikeuksia.[191]

Yhdysvaltalainen **Herbert W. Heinrich** (1886–1962) työskenteli turvallisuusinsinöörinä teollisuus- ja matkavakuuttamiseen keskittyneessä yhtiössä. Hän sai läheltä nähdä teollistumisen varjopuolet, kun työpaikan arkistoon oli kertynyt peräti 75 000 työperäistä onnettomuus- ja korvaustapausdokumenttia. Tähän laajaan materiaaliin perustuen Heinrich käynnisti tutkimustyön ja julkaisi vuonna 1931 kirjan *Industrial Accident Prevention: A Scientific Approach* (1931).[192] Teosta voidaan pitää yhtenä ensimmäisistä moderneista onnettomuus- ja turvallisuusteoreettisista tutkimuksista.

Heinrich päivitti teostaan kolmeen otteeseen, ja viimeinen versio ilmestyi vuonna 1959. Tutkimus muistetaan erityisesti kahdesta onnettomuuksien syntymallista. Heinrich esitti ensimmäisenä niin sanotun dominoteorian, jonka mukaan onnettomuus on tapahtumaketjun lopullinen pääte, jota ovat edeltäneet erilaiset inhimilliset ja tekniset tapaturmatekijät. Teorian mukaan onnettomuuksista on erotettavissa viisi keskeistä tekijää.[193] Lähtökohtana on onnettomuuden kohteeksi joutuneen henkilön toimintaympäristö, esimerkkinä vaikkapa työpaikan riskit. Ne voivat olla epäsuotuisia olosuhteita tai teknisistä vikoja, kuten suojalaitteiden puuttuminen. Toisena dominopalikkana on asianomaisen persoona, johon kuuluvat myös hänen henkilöhistoriansa sekä syntyperänsä (*ancestry*). Ne muovaavat ihmisen persoonallisuutta, joka puolestaan vaikuttaa vahvasti ihmisen herkkyyteen ajautua riskitilanteisiin. Tapahtumaketjun kolmas palikka ovat henkilön virheelliset toimenpiteet (*unsafe acts*), joihin vaikuttaa muun muassa asianomaisen viretila, väärät asenteet, riittämättömät tiedot ja taidot. Nämä tekijät yhdessä johtavat neljäntenä kohtana onnettomuuteen, jonka seurauksena lopullisena viidentenä dominopalikkana on loukkaantumisia tai materiaalisia vahinkoja. Onnettomuuden dominopalikat kaatuvat siis toinen toisensa jälkeen. Lopullinen tapaturma voidaan kuitenkin estää, mikäli välistä eliminoidaan vähintään yksi palikka. Näin kohtalokas tapahtumaketju katkeaa.

Heinrichin havaintomallia on hyödynnetty myös turvallisuusoppien ulkopuolella. Dominoteoriaa käytettiin muun muassa kylmän sodan aikaan suurvaltojen geopoliittisten rintamalinjojen muodostumisen esimerkkinä. Erityisesti yhdysvaltalaiset poliitikot kuvasivat mallilla, kuinka yhden kommunistisen valtion synty vaikuttaa vääjäämättä myös naapurivaltioihin. Siksi kehitys piti päästä ajoissa katkaisemaan.[194]

Dominoteorian lisäksi Heinrich muistetaan empiirisen materiaalin perustalle kehittämästään onnettomuuksien pyramidimallista (*Heinrich's Law*). Sen mukaan jokaista vakavaa työperäistä onnettomuutta kohti tapahtuu 29 vähäisempää onnettomuutta ja 300 vaaratilannetta. Tutkimusmateriaalinsa pohjalta Heinrich päätteli, että työturvallisuuden parantamisessa keskeisimmät tekijät ovat psykologisia ja työntekijöiden asenteisiin kytkeytyviä. Heinrich teki vakuutusyhtiönsä korvauspäätösten pohjalta teoreettisen laskelman onnettomuuksien esiintymisen todennäköisyydestä. Hän päätyi tulokseen, että teollisuuslaitoksissa tapahtuvista onnettomuuksista 88 prosenttia selittyy työntekijästä johtuvista virheistä ja kymmenessä prosentissa teknisistä tekijöitä. Kaksi prosenttia onnettomuuksista tapahtuu olosuhteissa, joissa onnettomuutta ei olisi voitu estää. Niiden voidaan siis katsoa kuuluvan klassiseen *Act of God* -kategoriaan. [195]

Heinrichin onnettomuusteoriat ovat vaikuttaneet vahvasti turvallisuuskeskusteluun ja -käytäntöihin. Samalla hänen teorioitaan on arvosteltu. Suurimpana puutteena on nähty se, että Heinrich kiinnittää liikaa huomiota yksilön rooliin ja vaikenee järjestelmätekijöistä. Samoin hänen tutkimusmenetelmiensä tieteellisyys on kyseenalaistettu.[196] Arvostelijat ovat kiinnittäneet huomiota myös Heinrichin teorioiden loogisiin ristiriitaisuuksiin. Poikkeus- ja vaaratilanteiden eliminoimisella ei välttämättä estetä kaikkia onnettomuuksia. Samoin työtapaturmien onnettomuusmallit eivät välttämättä sovi esimerkiksi ympäristöonnettomuuksien syntymekanismien selvittämiseen.[197] Tuloksia ei pystytty myöskään jälkeenpäin analysoimaan ja vahvistamaan, koska alkuperäinen tutkimusaineisto oli kadonnut. Kriitikotkin ovat kuitenkin valmiita myöntämään, että Heinrich on alan pioneerina vaikuttanut ratkaisevasti turvallisuusalan ammattilaisten käytäntöihin.[198]

2
TURVALLISUUS, INHIMILLISET TEKIJÄT JA MIEHISTÖYHTEISTYÖ

2.1 Yksilösuorittamisesta tiimityöhön

> *Olemme käyttäneet yli 50 vuotta parantaaksemme tekniikkaa, joka on kehittynyt erittäin luotettavaksi. Nyt on aika työskennellä ihmisten kanssa.*
>
> *Don Engen (1986)* [199]

Yhdysvaltojen ilmailuhallinto FAAn entisen johtajan Don Engenin lausunto ilmailupsykologisessa *Monitor*-lehdessä kuvastaa muutosta, joka tapahtui tultaessa 1980-luvulle. Lentokonetekniikka oli kehittynyt huimasti edellisinä vuosikymmeninä. Suihkumoottorit olivat osoittautuneet luotettaviksi voimalähteiksi. Liikennelentokentille oli rakennettu lähestymislaitteet, jotka mahdollistivat laskeutumisen lähes nollanäkyvyydessä. Suunnistuksen apuvälineiksi oli kehitetty kattavat radiomajakoiden (NDB, VOR) ja paikantamisjärjestelmien (LORAN) verkostot. Osa koneista pystyi suunnistamaan maalaitteista riippumattomalla ja kiihtyvyysmittaukseen perustuvalla inertiajärjestelmällä (INS). Lennonjohtajien käytössä oli yhä havainnollisemmat tutkajohtamistekniikat, jotka mahdollistivat koneiden tehokkaat ja turvalliset porrastukset.

Suomi oli tämän kehityksen kärjessä, kun vuonna 1965 Sud Aviation Caravelle -koneisiin asennettiin ensimmäisenä maailmassa automaattisen laskeutumisen mahdollistava AWL-järjestelmä. Lokakuun 21. päivänä 1969 Finnair lensi maailman ensimmäisenä lentoyhtiönä Atlantin yli ilman erillistä koulutettua navigaattoria. Douglas DC-8 -kone oli varustettu inertiatekniikkaan perustuvalla suunnistuslaitteistolla.[200]

Kehityksen myötä ilmailuturvallisuuskeskustelu keskittyi yhä enemmän inhimillisten tekijöiden vaikutukseen. Ihmisen keskeinen rooli oli toki tunnustettu jo ilmailun varhaisina vuosina. Yksi varhaisimmista pioneereista, kapteeni Charlie Chandler totesi jo vuonna 1912, että pilotin henkisillä ja fyysisillä ominaisuuksilla oli lentoturvallisuudessa tärkeä merkitys.

> *Ilmailun alkupäivinä oletettiin, että ainoa lentäjiltä edellytetty vaatimus oli riittävä rohkeus. Sen jälkeen on kuitenkin käynyt ilmi, että tärkeimmät vaatimukset ovat fyysiset taidot sekä luonnollinen kyky säilyttää tasapaino ja arvioida etäisyydet oikein. Henkilö, jolta nämä ominaisuudet puuttuvat, voidaan luonnollisesti kouluttaa lentäjäksi, mutta hänestä ei koskaan tule taitavaa lentäjää.*[201]

Chandlerin viittaama rohkeus tarkoitti ilmailun alkuaikoina usein suoranaista uhkarohkeutta. Samalla kuitenkin ymmärrettiin, että terve itsesuojeluvaisto ja realistinen kuva omasta osaamisesta olivat turvallisen lentämisen keskeiset edellytykset. Luonnollisen tasapainokyvyn vaatimuksella ei tuolloin kuitenkaan viitattu henkisiin ominaisuuksiin. Tasapaino tarkoitti lähinnä kykyä sietää epänormaaleja lentotiloja ja hyvää motorista koordinaatiotaitoa. Englannin kuninkaallisissa ilmajoukoissa katsottiin ensimmäisen maailmansodan aikoihin, että ratsastajien joukosta löytyisivät myös parhaat lentäjät. He olivat tottuneet säilyttämään tasapainonsa tempoilevan ratsun selässä ja käsittelemään samanaikaisesti tehokkaasti aseitaan.[202] Etäisyyksien arviointikyky puolestaan liittyi hyvään avaruudelliseen hahmottamiseen, mikä edelleen on pilottien valinnassa yksi toivotuista persoonan ominaisuuksista.

Lentäjän virhe ei selitä kaikkea

Inhimillisten tekijöiden merkitys ilmailuturvallisuusajattelussa vahvistui toisen maailmansodan aikana. Äärimmäisissä olosuhteissa korostuivat fysiologiset vahvuudet, kuten hapenottokyky, huimauksen sieto ja fyysinen kestävyys. Raskaiden koneiden ohjaaminen kysyi sekin voimia. Samalla esiin nousivat psykologiset tekijät pelon hallinnasta ja toimintakyvystä paineisessa ympäristössä. Näiden ominaisuuksien testaamiseen käytetyt tutkintamenetelmät saattoivat kuitenkin olla suoraviivaisia ja karkeita. Testaaja saattoi mitata muun muassa pilottikandidaatin reaktioita ja pelon hallintaa laukaisemalla yllättäen pistoolin hänen selkänsä takana ja mittaamalla sen jälkeen hengitystiheyden sekä pulssin nousun.[203]

Sotakokemukset käynnistivät aiheeseen liittyvän akateemisen tutkimuksen. Inhimillisiin tekijöihin keskittyneessä tutkimuksessa päähuomio kiinnittyi ensi alkuun lentäjien valintaan, fyysiseen jaksamiseen sekä ihmisen ja koneen ergonomiseen vuorovaikutukseen.[204] Hyvä esimerkki on Cambrigden yliopiston psykologian laitoksella professori Fredric Bartlettin johdolla 1930-luvun lopussa käynnistetty tutkimushanke. Siinä selvitettiin lentäjien valinnan ja koulutuksen lisäksi ensimmäisiä kertoja lentokoneen ohjaamon toimivuutta ergonomian näkökulmasta. Olivatko mittarit ja hallintalaitteet toiminnallisesti järkevässä järjestyksessä?

Tutkimustyön tuloksena kehitettiin ohjaamomalli, jossa koneen lentoasentoa esittävät keskeiset mittarit ovat lentäjän silmien edessä. Se mahdollisti lentotilan nopean ja jatkuvan tarkastelun (*cross checking*). Toissijaiset valvontamittarit oli sijoitettu sivummalle. Mittaritaulu otettiin ensimmäisenä käyttöön tunnetussa Spitfire-hävittäjässä. Yliopiston mukaan nimensä saanut Cambrigde-ohjaamo tuli käyttöön myöhemmin myös siviilikoneissa ja on ollut perinteisten ohjaamojen mallina näihin päiviin saakka.[205]

Ergonomiset kysymyksenasettelut hallitsivat sodanjälkeistä tutkimustyötä. Kohteina olivat muun muassa mittareiden virhetulkinnat, lentäjien taidot kontrolloida lentämistä mittarinäyttöjen perusteella, viretilan säilyttäminen sekä virheiden kontrollointi.[206] Vähitellen tutkimuksen painopiste siirtyi yhä enemmän fysiologisista ja ergonomista kysymyksistä psyykkisiin ja ihmisten välisen vuorovaikutuksen kysymyksiin.[207]

Tosin jo ennen toista maailmansotaa oli ilmestynyt joukko ilmailulääketieteen perusteoksia. Samoin oli havahduttu huomaamaan, että eri lentotehtävät vaativat erilaisia fysiologisia ja psykologisia valmiuksia. USA:n ilmailulääketieteen isäksi kutsuttu tohtori Lewis Bauer määritteli jo vuonna 1926 erityiset lääketieteelliset kelpoisuusluokat siviili-ilmaliikennettä varten. Nämä kolme kategoriaa – yksityislentäjät, ansiolentäjät ja liikennelentäjät – ovat edelleen olemassa. Vuonna 1944 ICAO:n perustavassa kokouksessa Chicagossa hyväksyttiin yksityiskohtaiset lääketieteelliset vaatimukset näitä kelpoisuusluokkia varten.[208]

Psykologisten tekijöiden huomioiminen merkitsi paradoksisella tavalla myös uuden ongelman syntymistä. Mitä enemmän ihmisluontoa tutkittiin ja ymmärrettiin, sitä enemmän vahvistui jo antiikin aikana lausuttu syvä viisaus: *errare humanum est* – erehtyminen on inhimillistä. Teknisten järjestelmien monimutkaistuessa onnettomuus- ja vaaratilanteiden lopulliset tekijät saattoivat jäädä hämärän peittoon. Tällöin oli helppo vedota epämääräisiin inhimillisiin tekijöihin. Tutkintaselostukseen oli yksinkertaista kirjoittaa, että kyseessä oli lentäjän virhe – varsinkin mikäli lentäjä tai lentäjät olivat menehtyneet onnettomuudessa. Inhimillinen erehdys olikin pitkään lento-onnettomuuksien tutkinnassa Vapaavuori et al. (1992) mukaan ”roskakori, johon on heitetty muuten selvittämättömiä onnettomuuksia”.[209] Tämän roskakorin käyttäminen on ollut sikäli perusteltua, että erilaiset inhimilliset tekijät ovat pitkään hallinneet onnettomuustilastoja. Ihmisen ja teknisten järjestelmien vuorovaikutus kriisitilanteissa on luonnollisesti vaikeasti tutkittava elämänalue. Silti eräiden tutkijoiden mukaan jopa 70–80 prosenttia tuhoisista lento-onnettomuuksista olisi johdettavissa inhimillisistä erehdyksistä.[210]

Ilmailupsykologisen tutkimustiedon lisääntyessä lentäjän virheitä korostanut ajattelumalli joutui kuitenkin uudelleenarvioinnin kohteeksi. ICAO:n vuonna 1993 julkaisemassa muistiossa todettiin, että tämän ”onnettoman ajattelutavan” klassisena ilmaisuna voidaan pitää Etelä-Kalifornian yliopiston turvallisuustutkimuksen apulaisprofessori George B. Parkerin 1940-luvulla lausumaa periaatetta: ”Kun olemme sulkeneet pois kaikki muut onnettomuustekijät lentäjää lukuun ottamatta, syyn on oltava lentäjässä.”[211]

Yksilökeskeiset selitysmallit ovatkin korvautuneet laajemmilla tutkimusmenetelmillä. Taustalla on havainto, kuinka tekniikkaan, määräyksiin ja inhimillisiin tekijöihin liittyvät asiat kietoutuivat lentämisessä kiinteästi toisiinsa. Dekkerin (2005) mukaan modernissa turvallisuustutkinnassa tämän hyväksyminen on onnistumisen ehto.

Inhimillinen virhe on oire järjestelmässä syvemmällä olevasta viasta. Kun selitämme epäonnistumista, ei kannata keskittyä siihen, mitä virheitä ihmiset ovat tehneet. Sen sijaan kannattaa tutkia, kuinka ihmisten arviot ja toimet ovat olleet tiettynä hetkenä ymmärrettäviä, kun ottaa huomioon heitä ympäröivät olosuhteet.[212]

Ihmisen, tekniikan ja ympäristön vuorovaikutus

Brittiläinen ilmailupsykologi ja professori Elwyn Edvards piti 1970-luvun alussa liikennelentäjille luentoja ihmisen ja lentokoneen yhteistoiminnasta. Hänen ajatuksensa saivat hyvän vastaanoton ja Edwardsin kehittämä niin sanottu SHELL-malli otettiin turvallisuustutkimuksessa laajasti käyttöön.[213]

KLM:n pitkäaikainen kapteeni Frank H. Hawkins kehitti Edwardsin mallia edelleen. Hän julkaisi vuonna 1993 yhdessä kollegansa ja turvallisuustutkija Harry W. Orladyn kanssa SHELL-mallille perustuvan teoksen *Human factors in flight*.[214] Teoksen myötä mallista tuli yksi lentoturvallisuuden keskeisistä teorioista. Edwarsin ajatukset ovat johdantona myös yhdessä alan klassikkoteoksessa *Human factors in aviation*.[215] Samoin ICAO on tukeutunut SHELL-malliin vuodesta 1993 alkaen, jolloin järjestö julkaisi onnettomuus- ja vaaratilannetutkimusta käsittelevän raporttinsa.[216]

Nimensä SHELL-malli on saanut neljän englanninkielisen avaintermin ensimmäisistä kirjaimista (*software, hardware, environment, liveware*).[217] Näistä keskeisin on *liveware*. Sanalla tarkoitetaan lentäjien kokonaispersoonaan liittyviä tekijöitä, kuten fysiikka (voima ja vahvuus), fysiologia (terveys, viretila), psykologia (motivaatio, harkintakyky) sekä psykososiaaliset tekijät (persoonan ominaisuudet, vuorovaikutustaidot). Livewareen sisältyvät lentäjien lisäksi muiden avainhenkilöiden osuudet. Heitä ovat muun muassa lennonjohtajat, mekaanikot ja kenttähenkilökunta eli kaikki, jotka ovat merkittävällä tavoin osallisia lentotapahtumaan. SHELL-mallissa liveware esiintyy kahteen kertaan ja sillä kuvataan eri toimijoiden keskinäistä vuorovaikutusta. Mallin graafisessa kuvauksessa liveware on keskellä ja kuvaa siten inhimillisten tekijöiden ratkaisevan tärkeää roolia.

Toisena terminä *hardware* viittaa lentämisen fysikaaliseen todellisuuteen. Siihen kuuluvat lentokoneiden lisäksi lentokentät, maalaitteet ja kaikki ilmailun tekniseen infrastruktuuriin viittaavat laitteet ja järjestelmät. Kolmas termi on tietokonemaailmasta tuttu *software*. Siihen katsotaan kuuluvan muun muassa käyttäjien koulutus, viranomaisten sääntely sekä luettava materiaali. Termiin voidaan liittää myös ilmailukulttuurissa paljon käytetty ilmaisu hyvästä lentäjätavasta (*airmanship*).

Environment tarkoittaa ympäristötekijöitä. Ne koostuvat poliittisesta ohjannasta, kulttuurisista erityispiirteistä, taloudellisista mahdollisuuksista ja yleisestä asenneilmastosta. Samoin lentämiseen vahvasti vaikuttavat sää- ja ilmasto-olot kuuluvat environment-termin yhteyteen.

SHELL-mallin erityinen merkitys on siinä, ettei se tarkastele luokiteltuja turvallisuustekijöitä vain yksittäisinä komponentteina ja toimijoina. Mallin varsinainen idea ovat toimijoiden väliset sidokset ja vuorovaikutukset. Turvallisessa toiminnassa ”simpukan” eri puolet ovat harmonisessa suhteessa ja niiden välillä vallitsee tasapaino. Turvallisuutta ei siten pystytä parantamaan keskittymällä ainoastaan tekniikkaan, vaan siihen vaaditaan samanaikaisesti inhimillisten, yhteisöllisten ja ympäristöön liittyvien tekijöiden huomioimista. Edwards on itse myöhemmin analysoinut yksityiskohtaisesti näitä vuorovaikutussuhteita.[218]

Esimerkiksi Edwardsin hahmotuksesta voi ottaa liveware- ja environment-suhteet (L–E). Niihin kuuluvat toimintaympäristössä tapahtuneet muutokset, jotka voivat johtua esimerkiksi taloudellisen tilanteen tai liikennepolitiikan muuttumisesta tai luonnonkatastrofeista. Vuonna 2020 alkanut maailmanlaaja Covid-19-viruksen aiheuttama pandemia on esimerkki dramaattisesta L–E-suhteen muuttumisesta. Kansainvälisen ilmakuljetusliitto IATA:n mukaan lentomatkustaminen väheni vuonna 2020 edelliseen vuoteen verrattuna 53 prosenttia.[219] Euroopassa lentoliikenteen kapasiteetista oli keväällä 2020 poissa noin 90 prosenttia.[220]

Pienimuotoisempi kriisi koettiin vuonna 2010, kun Islannissa sijaitsevan Eyjafjallajökull-jäätikön alla oleva tulivuori purkautui. Tapahtuneen seurauksena koko Euroopan ilmatila oli runsaan viikon verran suljettuna. Liveware ja environment olivat tuolloin jännitteisessä suhteessa: ihmiset joutuivat järjestelemään kulkemisiaan ja yritykset toimintojaan luovilla tavoilla toimintaympäristön nopean muuttumisen seurauksena. L–E-suhteeseen kuuluvat myös yleisissä asenteissa ja liikennepolitiikassa tapahtuneet muutokset. Tulevaisuudessa alati kiristyvät ympäristönormit tulevat vaikuttamaan vahvasti koko ilmailuun ja sen kehitykseen. Edwards toteaakin, että "selviytyäkseen ja menestyäkseen (ilmailun) on kyettävä adaptoitumaan toimintaympäristön muuttuviin olosuhteisiin".[221]

Erityisen mielenkiinnon Edwards kohdisti persoonien väliseen vuorovaikutukseen (L–L). Tutkijan mukaan lentokone on toimintaympäristönä intensiivinen ja monessa suhteessa poikkeuksellinen. Päätöksiä joudutaan tekemään nopeasti ja itsenäisesti. Samalla kuitenkin toiminta on säänneltyä ja kontrolloitua. Miehistön keskinäisillä suhteilla on tällaisessa toimintaympäristössä ratkaisevan tärkeä merkitys.

Edwards otti vuonna 1975 käyttöön termin ohjaamon auktoriteettigradientti (*trans-cockpit authority gradient,* TAG), jolla hän analysoi miehistön toimintaa ja havainnollistaa ohjaamossa vallitsevia valtasuhteita.[222] Suomalaisessa ilmailukeskustelussa termin synonyyminä on käytetty ilmaisua "hattukulma". Kuvainnollisella sanalla on ilmaistu asentoa, josta käsin miehistön jäsenet tarkkailevat toistensa virkalakkeja, jotka perinteisesti edustavat vallan symboleita. Ohjaamon auktoriteettigradientin eli hattukulman optimointi on käytännön ohjaamotyöskentelyssä yksi keskeisistä haasteista.[223]

Alkuperäinen SHELL-malli syntyi 1970-luvun alussa, jolloin lentokoneiden järjestelmät edustivat perinteistä analogista tekniikkaa. Kirjoittaessaan 1980-luvun lopulla SHELL-mallia käsittelevää artikkeliaan *Human Factors in Aviation* -käsikirjaan Edwards edusti jo uutta aikakautta. Ensimmäiset täysin digitaalisella ohjausjärjestelmällä varustetut koneet olivat tulleet käyttöön muutama vuosi aikaisemmin. Edwards ymmärsi, että automaation myötä kaikki SHELL-mallin komponentit ja niiden vuorovaikutussuhteet tuli arvioida uudelleen. Erityisesti muutokset tulisivat heijastumaan liveware-suhteisiin eli pilottien rooliin muuttuvassa toimintaympäristössä.

> *Lentäjien ei tarvitse enää ensisijaisesti huolehtia koneen hallinnasta normaaleissa olosuhteissa. Sen sijaan heidän on kyettävä tekemään strategisia päätöksiä ja ohjaamaan viime kädessä automaattijärjestelmiä.*[224]

Henkilöstövalinnan muuttuvat kriteerit

> *Lähes jokaista olemassa olevaa psykologista soveltuvuustestiä on testattu vähintäänkin kerran ja pohdittu sen soveltuvuutta lentokoneen miehistön valintaan.*
>
> *Hunter D. R. (1989)*[225]

Lentotekniikan muutokset ovat vaikuttaneet ratkaisevalla tavalla koko ilmailuyhteisön ammatillisiin vaatimuksiin. Yksilökeskeisestä suorittamisesta on siirrytty yhä enemmän tiimityöhön. Siinä korostuvat laaja-alaiset hahmotustaidot sekä kyky vuorovaikutukseen ja toimivaan kommunikaatioon. Ilmailun vaativuus inhimillisenä toimintana ei ole kuitenkaan muuttunut. Eräät asiat ovat säilyneet hyvinkin samoina aina alusta lähtien.

Wright-veljekset tunnistivat lentämisen vaativuuden jo ennen kuin olivat saaneet oman Flyer-koneensa valmiiksi. Wilbur Wright totesi vuonna 1901, että lentokoneiden rakentaminen oli loppujen lopuksi yksinkertainen haaste verrattuna siihen, kuinka vaikeaa niiden hallinta ilmassa tulisi olemaan.[226] Ensimmäisten lentoyritysten kohdalla lentäjien valinta ei ollut kuitenkaan ongelma. Vapaaehtoisuus ja huimapäisyys olivat lähinnä valintaa ohjaavia kriteerejä. Wright-veljesten kohdalla tosin ensimmäisen historiallisen lennon (17.12.1903) lentäjä valittiin kertomuksen mukaan heittämällä arpaa.[227]

Lentoliikenteen kehittyessä henkilöstön valinnoista ja rekrytoinnista muodostui oma asiantuntemuksen ja tutkimuksen alue. Sotilasilmailulla oli omat erityiset vaatimukset verrattuna siviili- ja kaupalliseen ilmailuun. Kummankin taustalla oli – ja on edelleen – lentoalalle tyypillinen vahva henkilökohtainen motivaatio. Tämä koskee sekä lentävää henkilökuntaa, ilmapalveluhenkilökuntaa (lennonjohtajia ja lennontiedottajia) että huoltoa. Alalle tulijoita on riittänyt, ja motivoituneista ihmisistä on pitänyt valita parhaiten eri tehtäviin soveltuvat. Samalla tehtävävaatimukset ovat radikaalisti muuttuneet.

Tämän päivän tietokoneohjattu lentokone ei vaadi enää samanlaisia psykomotorisia taitoja, fyysisestä voimasta puhumattakaan, kuin vanhemman polven lentokoneet. Nykyiset integroidut ja pitkälle kehitetyt järjestelmät edellyttävät sen sijaan päätöksentekokykyä, abstraktia ajattelu- ja ongelmanratkaisutaitoa, tiimivalmiuksia ja laaja-alaista kykyä hahmottaa sääntöjen ja määräysten hallitsemaa ilmatilaa.[228] Tämä on heijastunut myös henkilökunnan valintamenetelmiin.

Suomessa lentäjien psykologinen testaus alkoi 1940-luvun lopulla aluksi ilmavoimien piirissä ja laajentui 1960-luvun alussa liikenneilmailun puolelle. Taustalla oli yleismaailmallinen havainto, että kehittyvän siviili-ilmailun puolella tarvittiin toisenlaisia taitoja kuin sotilasilmailussa. Suomessa kehitykseen vaikutti 1960-luvun alkaessa myös kansallisen lentoyhtiön tilanne. Yhtiölle oli tapahtunut kaksi kohtalokasta lento-onnettomuutta lyhyen ajan sisällä (Koivulahti 1961 ja Maarianhamina 1963). Samaan aikaan Finnair oli ensimmäisten joukossa ottanut käyttöön uuden keskipitkien matkojen SE 210 Caravelle -suihkukoneen. Yhtiön ensimmäinen suihkumatkustajakone edellytti entistä vaativampaa tyyppikoulutusta, joka heijastui myös henkilöstön valintaan ja vaikutti toimintakulttuuriin.

Yksi merkittävä avaus oli Finnairin yhdessä Työterveyslaitoksen kanssa käynnistämä soveltuvuustutkimus, joka myöhemmin tunnettiin Caravelle-tutkimuksena.[229] Tutkimuksen tekijä oli myöhemmin pitkän uran ilmailupsykologina tehnyt Manfred Gardziella. Tutkimuksessa 34 lentoyhtiön kapteenille ja 27 perämiehelle annettiin tehtäväksi arvioida työtovereidensa tärkeimpiä vaatimuksia ja pisteyttää ne. Liikennelentäjä Tom Nyström kuvaa tutkimusta ja sen merkitystä seuraavasti.

Kapteenien toimenkuva saatiin perämiesten kuvauksesta ja päinvastoin. Tällä tavoin Finnairin lentäjät itse määrittelivät

> *toimintakulttuurinsa ja varmistivat sen jatkuvuuden valintojen kautta. Tutkimuksella on ollut perustava merkitys yhtiön lentäjävalinnoissa. Keskeisinä vaatimuksina esiintyivät sosiaalisuus, rauhallisuus ja vastuuntunto.*[230]

Sosiaalisuus, rauhallisuus ja riittävän matala auktoriteettigradientti tulivat suomalaisen lentäjän ihanteina esiin myös Gardziellan myöhemmissä tutkimuksissa. Hän haastatteli muun muassa Finnairin nuoria perämiehiä, joilla oli vuosina 1977–1978 tilaisuus työskennellä Austrian Airlinen DC-9-koneiden lentäjinä. Haastattelututkimuksessa tulivat esille suuret erot, jotka liittyivät kahden maan erilaiseen kulttuuriin. Erot liittyivät ennen muuta kapteenien ja perämiesten suhteisiin. Itävaltalaiset roolimallit olivat huomattavan paljon autoritaarisempia ja suhtautuminen virheisiin poikkesi siitä, mihin Suomessa oli totuttu.

> *Suomessa oletetaan, että on luonnollista tehdä virheitä ja oppia niistä. Itävallassa on häpeä tehdä virhe. – – Siksi pitää tehdä kaikkensa välttääkseen virheet. Mutta jos virhe on tapahtunut, sitä ei pidä missään tapauksessa myöntää. – – Itävaltalainen oppii ennen kaikkea siitä, mitä hän ei saa tehdä.*[231]

Suomalainen lentäjävalinta on osoittautunut onnistuneeksi. Samoja valintakokeita on sovellettu myös lennonjohtajien valintaan. Gardziellan psykologisissa testeissä käytetyt niin sanotut Wartegg-piirrostehtävät herättivät tosin keskustelua, ja niistä on sittemmin yleisesti luovuttu.[232] Valintakäytännöt ovat samalla muuttuneet. Kehittynyt teknologia edellyttää miehistöltä uudenlaista osaamista, jossa korostuvat kommunikaatio- ja yhteistyötaidot.

Lentäjien valintaan vaikuttaa nykyinen lentoyhtiöiden käytäntö, jossa ei käytetä enää vakiomiehistöjä vaan työntekijöitä kierrätetään. Periaate merkitsee sitä, että toisilleen tuntemattomien on kyettävä toimimaan yhdessä ja toimintamallien on oltava riittävän selkeitä sekä kaikkien tiedossa. Taustalla ovat kokemukset, että liiallinen tiimiytyminen ja tuttavallisuus voivat aiheuttaa kommunikaation löystymistä ja samalla valppauden herpaantumisen. Uudenlainen toimintakulttuuri on tuonut aikaisempien yksilösuorittamiseen keskittyneiden lentäjäsankareiden tilalle sovittujen pelisääntöjen mukaan toimivat tiimin jäsenet. Pitkän liikennelentäjäuran tehnyt ja ilmailupsykologina työskennellyt Matti Sorsa on nähnyt läheltä tapahtuneen muutoksen ja sen heijastukset myös ilmailun ulkopuolelle.

> *Lentokoneissa ammattilaisuuden tunnusmerkki on, että toimii sääntöjen mukaisesti eikä sooloile. Vielä 1970-luvulla työssä saattoi kohdata ylimielisiä tyyppejä, jotka olivat lentäjinä hyviä, mutta joiden kanssa oli todella hankalaa tehdä yhteistyötä. Nykyisin heitä ei enää ole. Myös turvallisuuskriittisissä ammateissa on opittu uusi toimintakulttuuri, eikä yksinäisiä sankareita enää ole.*[233]

Kehittyvä miehistöyhteistyö

> *Tammikuun 13. päivänä 1982 Air Florida -yhtiön B737-matkustajakone oli lähdössä Washingtonin kotimaan kentältä kohtia Floridaa. Rankan lumisateen vuoksi lähtö viivästyi lähes kaksi tuntia, koska kenttä jouduttiin välillä sulkemaan. Samalla koneiden jäänpoisto viivästyi, minkä seurauksena siiville ja moottoreiden ilmanottoaukkoihin kertyi lunta sekä jäätä. Kertynyt lumi heikensi ratkaisevasti koneen aerodynamiikkaa. Samalla moottoreiden tehoa mittaavat anturit olivat jäätyneet ja antoivat virheellisiä lukemia. Koneen aloittaessa nousukiidon perämies kiinnitti huomiota tehomittareiden ja koneen nopeusnäyttöjen väliseen ristiriitaan. Hän ilmaisi neljä kertaa huolestumisensa kapteenille, joka ei kuitenkaan päättänyt keskeyttää nousukiitoa. Liian pienten tehoasetusten vuoksi kone ei pystynyt nousun jälkeen lisäämään korkeuttaan, vaan törmäsi Potomac-joen ylittävään siltaan. Onnettomuudessa 79 matkustajasta ja miehistön jäsenestä menehtyi 74. Lisäksi kuoli neljä sillalla ollutta sivullista.*[234]

Air Florida 90 -lennon onnettomuus herätti aikoinaan suurta huomiota, tapahtuihan se keskellä suurkaupunkia. Tapahtuma palasi julkisuuteen, kun tutkintaselostus valmistui. Tutkijat olivat pystyneet lentoarvo- ja ohjaamokeskustelutallentimien avulla selvittämään yksityiskohtaisesti tuhoisan tapahtuman etenemisen. Erityisesti ohjaamokeskustelut olivat paljastavia. Niistä ilmenivät miehistön keskinäiset viestintäongelmat. Perämies oli turhaan yrittänyt kiinnittää kapteenin huomiota lähtökiidon aikana ilmenneisiin ristiriitoihin. Kapteeni oli puolestaan keskittynyt analysoimaan moottoreiden teho-ongelmia. Lentovuorossa ollut perämies olisi halunnut keskeyttää lähtökiidon, mutta hän ei pystynyt tekemään päätöstä yksin. Yhtiön lentotoiminnan käsikirjassa oli selkeä maininta, että moottorihäiriötilanteissa kapteeni yksin ratkaisee nousukiidon keskeyttämisen.[235] Jälkeenpäin on kiinnitetty huomiota myös muihin onnettomuuteen johtaneisiin tekijöihin.[236]

Vastaavantyyppisissä talvisissa olosuhteissa tuhoutui Air Ontarion lento 1363 vuonna 1989. Onnettomuus ei aiheuttanut Air Floridan onnettomuuteen verrattuna yhtä suurta julkista keskustelua. Kyseessä oli suhteellisen pieni yhtiö, ja onnettomuuspaikka sijaitsi pienessä Drydenin kaupungissa Kanadassa. Onnettomuus herätti kuitenkin asiantuntijapiireissä huomiota, koska siinä aktualisoitui monta riskitekijää samanaikaisesti.

> *Air Ontarion lennon 1363 valmistautuessa lähtöön 10.3.1989 talviset olosuhteet olivat vaativat ja lentäjillä oli paineita saada myöhässä oleva vuoro lennettyä. Fokker 28 -tyyppisen koneen aputurbiini oli rikkoutunut, minkä vuoksi toinen moottori oli pidettävä välilaskun aikana käynnissä. Se esti jäänpoiston suorittamisen. Lisäksi jäänpoiston tarpeellisuutta koskevat määräykset ja yhtiön omat ohjeistukset olivat tulkinnanvaraisia.[237] Koneen päällikkö päätti, ettei jäänpoistoa tarvita. Miehistö ei ollut tottunut toimimaan yhdessä, ja kapteenin kokemus konetyypistä oli vähäinen. Matkustajien joukossa oli useita ilmailun ammattilaisia, jotka olivat informoineet matkustamohenkilökuntaa siiville kertyneestä lumesta*

ja jäästä. Henkilökunta oli kuitenkin vakuuttanut, että miehistö on asiasta tietoinen, eivätkä välittäneet lentäjille matkustajien ilmaisemia huolenaiheita. Epäpuhtaudet siivissä heikensivät siinä määrin nostovoimaa, että nousu epäonnistui, ja kone tuhoutui kiitotien jatkeelle. Koneessa olleesta 65 henkilöstä menehtyi 24.[238]

Kanadan ilmailuhistorian siihen asti laajimmassa turvallisuustutkinnassa kiinnitettiin huomiota samanaikaisesti aktualisoituneisiin riskitekijöihin. Onnettomuus oli seuraus "koko kuljetusjärjestelmän pettämisestä".[239] Erityinen huomio kohdistui siihen, kuinka korkea kynnys matkustamohenkilökunnalla oli välittää ohjaamoon matkustajien epäilykset koneen lentokelpoisuudesta. Jobin (1999) mukaan yhtenä tekijänä oli ammattimainen kohteliaisuus. Se esti puuttumasta pontevammin työtovereiden tekemisiin. Tätä ylimitoitettua kohteliaisuutta edustivat sekä matkustamohenkilökunta että kyydissä olleet asiantuntevat matkustajat.[240] Harvinaisen yksityiskohtaiseen tutkintaselostukseen sisältyy myös ilmailupsykologi Robert L. Helmreichin analyysi onnettomuuteen vaikuttaneista inhimillisistä tekijöistä.[241]

Koneen päällikön ehdoton auktoriteetti oli hallitseva ajattelutapa 1980-luvulle tultaessa, eikä sen kyseenalaistamisesta käyty juuri keskustelua. Taustalla vaikuttivat erityisesti sota-aikana syntyneet ohjaamotyöskentelymallit. Helmreichin ja Merritin (1998) mukaan perinteiset auktoriteettimallit ovat olleet tuttuja myös meriliikenteessä.[242]

Vielä 1950-luvulla saatettiin lentoyhtiön toimintaohjeissa todeta suoraan, ettei perämiehen tule pyrkiä korjaamaan kapteenin tekemiä virheitä.[243] Matkustamohenkilökunnan suhteen linja oli vieläkin tiukempi. Boeingin 1930-luvulta peräisin oleva lentotoiminnan käsikirja edellytti, että lentoemäntien ("*skygirls*") piti noudattaa sotilaallista kuuliaisuutta kapteenien edessä eikä heillä ollut koneeseen tultaessa ja sieltä poistuttaessa "mitään syytä käydä keskusteluja tai ottaa kontaktia".[244]

Toimintakulttuurille oli tällöin ominaista, ettei miehistöä mielletty työryhmäksi tai tiimiksi. Tämän piirteen on tunnettu ilmailuturvallisuuden tutkija, organisaatiopsykologi Robert Helmreich tiivistänyt osuvasti: ”Ei ollut olemassa käsitettä tiimityö. Ei minkäänlaista. Kapteenit eivät nähneet perämiehiä ja lentomekaanikkoja voimavaroina, vaan lähinnä sammutusvälineinä, joissa luki teksti: 'Riko lasi, jos tarvitset'.”[245]

Air Ontarion ja Air Floridan onnettomuuksilla oli merkittävä vaikutus ilmailuturvallisuuden kehittymisessä. Erityisesti Air Floridan Potomac-joen tutkimusselostuksen ohjaamokeskusteluiden tallennukset vaikuttivat ohjaamoyhteistyön parantamiseen. Keskusteluista kävivät vääjäämättä ilmi ohjaamon viestinnän ja vuorovaikutuksen ongelmat. Materiaalia on myöhemmin käytetty turvallisuuskoulutuksessa.[246] Yhdysvaltain liittovaltion liikenneturvallisuusorganisaatio (NTSB) oli perustanut vähän ennen Air Floridan onnettomuutta osaston, jonka tehtävänä oli tutkia inhimillisten tekijöiden vaikutusta ilmailun turvallisuuteen (*Human Performance Division*). Uuden osaston asiantuntemusta hyödynnettiin tutkimusselostuksen laatimisessa. Tällöin kiinnitettiin ensimmäisiä kertoja laajemmin huomiota miehistön keskinäiseen kommunikaatioon ja sen epäonnistumiseen.[247]

Miehistöyhteistyökysymykset eivät toki olleet vuonna 1982 esillä ensimmäistä kertaa. Jo vuonna 1951 Yhdysvaltain ilmavoimien raportissa oli analysoitu 7 518 vuosikymmenen vaihteessa tapahtunutta lento-onnettomuutta ja tultu tulokseen, että suurimmassa osassa onnettomuuksien syynä olivat ”huono organisaatio, henkilökohtaiset virheet ja huono yhteistyö”.[248] Tutkimus suositteli erityisen yhteistyökoulutusta, mutta aloite unohtui lähes 30 vuodeksi.

Yhteistyöhaasteet nousivat kuitenkin esille Yhdysvaltojen kunnianhimoisessa Apollo-ohjelmassa 1960-luvulla. Psykologit kiinnostuivat tuolloin ryhmädynamiikasta kuulentojen vaativissa oloissa. Aivan erityisesti tutkimuksen kohteeksi nousi Apollo 13 -lento. Lento jouduttiin keskeyttämään avaruusaluksen huoltomoduulissa tapahtuneen räjähdyksen vuoksi. Lyhyessä ajassa miehistön ja lennonjohdon tuli hylätä alkuperäiset suunnitelmat ja rakentaa kuumoduulista sekä miehistömoduulista yhdistelmä, joka mahdollisti paluun maahan. Alkuperäisiltä tavoitteiltaan epäonnistunut lento oli suuri selviytymiskertomus, joka osoitti tehokkaan miehistö- ja lennonjohtoyhteistyön voiman.[249]

Ruffel Smithin tärkeä tutkimus

Tärkeä motivaatio miehistöyhteistyön konkreettisten koulutusohjelmien laatimiseksi syntyi osittain sattumalta. NASAn tutkija H. Patrick Ruffell Smith käynnisti 1970-luvun lopussa tutkimuksen, jonka varsinaisena tavoitteena oli tutkia laajarunkoisen B747-koneen miehistöjen viretilaa sekä selviytymistä paineisissa tilanteissa.[250] 18 erilaista miehistöä valittiin lentämään simulaattorissa tarkoin suunniteltu koelento-ohjelma, jonka aikana matkattiin Washingtonista New Yorkin kautta Lontooseen. Testiohjelma oli kaikille sama. Pian lähdön jälkeen yksi moottoreista vikaantui, ja samalla ilmeni hydrauliikkajärjestelmän häiriöitä. Miehistö joutui nopeasti muuttamaan lentosuunnitelmaansa ja tekemään päätöksen mahdollisesta varakentästä. Tilannetta eivät helpottaneet lennonjohdon vilkas liikenne ja monitulkintaiset ohjeet. Nopeasti kehittynyt tilanne loi paineita ohjaamotyöskentelyyn ja edellytti tehokasta ongelmaratkaisukykyä.

Smithin (1979) tutkimuksesta tuli alan klassikko, koska se paljasti yllättäviä tuloksia. Tutkimus osoitti, että eri miehistöjen erot ongelmien ratkaisukyvyssä olivat paljon suuremmat kuin oli etukäteen odotettu.[251] Erot olivat huomattavia siitäkin huolimatta, että kaikki yksittäiset henkilöt olivat erittäin kokeneita ja taidoiltaan päteviä. Aikaisemmin oli oletettu, että ongelmatilanteissa yksilöiden ja erityisesti päällikön osaamisella oli ratkaiseva merkitys. Testi paljasti, että suurin osa tehdyistä virheistä johtui miehistön yhteistyön epäonnistumisesta eikä niinkään yksilöiden teknisten tietojen tai taitojen puutteesta. Paineisissa tilanteissa kommunikaatio-ongelmat loivat hämmennystä ja estivät tarkoituksenmukaisten päätösten tekemisen.[252]

Smithin tutkimus ilmestyi otolliseen aikaan. Pari vuotta aikaisemmin oli Teneriffalla tapahtunut ilmailuhistorian pahin onnettomuus, jossa osasyynä olivat puutteet miehistöyhteistyössä. Laajan tutkimusselostuksen yhtenä osana oli inhimillisiä tekijöitä selvittänyt liite. Raportissa esitettiin vahva suositus.

Asianmukaisen instituution olisi käynnistettävä tutkimustyö, joka tähtäisi miehistön vuorovaikutuksen optimointiin ja inhimillisten erehdysten mahdollisuuksien minimointiin. Jokaisen ohjaamomiehistöjäsenen tulisi osallistua perus- ja täydennyskoulutukseen, joka perustuisi tutkimustyön tuloksena syntyneisiin menetelmiin.[253]

Ohjaamoyhteistyön ongelmat olivat tulleet esille myös muissa 1970-luvun tutkimusselostuksissa.[254] Yksi näistä onnettomuuksista tapahtui 28.12.1978, kun United Airlines -yhtiön DC-8 tuhoutui Portlandissa.

Lento 173 oli lähestymässä Oregonin Portlandin kenttää. Otettaessa laskutelineitä ulos kapteeni havaitsi, ettei laskutelineen varoitusvalo toiminut, ja hän keskittyi selvittämään ongelmaa. Perämiehen tehtävänä oli lentää konetta kentän odotuskuviossa ja siten viivyttää laskeutumista ongelman selvittämiseksi. Laskutelineongelman ratkominen vei siinä määrin kapteenin huomion, ettei hän seurannut koneen polttoaineenkulutusta. Miehistöön kuulunut lentomekaanikko sekä konetta ohjannut perämies yrittivät useaan otteeseen kiinnittää kapteenin huomiota yhä kriittisemmäksi käyvään polttoainetilanteeseen, mutta tuloksetta. Lopputuloksena oli, että polttoaine loppui ja kone tuhoutui vain kymmenisen kilometriä ennen kiitotien kynnystä. Kymmenen ihmistä – mukaan lukien varoituksia lausunut lentomekaanikko – menehtyi onnettomuudessa. [255]

United Airlines 173 -lennon tutkimusraportti totesi puutteellisen miehistöyhteistyön olleen keskeinen tekijä onnettomuuden synnyssä. Raportin mukaan ”kapteenin johtamistyyli esti vastaanottamasta ja hyväksymästä palautetta”.[256] Perämiehen ja lentomekaanikon yritykset vaikuttaa kapteeniin olivat puolestaan liian ponnettomia. Myös lennonjohdon reaktiot olivat nekin turhan varovaisia. Sen sijaan, että tutkaohjaaja olisi selkeästi varoittanut koneen huomattavasta vajoamisesta alle normaalin liukukulman, ohjaaja tyytyi vain kysymään kohteliaasti ”kuinkas siellä menee”.[257] Myöhemmin turvallisuustutkinnassa paljastui, että alkuperäisen laskutelineongelman syynä oli ainoastaan palanut varoitusvalon polttimo.[258]

United Airlines 173 onnettomuuslento oli Cusick et al. (2018) mukaan viimeinen korsi, joka katkaisi kamelin selän.[259] Onnettomuus nosti miehistön yhteistyökysymykset entistä voimakkaammin esille. Tutkijat ehdottivatkin, että miehistöyhteistyön parantamiseksi tulisi laatia erityinen koulutusohjelma. United Airlines 173:n tutkintaselostusta onkin pidetty ensimmäisenä virallisena dokumenttina, jossa käytettiin ohjaamoyhteistyön käsitettä.

Kaikki yhtiöiden tulisi perehdyttää miehistönsä ohjaamoyhteistyön (flight deck resource management) periaatteisiin ja korostaa erityisesti kapteeneille, mikä merkitys on koko miehistön osallistumisella päätöksentekoon sekä rohkaista samalla miehistöä ilmaisemaan mielipiteensä.[260]

Viranomaisten suositukseen tartuttiin nopeasti, ja NASA järjesti vuonna 1979 useita aiheeseen liittyviä neuvotteluja sekä työpajoja. Kokoontumisten teemana oli ohjaamon voimavarojen tarkoituksenmukainen hallinta eli miehistöyhteistyö (*Resource Management on the Flight Deck*).[261] NASAn työpajat olivat esimerkki, jota eri lehtoyhtiöt lähtivät seuraamaan eri aikatauluilla ja koulutusohjelmilla.

Ensimmäisen kattavan koulutuskokonaisuuden järjesti onnettomuuslennostaan tunnetuksi tullut United Airlines vuonna 1980. Yhtiöllä oli historiallinen tarve miehistöyhteistyökoulutuksen järjestämiseen. Vuonna 1965 yhtiön lento 227 oli päättynyt onnettomuuteen B737-koneen lähestyessä Salt Lake Cityn lentokenttää. Tuolloinkin onnettomuuteen johtaneita tekijöitä voitiin jäljittää puutteelliseen miehistöyhteistyöhön.

Kone oli lähestynyt lentokenttää eikä lähestyminen ollut stabiili. Lentovuorossa ollut perämies oli yrittänyt lisätä tehoja korjatakseen virheellisen liukukulman. Kapteeni oli kuitenkin tarttunut tehovipuihin ja estänyt perämiehen toimet, jolloin kone pääsi vajoamaan jyrkästi. Loppuvaiheen korjaavat toi-

menpiteet eivät enää riittäneet, vaan kone iskeytyi maahan vain sata metriä ennen kiitotietä. Onnettomuudessa kuoli 43 matkustajaa ja miehistön jäsentä.[262]

United Airlinesin 227-lennon tutkintaselostuksessa oli kiinnitetty huomiota kapteenin ja perämiehen jännitteisiin rooleihin ja yhteistyön ongelmiin. Yhtiöllä oli siten selkeä motivaatio kehittää ohjaamoyhteistyötä ja samalla lentoturvallisuutta. Unitedin esimerkkiä seurasi Euroopassa KLM vuonna 1981. Nämä kaksi yhtiötä laativat ensimmäiset miehistöyhteistyön koulutusohjelmat lentävälle henkilökunnalleen ja tulivat samalla aloittaneeksi uuden aikakauden lentoturvallisuuden kehittämisessä.

Vastaavien tilanteiden välttämiseksi luotiin myöhemmin niin sanottu kahden haastamisen sääntö (*two-challenge rule*), jolla pyritään välttämään johtosuhteiden ongelmat kriisitapauksissa. Mikäli perämies on kahteen kertaan ilmaissut huolestumisensa asioiden tilasta ja vaaratilanteen synnystä, hänellä on oikeus ja velvollisuus kolmannella kerralla ottaa ohjat omiin käsiinsä. Mallia on sovellettu myös sairaalamaailmassa, erityisesti leikkaussaleissa.[263]

Cockpit Resource Management – kapteenit koulunpenkille

CRM-koulutuksen ansiosta miehistöni onnistui laskeutumaan Hudson-jokeen tuona kylmänä tammikuun päivänä ja sen jälkeen evakuoimaan turvallisesti 150 matkustajaa ilman vakavia loukkaantumisia tai ihmishenkien menetyksiä.

Kapteeni Chelsey Sullenberg[264]

Tammikuun 15. päivänä 2009 US Airwaysin Airbus 320 läksi New Yorkin LaGuardian-kentältä kohti määränpäätään Seattlea. Vain muutama minuutti lähdön jälkeen kone törmäsi hanhiparveen, jolloin kummatkin moottorit vaurioituivat pahoin. Koneen miehistö havaitsi pian, että lentokorkeus ja käytettävissä olevat vähäiset tehot eivät riittäneet turvalliseen kentälle paluuseen. Ainoaksi mahdollisuudeksi jäi pakkolasku keskellä New Yorkia virtaavaan Hudson-jokeen. Nopeasti päätetty ja vaativissa olosuhteissa tehty pakkolasku onnistu hyvin, ja koneen kaikki matkustajat ja miehistö saatiin evakuoitua. Pieniä loukkaantumisia lukuun ottamatta kaikki selvisivät hengissä.[265]

Koneen kapteeni Chelsey "Sully" Sullenbergistä tuli hetkessä kuuluisuus, ja häntä juhlittiin kansallissankarina. Tapahtuma sai osakseen suurta julkisuutta. Pakkolaskua on kutsuttu Hudson-joen ihmeeksi, ja tapauksen pohjalta Clint Eastwood ohjasi elokuvan *Sully* (2016). Kapteeni Sullenberg sai vastaanottaa lukuisia huomionosoituksia. Hän on ollut myöhemmin suosittu luennoitsija ja käsitellyt kirjoituksissaan ja haastatteluissaan turvallisuuskriittisiin organisaatioihin liittyviä kysymyksiä. Samoin useana painoksena ilmestynyt elämänkerrallinen teos saavutti laajan lukijakunnan.[266]

Omissa esiintymisissään ja kirjoituksissaan Chelsey Sullenberg on kuitenkin johdonmukaisesti korostanut koko miehistönsä roolia onnistuneen lopputuloksen saavuttamisessa. Poikkeuksellisen vaativassa hätätilanteessa ratkaisevaa oli se, että kaikki toimivat etukäteen sovittujen menetelmien mukaan ja tekivät vastuullisesti oman osuutensa. Onnistumisen taustalla oli Sullenbergin mukaan ohjaamoyhteistyökoulutus. Hän totesikin, kuinka "CRM on hämmentänyt työpaikkakulttuuriamme ja sen myötä lentäminen – joka on luonnostaan vaarallista – on tullut paljon turvallisemmaksi".[267] Sullenberg on lisäksi myöntänyt, että Airbus 320 -koneen tietokonepohjaisella ohjausjärjestelmällä oli osarooli pakkolaskun onnistumisessa.[268]

CRM-lyhennys viittaa nykyiseen miehistöyhteistyökoulutukseen (*Crew Resource Management*). Mistä CRM:ssä on kyse, ja mikä siinä on ollut niin merkittävää? Vastausta voi etsiä tarkastelemalla koulutuksessa tapahtunutta kehitystä. Vuosikymmenten aikana CRM-lyhenteestä on muodostunut ilmailun turvallisuuskoulutuksen vakiokoodi. Lyhenteen merkitys ja koulutuksen sisällöt ovat kuitenkin ratkaisevasti muuttuneet vuosikymmenten saatossa.

Kun United Airlines käynnisti ensimmäisen yhteistyökurssin, nimenä oli *Command, Leadership and Resource Management*. Nimi kertoo paljon. Tavoitteena oli parantaa ennen muuta johtajuutta, mikä merkitsi keskittymistä lentokoneen päällikön roolin kehittämiseen. Olihan julkista keskustelua herättäneissä onnettomuuksissa huomio kiinnittynyt juuri kapteenien ratkaisuihin ja niihin liittyviin ongelmiin. Oli luonnollista, että koulutuksessa lähdettiin liikkeelle johtajuuden parantamisesta. Millä tavoin kapteeni voisi paremmin kuunnella ja ottaa vastaan miehistön jäsenten kommentteja ja ehdotuksia?

Ensimmäiset kurssit rakentuivat ohjelmaan, joka tukeutui Robert Blaken ja Jane Moutonin kehittämään ja sittemmin suosittuun johtamisteoriaan *The New Managerial Grid* (1978). Teorian kantavana rakenteena on ruudukko, jossa johtajuutta tarkastellaan ihmiskeskeisyyden ja tehtäväkeskeisyyden jännitekentässä. Teoria erottelee viisi stereotyyppistä johtajaa, joita luonnehditaan käsitteillä vastuun välttelijä, huolenpitäjä, keskitien kulkija, käskijä ja tiimin vetäjä.[269] Blaken ja Moutonin teorian pohjalta kurssilaiset saivat määritellä oman johtajaprofiilinsa. Epäilemättä moni aavisteli, että tulevaisuudessa ohjaamossa kaivattaisiin käskijöiden sijasta enemmän tiimin vetäjiä.

Kapteenien lisäksi koulutukseen osallistui myös perämiehiä sekä lentomekaanikkoja, mutta heidän roolinsa oli selkeästi vähäisempi. Tähtäyspisteenä oli ohjaamon sisäinen toiminta ja sen parantaminen. Matkustamohenkilökunta oli jätetty ulkopuolelle. Tätä kuvasti myös kurssikokonaisuudesta käyttöön otettu alkuperäinen nimi *Cockpit Resource Management* ohjaamoyhteistyökoulutus. Tyypillistä ensimmäisille kursseille oli, että eri ohjaamotyöntekijäryhmät työskentelivät omissa vertaisryhmissään, eikä niiden välillä ollut vuorovaikutusta. Kapteenit opiskelivat kapteenien kanssa, perämiehet perämiesten ja lentomekaanikot omissa ryhmissään.[270]

Ohjaamoyhteistyön parantaminen koettiin tärkeänä tehtävänä, mutta ensimmäiset CRM-kurssit eivät saaneet varauksettoman myönteistä vastaanottoa. Vastustus nousi monista eri lähtökohdista. Lentäjien ammattiliitot ja rivijäsenet pelkäsivät, että uusi ajattelu- ja toimintamalli tulisi heikentämään lentäjien ja erityisesti kapteenien auktoriteettia. Gordon et al. (2015) toteavat, että ”kapteeni eivät halunneet muuttaa ohjaamoa demokratiaksi”.[271]

Samoin vierastettiin koulutusohjelmien psykologisoivaa otetta sekä harjoituksissa käytettyjä ryhmädynaamisia menetelmiä. Moni ei löytänyt omaa persoonaprofiiliaan johtamisteorian tyyppihahmoista.

Jotkut epäilivät, että kapteenien auktoriteetti katoaisi ihmissuhdetaitojen korostamisen myötä ja että koulutuksen tavoitteena olisi ilmailutaitojen sijaan vastata Dale Garnegien tunnetun kirjan mukaisesti kysymykseen *"Miten saan ystäviä, menestystä ja vaikutusvaltaa"*.[272] Arvostelijoiden mielessä olivat myös tilanteet, joissa tarvitaan nopeaa päätöksentekoa. Vapaavuori et al. (1992) tiivistävät ajattelutavan lauseeseen, kuinka "moottorihäiriö lentoonlähdössä on tilanne, jossa ei ole suositeltavaa keskittyä johtamaan ohjaamon tunneilmapiiriä".[273]

Kritiikin taustalla oli tosiasia, että monet 1970-luvun lentokapteeneista olivat syntyneet 1920-luvulla ja hankkineet ensimmäiset lentokokemuksensa sota-ajan pilotteina. Heidän näkemyksensä ilma-aluksen päällikkyydestä erosivat ratkaisevasti vaatimuksista, jotka olivat vahvistuneet liikenneilmailun kehittyessä. Cusick et al. (2018) kysyvätkin, "voitko kuvitella, että tuon ajan lentokapteenille, joka ehkä on ampunut alas viholliskoneen ja jota on palvottu sankarina, yhtäkkiä sanottaisiin, että hän on ongelma".[274]

Crew Resource Management – koko miehistön yhteistyötä

Ensimmäisen polven CRM-koulutuksessa pääpaino oli yksilöiden yhteistyövalmiuksien lisäämisessä. Vaikka pyrkimys oli yhteisölliseen työotteeseen, koulutus miellettiin helposti yksilöiden kasvuohjelmaksi. Lisäksi sisällöissä korostuivat oikeat ja väärät toimintamallit. Kategoriset luonnehdinnat saattoivat herättää syyllisyyttä ja vahvistaa osallistujien tunnetta omasta epäonnistumisesta.[275]

Jännitteisistä palautteista huolimatta lentoyhtiöt näkivät selvästi CRM-koulutuksen mahdollisuudet. Sisältöjä tuli vain kehittää todellista yhteistyötä lujittavaksi ja samalla lentämisen erityispiirteitä kunnioittavaksi. Vuoden 1984 aikana suuret yhdysvaltalaiset yhtiöt Pan American World Airways ja Delta Airlines näyttivät esimerkkiä ja laativat uudet koulutusohjelmat. Pääpaino siirrettiin ryhmässä tapahtuvaan päätöksentekoon ja keskinäisen viestinnän vahvistamiseen. Huomattavaa kuitenkin on, että alkuvaiheen koulutus toteutettiin vapaaehtoispohjalta. NASAn vuonna 1979 esittämä toive kaikkia lentoyhtiöitä koskevasta koulutusohjelmasta sai odottaa toteutumistaan pitkään.

Merkittävä uudistus oli tehokkaan reittikoulutuksen (*Line-Oriented Flight Training*, LOFT) käynnistäminen. Taustalla vaikuttivat Smithin tutkimuksen havainnot ohjaamoyhteistyön merkityksestä sekä miehistöjen palautteet. Teoreettisen luokkaopetuksen ja rooliharjoitusten rinnalle kaivattiin juurevammin käytännön työhön porautuvaa koulutusta. Simulaattorissa tapahtuva LOFT-koulutus oli vastaus tähän tarpeeseen. Yhdysvaltalainen Northwest Airlines oli kokeillut ideaa jo vuonna 1975, ja kansallinen ilmailuviranomainen FAA oli näyttänyt hankkeelle vihreää valoa. Tulokset olivat hyviä, ja muutamia vuosia myöhemmin FAAn edustaja antoikin ymmärtää, että "olemme lähtemässä seikkailumatkalle tulevaisuuden ilmailukoulutukseen".[276]

LOFT-koulutuksessa miehistö tekee yhdessä kaikki normaalin lentotehtävän valmistelut ja rutiinit. Lennonjohdon antamat selvitykset ovat mahdollisimman aitoja, samoin lennon kulkuun liittyvät laskelmat ja päätöksentekotilanteet. Miehistön päätettäväksi tulee myös yllättäviä lentosuunnitelman muutoksia. Tavoitteena ei kuitenkaan ole miehistön ylikuormitus, vaan toimivan ja tehokkaan ohjaamoyhteistyön harjoittelu. Tehtävänä voi esimerkiksi olla tilanne, jossa lentokoneen laskutelineet on järjestelmähäiriön vuoksi jätettävä ulos. Miehistön tulee laskea lisääntyneen ilmavastuksen vaikutus koneen polttoaineen kulutukseen ja sen pohjalta päättää mahdolliselle varakentälle hakeutumisesta. Olennainen osa LOFT-koulutusta on harjoituksen jälkeinen purkuvaihe, jossa yhteistyön sujuminen käydään läpi videotallenteiden avulla. Butler (1993) tiivistää, että "pääpaino on siinä, missä on toimittu oikein, ei siinä kuka on oikeassa".[277]

Uudenlaiset haasteet LOFT-koulutukselle kohdattiin 1980-luvun lopussa, kun konekalustossa siirryttiin tietokonehallintaisiin järjestelmiin ja uudenlaisiin ohjaamoihin. Näkyvimpänä muutoksena oli perinteisten analogisten mittareiden korvautuminen tietokoneiden näyttöruuduilla. Kehittyneet lennonohjaus- ja hallintajärjestelmät vähensivät toisaalta miehistön kuormaa, toisaalta edellyttivät uudenlaisia valmiuksia hallita tietomäärää ja tehdä oikeita valintoja.[278] Automaation myötä ohjaamoihin tuli ikään kuin yksi uusi miehistön jäsen, jonka aivoituksia jouduttiin pohtimaan. Joissakin tapauksissa jouduttiin kysymään, kuka viime kädessä konetta ohjaa.[279]

Matkustamohenkilökunnan tärkeä rooli

Tammikuun 9. päivänä 1989 lähti British Midland -yhtiön tuliterä Boeing 737 Lontoosta kohti Belfastia. Matkalentokorkeudessa koneen vasemmanpuoleisen moottorin puhaltimen siipi irtosi, rikkoi samalla rakenteita ja aiheutti koneen sisälle savua sekä runkoon voimakasta värinää. Lentäjät tulkitsivat vauriot väärin ja sammuttivat vahingossa oikeanpuoleisen moottorin. Virheeseen vaikuttivat osaltaan uuden konemallin ilmastointijärjestelmään tehdyt muutokset, joista lentäjät eivät olleet tietoisia. Koneen automaattiohjaus sääti tehoja kuitenkin niin, että vaurioituneen moottorin värinät heikkenivät eivätkä lentäjät huomanneet aluksi toimineensa virheellisesti. He päättivät kuitenkin etsiytyä välittömästi lähimmälle hätäkentälle.

Matkustamohenkilökunta ja matkustajat olivat heti tapahtuneen jälkeen havainneet liekkejä vasemmanpuoleisesta moottorista. He olettivat kuitenkin, että lentäjillä oli oikea tieto ongelmista eivätkä siksi ottaneet yhteyttä ohjaamoon – siitäkin huolimatta, että lentäjät mainitsivat kuulutuksissa ongelmien koskevan oikeanpuoleista moottoria. Koneen tehdessä laskua ja lentäjien lisätessä tehoa vakavasti vaurioituneeseen moottoriin se syttyi palamaan. Vasta silloin lentäjät huomasivat tekemänsä virheen. Aika ei kuitenkaan riittänyt toimivan moottorin käynnistämiseen, ja kone vajosi runsas puoli kilometriä kiitotien jatkeelle ja katkesi kolmeen osaan. Koneen 118 matkustajasta menehtyi 47.[280]

British Midlandin onnettomuus nosti esiin kysymykset koneen koko miehistön keskinäisestä yhteistyöstä ja viestinnän tarpeesta. Tutkintaselostus totesi, ettei lentävä miehistö ollut osannut ottaa riittävästi huomioon matkustamohenkilökunnan tietoa moottorihäiriön yksityiskohdista. Samalla matkustamohenkilökunta oli turhaan arastellut tiedon välittämistä ohjaamoon. Mikäli he olisivat raportoineet tekemistään havainnoista, miehistön erehdystä ei todennäköisesti olisi tapahtunut tai se olisi pystytty ajoissa korjaamaan.[281]

Onnettomuuden poikkeukselliset tapahtumat kiinnostivat tutkijoita, ja tutkintaselostuksen suosituksilla on ollut ilmeinen vaikutus CRM-koulutuksen kehittymiseen.[282] Suosituksena oli, että koulutuksessa tuli vahvistaa matkustamon ja ohjaamon välistä tiedonvaihtoa, erityisesti poikkeus- ja hätätilanteissa.[283] Jo aikaisemmin oli lentoyhtiöiden poikkeamaraporteissa huomattu, että matkustamohenkilökunta oli saattanut tehdä lentoturvallisuuden kannalta tärkeitä havaintoja. Näitä olivat esimerkiksi epätyypilliset värinät moottoreissa, poikkeukselliset äänet ovien tiivisteissä, vauriot koneen muotopelleissä sekä erilaiset nestevuodot.[284]

CRM-koulutuksen yksi suurimmista vaikutuksista on ollut miehistön roolien uudelleen arviointi. Muutos ei ole välttämättä ollut helppo. Taustalla ovat vaikuttaneet pitkän ajan kuluessa syntyneet roolimallit, jotka ovat määrittäneet käskyvaltasuhteita. Vanhastaan etäisyys ohjaamon ja matkustamon välillä on ollut suuri. Myös työntekijöiden ammatilliset odotukset oman tulevaisuuden suhteen ovat saattaneet erota. Chute ja Wiener (1995) toteavat, kuinka Yhdysvalloissa lentäjille on ollut tyypillistä halu pitkäaikaiseen sitoutumiseen, kun taas matkustamohenkilökunnan kohdalla kyse on ollut useissa tapauksissa lyhytaikaisista työsuhteista. Työtä ei ole nähty samalla tavoin elämäntehtävänä.[285]

Perinteisesti myös matkustamo- ja ohjaamomiehistöjen sukupuolijaot ovat olleet selkeät. Yhdysvalloissa 1990-luvulla lentäjistä naisia on ollut vain noin kolme prosenttia, kun taas matkustamohenkilökunta on perinteisesti ollut naisten hallitsemaa. Sukupuolisidonnaisuudet ovat kuitenkin vähenemässä, ja lentoemäntien rinnalle ovat yhä useammin tulleet miespuoliset stuertit. Perinteiset roolijaot ovat kuitenkin olleet vahvat. 1920-luvun lentoyhtiön koulutuskäsikirja totesi suoraviivaisesti, että ”lentäjät edustavat lentotoiminnan osastoa, kun taas lentoemännät työskentelevät liikenneosaston alaisuudessa. Siksi heidän välillään ei ole todellista tarvetta keskustelulle tai yhteydenpidolle.”[286]

Historiallisista ja kulttuurisista tekijöistä sekä sukupuolittuneista rooliodotuksista johtuen CRM-koulutuksen ulottaminen ohjaamon ulkopuolelle oli periaatteellisesti merkittävä askel. Ensimmäiset koko miehistön yhteistyökurssit käynnistyivät 1990-luvun alussa. Yhdysvaltojen ilmailuviranomainen vaati CRM-koulutuksen pakolliseksi sikäläisille yhtiöille kuitenkin vasta vuonna 1998 eli 19 vuotta sen jälkeen, kun NASA oli ensimmäisen kerran suositellut koulutuksen järjestämistä. Kysymyksessä oli poikkeuksellisen pitkä aika merkittävän ilmailun turvallisuussäännöstön voimaan saattamisessa.[287]

Koulutuksen käynnistyminen oli luonnollisesti vaativa prosessi. Uudenlaiset yhteistyömallit edellyttivät eri työntekijäryhmiltä uudenlaista yhteistyöhalua ja herkkyyttä ymmärtää toistensa työtä. Erityisesti matkustamohenkilökunnan asenteissa oli aluksi varauksellisuutta. Kynnys raportoida poikkeuksellisista havainnoista tai tilanteista lentäjille saattoi olla matkustamossa suuri. Asetelmaa kuvaa hyvin Paula Salon (2013) miehistöviestintää käsittelevän tutkimuksen nimi *"Pitäiskö soittaa pojille?"* [288] Retorinen kysymys kuvaa tilannetta, jossa matkustamohenkilökunnan kesken vallitsee epätietoisuus ottaa sisäpuhelimella yhteyttä ohjaamoon.

Laajassa tutkimuksessaan Ford (2010) selvitti koko miehistöä käsittävän yhteistoimintakoulutuksen merkitystä turvallisuuskulttuurille. Tutkimus paljasti, että matkustamohenkilökunnalla on vahva motivaatio vahvistaa tiimityötä. Tutkijan mukaan CRM-koulutus edellyttää toimiakseen kuitenkin jatkuvaa parantamista.

> *On välttämätöntä tunnustaa, että koulutuksen sisällöt voidaan joutua suunnittelemaan uusiksi vastaamaan muuttuvia tarpeita. Yhteinen CRM-koulutus on kuitenkin lisännyt ymmärtämystä tiimityön merkittävyydestä, samoin kuin tarkan ja oikea-aikaisen viestinnän merkityksestä ohjaamon ja matkustamon välillä. Toimiva kommunikaatio voi estää vaaratilanteiden kehittymisen onnettomuuksiksi.*[289]

Suljettu vai avoin ohjaamo?

Vuorovaikutuksen lisääminen ohjaamo- ja matkustamohenkilökunnan välillä on koettu tärkeäksi turvallisuustekijäksi. Tavoitteen tiellä on kuitenkin määräyksiä, jotka ovat syntyneet turvallisuussuunnittelun tuloksena. Yksi näistä on lennon kriittisissä vaiheissa noudatettava niin sanottu steriilin ohjaamon periaate.

Kyseessä on Yhdysvaltojen ilmailuviranomaisen alun perin vuonna 1981 suosittama käytäntö, joka sittemmin on tullut hyväksytyksi ympäri maailmaa.[290] Periaatteen mukaan lennon rullausvaiheen sekä nousun tai laskeutumisen aikana alle 10 000 jalan korkeudessa lentäjien ei ole lupa käydä ohjaamossa muuta kuin itse lentosuoritukseen liittyvää keskustelua. Matkustamohenkilökunta voi tällöin ottaa yhteyttä ohjaamoon ainoastaan lentoturvallisuuteen välittömästi liittyvissä asioissa. Steriilin ohjaamon periaate on auttanut lentäjiä keskittymään työhönsä, mutta samalla se on Chuten ja Wienerin (1996) mukaan aiheuttanut "enemmän kuin mikään muu tekijä epäselvyyttä matkustamon ja ohjaamon välille".[291] Periaate on nostanut kynnystä ottaa yhteyttä ohjaamoon ja synnyttänyt myös epätietoisuutta siitä, milloin sääntö on voimassa. Uusimmissa koneissa on otettu käyttöön erillinen merkkivalo kertomaan, milloin ohjaamoon voi olla normaalisti yhteydessä.

Matkustamon ja ohjaamon välinen kommunikaatio vaikeutui lisäksi huomattavasti, kun vuoden 2001 terroristi-iskujen jälkeen tuli määräyksiä, jotka edellyttivät vahvaa ja lukittua ovea ohjaamon ja matkustamon välille. Sääntö on käytännössä estänyt aikaisemmin mahdolliset matkustajien vierailut ohjaamoon. Samalla matkustamohenkilökunnan viestintä on siirtynyt sisäpuhelimen varaan. Henkilökunnan välinen epävirallinen viestintä on uudistuksen myötä vähentynyt ja korvautunut virallisella viestinnällä. Salo (2013) toteaakin, että "mikäli ohjaamon ovi vähentää kokonaisvuorovaikutusta lentäjien ja matkustamomiehistön välillä, on mielestäni vaarana, että jokin kertomatta jäänyt "pikkujuttu" saattaa osoittautua myöhemmin tärkeäksi tiedottamisen arvoiseksi asiaksi".[292]

Matkustamon ja ohjaamon välisen oven merkitys nousi traagisella tavalla julkisuuteen, kun Germanwings-yhtiön Airbus 320 tuhoutui

24.3.2015 Etelä-Ranskan vuoristossa. Turvallisuustutkinta paljasti, että syynä oli perämiehen tietoinen ratkaisu ohjata kone pois reittikorkeudesta ja törmätä vuorenrinteeseen. Seuraukset olivat tuhoisat. Teon mahdollisti koneen päällikön poistuminen hetkeksi ohjaamosta. Perämies oli tällöin aktivoinut koneen oven turvalukon, estänyt kapteenia pääsemästä sisään, säätänyt koneen automaattiohjauksen vähentämään korkeutta ja lopulta ohjannut koneen tietoisesti päin vuorta. Perämies oli pitkään kärsinyt masennuksesta ja osin salannut ongelmansa. Teon taustalla vaikutti masennuksen aiheuttama itsetuhoisuus.[293]

Germanwingsin onnettomuus synnytti samalla laajan keskustelun siitä, ovatko lentävän henkilöstön kriittiset terveystiedot riittävästi yhtiöiden ja viranomaisten käytössä. Tutkintaselostus suositteli, että terveystietojen julkisuuden ja toisaalta yksilönsuojan välinen suhde määriteltäisiin jatkossa tarkemmin. Lentoyhtiöiden, viranomaisten ja tutkivien lääkäreiden välisen tiedonvaihdon tulisi olla avoimempaa.[294]

Samalla selostus esitti, että lentoyhtiöt edellyttäisivät ohjaamossa aina vähintään kahden tehtävään auktorisoidun henkilön läsnäoloa. Käytännössä tämä merkitsee sitä, että toisen lentäjän poistuessa ohjaamosta hänen paikalleen tulee matkustamohenkilökunnan edustaja. Euroopan ilmailuviranomainen antoi myöhemmin aiheeseen liittyvän suosituksen.[295] Sitä ennen monet yhtiöt, myös Finnair, olivat jo noudattaneet suositeltua ohjaamokäytäntöä. Suositus vahvisti matkustamomiehistön roolia lentoturvallisuuden ylläpitäjänä. Samalla se oli osoitus CRM-ajattelun synnyttämästä miehistöyhteistyömallista. Matkustamohenkilökunnalla on ollut tapahtuneen jälkeen entistä suurempi rooli lentämisen turvallisuuden varmistamisessa.

Koko miehistön yhteistyön ymmärtäminen edellyttää lentokoneen poikkeuksellisen toimintaympäristön hahmottamista. Ilma-aluksen päälliköllä eli kapteenilla on edelleen ehdoton esimiesasema. Tämä perusasetelma on selvästi määritelty sekä kansainvälisessä että kansallisessa lainsäädännössä, ja se luo työyhteisöön selkeän hierarkkisen rakenteen.[296] Kapteenia lähimpänä on perämies, ja hänen jälkeensä tulee matkustamomiehistön esimies eli lennon purseri. Purserilla on eräissä lentoturvallisuuteen liittyvissä tapauksissa merkittävä johtajan rooli. Hän tekee muun muassa koneen päällikölle ehdotuksen mahdollisesta välilaskusta matkustajien sairastapauksissa. Ohjaamon miehistöllä ei luonnollisesti ole mahdollista seurata tilanteen kehittymistä matkustamon puolella. Sama koskee muitakin poikkeustilanteita koneen matkustamossa.

Hierarkkiseen rakenteeseen kuuluu kunkin työntekijän oman palvelupaikan täsmällinen määrittely. Jokaisella on oma positionsa, joka määrittelee hänen tehtävänsä ja vastuunsa. Positioiden täsmällinen kuvaaminen on tärkeää erityisesti aikana, jolloin miehistöt vaihtuvat nopeasti. Toisilleen entuudestaan tuntematon miehistö saattaa tavata toisensa ensimmäisen kerran vähän ennen lentoa tapahtuvassa lennon valmistelussa. Vanhoeneckerin (2016) mukaan miehistön tavatessa ensimmäisen kerran "tiedämme vain yhden asian eli sen, että itse kukin meistä on läpäissyt roolinsa vaatimat testit ja että kohta mennään".[297]

Muutos aikaisempaan käytäntöön on ollut suuri. Takavuosina käytäntönä saattoi olla pyrkimys säilyttää samat miehistökokoonpanot ja varmistaa siten yhteistyön onnistuminen. Tämä oli mahdollista väljempien lentoaikataulujen aikana. Persoonien väliset erot ja henkilökohtaiset tavat toimia vaikuttivat tällöin enemmän. Hudson-joen pakkolaskun kiitetty kapteeni Chelsey Sullenberg on kertonut, kuinka hän nuorena lentoperämiehenä tapasi jopa merkitä muistivihkoon ylös eri kapteenien persooniin liittyviä erityispiirteitä. Muistiinpanot helpottivat ohjaamoyhteistyötä ja auttoivat samalla varomaan mahdollisia konfliktinaiheita.[298]

Nykyisissä miehistöyhteistyömalleissa on selkeä pyrkimys päästä eroon liian henkilösidonnaisista tavoista tehdä työtä. Tavoitteena on tasalaatuinen ja tasokas tiimityö, jossa roolit ja tehtävät on riittävän selkeästi määritelty. Erilaisten ihmisten on kyettävä tehokkaaseen ja ammattimaiseen yhteistyöhön ilman, että huomio kiinnittyy liikaa persoonakohtaisiin tekijöihin. Tätä ajattelutavan muutosta on kuvannut liikennelentäjä ja ilmailupsykologi Matti Sorsa.

Lentäminen ei ole yksinäisten susien työtä. Ohjaamo on ryhmätyöpaikka. Liikennekoneita eivät lennä lentäjät vaan miehistö. Alan käytäntöön kuuluu se, ettei käytetä vakiomiehistöjä vaan vakiotoimintamenetelmiä. Kapteeni ja perämies saattavat kohdata ensimmäisen ja ehkä ainoan kerran lähtiessään lennolle. Esittäytyvät ja sen jälkeen kumpikin noudattaa tiukasti vakiomenettelytapoja. Siitä ei tarvitse edes keskustella. Se on itsestäänselvyys.[299]

Koko organisaatio turvallisuustekijänä

Ihmisolentojen lailla myös CRM on alusta lähtien kypsynyt lapsuuden ja nuoruuden kautta pikkuhiljaa aikuisuuteen. Kuten nuoruusvuosien laita usein on, myös CRM on ajoittain aiheuttanut ahdistusta sekä vanhemmilleen että ystävilleen.

Wise et al. 2009[300]

Miehistöyhteistyökoulutusta on pidetty yhtenä viime vuosikymmenien myönteisen ilmailuturvallisuuskehityksen keskeisenä elementtinä. Vaikka koulutuksen ja uuden yhteistyökulttuurin merkitystä ei pystytä tilastollisesti suoraan osoittamaan, yleinen käsitys on, että vaikutus on ollut merkittävä. Pariés'n ja Amalbertin (1995) mukaan "yksikään lentoyhtiö, joka on aikoinaan käynnistänyt koulutuksen, ei ole valmis sitä kuoppaamaan".[301]

CRM-koulutuksen kautta käsitykset riskien hallinnasta ovat laajentuneet. Entisten voimakkaasti yksilöpainotteisten näkökulmien rinnalle ovat tulleet koko organisaatiokulttuuria ja laajempia työntekijäryhmiä huomioivat tarkastelutavat. Tutkijat ovat saattaneet puhua jopa koulutuksen evoluutiovaiheesta, jossa on kyse koko yhtiön tai järjestelmän yhteistyömallista (Company Resource Management tai Organizational Resource Management).[302]

Kokonaisjärjestelmän turvallisuusajattelu on laajentanut tarkastelun lentokoneen ulkopuoliseen maailmaan. Yhä selvemmin ymmärretään, että yhtiön koko toimintakulttuurilla on ratkaisevan tärkeä merkitys turvallisuuden syntymisessä ja ylläpitämisessä. Samalla yhteistoimintakoulutus on räätälöitävä entistä selvemmin vastaamaan operaattorien erityistarpeita. Hyvä esimerkki tästä on niin sanottu reittikohtainen turvallisuusauditointi (Line Oriented Safety Audit, LOSA).

LOSA-käytäntö perustuu alun perin Texasin yliopiston ja Continental Airlinesin yhdessä tekemään tutkimustyöhön. Keskeisenä tutkijana oli tunnettu ilmailupsykologian professori Robert L. Helmreich.[303] Tarkoituksena oli kehittää tehokas menetelmä, jolla päästäisiin pelkkiä simulointi- ja teoreettisia malleja lähemmäksi aitoa lentoa ja sen turvallisuuden parantamista. Näin syntyi käytäntö, jossa kokeneet kouluttajat istuvat normaalin reittilennon ajan ohjaamossa ja havainnoivat lentäjien yhteistyötä ja mahdollisia turvallisuuspuutteita. Kun aikaisemmassa CRM-koulutuksessa päähuomio kohdistui virheiden välttämiseen, LOSA-tarkkailijat laajensivat aineiston keruuta virheiden havainnointiin ja tunnistamiseen. Kertynyttä aineistoa luvattiin käsitellä luottamuksellisesti ja anonyymisti. Miehistölle vakuutettiin, ettei tahattomien virheiden paljastuminen johda rangaistusseuraamuksiin.

Näissä 1990-luvun lopulla tehdyissä tutkimuksissa paljastui entistä vahvemmin toimintaympäristön satunnaisten ja yllättävien muutosten merkitys. Tutkimuksen keskiöön nousi erilaisten uhkien hallinta – siis niiden tekijöiden, jotka eivät ole miehistön päätettävissä, mutta jotka edellyttävät välitöntä huomiota ja reagointia. Linja-auditointi osoitti yllättävänkin paljon potentiaalisia riskitekijöitä, joita ei ollut aikaisemmin yleensä kirjattu ylös.

Osa näistä riskeistä saattoi olla ensinäkemältä hyvinkin vähäisiä, mutta eskaloituessaan ne saattoivat aiheuttaa yllättäviä ketjureaktiota. Vesisade asematasolla konetta lastattaessa ei ensinäkemältä vaikuttanut suurelta riskitekijältä. Se saattoi kuitenkin pakottaa työntekijät kiirehtimään, jolloin tarkkaavaisuus herpaantui ja tärkeä varmistustoimenpide jäi tekemättä. Yöaikaan tehtyjen huoltojen yhteydessä väsyneeltä mekaanikolta unohtui säätöjen tarkistus.[304]

Uhkien ja virheiden hallinnasta (*Threat and Error Management,* TEM) muodostui 2000-luvulle tultaessa CRM-koulutuksen viimeinen ja eräiden teoreetikkojen mukaan kuudes evoluutiovaihe. Vaikka ilmailun ammattilaiset olivat aina tienneet uhkatekijöiden olemassaolon ja ne oli huomioitu työnkuvissa, uhkien hallintaa ei ollut kuitenkaan aikaisemmin kirjattu yhtä selvästi ylös koulutus- ja toimintasuunnitelmiin.[305] Kyse oli turvallisuusajattelussa ja -koulutuksessa tapahtuneesta näkökulman muutoksesta. Sitä ilmentää hyvin koulutusmateriaaleissa usein toistettu sanonta: uhkien hallinta on tulevaisuuden hallintaa, virheiden hallinta menneisyyden.[306]

Miehistöyhteistyö ja kriisitilanteesta selviäminen

Marraskuun 4. päivänä 2010 lähti australialaisen Qantas-yhtiön Airbus 380 -laajarunkokone Singaporesta kohti Sydneytä. Vain neljä minuuttia lähdön jälkeen kuului kaksi voimakasta ääntä ja pian selvisi, että yksi koneen neljästä moottorista oli vakavasti rikkoutunut. Ensisijaisena syynä oli valmistusvirheen seurauksena pettänyt öljyputki, joka aiheutti moottoripalon ja turbiinikiekon hajoamisen. Hajotessaan kiekon sirpaleet vaurioittivat koneen rakenteita, hydrauliikka- ja polttoaineputkia sekä dataväyliä. Moottorivaurion tapahduttua lentäjät saivat lyhyen ajan sisällä 25 vakavaa samanaikaista hälytystä, minkä vuoksi heidän oli vaikea saada tapahtuneesta selvää kokonaiskuvaa. Ohjaamo täyttyi "hälytysten lumivyörystä".[307]

Miehistöltä kului 50 minuuttia selvittää ja jäsentää hälytysjärjestelmän välittämät vikatiedot.[308] *Kone oli varajärjestelmien avulla ohjattavissa, mutta tilanne vaikeutui lennon edetessä, koska polttoainetta ei kyetty siirtämään tankista toiseen. Ongelma aiheutti hankaluuksia koneen aerodynaamisen tasapainon säilyttämisessä. Hallintavaikeuksia lisäsi se, että koneen neljästä moottorista ainoastaan yhden tehonsäätö toimi normaalisti. Miehistö joutui tekemään pikaisesti laskelmat koneen suorituskyvyn ja laskuominaisuuksien selvittämiseksi. Lähestyminen ja lasku sujuivat kuitenkin suunnitelmien mukaan. Normaalia huomattavasti suuremmasta nopeudesta ja painosta johtuen osa laskutelineiden renkaista räjähti ja neljän kilometrin pituisesta kiitotiestä jäi käyttämättä vain sata metriä.*

Vaikea tilanne ei kuitenkaan ollut ohi, vaikka kone pysähtyi. Ylinopeudella tehdyn laskeutumisen jälkeen koneen jarrut olivat tulikuumat ja rikkoutuneesta siivestä valui polttoainetta. Lisäksi yhtä moottoria ei kaapelivaurioiden vuoksi ja lukuisista yrityksistä huolimatta onnistuttu sammuttamaan ohjaamosta käsin. Miehistö joutui pohtimaan perusteellisesti, mikä olisi paras menettely saada koneen 433 matkustajaa evakuoitua turvallisesti. Lopulta, lähes tunnin kuluttua laskeutumisesta, matkustajat saattoivat poistua koneesta portaiden kautta, mikä sekin edellytti kaksikerroksisen koneen kohdalla erityisjärjestelyjä. Käynnissä ollut moottori saatiin sammumaan vasta kolmen tunnin päästä laskeutumisesta, kun palokunta oli ruiskuttanut sammutusvaahtoa suoraan moottorin ilmanottoon.[309]

Qantas 32 -lento (QF32) herätti luonnollisesti suurta julkisuutta. Kyseessä oli ensimmäinen huippumodernille konetyypille tapahtunut vakava vaaratilanne ja tapahtuneessa oli aineksia suureen katastrofiin. Tapahtumassa oli paljon samoja piirteitä kuin jo aiemmin esillä olleessa vuoden 1989 United Airlines 232 -lennon onnettomuudessa. Qantasin tapauksessa kukaan ei kuitenkaan kuollut tai loukkaantunut.

Vaaratilanteeseen johtaneet syyt ja miehistön menestyksellinen toiminta kiinnostivat poikkeuksellisen paljon onnettomuustutkijoita. Australian ilmailuturvallisuusviranomainen käytti onnettomuuden tutkintaan peräti 966 työpäivää. Kyseessä olikin vaativin tutkinta organisaation historiassa.

Airbus 380 -laajarunkokone käytti uusia ja liikenneilmailun siihen asti tehokkaimpia Rolls-Royce Trent 900 -moottoreita. Kyseisillä moottoreilla varustetut koneet joutuivat onnettomuuden jälkeen useita viikkoja kestäviin lentokieltoihin, joiden aikana moottoreiden kriittiset osat tarkastettiin ja uusittiin. Ratkaisu merkitsi tunnetulle valmistajatehtaalle mainekriisiä ja samalla suuria taloudellisia tappioita lentoyhtiöiden vaatiessa korvauksia koneiden seisonta-ajoista.[310]

Teknisten tekijöiden lisäksi tutkinta kiinnitti erityistä huomiota miehistön toimintaan kriittisessä tilanteessa. Noudatettiinko hätätilanteessa CRM-koulutuksen periaatteita ja kuinka tehokkaasti? Tapaus oli sikälikin mielenkiintoinen, että koneen ohjaamossa oli poikkeuksellisesti ylimääräisinä henkilöinä kaksi erittäin kokenutta tarkastuslentäjää. Normaali miehitys oli kolme lentäjää. Yhteensä ohjaamossa oli yli 72 000 lentotunnin kokemus, ja jokaisella lentäjällä oli vahva uuden konetyypin tuntemus.

Tutkijoiden käytössä oli yksityiskohtaiset digitaaliset tallenteet koneen lentoliikkeistä (FDR) ja ohjaamossa käydyistä keskusteluista (CVR). Lentoarvotallentimessa oli tallennettuna koko lennon ajalta yli 2 000 erilaista arvoa. Ohjaamokeskusteluiden tallentimen maksimitallennusaika oli kaksi tuntia. Se merkitsi, että varsinaisen moottoririkon tapahtuman yhteydessä käyty keskustelu oli pyyhkiytynyt pois tallentimesta. Ohjaamokeskusteluiden tärkeimmät vaiheet olivat kuitenkin tutkijoiden käytettävissä.[311]

Qantas 32 tarjosi siis tutkijoille hyvän materiaalin selvittää, millä tavoin CRM-koulutuksen tavoitteet ja yhteistoiminnan menetelmät toimivat poikkeuksellisen vaativassa vaaratilanteessa. Tutkijalautakunta käytti apunaan tutkijaryhmän (Salas et al. 1999) kymmenen vuotta aikaisemmin kehittämää arviointikaaviota toimivan miehistöyhteistyön keskeisistä tekijöistä.[312] Tutkijaryhmän jäsenet edustivat Yhdysvaltojen ilmavoimien sekä yliopistojen tutkijoita.

Onnettomuustutkijat tarkastelivat lennon taltiointilaitteiden kautta saatua materiaalia tutkijaryhmän käyttämien analyysivälineiden avulla. Keskeisinä tarkastelunäkökulmina oli yhdeksän avainsanaa, joilla pyrittiin ymmärtämään miehistöyhteistyön toimivuutta lennon kriittisissä vaiheissa. Nämä tutkijaryhmän ehdottomat avainsanat liitettiin myös lopulliseen tutkimusraporttiin.

- Viestintä (*communication*): viestien ja palautteen lähettäminen ja vastaanottaminen.
- Suunnittelu (*briefing*): tulevaan valmistautuminen ja ryhmäresurssien ennakointi tarkoituksenmukaisella tavalla.

- Toimintojen varmistaminen (*backup behavior*): tehtävien siirtäminen ja jakaminen ryhmän sisällä tilanteen vaatimalla tavalla.
- Tehtäväkuormituksen hallinta (*mutual performance monitoring*): ryhmän kyky seurata jäsenten selviämistä ja tarvittaessa jakaa työmäärää.
- Ryhmän johtaminen (*management*): johtajan taidot ohjata ja koordinoida ryhmän toimintaa, kannustaa yhteistyöhön sekä luoda myönteistä ilmapiiriä.
- Päätöksen tekeminen (*decision making*): ryhmän kyky tehdä järkeviä ratkaisuja, tunnistaa vaihtoehtoja, pohtia kunkin vaihtoehdon seurauksia ja valita niistä paras.
- Vakuuttavuus (*task-related assertiveness*): valmius viestiä ajatuksiaan, mielipiteitään ja havaintojaan tavalla, joka on vakuuttava muille tiimin jäsenille.
- Joustavuus (*team adaptability*): ryhmän jäsenten kyky muuttaa toimintatapaa tai mukauttaa strategioita, kun uutta tietoa on käytettävissä.
- Jaettu tilannetietoisuus (*shared situation awareness*): ryhmän jäsenten kyky kerätä ja käyttää tietoja sekä muodostaa yhteinen käsitys tehtävästä ja toimintaympäristöstä.[313]

Lopullisessa raportissaan tutkijalautakunta totesi, että lennon miehistö oli toiminut johdonmukaisesti tiiminä. Ohjaamomiehistö oli kyennyt analysoimaan oikein ristiriitaiset hälytysviestit ja tekemään oikeita päätöksiä koneen laskeutumisesta ja vaativasta matkustajien evakuoinnista. Myös kommunikaatio matkustamoon oli toiminut. Lentäjät olivat tiedottaneet tilanteen kehittymisestä matkustamolle kymmenen minuutin välein koneen kuulutusjärjestelmän kautta. Ohjaamo- ja matkustamohenkilökunta oli työskennellyt tehokkaana tiiminä johdonmukaisesti loppuun asti.[314]

QF32:n onnistunutta lopputulosta on yleisesti pidetty esimerkkinä CRM-kulttuurin onnistumisesta. Lennon dramaattisista vaiheista on julkaistu monia artikkeleita, ja koneen päällikkö Richard de Crespigny on ollut suosittu luennoitsija turvallisuuteen ja riskienhallintaan liittyvissä tapahtumissa. Hän on lisäksi julkaissut vuonna 2012 ja 2018 teokset, joissa hän käy läpi lennon yksityiskohtia ja tapahtuneen herättämiä kysymyksiä.[315] Jälkimmäisessä teoksessa hän on laajentanut käsiteltäviä aiheita johtajuuteen, tiimityöhön sekä resilienssin merkitykseen kriisitilanteissa. Koneen ohjaamossa tarkastuslentäjänä ollut kapteeni David Evans tiivisti puolestaan haastattelussa kokemuksensa seuraaviin sanoihin.

> *Mutta loppujen lopuksi yhteisymmärrys ja lentäjien asenne olivat tärkeimpiä. Me emme sokeasti seuranneet ECAM-järjestelmän hälytyksiä. Katsoimme ja analysoimme jokaisen hälytyksen yksi kerrallaan, hylkäsimme sen tai toimimme, kuten parhaaksi näimme. Lentokoulutuksen näkökulmasta tärkeintä ei ole, millä koneella lentää. Oikea lentäjän asenne on tärkeintä. Itse asiassa Airbusilla on kultainen sääntö, jota me kaikki kunnioitimme tuona päivänä: lennä, navigoi ja kommunikoi – tuossa järjestyksessä.*[316]

Ohjaamoyhteistyön menestyskertomus

CRM-koulutuksen vaikutuksen arviointi on vaikeaa. Lähtökohtana oli usein siteerattu tutkimustulos, että ennen CRM-koulutuksen alkua noin 60–80 prosenttia ilmailussa tapahtuneista onnettomuuksista tai vaaratilanteista johtui inhimillisistä erehdyksistä.[317] Vertailu pelkkiin onnettomuus- tai vaaratilannelukuihin on kuitenkin ongelmallista. Vakavien onnettomuuksien määrä on ollut vähäinen, ja siksi tilastollinen edustavuus on heikko. Onnettomuusselostuksissa on tosin saatettu viitata ongelmiin, jotka ovat johtuneet vajavaisesta miehistöyhteistyöstä.

Analysoitaessa Yhdysvaltain ilma- ja merivoimien onnettomuuksia vuosina 1991–2000, tutkijoiden mukaan 60 prosenttia onnettomuuksista voitiin selittää puutteellisella CRM-työskentelyllä ohjaamossa.[318] Samalla he totesivat, että CRM:stä on muodostunut osa ilmailun vakiokäsitteistöä ja siksi sitä on helppo käyttää selittävänä tekijänä onnettomuustutkinnan yhteydessä. Kyseessä on sama ilmiö kuin aiemmin onnettomuuksien yleisenä selityksenä tarjottu lentäjän virhe.[319]

Tutkijaryhmä Salas et al. julkaisivat vuonna 2006 laajan yhteenvedon, jossa he analysoivat 28:aa erilaista akateemista tutkimusta, joissa oli selvitetty CRM-koulutuksen toimivuutta sekä ilmailussa että muilla turvallisuuskriittisillä aloilla.[320] Osa saman tutkijaryhmän jäsenistä oli toteuttanut vastaavan tutkimuksen jo vuonna 2001, jolloin analyysimateriaalina oli 58 erilaista aihetta käsittelevää julkaisua.[321] Vuonna 1993 oli tehty ensimmäinen laaja aiheeseen liittyvä tutkimus, jossa 2 500 pilotin toimintaa seurattiin neljän vuoden ajan.[322]

Näiden tutkimusten yhteenvetona ryhmä totesi, että CRM-koulutuksella on ollut myönteinen vaikutus erityisesti asenteiden muokkaamisessa, oppimisessa ja käyttäytymisessä. Ne kaikki ovat voineet heijastua myös organisatorisella tasolla ja vaikuttaa koko ilmailukulttuuriin.[323] Lopullisen vaikuttavuuden lopullinen tieteellinen tutkiminen on kuitenkin metodinen haaste. Tutkimusryhmän raportissa viitattiinkin siihen, että tulevaisuudessa tulisi keskittyä entistä enemmän pelkkien onnettomuuksien ja vaaratilanteiden tutkimisesta yhä laajempien taustatekijöiden selvittämiseen. Niitä ovat muun muassa lentäjien kansallisen ja ammatillisen kulttuurin vaikutus kokonaisturvallisuuteen sekä organisaation edustama turvallisuusajattelu.[324]

CRM-koulutuksen myötä tutkijoiden mielenkiinto on kohdistunut entistä enemmän vuorovaikutuksellisiin ja kulttuurisiin tekijöihin. Tutkintaselostusten turvallisuussuosituksissa onkin suositeltu yhtiöitä sovittamaan yhteistyömalleja paikallisen kulttuurin erityispiirteisiin.[325] Tutkijat ovat lisäksi kiinnittäneet huomiota ohjaamoympäristössä ratkaisevasti lisääntyneeseen automaatioon. Se on vähentänyt kuormitusta, mutta merkinnyt samalla entistä suurempaa tarvetta miehistön keskinäiseen koordinaatioon.[326] O'Laery (2002) toteaakin osuvasti, että "mitä eksoottisempaa teknologia on, sitä eksoottisempia muotoja virheet saavat".[327] CRM-koulutuksen määritelmät ovat nekin vuosikymmenten saatossa muuttuneet. Helmreich ja Foushee (1999) luettelevat laaja-alaisesti miehistöyhteistyön keskeisiä osa-alueita.

CRM pyrkii optimoimaan ihmisen ja koneen yhteistyön sekä mahdollistamaan ajan tasalla olevan ja asianmukaisen infor-

maation välittymisen. Samoin tavoitteena on toimiva ihmisten välinen vuorovaikutus, johon kuuluvat johtaminen, tehokas tiimin muodostaminen ja ylläpitäminen, ongelmien ratkaiseminen, päätöksien tekeminen sekä tilannetietoisuuden säilyttäminen.[328]

Qantas 32 -lennon turvallisuustutkinnan asiantuntijoina toimineet tutkijat täydensivät määritelmää toteamalla, että toimivassa miehistöyhteistyössä on ”kyse pätevyydestä, joka mahdollistaa miehistön kohdata olosuhteiden mukaiset vaatimukset, jotka voivat ylittää yksityisen miehistön jäsenen kapasiteetin”.[329] Yhteistyömallien ja samalla inhimillisten tekijöiden merkittävyys ymmärretään yhä vahvemmin ilmaliikennepalvelun kokonaisuudessa.

CRM-ajattelu onkin laajentunut ilmailun ulkopuolelle ja antanut kehitysmallin myös muille turvallisuuskriittisille organisaatioille. Wiener et al. (1993) mukaan koulutuksessa on ollut kyse ”ohjaamotyöskentelyn menestyskertomuksesta”, jota voidaan soveltaa korkean riskitason toiminta-alueilla, kuten ydinvoimateollisuudessa, sotilaallisessa toiminnassa, korkean teknologian sairaalamaailmassa ja meriliikenteessä.[330] Menestyksen myötä CRM-koulutus ja sen kehittäminen on kiinnostanut myös tutkijoita.[331]

Suomessa Anna-Maria Teperi (2021, 2015) on tutkimuksissaan osoittanut, kuinka keskeinen merkitys avoimella kommunikaatiolla ja toimivilla yhteistyömalleilla on lennonjohtajien työn onnistumisessa.[332] Tutkimustulokset ovat tukeneet myös muita turvallisuuskriittisissä järjestelmissä työskenteleviä.[333] Tutkimuksen pohjalta Työterveyslaitos on kehittänyt teoreettista viitekehystä ja käytännön työkalua (HF Tool™), jolla voidaan oppia ja analysoida onnettomuuksien ennakointia, vaaratilanteiden hallintaa ja niiden jälkihoidon eritasoisia tekijöitä sekä näiden välisiä suhteita. Työkalua on käytetty ilmailun lisäksi ydinvoimaloiden HUMTOOL-[334] ja merenkulun SeaSafety-hankkeissa[335] sekä ilmailussa (Teperi et al. 2021)[336]. Samoin työkalua on hyödynnetty raideliikenteessä ja useiden organisaatioiden koulutuksen ja turvallisuusjohtamisen kehittämisen välineenä.[337]

CRM-ajattelu on vahvistanut näkemystä, että ilmailu on vahvasti yhteisöllistä toimintaa. Jopa ensimmäisistä Wrightin veljesten yksinlennoista on sanottu, että ne eivät olisi olleet mahdollisia ilman tiivistä tiimityötä. Veljesten ja heidän apunaan olleen moottorimekaanikon yhteistyö mahdollisti historialliset lennot. Piersonin (2014) mukaan "ilmailijoille on luonteenomaista, että he luottavat toisiinsa. Hyvät ilmailijat haluavat tuoda vahvuutensa yhteen ja muodostaa sitä kautta tiimin."[338]

Ilmailuturvallisuudessa luottamuksen ylläpito ja kaikkeen inhimilliseen toimintaan liittyvän rajallisuuden tunnustaminen ovat toiminnan keskeisiä lähtökohtia. Tästä rajallisuuden ja haavoittuvuuden tunnustamisesta nousee myös aidon kohtaamisen ja luottamuksen kokemus. Lentoturvallisuusasiantuntija Urpo Koskela (1993) on pukenut tämän kokemuksen sanoiksi.

> *On tavallaan paradoksaalista, että ihminen näyttää heikolta, kun hän on vahva, ja päinvastoin. Ohjaamoilmapiiri paranee ja todellisen vuoropuhelun mahdollisuudet lisääntyvät, jos ei ole tarvetta olla kaiken aikaa keskipisteenä.*[339]

Onnettomuuksiin ei ole koskaan vain yhtä syytä

Herbert W. Heinrichin vuonna 1931 ilmestyneen tutkimuksen jälkeen empiirinen ja akateeminen onnettomuustutkinta eli pitkään hiljaiseloa.[340] Tilanne muuttui 1960-luvulle tultaessa. Television myötä globaali viestintä kehittyi nopeasti, ja se vahvisti kanadalaisen viestintätutkija Marshall McLuhanin tunnettua käsitettä yhteisestä maailmankylästä. Globaalin viestinnän myötä myös kohtalokkaat lento-onnettomuudet – erityisesti vuonna 1977 tapahtunut Teneriffan onnettomuus – välittyivät yksityiskohtaisesti ihmisten olohuoneisiin. Samalla vahvistui akateeminen kiinnostus traagisten tapahtumien syiden selvittämisen ja ymmärtämiseen.

1970-luvun merkittäviä onnettomuusteoreettisia tutkimuksia oli vuonna 1978 ilmestynyt professori **Barry Turnerin** (1937–1995) teos *Man-made Disasters*.[341] Turnerin akateeminen ura jäi lyhyeksi, mutta hänen tutkimustaan on pidetty aikaansa edellä olevana. Turnerin erityinen ansio on, että hän toi teknologian riskit sosiologiseen tutkimukseen.[342] Hänen kirjansa loi pohjaa myöhempinä vuosikymmeninä yleistyneelle organisaatioturvallisuuden akateemiselle tutkimukselle. Turnerin ajatukset virittivät keskustelua uudelleen, kun kirjasta ilmestyi vuonna 1997 yhdessä professori Nick Pidgeonin kanssa toimitettu täydennetty painos.[343]

Heinrichin tavoin Turner rakentaa teoreettisen ajattelunsa empiirisen materiaalin pohjalle. Lähdeaineistona ovat kymmenen vuoden aikana Britanniassa tapahtuneet 84 erilaista onnettomuutta ja niiden tutkimusraportit. Tutkijan keskeisenä johtopäätöksenä on, että teknologisten järjestelmien onnettomuuksia ei voi selittää vain sattumanvaraisina tapahtumina tai pelkästään teknisin termein. Onnettomuudet syntyvät aina inhimillisten tekijöiden ja teknisten organisaatiorakenteiden vuorovaikutuksena. Onnettomuustapahtumille on lisäksi tyypillistä kompleksisuus sekä se, ettei niihin ole kyetty kunnolla varautumaan.

Turnerin mukaan onnettomuudet eivät tule kuin salamat kirkkaalta taivaalta, vaan niillä on aina oma historiansa. Turner käyttää käsitettä haudonta-aika (*incubation period*) kuvaamaan prosessia, jonka aikana tuhoisalle tapahtumalle otolliset tekijät kasautuvat ja lopulta murtautuvat varsinaiseksi onnettomuudeksi. Haudonta-aikana on aistittavissa heikkoja signaaleja ja varoituksia, mutta ne jäävät eri syistä kuitenkin huomioimatta. Tästä syystä onnettomuudet eivät ole, toisin kuin Heinrich korosti, ensisijaisesti yksilön aikaansaannoksia. Kyse on enemmänkin tapahtumasarjoista, joissa yhteisölliset, organisatoriset ja tekniset tekijät kietoutuvat toisiinsa ja johtavat lopulta traagiseen lopputulokseen.[344]

Turnerin näkemyksen mukaan onnettomuudet merkitsevät aina kulttuurista häiriötekijää. Aikaisemmin itsestään selvänä pidetyt tavat ja käytännöt paljastuvat onnettomuuksien myötä toimimattomiksi. Siksi onnettomuudet pakottavat päivittämään aikaisempia ajattelumalleja, arvostuksia ja käytäntöjä. Yhteisesti jaetut uskomukset ja varautumisen normit sopeutetaan tällöin vastaamaan uutta näkemystä maailmasta. Turnerin mukaan tätä uudelleenarviointia kuvastaa hyvin onnettomuuksien jälkeen useasti lausutut sanat: "Tämä ei saa koskaan tapahtua enää uudestaan."[345]

Turnerin tärkeä merkitys onnettomuusteoreettiselle tutkimukselle on ollut siinä, että hän kiinnitti jo varhain huomiota syiden ja seurausten monimutkaiseen vuorovaikutukseen. Samoin hän korosti, että organisaatioissa on sisäänrakennettuna kyvyttömyyttä nähdä ympärillä olevia riskitekijöitä. Onnettomuuksien estäminen edellyttää siis kuvitteellista ajattelua sekä kykyä aistia ja nimetä piilossa olevia riskejä.

"Ei jokainen epäonnistuminen, joka nyt on ilmeinen, ole ollut sitä ennen onnettomuutta."[346] Tähän näkökyvyn puutteeseen vaikuttaa olennaisesti kulttuuriympäristö ja yhteisön tapa katsoa maailmaa.

Teoksellaan Turner ennakoi seuraavien vuosikymmenien tutkimusta, jossa kulttuuriset tekijät nousivat turvallisuustutkimuksen keskiöön.[347] Tunnettu organisaatioteoreetikko Karl E. Weick on todennut, että Turnerin teos paljasti onnettomuuksien taustalta löytyvän monikerroksisen ja värikkään maailman eikä vain muutaman yksittäisen ja helposti havaittavan tekijän. Siksi *Man-made disasters* on hänen mukaansa enemmän "kaleidoskooppi kuin tarkka linssi".[348]

Turnerin mukaan onnettomuuksien ehkäisyssä on hyväksyttävä elämään väistämättä kuuluva epävarmuus ja rajallisuus. Vain sitä kautta voi muodostua realistinen kuva ihmisten mahdollisuuksista rationaaliseen toimintaan.

> *Suurten organisaatioiden hallitsemassa ja suurista teknologisista järjestelmistä riippuvaiseksi tulleessa maailmassa ainoa vaihtoehto on saada parempi käsitys siitä, mitä voimme ja mitä emme voi saavuttaa tietämyksemme avulla. – – Kun myönnämme, että epävakaus on maailman ydin, voimme hyväksyä, että optimismi ja varmuus, joiden avulla elämää luodaan ja vahvistetaan, eivät voi täysin voittaa elämään kuuluvaa perusepävarmuutta. Silloin voimme hyväksyä, että menestyessäänkin suunnitelmamme ovat edelleen riippuvaisia ympäristöolosuhteista ja kohtalon ailahtelevuudesta.*[349]

2.2 Kommunikaatio ja turvallisuus

Sunnuntaina 27. maaliskuuta 1977 oli Kanarian saarten Las Palmasin lentokentälle julistettu pommiuhka, minkä vuoksi lähestyvät koneet ohjattiin viereiselle Teneriffan Los Rodeoksen kentälle. Koneiden joukossa oli myös kaksi laajarunkoista B747-konetta, jotka kuuluivat yhdysvaltalaiselle Pan Amille ja hollantilaiselle KLM:lle. Lukuisat koneet ruuhkauttivat lentokentän pysäköintitilat ja palvelut.

Kun pommiuhka oli peruttu, koneet ryhtyivät lähtövalmisteluihin lentääkseen alkuperäiseen kohteeseensa. Ennen lähtöä KLM:n kapteeni päätti tankata koneensa. Kentän tilat olivat rajalliset, ja suurikokoisia koneita piti pysäköidä rullaustielle. Tankkauksen aikana lentokentälle saapui lisäksi alueelle tyypillinen sumurintama, joka esti tehokkaasti maanäkyvyyden; lennonjohdolla ja lentäjillä ei ollut näköyhteyttä toisiinsa. Lentokentällä ei myöskään ollut käytössä maaliikennettä seuraavaa tutkaa.

KLM:n miehistön työaika uhkasi täyttyä, minkä vuoksi heidän koneensa selvitettiin tankkauksen jälkeen ensimmäisten joukossa lähtöpaikalle kiitotien päähän. Samalla kone sai reittiselvityksen Las Palmasiin. Selvitys ei ollut varsinainen lähtölupa, mutta kapteeni ymmärsi viestin väärin ja ilmoitti aloittaneensa nousukiidon. Ilmoitus aiheutti lennonjohdossa hämmennystä, ja koneen käskettiin odottaa.

Samaan aikaan Pan Amin kone oli rullaamassa kiitotietä kohti yhdystietä ja lähtöpaikkaa. Lennonjohto antoi liikkeelle lähteneelle KLM:lle selvityksen odottaa kiitotien vapautumista, kunnes Pam Am olisi poistunut kiitotieltä. Pan Amin lentäjä aisti syntymässä olevan vaaratilanteen ja halusi vielä korostaa, että heidän koneensa oli edelleen kiitotiellä. Pahaksi onneksi tämä ilmoitus meni päällekkäin lennonjohdon selvityksen kanssa. Epäselvän radiolähetyksen vuoksi hollantilaiskone ei kuullut kumpaakaan lähetystä, vaan jatkoi lähtökiihdytystään siitäkin huolimatta, että koneen perämies ilmaisi kapteenille epäilyksensä puuttuvasta lähtöluvasta. Pan

Amin kone ei ehtinyt pois kiitotieltä, kun juuri hädin tuskin ilmaan noussut KLM:n kone törmäsi siihen. Koneet tuhoutuivat täysin ja onnettomuudessa kuoli tai loukkaantui 583 henkeä. Pelastuneita oli 61.[350]

Ilmailuhistorian tähän mennessä pahin onnettomuus oli suuri inhimillinen tragedia. Samalla se oli maksimaalinen lento-onnettomuus. Pan Amin ja KLM:n jumbojen törmäys oli yhtä aikaa sekä lento- että kiitotieonnettomuus. Teneriffan katastrofissa toteutuivatkin teoreetikkojen hahmottamat piilevät ja kumuloituvat tekijät. Onnettomuus käynnisti mittavan tutkinnan, johon osallistui yli 70 tutkijaa. Tapahtunutta käsiteltiin luonnollisesti laajasti lehdistössä sekä kirjallisuudessa.[351]

Teneriffan onnettomuuteen ei ollut vain yhtä syytä, vaan katastrofiin oli johtanut useamman eri tekijän samanaikainen aktualisoituminen. Barry Turnerin ajatusten mukaisesti onnettomuutta oli edeltänyt haudonta-aika, jonka kuluessa riskitekijöitä oli pikkuhiljaa kasautunut. Niitä olivat muun muassa alkuperäisen kohteen vaihtuminen, ruuhka lentokentän asematasolla, sään yllättävä heikkeneminen, osittain epäkunnossa olleet kiitotievalot, tankkauksen kesto ja sen vaikutus ruuhkien purkuun, aikataulupaineet, miehistöyhteistyön jännitteet ja lopulta radioliikenteessä tapahtuneet virhetulkinnat.[352] Paradoksista oli sekin, että lentoturvallisuuden varmistamista varten laaditut työaikamääräykset saattoivat edesauttaa onnettomuutta. Turvallisuustutkintaselostus kiinnitti huomiota siihen, kuinka KLM:n kapteenilla oli paineita päästä ilmaan ja välttää työaikojen ylitykset. Se johti kiirehtimiseen ja hätäilyyn ohjaamotyöskentelyssä.[353]

Tutkijat panivat merkille myös lentäjien välisen vuorovaikutuksen. KLM:n kapteeni oli yhtiön kokeneimpia ja arvostetuimpia ammattilaisia, jolla oli konetyypistä 1 500 tunnin kokemus. Perämies oli puolestaan lentänyt vain 95 tuntia laajarunkokoneella. Hieman aikaisemmin kapteeni oli toiminut hänen tarkastuslentäjänään. Asetelma oli omiaan luomaan voimakkaan auktoriteettigradientin, jossa perämiehen kynnys puuttua päällikön ratkaisuihin oli korkea.[354]

Samalla kun Teneriffan tuhoisa onnettomuus nopeutti miehistöyhteistyötutkimusta ja -koulutusta, se jätti jälkensä ilmailun viestintään ja radiopuhelinliikenteeseen. Onnettomuuden lopullinen tutkintaselostus kuvasi viestinnän ongelmia ja antoi samalla suosituksia. Ne aiheuttivat muutoksia aikaisempaan radioliikennefraseologiaan ja tulivat myöhemmin maailmanlaajuiseen käyttöön.

Tapahtunut osoitti, kuinka kommunikaation onnistuminen on ilmailuturvallisuuden keskeisiä avaintekijöitä, samalla kun sitä on pidetty yhtenä modernin ilmailujärjestelmän heikoimmista lenkeistä. Kuvaavaa on, että 2000-luvulla 70 prosenttia vapaaehtoisen ilmailun turvallisuusraportointijärjestelmän (ASRS) kautta välitetyistä poikkeamista ja vaaratilanteista on koskenut nimenomaan lentoliikenteen viestintäongelmia.[355]

Radioaakkoset varmistavat viestintää

Nyt tiedämme, että yksi vanhimmista ja luultavasti vähimmin käytetyistä kyvyistämme – kommunikointi toistemme kanssa – on äärimmäisen tärkeä tekijä ohjaamotyöskentelyssä.

David Beaty (1995)[356]

Viestintätutkimuksessa kommunikaatiota on perinteisesti lähestytty kahdesta eri näkökulmasta. Yksinkertaisin on niin sanottu siirtomalli, jossa päähuomio kiinnittyy sanomien mahdollisimman virheettömään ja tehokkaaseen lähettämiseen ja vastaanottamiseen. Viesti voi sisältää tekstejä, sanoja tai kuvia. Olennaista on se, että viestin vastaanottaja ymmärtää viestin sisällön sellaisena kuin lähettäjä on sen tarkoittanut.

Viestintää voidaan tarkastella myös merkitysten siirtämisenä. Tällöin painopiste on vahvemmin vastaanottajan päässä. Miten hän ymmärtää sanoman ja tulkitsee sen? Erityisesti kaunokirjallisissa teksteissä kommunikaatio rakentuu lähettäjän ja vastaanottajan vuoropuheluna. Kuva tai teksti voi siten olla monitulkintainen, eikä vastaanottaja välttämättä ymmärrä sitä lähettäjän tarkoittamalla tavalla.[357]

Ilmailussa viestinnän painopiste on ollut selvästi sanomien virheettömässä välittämisessä eli siirtomallissa. Onkin syntynyt viestintäkäytäntöjä, joita on hyödynnetty myös muussa turvallisuuskriittisessä toiminnassa. Erityisesti tämä koskee radioliikennettä, jossa keskeistä on pyrkimys mahdollisimman selkeään sanoman välittämiseen, jotta virhetulkinnalle ei jää tilaa.

Tehokkaan ilmailuviestinnän taustalla on tekninen kehitys, jossa merkkipohjaisen sähkötyksen tilalle tuli vähitellen puhuttu kieli. Alkuaikojen vaatimaton tekniikka ja huonot yhteydet vaativat sanomien toistoa sekä selkeää ymmärrettävyyttä. Morse-merkkeihin perustuvaa sähkötystä käytettiin ilmailussa pitkään senkin jälkeen, kun pääpaino oli siirtynyt puheviestintään.

Ilmailun radioliikenteessä käytetään edelleen sähkötyksen ajoilta peräisiä olevia viestilyhennyksiä, jotka perustuvat Britannian hallituksen vuonna 1909 hyväksymään niin sanottuun Q-koodiin. Q-kirjain tarkoittaa siinä kyselyä (*query*), jota seuraavat kirjaimet täsmentävät. Lentäjät voivat kysyä lennonjohdolta esimerkiksi QNH-arvoa (*Query No Height*), jonka perusteella he voivat säätää korkeusmittarinsa merenpinnan tason ilmanpainetta vastaavan tason mukaan (esimerkiksi QNH 1013). Mikäli taas ohjaussuunnasta on epäselvyyttä, lennonjohdolle voi laittaa kyselyn QDM:stä eli selvityksen kompassin mukaisesta ohjaussuunnasta (*Query Direction Magnetic*).[358]

Puheviestinnän tekninen mahdollistuminen toi esiin uudenlaisia haasteita. Koneiden radiotunnusten tuli olla riittävän selkeitä ja helposti lausuttavissa. Koska yksittäisten kirjainten ja numeroiden ääntämisen erot olivat eri kielissä merkittäviä, tarvittiin niin sanotut radioaakkoset, joista on käytetty myös nimiä tavausaakkoset tai aakkossanat.

Ensimmäiset radioaakkoset kuultiin eetterissä 1920-luvulla, mutta tuolloin aakkossanoissa ei ollut vielä yhteisesti sovittua käytäntöä. Lentoyhtiöt saattoivat varmistaa radioliikennettä käyttämällä aakkosten varmistuksena vaikkapa paikan nimiä (A – Amsterdam, B – Baltimore). Ensimmäinen laajasti käytössä ollut standardi syntyi toisen maailmansodan aikana. Yhdysvaltalaisten ja brittiläisten joukkojen piti kyetä täsmälliseen radioliikenteeseen, ja avuksi tuli yhteistyössä Harvardin yliopiston psykoakustisen laboratorion kanssa tehty viestintätutkimus.[359]

Tutkimuksen tuloksena syntyi radioaakkosten suositus, joka tunnetaan ensimmäisten nimiensä myötä ABLE-, BAKER-, CHARLIE-listana. Sotien aikana perustettu ICAO otti vuonna 1946 listan käyttöön, kun nopeasti kehittyvä siviili-ilmaliikenne tarvitsi maailmanlaajuisesti hyväksyttyjä radioliikennestandardeja. Pian kuitenkin kävi ilmi, että kaikki englanninkielisessä maailmassa toimivat aakkossanat eivät olleet yksiselitteisiä espanjan tai ranskan kielessä. Niiden ääntäminen ei välttämättä välittänyt selkeästi kyseistä aakkosta. Lisäksi sanat saattoivat olla tuntemattomia tai herättää kulttuurisesti ristiriitaisia mielikuvia. Yksinkertaistenkin sanojen kohdalla törmättiin viestinnän tulkinnallisiin ongelmiin. Englannin sana FOX (kettu) ei ollut välttämättä tuttu espanjalaisille tai ranskalaisille, joiden kielissä kyseinen eläin tunnettiin eri sanalla (*zorra*, *renard*).

Pitkällisen tutkimus- ja kokeilutyön tuloksena ICAO hyväksyi vuonna 1956 uudet radioaakkoset, jotka ovat edelleen käytössä. ALFA-, BRAVO-, CHARLIE-listaa on joskus kutsuttu myös NATO-aakkosiksi syntyperänsä ja keskeisen käyttäjänsä vuoksi. Ketun (FOX) korvasi lopullisessa listassa paritanssi (FOXTROT) ja broilerinpala (NUGGET) vaihtui marraskuuhun (NOVEMBER).[360] ICAO:n radioaakkoset tulivat pian maailmanlaajaan käyttöön ilmaliikenteessä ja levisivät sen jälkeen muillekin liikenteen ja elämän alueille. Suomen Ilmavoimat tosin luopui kansallisista radioaakkosista ja siirtyi lisääntyneen kansainvälisen puolustusyhteistyön tuloksena käyttämään ICAO:n suositusta vasta vuonna 2005.

Lennonjohto ja selkeä viestintä

Radioaakkosten ohessa ilmailussa kehittyi oma erityinen kieli omine erityistermeineen. Ilmaliikenteen englantia (*ATC-English*) käytetään hyvin rajoitettuihin toimintoihin. Sillä on tarkkaan määritelty fraseologia, joka perustuu yksinkertaiselle lauserakenteelle (*reduced syntax*) ja jonka sanasto käsittää vain olennaiset rutiinitoiminnot.[361]

Termi *ATC-English* viittaa erityisesti lennonjohtoon (*Air Traffic Control*) ja sen käyttämään kieleen. Lennonjohtojärjestelmän synty on kiistatta ollut yksi ratkaisevimmista lentoturvallisuutta parantaneista tekijöistä. Ensimmäiset askeleet lentojen ohjaamiseen otettiin jo viime vuosisadan ensimmäisten vuosikymmenten ilmailukonferensseissa ja niiden tuottamissa julkilausumissa.[362] Versaillesin rauhankonferenssissa 1919 perustettu kansainvälinen ilmaliikennekomissio (ICAN) loi perustaa modernille mittarilentämiselle lausuessaan, kuinka "jokaisen lentokoneen, joka lentää pilvessä, sumussa tai muuten huonossa näkyvyydessä, on toimittava varovaisesti ja otettava vallitsevat olosuhteet vakavasti".[363]

Brittihistorioitsijoiden mukaan maailman ensimmäinen lennonjohto aloitti työnsä Lontoon eteläpuolella olevalla Groydonin kentällä vuonna 1922. Tuolloin kentän viestinnässä jouduttiin tukeutumaan tuolloin käytettävissä oleviin menetelmiin. Lennonjohtajana toimi erityinen lippumies, joka heiluttamalla erivärisiä signaalilippuja myönsi koneille lähtö- ja laskeutumisluvat. Groydonin kentällä myös jaettiin ilmailijoille ensimmäiset tiedotteet, joissa määriteltiin muun muassa liikenteelle vakiomuotoiset lähtö- ja tuloreitit.[364] Näiden tiedotteiden lyhennenimi NOTAM (*Notices to Airmen*) on säilynyt ilmaliikennepalveluiden käytössä näihin päiviin saakka. Yhdysvaltalaiset puolestaan katsovat, että vuonna 1935 käyttöön otettu Newarkin lennonjohto oli ensimmäinen, joka pystyi tarjoamaan koneille mittarilentämiseen (IFR) liittyviä palveluita.[365]

Ollaan lennonjohtojärjestelmän syntypaikoista mitä mieltä tahansa kehitys oli alusta alkaen nopeaa. Se liittyi sekä teknisiin seurantajärjestelmiin että lennonjohdon käyttämiin ohjausmenetelmiin. Pitkään ongelmana oli kuitenkin se, että koneet lensivät hyvin erilaisilla lennonjohtoselvityksillä. Osa noudatti näkölentosääntöjä, ja osa lensi mittarisääntöjen mukaan. Kasvavat vaaratilanteiden määrät ja ilmatilan erilaisesta käytöstä johtuvat onnettomuudet pakottivat parantamaan liikenteen viestintää. Samalla tuli tarpeelliseksi määritellä tarkemmin noudatettavat lentosäännöt.

Kesäkuun 30. päivänä 1956 nousi Los Angelesin lentokentältä United Airlinesin DC-7 lento 718 kohti Chicagoa ja lähes samaan aikaan Trans World Airlinesin Lockheed Constellation lento 2 Kansasiin. Kummankin koneen reitti kulki kohti Grand Canyonia. Toinen koneista oli saanut selvityksen lentää näkölentosääntöjen mukaan 1 000 jalkaa yhtenäisen pilvikaton yläpuolella. Toinen noudatti lennonjohdon antamaa reittikorkeutta. Koneiden lentäjät eivät havainneet ajoissa toistensa risteäviä lentoreittejä, vaan koneet törmäsivät tosiinsa ja syöksyivät kanjoniin sekä vuorenrinteeseen. Onnettomuudessa menehtyi yhteensä 128 henkeä.[366]

Grand Canyonin onnettomuus herätti runsaan keskustelun lennonjohtamisesta ja ilmatilan hallinnasta. Onnettomuuden jälkeen ryhdyttiin Yhdysvalloissa kehittämään määrätietoisesti lennonjohtamista ja kongressi myönsi nopeasti 250 miljoonaa dollaria kattavan tutkaverkon luomiseen. Samalla edellytettiin, että kaikkien liikennekoneiden tuli jatkossa lentää mittarilentosääntöjen mukaan. Grand Canyonin onnettomuus vaikutti lisäksi ratkaisevasti liittovaltion yhteisen ilmailuviraston (FAA) perustamiseen.[367]

Teknisten ja lennonjohdollisten parannusten yhteydessä kävi yhä selvemmin ilmi, että turvallisen liikenteen haasteet liittyvät vahvasti kommunikaatioon ja erityisesti puheviestintään. Kansainvälinen siviili-ilmailuliito ICAO valitsi kokouksessaan vuonna 1950 englannin ilmailun käyttökieleksi. Päätös ei kuitenkaan tuolloin merkinnyt sitä, että englannin käyttäminen olisi pakollista. Sama päätös on kuitenkin voimassa edelleen. ICAO:n jäsenmaat voivat halutessaan käyttää ilmaliikenteessään kansallisia kieliä. Näin tapahtuukin suuressa osassa Afrikkaa ja Venäjää. Samoin Italia ja Ranska ovat pitkään sallineet kansallisen kielen käytön kotimaan liikenteessä.[368] ICAO:n suositus edellytti kuitenkin selvästi, että kansainvälisessä liikenteessä englanninkielisen palvelun tulee olla saatavissa. Tämä vaatimus koskee siten sekä lentäjiä että lennonjohtajia.

Radioaakkosten jälkeen ICAO:n suuri kommunikatiivinen haaste oli luoda yhteinen ilmaliikenteen käsitteistö eli fraseologia. ICAO päätyi määrittelemään ilmailun kielivaatimukset entistä tarkemmin viestintää koskevassa perussopimuksen liitteessä (*Annex* 10). Merkittävä askel yhteisen käsitteistön syntymiseen oli se, että ICAO hyväksyi yhteisen ja englanninkielisen radioliikennefraseologian vuonna 1960. Vuonna 1987 englanninkieliset ilmaisut saivat ICAO:n toimesta myös ranskan, venäjän ja espanjankieliset käännökset.[369]

Radiofraseologian syntymisen myötä kehittyi erityinen ilmailukieli (*airspeak*). Kielenä se on kuitenkin keinotekoinen ja rajoittunut. Sillä ei pysty välittämään metaforia, huumoria, ei sanomaan kohteliaisuuksia eikä kuvaamaan monimutkaisia tilanteita.[370] Robertson et al. (1988) mukaan se on kuitenkin "maailman menestynein keinotekoinen kansainvälinen kieli".[371] Ilmailuenglannin käyttämisen päätavoite on mahdollisimman selkeä informaationsiirto ilman tulkinnan ja väärinymmärryksen riskejä. Tällöin ilmaisu on pelkistetty äärimmilleen ja jokainen ylimääräinen sana, kohteliaisuus, prepositio ja suffiksi jätetty pois.[372] Esimerkkinä voi mainita tilanteen, jossa lähettäjän viesti on jäänyt epäselväksi ja se halutaan toistaa. Normaalikielessä ilmaisu voi käsittää kysyvän tarkennuksen (*What did you say?*), oman epätietoisuuden ilmaisun (*I didn't hear you*) tai kohteliaan toistokehotuksen (*Would you please say that once more*). Ilmailuenglannin fraasi on iskevä ja pelkistetty kehotus: *Say again*.[373]

Myös numeroiden kohdalla pyrkimyksenä on mahdollisimman suuri selkeys. Sitä tavoitellaan jopa oikeaoppisen ääntämyksen kustannuksella. Numerot viisi (*five*) ja yhdeksän (*nine*) erotetaan toisistaan käyttämällä poikkeuksellista ääntämistä (*faif* ja *niner*). Kompassisuunnat, ilmapainearvot ja nopeudet ilmaistaan kaksi-, kolmi- tai nelinumeroisilla sarjoilla (*009 degrees*, ei *9 degrees*). Lisäksi radioliikenteeseen kuuluu redundanttisena varmistuksena viestin takaisinlukeminen (*read back*).[374] Kaikista varmistustoimista huolimatta käsitteiden merkitykset voidaan ymmärtää lähettäjästä tai vastaanottajasta riippuen eri tavoin. Siksi selkeä fraseologia on tarpeen.

> *Lento-oppilas oli palaamassa matkalennoltaan ja pyysi vajavaisella ilmailuenglannillaan lennonjohdolta selvitystä liittyä laskukierrokseen. Lennonjohto ei ollut aivan varma lentäjän pyynnöstä ja kysyi tarkennusta hänen aikomuksistaan (intentions). Lentäjä oli vastannut: I intend to become a privat pilot (aikomukseni on tulla yksityislentäjäksi).*[375]

Vuosien saatossa ja kokemusten kertyessä ilmailun radiofraseologiaa on kehitetty ja selvennetty. Uudet navigointimenetelmät ovat vaatineet uusia fraaseja, ja samalla olemassa olevien käyttöä on jouduttu tarkentamaan. Tunnettu esimerkki tästä kehityksestä on aiemmin kuvattu Teneriffan tuhoisa lento-onnettomuus. Onnettomuuteen johtaneiden lukuisten tekijöiden yhtenä osana oli epäselvyys käytetyssä radiofraseologiassa.

> *Lennonjohto oli antanut onnettomuuden toiselle osapuolelle, KML:n laajarunkokoneelle niin sanotun reittiselvityksen. Selvitys päättyi sanoihin take off. Koneen kapteeni tulkitsi sanoman väärin ja ymmärsi sen merkitsevän selvitystä lentoon lähtöön (cleared for take off). Perämies huomautti kapteenille, että kyseessä oli vasta reittiselvitys eikä heille ollut vielä myönnetty varsinaista lähtölupaa. Kapteeni aloitti kuitenkin lähtökiihdytyksen ja pyysi samalla perämiestä vahvistamaan tämän lennonjohtoon. Perämies teki työtä käskettyä ja sanoi, että he ovat lentoon lähdössä (we are now at take off). Lennonjohto kuittasi sanoman toteamalla ok, koska ajatteli viestin tarkoittaneen, että kone oli lähtöpaikalla valmiina ja odottamassa virallista lähtölupaa, joka tulisi hetken päästä. Todellisuudessa KLM oli jo aloittanut lähtökiihdytyksen kohtalokkain seurauksin.*[376]

Teneriffan tuhoisa onnettomuus johti tarkentamaan radiofraseologiaa. Onnettomuustutkijoiden suositusten perusteella ICAO päivitti ohjeitaan, ja jäsenmaissa siirryttiin uuteen käytäntöön. Erityinen huomio kiinnitettiin lentoonlähtöä ilmaisevaan käsitteeseen (*take off*) ja sen käyttöön. Ilmaisua oli aikaisemmin käytetty muun muassa myönnettäessä lupa kiitotielle siirtymiseen (*cleared to take off position*). Uudessa käytännössä sanaparin käyttö rajoitettiin ainoastaan lähtöselvitykseen eli lupaan varsinaiseen lentoonlähtöön. Lähtöpaikalle siirtymistä varten luotiin uusi ilmaisu "rullaa kiitotielle ja odota" (*line up and hold*). Myöskään valmiina lähtöpaikalla odottavalla koneella ei ole lupaa käyttää ilmaisua, vaan se ilmoittaa tilastaan kertomalla olevansa "valmis" (*ready for departure*). Lennonjohdon ohjeiden vastaanottamiseen ei myöskään riittänyt vain perinteinen hyväksyvä kuittaus (*OK, Roger* tai *Wilco*), vaan sanomat tuli toistaa alkuperäisessä muodossaan (*read back*).[377]

Cushing (1995) analysoi lento-onnettomuuksia ja vaaratilanteita, joiden syyt ovat paikallistettavissa kommunikaatio-ongelmiin.[378] Suurimmat yksittäiset tekijät liittyvät sanomien välittämiseen ja käytettyjen ilmaisujen epämääräisyyteen. Esimerkiksi englannin sana *hold* saatettiin ymmärtää joko pysähtymiskäskynä tai toiminnan jatkamisena (*hold your course*). Samoin prepositio *to* ja lukusana *two* ovat sekoittuneet. Siksi ilmaisussa pyritäänkin välttämään prepositiota. Olennaista on myös havaita, että lennonjohdon toiminta perustuu eri osapuolien luottamukseen ja ennakointiin. Rajoitetun terminologian käyttö edellyttää, että osapuolet osaavat ennakoida, mitä tulee tapahtumaan, ja odotettu toimintamalli on jo mielikuvissa olemassa. Weick (1987) toteaakin, että lennonjohdon normaali toiminta on enemmän olemassa olevien odotusten ratifiointia kuin kokonaan uusien asioiden viestittämistä.[379]

Radiofraseologian yksityiskohdat ja niihin tehdyt muutokset saattavat kuulostaa vähäisiltä ja osin keinotekoisilta. Onnettomuudet ja poikkeamatilanteet ovat kuitenkin opettaneet, kuinka kiireisissä ja paineen alaisissa tilanteissa tapahtuu helposti kommunikaatiovirheitä. Viestin vastaanottaja tulkitsee sanoman helposti oman odotuksensa ja esiymmärryksensä kautta. Siksi fraseologian on oltava yksinkertaista, lyhyttä ja joskus jopa käskevän tylyä. Vapaavuori et al. (1992) mukaan "sovitut vakiosanonnat ovat ehdoton turvallisuustekijä, jonka ohittaminen antaa vaikutelman luonneongelmista tai koulutuksen puutteista".[380]

Kohti yhteistä kieltä

Kehittyvän fraseologian vanavedessä englannin valta-asema kasvoi, ja siitä muodostui yhä useammassa tapauksessa myös lentäjien keskinäisen viestinnän kieli. Ilmailukielestä (*airspeak*) kehittyi myös ohjaamokieli (*cockpit English*). Tällöin törmättiin myös kulttuurieroihin ja jännitteisiin englantia äidinkielenään ja toisaalta vieraana kielenä puhuvien välillä.

Englannin aseman vahvistuminen ilmailukielenä ei kuitenkaan ole ollut itsestään selvää. Ongelmia on yllättäen kohdattu jopa siellä, missä englannin asema on ollut vahva. Muun muassa Kanadan Quebeckissä järjestettiin vuonna 1976 lennonjohtajien ja lentäjien lakkoja, joilla vaadittiin ranskan kielelle voimakkaampaa asemaa ja vaatimusta perusteltiin lentoturvallisuudella.[381]

Yllättäen kieliongelmien eteen on jouduttu myös siellä, missä ilmaliikenteen palveluista ovat vastanneet englantia äidinkielenään puhuvat henkilöt. Heidän ei ole välttämättä helppoa luopua normaalista puhekielestä ja siihen liittyvistä nyansseista, kohteliaisuuksista tai oikeaoppisen kieliopin käyttämisestä – asioita, jotka puuttuvat ilmailuenglannista. Englantia ei-äidinkielenään puhuvien voi tällöin olla jopa helpompaa ymmärtää vieraskielisten ilmailuenglantia ja sen suoraviivaista fraseologiaa.[382] Joissakin tapauksissa syntyperäisenä englantia puhuvien nopeaa ja vakiofraseologiasta lipsuvaa kieltä on pidetty jopa turvallisuusuhkana.[383] Samoin tutkimuksissa on paljastunut, että liiallinen kohteliaisuus radioliikenteessä on saattanut vaikeuttaa olennaisen informaation perillemenoa.[384]

House (2003) kiinnittää huomiota siihen, että vaikka englannista on muodostunut globaali kommunikaatiokieli (*lingua franca*) sen rinnalla paikalliset kielet ovat säilyttäneet kuitenkin asemansa indentiteettikielinä. Niiden avulla siirretään merkityksiä ja rakennetaan yksilön persoonaa sekä ajattelukykyä. Näin ymmärrettynä englanti ei uhkaa paikallisten kielten asemaa ja niiden tärkeintä tehtävää.[385]

Ilmailuviestinnän onnistumisen kannalta ei ole tärkeää vain sanomien vaihto lennonjohdon kanssa, vaan myös ohjaamon sisäisen kommunikaation on toimittava. Tunnettu esimerkki englanninkielisen keskustelun epäonnistumisesta on Avianca-yhtiölle tapahtunut onnettomuus.

> *Kolumbialaisen Avianca-yhtiön B707 oli matkalla 25.1.1990 kohti New Yorkin JFK -lentokenttää. Lähestymisen aikana ilmeni, että sääongelmien vuoksi lennonjohto joutui rajoitta-*

maan liikennettä ja määräämään koneita lentämään odotuskuviossa. Laskuvuoron odottaminen kesti peräti tunnin ja 17 minuuttia. Koneen kapteeni oli kehottanut perämiestä viestittämään useampaan otteeseen lennonjohdolle kriittiseksi käyneestä polttoainetilanteesta. Kapteenin kielitaidossa oli puutteita, ja viesti ei mennyt kunnolla perille. Hyvää englantia puhuva perämies käytti puolestaan turhan varovaisia ilmaisuja. Lentäjä ilmoitti lennonjohdolle ainoastaan, että koneen polttoaine oli käymässä vähiin (low of fuel), sen sijaan että olisi käyttänyt fraseologian virallista ilmaisua hätätilanteesta (minimum fuel tai emergency). Lennonjohto ei siksi kiinnittänyt asiantilaan tarpeeksi vakavaa huomiota. Yhden epäonnistuneen lähestymisen jälkeen miehistö yritti uutta laskeutumista. Se päättyi kuitenkin pakkolaskuun Long Islandin metsäalueelle polttoaineen loputtua ja moottoreiden sammuttua vajaan 30 kilometrin päähän lentokentästä. Onnettomuudessa menehtyi kaksi miehistön jäsentä ja 65 henkeä 149 matkustajasta.[386]

Aviancan lento 52:n onnettomuus nosti esille monia tapahtuneeseen vaikuttaneita tekijöitä. Onnettomuus oli esimerkki James Reasonin hahmottelemasta systeemionnettomuudesta, jossa piilossa olevat onnettomuustekijät ja "pysyvät patogeenit" aktualisoituivat samanaikaisesti.[387] Lentäjien kesken ei syntynyt riittävän selkeää ja jaettua tilannetietoisuutta.[388] Tutkijat kiinnittivät erityistä huomiota sekä koneen radioliikenteen että ohjaamon sisäisen kommunikaation ongelmiin.[389]

Aviancan onnettomuus oli sikäli merkittävä, että se kiirehti kielitaitovaatimusten parantamista. Tutkijalautakunta esitti selkeitä toiveita, että lentäjien koulutuksessa kiinnitettäisiin asianmukaisen fraseologian lisäksi huomiota yleiseen englannin osaamiseen.[390] 1990-luvulla tapahtui muitakin vastaavia onnettomuuksia, joissa yhtenä merkittävänä tekijänä olivat viestintäongelmat.[391] Näiden tapahtumien motivoimana ICAO:n 32. yleiskokous hyväksyi vuonna 1998 esityksen, jossa pyrittiin lisäämään ilmailuenglannin koulutusta.[392] Viiden vuoden valmisteluiden jälkeen ICAO:n komissio sai valmiiksi dokumentin, jossa määriteltiin ilmailuenglannin taitovaatimukset.[393]

ICAO:n vuonna 2008 hyväksymä kielitaitovaatimus käsittää kuusinumeroisen asteikon. Taso yksi edustaa vaatimatonta alkeistasoa (*pre-elementary*) ja ylin kuudes taso täydellistä kielen hallintaa, joka perustuu oikeaan ääntämiseen, kielen rakenteen ja sanaston hallitsemiseen, puheen sujuvuuteen ja ymmärtämiseen sekä toimivaan vuorovaikutukseen. Eri osaamistasoille on määritelty lisäksi voimassaoloajat, joiden päätyttyä kielitaitokoe pitää uusia. Ainoastaan korkeimman kuudennen tason kielitaitotodistus on pysyvästi voimassa.[394]

Maailmanlaajuisten kielitaitovaatimusten toimeenpano ei ole kuitenkaan ollut helppo tehtävä.[395] Yhdysvaltojen ulkopuolella kielitaitovaatimus on saatu toteutettua kattavimmin ja tasokkaimmin Euroopan unionin alueella. Niin sanotussa Rooman sopimuksessa on määritelty liikenteessä noudatettava kansallinen lainsäädäntö, ja sitä sovelletaan myös ilmailuun. Vuonna 2002 perustettu Euroopan unionin lentoturvallisuusvirasto (EASA) on siten pystynyt laatimaan jäsenmaitaan sitovan lainsäädännön. Eräissä kohdin EU on jopa ylittänyt ICAO:n vaatimukset edellyttämällä muuan muassa kaikilta lennonjohtajilta vähintään neljännen tason kielivaatimuksen.[396] Kaupallisen ilmailun piirissa syntynyt englanninkielinen fraseologia on siirtynyt myös meriliikenteeseen. "Merikieli" (*seaspeak*) on sen jälkeen tullut laajasti käyttöön, ja sillä on oma ilmailuenglantia muistuttava ammattisanastonsa.[397]

Turvallisuuskuulutukset ja viestinnän tehokkuus

> *Kommunikaatio on indikaattori henkilön roolista, keskittymisestä, persoonallisuudesta, vireystilasta, kokemuksen tasosta, ammattitaidosta, työskentelytavoista ja ammattilaisuudesta sekä monista muista ominaisuuksista, jotka vaikuttavat miehistön vuorovaikutukseen ja kykyyn koordinoida tehtäviä.*
>
> *Wiener et al. (1993)*[398]

Moderni matkustajakone on työympäristönä poikkeuksellinen. Samaan aikaan, kun pyrkimyksenä on toiminnan korkea luotettavuus ja miehistön tehokas yhteistyö, tiimit eivät kuitenkaan työskentele säännöllisesti yhdessä. Vuosikymmeniä sitten lentoyhtiöt saattoivat pyrkiä vakiomiehistöjen käyttöön. Se oli helpompaa, kun väkeä oli nykyistä vähemmän ja miehistöt viettivät joskus pitkiäkin aikoja yhdessä odottaen paluulentoa. Nämä ajat ovat jääneet taakse.

Nyt työyhteisö muodostetaan joka kerta uudelleen ja työntekijät saattavat tavata toisensa tiiminä ensimmäistä kertaa valmistautuessaan lennolle. Lähtövalmisteluihin kuuluu luonnollisesti monia teknisluonteisia tarkistuksia ja varmistuksia. Lentäjien kohdalla lennonvalmistelu (*briefing*) on perinteisesti tarkoittanut lentoon vaikuttavien ulkoisten tekijöiden läpikäymistä (aikataulu, sää, reittivalinta, tankattavan polttoaineen määrä ja painolaskelmat jne.). Lentoyhtiöissä näistä palveluiden valmisteluista on vastannut oma erityisosasto (*dispatching*). Lennon tekninen valmistelu on kuitenkin siirtymässä yhä enemmän verkkoon. Elävän dispatcherin konsultoinnin sijasta lentäjät saavat reitti-, paino- ja muut laskelmat ja jatkuvasti päivittyvät määräysmuutokset ja tiedotukset suoraan kannettaville tietokoneilleen.

Matkustamohenkilökunnan etukäteistehtäviin kuuluu matkustajien erityistarpeiden sekä lennon aikana tarjottavien palvelujen läpikäyminen. Näiden teknisten ja operatiivisten valmisteluiden lisäksi miehistön tulisi valmistautua toimimaan tehokkaana palvelu-, turvallisuus- ja hätätilanneorganisaationa. Tehtävä on monin tavoin vaativa, aikaahan tiimin muodostamiseen ja valmentamiseen ei ole käytettävissä kovinkaan monta minuuttia. Lennonvalmistelu on samalla osoittautunut tutkimuksissa erittäin merkittäväksi miehistön yhteisyyttä lujittavaksi tekijäksi. Toimiva kommunikaatio ja koordinaatio on koettu yhtä lailla tärkeiksi turvallisuustekijöiksi kuin tekniset taidot.[399]

Tehokas miehistöyhteistyö perustuu ennalta sovittuihin käytäntöihin ja menetelmiin. Osa niistä on tuttuja jokaiselle lentomatkustajalle. Tyypillinen esimerkki ovat ennen jokaista lentoa jaettavat turvallisuusohjeet. ICAO on määritellyt yksityiskohtaisesti matkustajien turvallisuuteen liittyvien ohjeistusten laadun ja sisällön. Ohjeistuksiin kuuluvat turvakuulutusten lisäksi muun muassa istuimista löytyvät kuvitetut ohjeet, evakuointimerkinnät sekä matkustamomiehistön koulutukseen liittyvien hätätilannevalmiuksien hallitseminen. Henkilökunta on jokaisella lennolla valmistautunut matkustamon nopeaan evakuointiin. Matkustaja huomaa tämän muun muassa hätäpoistumisjärjestelmien aktivoimiseen liittyvistä kuulutuksista ja toimista.[400]

Turvaohjeistus on tarkasti määritelty, mutta sen sisäistämisessä on ongelmia. Yhdysvaltain ilmaturvallisuusviraston (NTSB) tutkimuksissa on todettu, että erityisesti lentojen alussa esitettävät ohjeet menevät monelta ohi ja matkustajien kiinnostus niiden seuraamiseen on alhainen. Jopa yli puolet matkustajista jätti seuraamatta turvakuulutuksia.[401] Johnsonin (1979) mukaan koulutetut ja paljon matkustavat nuoret miehet näyttävät suhtautuvan turvallisuusinformaatioon kaikkein välinpitämättömimmin.[402] Yhdysvaltalaisessa tutkimuksessa (Girasek ja Olsen 2007) todettiin, että 5 prosenttia matkustajista ei halunnut käyttää turvavöitä, vaikka merkkivalo oli päällä.[403]

Turvaohjeiden tarkkaavainen seuraaminen on saatettu kokea jopa sosiaalisesti jännitteisenä. Henkilökunnan ohjeiden tarkka kuuntelu tai ohjelistojen huolellinen lukeminen ovat voineet luoda mielikuvaa kokemattomasta ja pelokkaasta lentomatkustajasta. Tätä mielikuvaa ei ole haluttu antaa kanssamatkustajille.[404] Tutkimuksissa on lisäksi paljastunut, että turvallisuustiedotukseen liittyvä realismin taso on herkkä asia. Mikäli esitykset ja materiaalit synnyttävät epävarmuuden tunteita, niitä halutaan seurata vain tiettyyn rajaan asti. Mikäli epävarmuutta herättävää materiaalia on liikaa tai se on luonteeltaan liian realistista, informaatio voi herättää ahdistusta ja se torjutaan.[405] Istuintaskuissa olevat kuvalliset ohjeet saattavat taas olla monitulkintaisia ja vaikeasti avautuvia.[406]

Tilanne on pakottanut miettimään uusia tapoja tehdä turvakuulutuksista tehokkaampia ja kiinnostavampia. Avuksi on tällöin otettu muun muassa huumori tai tunnettujen mediapersoonien käyttäminen esittelyvideoissa. Cuba Pacific Airlines on elävöittänyt turvakuulutuksia soittamalla suosittua rytmimusiikkia höystettynä matkustamohenkilökunnan tanssikoreografialla.[407] Vaikka vastaanotto on ollut myönteinen, todellista viestinnän sisäistämistä on tapahtunut vain vähän.[408] Turvakuulutuksissa on törmätty markkinointiviestinnästä tuttuun lainalaisuuteen: viihteelliset tehokeinot kiinnittävät kylläkin huomiota, mutta niiden pedagoginen vaikuttavuus voi olla heikkoa. Viihteen ja ohjeistamisen välille on löydettävä kompromissi. Turvallisuuden näkökulmasta voidaan tosin perustella, ettei kompromissia todellisuudessa tarvittaisi. Kuulutusten varsinainen tavoite on säästää ihmishenkiä mahdollisessa onnettomuudessa, ja tämän päämäärän pitäisi selkeästi ohjata viestintää.[409]

Kirjallisuudessa on kiinnitetty huomiota myös alitajuntaisiin ja osin ristiriitaisiin tekijöihin, jotka liittyvät turvallisuuskuulutuksiin. Matkustajille on vaikea arvioida lentämiseen liittyviä todellisia riskitekijöitä. Sitä vaikeuttaa lentoyhtiöiden turvatiedotuksista välittyvä jännite. Samalla kun kuulutuksissa korostuvat mahdolliset riskit, muussa viestinnässä korostuvat viihtymiseen ja matkustamisen helppouteen liittyvät pyrkimykset. Jälkimmäiset saatetaan kokea yrityksenä vähentää kielteisiä ja pelottavia mielikuvia. Toisaalta riskin korostaminen voi olla tehoton väline matkustajien turvallisuusohjeistuksessa. Nousemalla lentokoneeseen matkustaja on jo hyväksynyt olemassa olevat riskit ja katsonut lennon olevan tarpeeksi turvallinen.[410]

Matkustajilla saattaa olla myös turhan kielteinen kuva selviytymismahdollisuuksista mahdollisissa onnettomuustilanteissa.[411] Median uutisoinnissa korostuu usein lentokatastrofien täydellinen tuhoisuus. Todellisuudessa onnettomuuksiksi luokitelluissa tapauksissa matkustajien selviäminen hengissä on kuitenkin yllättävän todennäköistä. Tarkkojen prosenttimäärien laskeminen on luonnollisesti vaikeaa. Vuonna 1992 tehdyssä tutkimuksessa eloonjäämisen mahdollisuuksien laskettiin olevan 52–72 prosenttia riippuen onnettomuuden laadusta.[412] Euroopan liikenneturvallisuusneuvosto (ETSC) arvioi puolestaan maailmanlaajuisessa selvityksessään, että jopa 90 prosentissa lento-onnettomuuksia ei menetetä yhtään ihmishenkeä tai vähintäänkin joku säilyy hengissä.[413] Vielä korkeampi prosentti on saatu Yhdysvaltojen liikenneturvallisuusviraston (NTSB) selvityksessä vuodelta 2001. Siinä kerrottiin, että jopa 95 prosenttia lento-onnettomuuksiin joutuneista matkustajista on selvinnyt koettelemuksestaan hengissä.[414]

Tilastollisesti hyvät selviämismahdollisuudet onnettomuustilanteissa korostavat turvakuulutusten merkitystä. Hätätilanteessa erityisesti matkustajien nopea ja tehokas evakuointi on keskeinen turvallisuustekijä. Viimeaikaisissa onnettomuustutkinnoissa on paljastunut, että osa matkustajista on hätäevakuoinnin aikana ottanut esimerkiksi vastoin määräyksiä mukaansa käsimatkatavaroita ja aiheuttanut siten ylimääräistä ruuhkaa.[415] Lentoyhtiöt ovatkin lisänneet kuulutuksiin ohjeita määräysten mukaisesta hätäpoistumisesta.

Loppujen lopuksi turvatiedotusten vaikuttavuus riippuu vahvasti matkustajien asenteista ja halusta ottaa kuulutukset vakavasti. Asenteiden muuttaminen on kuitenkin pitkä ja vaativa tie. Asenteet ja käyttäytymismallit ovat aina vahvasti kulttuurisidonnaisia. Lisäksi ne nousevat persoonien erilaisista ominaisuuksista, peloista ja henkilöhistorioista. Parkerin (2004) mukaan turvallisuusdemonstraatioiden kehittämiseen on kuitenkin olemassa monia käytännön keinoja. Niitä ovat muun muassa viestinnän räätälöinti matkustajaprofiilien tarpeisiin, aulius vastata matkustajien kysymyksiin ja täydentävien tietojen antaminen, säännöllinen sisällön päivittäminen sekä viestintäalan asiantuntijoiden käyttäminen turvallisuusmedian suunnittelussa.[416]

Toimivan turvallisuustiimin luominen

> *Luottamus on turvallisuuskulttuurin kriittinen rakenneosa. Se on voiteluaine, joka tekee vapaan kommunikoinnin mahdolliseksi.*
>
> *Helmreich et al. (1999)*[417]

Moderni liikennekone on turvallisuuskriittinen organisaatio, joka toimii vaativissa oloissa ja jolta odotetaan korkeaa luotettavuutta. Toisin kuin monet muut vastaavat organisaatiot, lentokoneen miehistö vaihtuu jatkuvasti. Samalla sen on kyettävä toimimaan tehokkaana turvallisuusyhteisönä sekä normaaleissa että poikkeustilanteissa.

Vaikka miehistöyhteistyöstä on muodostunut keskeinen turvallisuustyökalu, ilma-aluksen päällikön eli kapteenin rooli on keskeinen ja auktoriteettiasema edelleen ehdoton. Hän on viime kädessä vastuussa lentokoneen operoinnista, eikä tätä vastuuta voi jakaa. Poikkeus- ja hätätilanteissa hänellä on myös oikeus poiketa normaalimääräyksistä, mikäli tilanne sitä vaatii.[418] Kehityksen myötä rooli on toki muuttunut, ja kapteenia voidaan tänä päivänä verrata yrityksen toimitusjohtajaan. Kuten yrityksen, myös lentokoneorganisaation johtajana menestyminen edellyttää kommunikatiivisia taitoja ja kykyä luoda yhdessä toimimisen ilmapiiri. Pelkällä käskyttämisellä näihin tavoitteisiin ei päästä. Vapaavuori et al. (1992) toteavatkin, että "yrmeän ja itsepintaisesti vaikenevan pilotin ammattitaito on puutteellinen riippumatta siitä, miten herkkä 'sauvakäsi' hänellä on".[419]

Käytännössä koneen päällikön on kyettävä ennen lentoa rakentamaan toimiva tiimi ja varmistumaan henkilökunnan olemisesta tehtäviensä tasalla. Lyhyillä lennoilla miehistön yhteiseen tapaamisen ei välttämättä ole aikaa. Pidemmillä lennoilla miehistöllä on mahdollisuus tavata etukäteen, jolloin kapteeni käy läpi lennon ja sen turvallisuuden kannalta olennaiset tekijät. Tapaaminen alkaa perinteisesti esittäytymisellä ja jokaisen tehtäväkuvan, position selvittämisellä.

Toimenpiteet kuuluvat sääntöjen ja määräysten piiriin. Salon (2013) mukaan "se ei ole vain kohtelias tapakulttuuriin kuuluva asia, vaan tärkeä osa turvallista lentoa".[420]

Kapteeni johtaa miehistön valmistautumista lennolle. Esimerkin tästä käytännöstä tarjoaa liikenne- ja tarkastuslentäjä Kristofer Pierson kirjassaan *Pilots in Command* (2014). Kirjoittaja edustaa yhdysvaltalaista toimintakulttuuria, jossa arvostetaan poikkeuksellisen paljon persoonien vakuuttavuutta ja vuorovaikutuksen välittömyyttä.

Kirjoittajan mukaan tehokkaan miehistötiimin synnyttämisen ensimmäisiä edellytyksiä on avoimuuden, innostuneisuuden ja luotettavuuden rakentaminen. Se alkaa heti ensimmäisestä kohtaamisesta ja sen välittämästä mielikuvasta. Keskinäinen esittäytyminen on tärkeää, ja usein se tapahtuu yksinkertaisuuden vuoksi pelkillä etunimillä. Käytäntö on omiaan vahvistamaan yhteisöllisyyttä ja helpottamaan kommunikaatiota (*approachability*).[421] Tiimihengen luominen on osa johtajuutta, ja tapaamisen ensi hetkestä alkaen arvioidaan, kuinka hyvin kapteeni pystyy luomaan yhteisöllisyyttä ja ammattimaista asenneilmastoa. "Et koskaan saa toista mahdollisuutta luoda ensivaikutelmaa."[422]

Pierson esittää yksityiskohtaisesti mallin, kuinka päällikön tulee toimia valmistaessaan miehistönsä reitin ensimmäiselle lennolle. Itsetutkistelua helpottaa muistisääntö IMSAFE. Se muistuttaa työntekijän viretilan kannalta keskeisistä tekijöistä.

I (*illness*): mahdolliset sairaudet ja niiden vaikutukset.
M (*medication*): nautitut lääkkeet ja niihin liittyvät rajoitukset.
S (*stress*): henkinen viretila ja sen hallinta.
A (*alcohol*): päihteiden käyttöön liittyvät vaarat ja määräysten mukaiset rajoitukset.
F (*fatigue*): uupumus ja sen tunnistaminen. Työaikaan liittyvät määräykset ja niiden kunnioittaminen.
E (*emotions*): tunne-elämään liittyvät riskit, esimerkiksi akuutti suru tai epätietoisuus.

IMSAFE-muistisääntö voi Piersonin mukaan toteutua esimerkiksi siten, että kapteeni tekee sen pohjalta miehistölleen yksinkertaisia kysymyksiä (Tunnetko levänneesi riittävästi viime yönä?). Niiden kautta miehistölle tarjoutuu mahdollisuus tarkastella omaa viretilaansa ja tarvittaessa konsultoida työtoveriensa kanssa.

Henkilökohtaisen tarkastelun jälkeen lennonvalmistelussa käydään läpi tulevaan työtehtävään liittyvät yksityiskohdat ja mahdolliset erityispiirteet. Tätä tarkoitusta varten voi käyttää muistisääntöä SEA-ICE. Sillä voi varmistaa, että turvallisen lennon perustekijät ovat kunnossa ja sisäistetty. Kirjaimet liittyvät seuraaviin osa-alueisiin:

S: toimintavarmuus (*safety*) ja yleinen turvallisuus (*security*). Sanojen taakse kätkeytyvät muun muassa reitin sääolojen selvittäminen sekä matkustajiin liittyvät erityisjärjestelyt.
E: laitteistojen (*equipment*) toimivuus. On huomattava, että tämä ei merkitse, että kaikkien laitteiden ja varusteiden tulisi olla täysin toimintakuntoisia. Konevalmistajat ja lentoyhtiöt ovat määritelleet yksityiskohtaisesti, mitä laitteistojen ja varusteiden puutteita voidaan sallia ja mitä puutteet merkitsevät lentotoiminnan kannalta. Esimerkiksi viallinen käymälä tai puuttuva turvavaruste voivat rajoittaa mukaan otettavien matkustajien määrää.[423]

A: epänormaalit (*abnormals*) olosuhteet matkalla. Niihin kuuluvat esimerkiksi poikkeukselliset terminaalivaihdot tai tekniset välilaskut.
ICE: (*In Case of Emergency*). Hätätilanteisiin liittyvien normaalitoimien läpikäyminen.[424]

Kolmantena muistisääntönä Pierson esittää sanaa NEEDS. Miehistön lähtövalmistelun viimeisenä kohtana päällikkö voi tiedustella, onko kenelläkään matkan suhteen erityisiä kysymyksiä tai toiveita. Samalla pyritään vahvistamaan ilmapiiriä, jossa miehistön jäseniä rohkaistaan ajatusten, epäilysten tai toiveitten avoimeen esittämiseen.

Piersonin kirja heijastaa muutosta, joka on tapahtunut turvallisuuskulttuurissa viimeisten vuosikymmenten aikana. Miehistöyhteistyöstä on tullut luonteva ja olennainen osa kaupallista lentoliikennettä. Vahvistuneet vuorovaikutusmenetelmät ovat samalla nostaneet esiin turvallisuusajatteluun liittyvät syvätasot. Turvallisuuskulttuurin vahvistamisessa on todella kysymys kulttuurista, jossa paikalliset ajattelumallit, tavat ja roolikäsitykset vaikuttavat väistämättä taustalla.

Samalla turvallisuuskulttuurin edistämisessä on läsnä jännite, jonka koneen vastuullinen päällikkö joutuu kohtamaan ja joka on luettavissa jo historiallisesta Chigacon sopimuksesta vuodelta 1944. Kaupallinen ilmailu edellyttää tasapainon löytämistä turvallisuuden ja taloudellisuuden välillä. Wilkinson (1993) kuvaa, kuinka nämä tavoitteet voivat joskus olla jännitteisessä suhteessa toisiinsa.

> *Yhtiön koulutusluennolla lentäjän korva kuulee, että "älä koskaan riko määräyksiä. Älä ota riskejä. Älä jätä huomioimatta hyväksyttyjä menetelmiä. Älä koskaan tee kompromisseja turvallisuuden kanssa." Samaan aikaan toiseen korvaan kuiskutetaan: "Älä hukkaa aikaamme. Älä tuhlaa rahojamme. Vie matkustajat määränpäähän mieluummin kuin etsit syitä, miksi et voi tehdä niin."*[425]

Ovatko onnettomuudet vaativan teknologian ikuinen seuralainen?

Vuonna 1979 tapahtui Harrisburgin kaupungissa Pennsylvaniassa Three Mile Islandin ydinvoimalassa onnettomuus. Onnettomuudessa ei menetetty ihmishenkiä, mutta sen merkitys oli käänteentekevä. Harrisburgin tapahtumat vaikuttivat voimakkaasti julkisiin mielikuviin ydinvoiman turvallisuudesta ja käynnistivät intensiivisen tutkimustyön.

Turvallisuustutkimuksen näkökulmasta Three Mile Islandin kakkosyksikön vaurioituminen oli ennakkotapauksena merkittävä. Onnettomuuteen johtanut tapahtumasarja oli monisyinen ja useiden pienten sattumusten summa. Tapahtumasarja alkoi vain 40 päivää käytössä olleen voimalayksikön höyryturbiiniyksikön – ei siis varsinaisen reaktorin – huoltotöistä.

> *Harrisburgin ydinvoimalan huoltotyössä tapahtui vähäinen virhe, minkä vuoksi laitoksen syöttövesijärjestelmä pysähtyi. Tällöin automaattijärjestelmä laukesi ja seisautti samalla sähköä tuottavan turbiinin. Pysäytys vaikutti puolestaan varsinaisen reaktorin jäähdytykseen. Turvallisuusjärjestelmät aktivoituivat ja ajoivat alas itse reaktorin eli siellä tapahtuva ydinreaktio pysähtyi. Tilanne olisi ollut alkuvaiheessaan vielä normaalisti korjattavissa, mutta ongelmat laajenivat nopeasti. Virheellisten näyttöjen takia operaattorit eivät huomanneet vääriä venttiiliasetuksia, minkä vuoksi jo pysäytetyn reaktorin jälkilämpöä ei pystytty siirtämään riittävästi jäähdytysveteen. Tilannetta pahensivat koulutuksessa annetut epäselvät ohjeet hätäjärjestelmän käytöstä. Seurauksena oli, että jo sammutetun reaktorin jälkilämpö höyrysti jäähdytysveden, jolloin reaktorisydän paljastui ja suli osittain.*

Tilanne saatiin lopulta hallintaan voimalan varsinaisen hätäjäähdytysjärjestelmän avulla. Lopputuloksena kuitenkin oli, että radioaktiivista jäähdytysvettä pääsi purkautumaan reaktorin suojarakennuksen sisäpuolelle. Voimalan suojakuoren sisällä havaittiin pieniä määriä säteilyä, mutta ympäristö säästyi radioaktiiviselta vuodolta.[426]

Harrisburgin onnettomuus viritti ennennäkemättömän vilkkaan yhteiskuntakeskustelun. Yleisön ja median mielenkiintoa lisäsi onnettomuuden ensivaiheen niukka tiedotus, joka antoi aihetta monenlaisille spekulaatioille. Julkisuutta ruokki vain 12 päivää ennen onnettomuutta ensi-iltansa saanut elokuva The China Syndrom (suom. Kiina-ilmiö), joka käsitteli ydinvoimakatastrofia. Yhdysvaltojen ydinvoimaohjelma kärsi onnettomuuden vuoksi pahan takaiskun, minkä jälkeen uusia voimaloita ei enää rakennettu. Samalla virisi aktiivinen tutkimustyö, jossa entistä vahvemmin kiinnitettiin huomiota turvallisuuskriittisten organisaatioiden toimintaan. Onnettomuuden syistä julkaistiin kymmenisen kirjaa ja lähes sata tieteellistä artikkelia.[427]

Three Mile Islandin kakkosreaktorin onnettomuus on keskeinen tapauskertomus professori **Charles Perrow'n** teoksessa *Normal Accidents: Living With High-Risk Technologies* (1984).[428] Perrow työskenteli Yalen yliopiston sosiologian professorina, ja hänen tutkimustyönsä on keskittynyt erityisesti organisaatiokulttuurin kysymyksiin. Hän katsoo, että teknologisia katastrofeja ei voida ymmärtää vain laitteiden toimintahäiriöinä, käyttäjävirheinä – puhumattakaan, että ne olisivat selvittämättömäksi jääviä *Acts of God* -tapahtumia. Kirjoittajan mukaan tekniset epäonnistumiset johtuvat monimutkaisten järjestelmien vaikeasti hallittavista vuorovaikutusprosesseista. Perrow kutsuu näitä hallitsemattomien tapahtumaketjujen seurauksia normaalionnettomuuksiksi tai systeemionnettomuuksiksi. Koska onnettomuudet on tavallaan rakennettu jo järjestelmien sisään, ne ovat myös väistämättömiä.

Esittelemiensä tapauskertomusten pohjalta Perrow kehitti teoreettisen mallin, jota sittemmin on kutsuttu kirjan nimen mukaisesti normaalionnettomuuksien teoriaksi (*Normal Accident Theory*, NAT). Teorian mukaan modernit monimutkaiset teknologiset järjestelmät perustuvat eri osatekijöiden tiukkoihin kytkentöihin (*tight couplings*). Nämä kytkennät saattavat aiheuttaa järjestelmissä monimutkaisia ja odottamattomia poikkeustilanteita ja häiriöitä. Nämä häiriötekijät leviävät järjestelmissä yllättävillä ja ennustamattomilla tavoilla ja johtavat katastrofeihin, koska tapatumaketjua ei sen monimutkaisuuden vuoksi ole mahdollista katkaista. ”Suurilla tapahtumilla on pienet alut.”[429] Esimerkkeinä tiukan kytkennän organisaatioista Perrow esitti muun muassa ydinvoimaloiden, lentoyhtiöiden, kemiantehtaiden sekä avaruuslentojen järjestelmät.

Näille korkean riskitason organisaatioille on tyypillistä, että toiminnassa on pyrkimys maksimoida oma tehokkuus ja koetella turvallisuuden rajoja. Esimerkkinä Perrow mainitsee kaupalliset lentoyhtiöt, sillä ”lentokoneet ja lentoväylät pysyvät olemukseltaan kompleksisina ja tiukasti kytkettyinä, mutta myös siksi, että järjestelmän pyrkimyksenä on koetella omia rajojaan”.[430]

Toimiakseen turvallisesti monimutkaiset järjestelmät vaativat selkeän keskitetyn päätöksenteon. Ongelmana on vain se, että keskusjohtoisissa järjestelmissä ei välttämättä hallita kapea-alaista ja yksityiskohtiin ulottuvaa asiantuntemusta, jota monimutkaisten järjestelmien turvallisuus edellyttäisi. Vastakohtana tiukan kytkennän monimutkaisille organisaatioille ovat Perrow’n mukaan löysän kytkennän (*loose coup-*

ling) järjestelmät, joiden hallinta ja kontrolli ovat hajautetut.

Perrow sai kirjalleen runsaasti julkisuutta, kun pian sen ilmestymisen jälkeen tapahtui kolme historiaan jäänyttä onnettomuutta. Intian Bhopalissa sijaitsevasta kemiantehtaasta vuoti ilmoille vaarallista hyönteismyrkkyä, minkä seurauksena mahdollisesti jopa 30 000 ihmistä kuoli. Yhdysvaltalainen Challenger-avaruussukkula tuhoutui lähdössä vuonna 1986. Kolme kuukautta sukkulaonnettomuuden jälkeen koettiin historian tähän asti pahin ydinvoimalaonnettomuus. Ukrainassa oleva Tšernobylin voimalan neljäs reaktori tuhoutui määräaikaishuollon yhteydessä toteutettujen riskialttiiden kokeiden seurauksena. Näistä onnettomuuksista avaruussukkulan tuhoutumisen ikoninen kuva päätyi myös Perrow'n kirjan seuraavien painosten kansikuvaksi. Normaalionnettomuuksien teoria samastui siten visuaalisesti juuri avaruusohjelman onnettomuuteen.

Perrow'n kirjasta muodostui pian yksi onnettomuusteorioiden klassikkoteoksista.[431] Samalla se on saanut osakseen arvostelua. Kriitikot ovat kiinnittäneet huomiota siihen, ettei kirjoittaja tee ensinnäkään selkeää eroa teknisen monimutkaisuuden ja organisaatioiden rakenteiden tai niiden toiminnan monimutkaisuuden välillä. Lukijalle ei käy selväksi, onko tuhoisten tapahtumien taustalla ensisijaisesti teknisten järjestelmien pettäminen vai ovatko kyseessä niiden hallinnossa tapahtuneet viestintäkatkot.[432]

Toiseksi Perrow'n ajattelusta on löydettävissä teknologiseen determinismiin viittaavia piirteitä. Kehittyneeseen teknologiaan on hänen mukaansa sisäänrakennettuna tietynlainen itseään toteuttava tuhoutumisen elementti. Kirjoittaja korostaa siinä määrin teknologisen kehityksen arvaamattomuutta ja autonomiaa, että kehitys saa suorastaan fatalistisia piirteitä.[433] Jälkeenpäin arvioituna Perrow'n pahimmat pelot eivät ole toteutuneet. Yhdysvallat on säästynyt tuhoisilta ydinonnettomuuksilta, eikä geeniteknologiaa nykyisin nähdä yhtä uhkaavana kuin kirjoittaja ajatteli. Kritiikkiä ovat esittäneet erityisesti niin sanottuun Berkeley-hankkeeseen osallistuneet HRO (*High Reliability Organizations*) -tutkijat. Heidän ja Perrow´n välinen keskustelu on jatkunut aina 2000-luvulle saakka.[434] Kriitikot ovat kiinnittäneet huomiota siihen, että useat Perrow'n mainitsemista onnettomuuksista eivät välttämättä tue hänen teoriaansa.[435] Yksi esimerkki on Challenger-sukkulan tuhoutuminen vuonna 1986.

Vaikka avaruussukkula itsessään oli kompleksinen järjestelmä, onnettomuuden varsinainen syy ei kuitenkaan ollut monimutkaisen teknisen järjestelmän pettäminen. Dramaattiseen tapahtumaan johti varsin perinteistä tekniikkaa edustaneen apuraketin tiivistevaurio ja siitä johtunut rakenteiden hajoaminen. Onnettomuuden mahdollisuus oli jopa etukäteen tiedossa. Valmistaja oli esittänyt etukäteen vakavia epäilyksiä rakenteen turvallisuudesta ja yritti myös estää riskialttiissa oloissa tapahtuneen laukaisun.[436] Varoitukset kaikuivat kuitenkin kuuroille korville. NASAlla vallitsi kulttuuri, jossa menneisyyden tapahtumien muistamista ei arvostettu. Feldmanin (2004) mukaan "organisaatiosta puuttui merkittävällä tavalla kyky sekä yksilölliseen että organisatoriseen muistiin".[437]

Yhdysvaltain avaruushallintoon kohdistui lennon aikaan onnistumisen pakkoa, joka yhdessä julkisuuden luoman paineen kanssa selätti kriittisen päätöksenteon.[438] Kyseessä oli siten – Perrow'n käsitteitä lainaten – lähinnä kommunikaatio-ongelmien ja epäselvien vastuusuhteiden aikaansaama komponenttionnettomuus, ei niinkään monimutkaisen tekniikan aiheuttama systeemionnettomuus.[439] Arvostelijat ovat huomauttaneet, että Perrow on itsekin kiinnittänyt huomiota teoriansa puutteisiin ja myöhäisemmässä tuotannossaan tarkentanut ajattelunsa ja argumentaationsa yksityiskohtia.[440]

Eräissä kohdin Perrow oli selvästi aikaansa edellä. Hän kiinnitti jo 1980-luvun alussa huomiota fossiilisten polttoaineiden myötä tapahtuvaan maapallon hiilidioksiditason nousuun ja siitä seuraavaan ilmaston lämpiämiseen. Tätä uhkaa hän piti teollistuneille maille mahdollisesti vielä mitään muuta kirjassa esiteltyä riskitekijää suurempana. Vaikka kirjoittajan asenne ydinvoimaan on kautta linjan varauksellinen, ilmastonmuutoksen kohdalla hän oli kuitenkin valmis tarkistamaan kantaansa. Kirjoittaja katsoi, että vuonna 1975 käyttöön otettu ilmailun anonyymi turvallisuusilmoitusten raportointijärjestelmä (ASRS) tuli laajentaa erityisesti ydinvoimateollisuuteen ja meriliikenteeseen.[441] Perrow myönsi, että ilmastonmuutoksen torjunnassa hiilidioksidivapaalla ydinvoimalla voi olla oma roolinsa. "Se on yksi vahvimmista korteista, jolla ydinvoima-addiktit voivat pelata."[442]

3
TURVALLISUUSTUTKINTA JA OIKEUDENMUKAINEN TOIMINTAKULTTUURI

3.1 Turvallisuustutkinta ja kriminalisoinnin paine

Kesäkuun 9. päivänä 1994 uusseelantilaisen Ansett-yhtiön de Havilland Canada Dash 8 -potkuriturbiinikone lähestyi Palmerstonin pohjoista lentokenttää. Tehdessään huonossa näkyvyydessä mittarilähestymistä lentäjät huomasivat laskutelinejärjestelmässä häiriön ja ryhtyivät ottamaan telineitä ulos varajärjestelmällä. Lentäjien keskittyessä laskutelineongelmaan koneen nopeus hidastui ja lentokorkeus madaltui niin, että se törmäsi vuorenrinteeseen. Koneen 18 matkustajasta kolme kuoli. Kolmen hengen miehistöstä menehtyi lentoemäntä.[443]

Keski-Suomen Jämsänkoskella tapahtui helmikuun 15. päivänä 2009 onnettomuus, jossa riippuliitimellä koululentoa suorittanut 20-vuotias oppilas menehtyi. Autohinauksessa tapahtunut lentoonlähtö oli aluksi sujunut normaalisti, mutta liidin oli pian ajautunut pois hinauslinjalta. Kouluttaja oli yrittänyt antaa radiolla ohjeita, mutta noin 50 metrin korkeudessa oppilas oli menettänyt liitimen hallinnan, ja se syöksyi maahan ohjaamattomassa tilassa. Ohjaaja sai välittömästi surmansa.[444]

Nämä kaksi maantieteellisesti kaukana toisistaan sattunutta turmaa edustavat hyvin erilaisia lento-onnettomuuksia. Ansett-yhtiön kohdalla oli kyse reittiliikenteessä tapahtuneesta onnettomuudesta, jossa lentäjät toimivat mittariolosuhteissa ja noudattivat kaupallista liikennettä ohjaavia määräyksiä. Lisäksi ohjaajat olivat kokeneita alan ammattilaisia.

Jämsänkosken onnettomuudessa lähtökohdat olivat täysin toiset. Onnettomuuslennossa oli kyse harrasteilmailun koulutuksesta ja vieläpä lajissa, jossa viranomaissääntely on normaalia lentotoimintaa vähäisempää. Lentäjä oli aloittanut kurssinsa vain vähän aikaisemmin. Lento oli hänen ensimmäinen varsinainen yksinlentonsa, joka lennettiin hyvissä olosuhteissa näkölentosääntöjen mukaan.

Yhteistä onnettomuuksille oli se, että ne kumpikin virittivät oman maansa ilmailijapiireissä vahvan periaatteellisen keskustelun. Syynä keskusteluun oli se, että molemmista käynnistettiin turvallisuustutkinnan lisäksi myös rikosoikeudellinen tutkinta. Varsinainen kritiikki kohdistui siihen, että rikostutkintaa suorittavat viranomaiset halusivat käyttää materiaalinaan onnettomuustutkinnalle perinteisesti kuuluvia tietoja sekä tutkintaselostus.

Uuden-Seelannin onnettomuudessa poliisi halusi ottaa välittömästi käyttöönsä kohtalokkaan lennon ohjaamon keskustelutallenteen (CVR). Lentäjien ammattiliitto arvosteli poliisin toimintaa jyrkästi ja katsoi, että tallenteet oli tarkoitettu vain turvallisuustutkinnan käyttöön ja niiden ainoa tarkoitus on lentoturvallisuuden parantaminen. Niitä ei siten ollut mahdollista käyttää rikosoikeudellisen tutkinnan materiaalina ja syyllisten etsinnässä, vaan sitä varten oli tehtävä oma tutkintansa. Paikallinen ylin oikeusaste päätti kuitenkin, että rikostutkijoilla tuli olla pääsy tallennuksiin. Päätös herätti lentäjien piirissä runsaasti arvostelua, jonka seurauksena osa piloteista päätti kytkeä lentotallentimet pois käytöstä.[445] Paikallinen liikennelentäjien liitto (ALPA) puuttui myös kiistaan ja korosti pilottien oikeutta luottamuksellisuuteen.[446] Painostuksen myötä käytäntöä muutettiin ja ohjaamotallenteiden käyttö vain turvallisuustutkinnan tarkoituksiin hyväksyttiin.[447]

Jämsänkoskella tapahtunut onnettomuus johti myös rikossyytteeseen, jonka lopputuloksena käräjäoikeus tuomitsi kouluttajina toimineet henkilöt sakkorangaistuksiin.[448] Arvostelu kohdistui siihen, että oikeus oli päätöstä tehdessään tukeutunut Onnettomuustutkintakeskuksen (OTKES) viralliseen tutkintaselostukseen ja perusteli siinä esitetyillä tutkintatuloksilla langettavaa päätöstään.[449] Oikeuden ratkaisu sai julkisuutta myös ilmailulehdistössä.[450]

Tutkintaselostuksen käyttäminen rikosoikeudellisessa prosessissa nousi esille myös Taipalsaarella 15.8.2008 tapahtuneessa lento-onnettomuudessa, jossa työturvallisuushallinto syytti lentokoulua ja sen johtajia kuolemantuottamuksesta.[451] Oikeusprosessi herätti huomiota, koska siinä käytettiin vastoin turvallisuustutkinnan periaatteita tutkintaselostusta syyllisyyttä tukevana dokumenttina. Taipalsaaren onnettomuuden kohdalla käräjäoikeus kuitenkin hylkäsi syytteet. Oikeus totesi, että turvallisuustutkinnan periaatteiden mukaisesti "syyte ja sen edellyttämä aineisto tulee koota itsenäisesti syyteharkintaa ja mahdollista rikosoikeudenkäyntiä varten".[452]

Helken (2019) mukaan käräjäoikeuden päätös on vahvasti perusteltu, ja se selventää samalla turvallisuustutkintaan osallistuvan oikeudellista asemaa.[453]

Chicagon sopimus ja onnettomuustutkinta

Nämä eri puolilla maailmaa käydyt periaatteelliset keskustelut koskevat onnettomuustutkinnan olemusta ja itsenäisyyttä. Taustalla on ICAO:n syntyyn vahvasti vaikuttanut, vuonna 1944 solmittu Chicagon sopimus, jonka 26. artikla käsittelee lento-onnettomuuksien tutkintaa. Sopimus edellyttää, että kuolemantapauksiin, vakaviin loukkaantumisiin ja lentokoneiden vaurioitumisiin johtaneista onnettomuuksista on käynnistettävä virallinen tutkinta.[454]

Chicagon sopimuksen suositukset ovat tarkentuneet vuosien saatossa. Onnettomuustutkinnan kannalta keskeiseksi asiakirjaksi muodostui 1.4.1951 hyväksytty tutkinnan periaatteita ja käytäntöjä selventävä liite *Aircraft Accident Inquiry* (*Annex* 13). Liitteen nimessä tutkintaa ilmaiseva englannin sana *inquiry* herätti kuitenkin kysymyksiä. Sen tulkittiin viittaavaan juridisiin ja rikosoikeudellisiin prosesseihin, mikä ei ollut onnettomuustutkinnan tarkoitus. Liitteen nimi vaihdettiinkin vuonna 1975 muotoon *Aircraft Accident Investigation* ja myöhemmin vuonna 1994 siihen lisättiin vielä vaaratilanteita ilmaiseva sana *Incident*. Liitteestä ja sen täydennyksistä muodostui maailmanlaajuisesti onnettomuustutkintaa ohjaava dokumentti, jonka perusajattelua on sovellettu ilmailun lisäksi muillakin elämänalueilla.

Vuosikymmenten aikana Liite 13:n nimeen tehdyt muutokset heijastavat onnettomuustutkinnan perimmäisen tarkoituksen täsmentymistä. Tutkinnan tavoitteena ei ole syyllisten etsiminen, vaan syiden selvittäminen ja vastaavien onnettomuuksien estäminen. Tämä periaate on lähtökohta, ja siitä nousevat monet onnettomuustutkinnalle ominaiset piirteet. Periaate on sanoitettu myös ICAO:n suositusten mukaan laadituissa säädöksissä. Niistä on hyvä esimerkki Euroopan neuvoston vuonna 1994 hyväksymä direktiivi siviili-ilmailun onnettomuuksien ja vaaratilanteiden tutkinnan perusperiaatteista. Direktiivi korosti voimakkaasti ja useissa yhteyksissä onnettomuustutkinnan itsenäisyyttä.[455]

Direktiivi korvattiin vuonna 2010 Europan parlamentin ja neuvoston asetuksella siviili-ilmailun onnettomuuksien ja vaaratilanteiden tutkinnasta ja ehkäisemisestä.[456] Asetus on jäsenvaltioita velvoittava asiakirja, ja 996/2010 asetuksesta onkin muodostunut eurooppalaisen ilmailun turvallisuustutkinnan keskeisin asiakirja. Se painottaa aikaisempia asiakirjoja voimakkaammin turvallisuustutkinnan itsenäisyyttä ja sitä, että "ainoana tavoitteena olisi oltava tulevien onnettomuuksien ja vaaratilanteiden ehkäiseminen eikä syyllisyyden tai vastuun osoittaminen".[457]

Siviili-ilmailun turvallisuusjärjestelmä perustuu sekä palautteeseen että onnettomuuksista ja vaaratilanteista saaduista kokemuksista oppimiseen. Jotta tämä tavoite toteutuisi, turvallisuustutkinnan on oltava itsenäistä ja toiminnallisesti riippumatonta myös ilmailuviranomaisista, jotka muuten vastaavat ilmaliikenteen määräyksistä ja niiden noudattamisesta. EU-asetus korostaa tätä itsenäisyyttä ja siksi "turvallisuustutkintaviranomainen ei saa turvallisuustutkintaa suorittaessaan pyytää eikä ottaa vastaan ohjeita keneltäkään, ja sillä on oltava rajoittamaton toimivalta turvallisuustutkinnan suorittamiseen".[458] Euroopan neuvosto edellyttää lisäksi, että jäsenmaat luovat yhdessä asiantuntijaverkoston, jonka senkin toiminnan tulee olla mahdollisimman itsenäistä.[459]

Turvallisuustutkinnan käytännön ohjeena on ICAO:n vuonna 2003 julkaisema käsikirja, joka määrittelee yksityiskohtaisesti tutkintaprosessin kulun ja loppuraportin rakenteen.[460] Käsikirjankin teksti korostaa välttämään kaikkia vähänkin syyllisyyteen viittavia sanamuotoja ja ilmaisuja. Silloinkin kun tutkimus paljastaa ilmeisen selviä rikkomuksiin tai määräysten vastaisiin toimiin viittavia yhteyksiä, selostuksen ilmaisujen tulee olla mahdollisimman toteavia. Esimerkiksi ilmaisun "operaattori laiminlöi" sijasta tulisi käyttää muotoa "operaattori ei ottanut huomioon".[461] Myöhemmin onnettomuustutkintaa käsittelevä materiaali on liitetty ICAO:n kattavaan Turvallisuushallinnan käsikirjaan (*Safety Management Manual*, SMM).[462]

Onnettomuustutkijoilta edellytetään laaja-alaista osaamista ja ammatillista herkkyyttä. Teknisten taitojen lisäksi yhä tärkeämmäksi on muodostunut tapahtumaketjuun liittyvien inhimillisten tekijöiden tunnistaminen ja ymmärtäminen. Se edellyttää vuorovaikutus- ja kommunikaatiotaitoja ihmisten kanssa, joita onnettomuus on saattanut kohdata hyvinkin läheltä. Pitkään Suomessa ja ulkomailla ilmailun turvallisuustutkijana toiminut Ismo Aaltonen korostaa tehtävän omaleimaisuutta.

> *Turvallisuustutkijan on oltava analyyttinen, hänen on keskityttävä vain faktoihin ja pidättäydyttävä spekulaatiosta. Tämä on tärkeää myös uhrien läheisille järjestettävissä tiedotustilaisuuksissa. Esimerkiksi vuonna 2014 tapahtuneen Jämijärven lento-onnettomuuden yhteydessä järjestimme kolme tiedotustilaisuutta. Emme pystyneet aluksi kertomaan juuri muuta, kuin miten tutkinta etenee.*[463]

Tutkijoiden on kyettävä sietämään epävarmuutta. Onnettomuudet ovat monimutkaisia ja tapahtuvat odottamatta. On kyettävä konstruoimaan tapahtuneen olosuhteet sekä tunnistamaan ja hallitsemaan jälkiviisauteen liittyvät vaarat pysyen samalla uteliaina ja tukeutumaan todistemateriaaliin. Tutkijoilla on oltava myös empatiakykyä. He joutuvat kuulemaan traumaattisen kokemuksen läpikäyneitä henkilöitä. Heidän on kerrottava vaikeita asioita yksityisille henkilöille, organisaatioiden edustajille sekä määräysten antajille. Vaikka julkisuuden paine saattaa olla suuri, tutkijoiden on pitäydyttävä ennenaikaisista johtopäätöksistä ja pystyttävä keskittymään systemaattiseen ja objektiiviseen analyysiin.[464]

Onnettomuustutkinnan on annettava realistinen kuvaus tapahtuneesta. Sen on kyettävä tapahtumien objektiiviseen kuvaukseen, ja tutkijoiden tekemien tulkintojen tulisi olla yhteismitallisia.[465] Tutkintaan sisältyvät turvallisuussuositukset ovat keskeinen osa lopullista tutkintaselostusta, ja niiden avulla pyritään ehkäisemään vastaavat onnettomuudet tulevaisuudessa.

Onnettomuustutkintaa velvoittava Chicagon sopimuksen Liite 13 on vuosikymmenten saatossa saanut rinnalleen ohjaavaa materiaalia. Tarkennusten tarve on entisestään kasvanut, kun turvallisuuskulttuurissa on korostunut riskien hallinta sekä vaara- ja onnettomuustilanteiden ennaltaehkäisy. Merkittävä uudistusvaihe oli, kun ICAO hyväksyi alkuperäiseen perusasiakirjaansa uuden turvallisuushallintaa (*Safety Management*) käsittelevän liitteen (*Annex*) numero 19.[466] Liitteessä hahmotellaan valtion velvollisuudet turvallisuushallinnassa, määritellään hallintajärjestelmä (SMS) sekä luodaan periaatteet turvallisuustietojen keruulle, analysoinnille sekä vaihdolle. Liikenneilmailun vakavissa vaaratilanteissa ja onnettomuuksissa viranomaisten on tehtävä ensimmäinen ilmoitus välittömästi, toinen 30 päivän kuluessa ja kolmas tutkinnan valmistuttua.

Turvallisuustietojen kohdalla uudet digitaaliset tallennus- ja tiedonjakomenetelmät ovat merkinneet ratkaiseva uudistusta. Tiedonkeruuta varten ICAO on luonut erityisen tietokannan, jolla onnettomuustutkinnan kautta saatua tietoa on mahdollista jakaa jäsenvaltioille (*Accident/Incident Data Reporting*, ADREP).[467] EU:lla on lisäksi yhteinen asiantuntijoiden käyttöön tarkoitettu suositustietokanta SRIS (*European Central Repository for Safety Recommendations in aviation*).

Turvallisuustutkinta Suomessa

Kuten monessa muussakin maassa myös Suomessa itsenäisen onnettomuustutkinnan juuret ovat ilmailuonnettomuuksissa. Kuolemaan johtaneita ilmailuonnettomuuksia on tutkittu systemaattisesti jo 1950-luvulta alkaen. Seuraavalla vuosikymmenellä tapahtuneet vakavat maantieliikenteen onnettomuudet lisäsivät tutkinnan tarvetta.

Mallia otettiin tuolloinkin ilmaliikenteen tutkinnoista. Nykyinen Onnettomuustutkintakeskus (OTKES) perustettiin vuonna 1996.[468]

OTKES toimii oikeusministeriön yhteydessä. Onnettomuustutkinnan itsenäisyys ja riippumattomuus ovat toiminnan keskeisiä lähtökohtia. Keskuksella on lisäksi laaja tiedonsaantioikeus suhteessa muihin viranomaisiin ja oikeus saada poliisilta sekä muilta viranomaisilta virka-apua turvallisuustutkinnassa.[469] Vaikka OTKESin nimi viittaa vahvasti jo tapahtuneeseen onnettomuuteen, keskus tutkii nykyisin yhä enemmän myös vaara- ja poikkeamatilanteita. Taustalla vaikuttaa turvallisuuskulttuurissa tapahtunut näköalan muutos, jossa painopiste on yhä vahvemmin riskialttiin toiminnan ennakoinnissa. EU:n asetus ilmailuonnettomuuksien ja vaaratilanteiden tutkinnasta ilmentää vahvasti tätä toiminnan proaktiivista periaatetta.

Kokemus on osoittanut, että vaaratilanteet ja poikkeamat ovat monesti paljastaneet turvallisuusriskien olemassaolon jo ennen onnettomuuden tapahtumista. Turvallisuudesta saatava tieto on sen vuoksi tärkeä resurssi mahdollisten turvallisuusriskien havaitsemiseksi. Vaikka onnettomuuksista on ehdottoman tärkeää pystyä oppimaan, puhtaasti reaktiivisten järjestelmien käyttökelpoisuus on osoittautunut rajalliseksi yhä uusien parannusten aikaansaamisessa.[470]

Tätä toimintakulttuurin muutosta heijastaa myös tutkinnan nimimuutos. Onnettomuustutkinnan sijasta puhutaan nykyisin turvallisuustutkinnasta. Tutkinnan sisältöä ja periaatteita määrittelevät sekä EU:n lainsäädäntö että turvallisuustutkintalaki vuodelta 2011.[471] EU-asetuksen mukaan turvallisuustietoja on "ilmoitettava, kerättävä, tallennettava, suojattava, jaettava, levitettävä ja analysoitava, ja kerättyjen tietojen perusteella olisi toteutettava asianmukaisia turvallisuustoimia".[472]

Turvallisuustutkinnan ja turvallisuuskulttuurin kehittymisen kannalta on olennaista nähdä eri toimijoiden itsenäiset roolit ja samalla vahvat vuorovaikutusmallit. Suomessa liikenneturvallisuudesta vastaa Traficom, jonka ilmailuviranomaiset vastaanottavat ilmoituksia onnettomuuksista ja vaaratilanteista, jotka Traficomin arvion mukaan voisivat tulla turvallisuustutkintalain mukaan tutkittaviksi. Nämä ilmoitukset Traficom välittää OTKESille. ICAO:n suositusten mukaisesti

OTKESilla on pääsy kaikkiin ilmailuviranomaisten ilmoitustietokantoihin.[473] Viranomaisen tehtävänä on valmistella Chicagon yleissopimuksen mukaisesti kansalliset lentosäännöt ja panna toimeen sääntöjä tarkentavia normeja (*standards*) sekä suosituksia (*recommended practices*).[474] Toimiva ilmailun turvallisuuskulttuuri perustuu siis kahden itsenäisen viranomaistoimijan autonomiseen, mutta samalla avoimeen ja dynaamiseen vuorovaikutukseen.

Varsinaisessa onnettomuustapauksessa eri viranomaisten – lähinnä poliisin ja OTKESin tutkijoiden – roolien tulee olla selkeästi määriteltyjä. Poliisin tehtävänä on mahdollisten vainajien kuolinsyiden selvittäminen, ja mikäli on aihetta epäillä rikosta, myös esitutkinnan käynnistäminen. Samoin poliisi varmistaa onnettomuuspaikan eristämisen ja antaa virka-apua tutkintaryhmälle. Poliisi voi myös puhututtaa miehistöä ja matkustajia sekä todeta erityisesti miehistön lentokunnon ja mahdollisen päihteiden käytön.[475] Poliisi huolehtii myös mukana olleiden henkilökohtaisesta omaisuudesta. Turvallisuustutkinnan tavoitteiden ja itseymmärryksen kannalta on kuitenkin tärkeää, että tutkijan ja poliisin tehtävät on selvästi erotettu toisistaan. Muuten on vaarana, että tutkinnan luotettavuus ja yleisön mielikuva sen luonteesta voivat hämärtyä.[476]

Turvallisuustutkintalaki määrittelee muun muassa tutkijoiden oikeudet päästä onnettomuuspaikalle, aineiston suojaamisen, oikeuden esineiden haltuunottoon, oikeuden salassa pidettävien viranomaistietojen sekä mahdollisten teletunnistetietojen saamiseen. Tutkintaviranomaisen toimintavaltuudet ovat varsin kattavat.[477] Käytännössä se merkitsee, että onnettomuusalueen eristämisen jälkeen kaikki materiaali on vain tutkijoiden käytettävissä. Tällöin törmätään väistämättä kysymyksiin ihmisten intimiteetistä ja perusoikeuksien kunnioittamisesta koskien erityisesti omaisuutta ja sen käyttöä tutkimustarkoituksiin sekä edellytyksiin, joiden nojalla tietoja voidaan käyttää.[478]

Onnettomuuspaikalla tehtävän tutkinnan ohella turvallisuustutkijat keskittyvät organisaation turvallisuushallinnan toimivuuteen. Onko auditointi toteutettu asianmukaisesti, ja onko siinä paljastunut turvallisuuden kannalta parannettavaa? Onko ilmailuorganisaation poikkeamien raportointi ja sisäinen tutkinta ollut toimivaa ja avointa?

Uusi käytäntö kertoo turvallisuusajattelun muuttumisesta. Teknisten ja inhimillisten syiden rinnalle nousevat yhä vahvemmin järjestelmiin ja yritysten turvallisuushallintaan liittyvät tekijät.

Hyvänä esimerkkinä on Rasmussenin ja Svedungin (2000) kehittämä AcciMap-riskienhallintamenetelmä, jota on menestyksellisesti käytetty suurten onnettomuuksien tutkinnassa. Mallissa tapahtunutta tarkastellaan käyttäjien ja laitteiden lisäksi johdon, hallinnon, lainsäädännön ja politiikan näkökulmista.[479] Tutkinnan onnistumisen kannalta on lisäksi tärkeää, että huomio ei kiinnity liiaksi "ensimmäiseen kertomukseen" eli ilmeisimpään ja yksinkertaisimpaan syyhyn. Woodsin ja Cookin (2002) mukaan yhä kompleksisemmat järjestelmät edellyttävät ennakkoasenteista ja jälkiviisaudesta mahdollisimman vapaata keskittymistä syvempään "toisen kertomuksen" tarkasteluun.[480]

Onnettomuudet ovat aina yllättäviä, ja ne koskettavat hyvin erilaisia ihmisryhmiä ja intressejä. Siksi tutkinnassakin on mahdollisuus eri hallinnonalojen ja viranomaisten väliseen jännitteeseen. Tutkinta- ja hallintolaki pyrkivät kuitenkin lieventämään jäykkiä toimivaltarajoja ja edistämään tutkinnallista yhteistyötä. Yksi auditointikohde on yhteisymmärryspöytäkirjan (MoU) tekeminen oikeus- ja tutkintaviranomaisen kesken. Piironen (2013) tiivistääkin, kuinka "tavanomaiseen hallinnolliseen toimintaan verrattuna onnettomuuksissa on tyypillistä viranomaisten relaatioiden monikerroksisuus, mikä perustelee viranomaisten yhteistyötä".[481]

Suomalainen turvallisuustutkinta on ollut edelläkävijä Euroopassa. Kansallinen lainsäädäntö harmonisoitiin ensimmäisenä Euroopan neuvoston 996/2010 asetuksen kanssa. ICAO:n tekemässä auditoinnissa vuonna 2017 Suomi sai huippupisteet. ICAO:n turvallisuusasiantuntijana toimivan Ismo Aaltosen mukaan Suomi on vahvasti samassa rintamassa muiden Skandinavian maiden kanssa.

> *Meillä on ajantasainen lainsäädäntö ja turvallisuustutkintaa tekevä virasto on itsenäinen. Tätä itsenäisyyttä on arvostettu myös ulkopuolisissa arvioinneissa. Näistä lähtökohdista on ollut helppo mennä maailmalle. Täkäläinen turvallisuusajattelu*

on otettu hyvin vastaan myös Euroopan ulkopuolisissa maissa, ja meistä on otettu mallia.[482]

Onnettomuudet ja oikeusprosessit

Kesäkuun ensimmäisenä päivänä 2002 tapahtui länsisaksalaisen Überlingenin kaupungin yläpuolella tuhoisa lento-onnettomuus, jossa Bashkirian Airlinesin Tupolev Tu-154M-matkustajakone ja DHL-yhtiön rahtikone Boeing 757–200 törmäsivät reittikorkeudessa toisiinsa. Onnettomuudessa kuoli yhteensä 71 henkilöä.

Useat eri tekijät vaikuttivat onnettomuuden syntyyn. Zürichin aluelennonjohdossa oli tapahtumayönä vain yksi työntekijä, ja hän joutui vastaamaan usean koneen selvityksistä sekä porrastuksista. Samaan aikaan osa aluelennonjohdon varoitusjärjestelmästä (STCA) oli vain osittain toimintakuntoinen. Lisäksi puhelinyhteyksissä oli ongelmia, minkä vuoksi viereisen Karlsruhen aluelennonjohdon yritykset varoittaa mahdollisesta yhteystörmäysvaarasta eivät tulleet perille.

Yhteentörmäyksen viimeisenä syynä oli ristiriita lennonjohdon ja lentokoneiden automaattisen törmäysvaroitusjärjestelmän (TCAS) antamien ohjeiden tulkinnassa. Kummankin koneen itsenäisesti toimivat hälytysjärjestelmät olivat toiminnassa, ja ne aktivoituivat koneiden lähestyessä toisiaan törmäyskurssilla. Järjestelmät varoittivat yhteentörmäysvaarasta, ja lopulta kehottivat koneita muuttamaan lentokorkeuksiaan. TCAS-järjestelmän toimintafilosofia perustuu siihen, että risteävillä lentoväylillä olevien koneiden tulee noudattaa automaattilaitteiston antamia väistöohjetta.

Überlingenin tapauksessa kiireinen aluelennonjohtaja oli havahtunut tilanteeseen vasta 43 sekuntia ennen yhteentörmäystä. Tällöin hän oli pyytänyt venäläistä konetta laskemaan nopeasti korkeuttaan. Kone oli noudattanut selvitystä, jonka jälkeen törmäysvaroitin oli antanut päinvastaisen ohjeen. Koneen miehistöön kuuluneen tarkastuslentäjän ja koneen varsinaisen päällikön näkemykset erosivat siitä, kumpaa kahdesta ohjeesta tuli esisijaisesti noudattaa. Myöskään yhtiön toimintaohjeissa ei ollut selkeästi määritelty toimintaa lennonjohdon antamien määräysten ja automaattijärjestelmän välisissä ristiriitatilanteissa. Venäläisen matkustajakoneen päällikkö päätti noudattaa lennonjohdon selvitystä. DHL-yhtiön Boeing puolestaan toimi TCAS-järjestelmän antamien ohjeiden mukaan, minkä seurauksena koneet törmäsivät toisiinsa. [483]

Überlingenin onnettomuus herätti runsaasti huomiota ja viritti myös akateemisten tutkijoiden mielenkiinnon.[484] Tapahtuman traagisuutta lisäsi se, että venäläiskoneen matkustajina oli 52 koululaista, jotka olivat menossa Unescon järjestämään kulttuuritapahtumaan. Onnettomuus nousi otsikoihin vielä parin vuoden jälkeen. Tuolloin venäläiskoneen uhrien omaisia edustanut mieshenkilö tappoi kohtalokkaana yönä lennonjohdossa työskennelleen lennonjohtajan tämän kotiovelle. Murhaaja piti lennonjohtajaa yksin syyllisenä onnettomuuteen.[485]

Tutkinnassa kävi kuitenkin pian ilmi, että onnettomuuteen johtanut tapahtumasarja oli poikkeuksellisen monimutkainen. Sen ainekset rakentuivat inhimillisen erehdyksen lisäksi Reasonin teorian mukaisesti sekä systeemionnettomuudesta että organisaatiotason puutteista. Joukko johtavia turvallisuustutkijoita julkaisikin Reasonin johdolla vuonna 2006 selostuksen, johon oli kirjattu ja luokiteltu peräti 42 yksittäistä tekijää, jotka myötävaikuttivat onnettomuuden syntyyn.[486] Selostuksessa tiivistyi turvallisuustutkinnassa esiin tullut monisyinen todellisuus. Ihmistoimijan ja autonomisen teknologian synnyttämä ristiriitatilanne oli vain yksi tekijä.[487]

Überlingenin onnettomuus ei johtunut vain etulinjan toimijan tekemästä perinteisestä virheestä. Se oli pikemminkin joukko ei-toivottavia olosuhteita, jotka yhdessä johtivat traagiseen lopputulokseen.[488] Onnettomuus käynnisti myös rikostutkinnan. Tutkinta oli vaativaa, koska vastuusuhteet lennonjohdon toiminnassa eivät olleet lainkaan selviä. Varsinaisena lennonjohtotoiminnan operaattorina oli liikelaitoksena toimiva yritys Skyguide, joka noudatti toiminnassaan yleiseurooppalaisia määräyksiä. Oikeudenkäynti herättikin lukuisia kysymyksiä. Millä tavoin vastuukysymyksissä suhtautuvat toisiinsa erilaiset instituutiot? Kuka on viime kädessä vastuussa liikelaitoksen toiminnasta?

Onnettomuuden osapuolia edustivat lentoyhtiöiden lisäksi kansallinen valtio (Sveitsi), Euroopan lennonjohtotoimintaa koordinoiva Eurocontrol, kansainvälinen siviili-ilmailujärjestö ICAO sekä lennonjohdon varsinaisena operaattorina toimiva liikelaitos. Mikä on näiden makrotason toimijoiden vastuu verrattuna suorittavaan mikrotason henkilöstöön?[489] Jälkimmäistä Überlingenin tapauksessa edustivat työvuorossa olleet lennonjohtajat, jotka olivat Reasonin käsitteitä lainaten tapahtumapyramidin huipun terävä kärki verrattuna taustaorganisaatiota edustavaan tylppään päähän.[490]

Brooker (2008) katsoo onnettomuuden olevan kaiken kaikkiaan olemukseltaan sotkuinen (*messy*) ja edustavan monivuorovaikutteisille (*complex*) järjestelmille ominaista, epätavallisten olosuhteiden tapahtumasarjaa.[491] Tämänkaltaisena voidaan pitää Yhdysvaltain ilmavoimille Irakin sodan aikana 14.9.1994 tapahtunutta onnettomuutta, jossa omat hävittäjät ampuivat alas kaksi Black Hawk -helikopteria. Onnettomuus tapahtui huolimatta moninkertaisista varmistuksista ja asetelmasta, jossa normaalit ihmiset tekivät normaalia työtään normaalein menetelmin. Snookin (2000) mukaan paikalliset käytännöt olivat pikkuhiljaa päässeet ajelehtimaan (*practical drift*) pois alkuperäisistä toimintamalleista. Kriittisessä tilanteessa näin syntyneet halkeamat ja aukot estivät asioiden havainnoinnin ja nopean reagoinnin, mikä johti toiminnan epäonnistumiseen.[492]

Vajaa vuosi ennen Überlingenin onnettomuutta Italian Linatessa oli tapahtunut vakava kiitotieonnettomuus, jossa nousussa ollut MD-87-kone törmäsi rullaavaan Cessna 525-A-liikesuihkukoneeseen. Kummassakin onnettomuudessa oli samoja piirteitä.

> *Yksityisomistuksessa ollut Cessna Citation II -liikekone oli lähdössä 8.10.2001 Milanon Linaten lentoasemalta kohti Pariisia. Kenttä oli vahvan sumun peitossa, ja koneen ohjaaja valitsi kommunikaatioepäselvyyksien vuoksi väärän rullaustien. Lennonjohtajalla ei ollut käytössä maatutkaa, ja hän ei havainnut tapahtunutta virhettä. Cessna ylitti kiitotien samaan aikaan, kun kohti Kööpenhaminaa lähdössä ollut SAS:n MD-*

87 oli aloittanut lähtökiidon. Koneet törmäsivät toisiinsa. Onnettomuudessa menehtyivät kaikki kummassakin koneessa olleet 114 henkilöä.[493]

Yhteistä sekä Überlingenin että Linaten onnettomuuksissa oli se, että ne käynnistivät oikeusprosessit, jotka samalla paljastivat tapahtumaketjujen poikkeuksellisen monimutkaisuuden ja vastuukysymysten epäselvyydet. Überlingenin onnettomuudessa sveitsiläisen Skyguiden neljä työntekijää tuomittiin ehdollisiin vankeus- ja sakkorangaistuksiin.[494] Linaten lennonjohtaja ja kolme kentän toimihenkilöä saivat hekin usean vuoden vankeusrangaistukset.

Varsinkin italialaiselle lennonjohtajalle langetettu tuomio herätti runsaasti keskustelua ilmailupiireissä.[495] Lennonjohtaja ei ollut antanut vääriä selvityksiä eikä tietoisesti rikkonut säännöksiä. Vaativissa oloissa ja näköyhteyden puuttuessa häneltä oli jäänyt vain huomaamatta kehittymässä ollut vaaratilanne. Lisätekijänä olivat kommunikaatioon liittyvät puutteet ja väärinymmärrykset.[496] Vaikka lopullisessa käsittelyssä tuomioita lievennettiin, ilmailuyhteisössä vallitsi vahva näkemys, että kyseessä oli systeemionnettomuus. Kuitenkin yksittäiset henkilöt joutuivat kantamaan vastuun järjestelmän puutteista.[497]

Kummankin onnettomuuden kohdalla keskeiseksi tekijäksi muodostui myös liikelaitosten rooli. Miten sovittaa yhteen kaupallisen toiminnan vaatimat taloudelliset paineet ja pyrkimys korkeaan luotettavuuteen? Lofquist (2010) kuvaakin kaupallista ilmailuteollisuutta "monimutkaiseksi, päällekkäisten sosioteknisten järjestelmien kokonaisuudeksi, joka on upotettu tiukasti kilpailevaan liiketoimintaympäristöön ja jossa turvallisuus on ensisijainen mutta ei ainoa tavoite".[498] Olisiko esimerkkitapausten onnettomuudet pystytty välttämättään, jos Sveitsin aluelennonjohtoon ja Linaten kentälle olisi investoitu enemmän ja hankittu jo aikaisemmin ehdotettua turvallisuustekniikkaa?

Turvallisuuskriittisiä organisaatioita tutkinut Christopher W. Johnson (2003) katsoo, että aikaisemmin valtion monopoleina toimineiden turvallisuusinstituutioiden muuttuminen voittoa tuottaviksi liikelaitoksiksi saattaa pitää sisällään riskejä.[499] Voidaan väittää, että ongelmat johtuvat perustavanlaatuisista jännitteistä, joita synnyttävät korkean luotettavuuden järjestelmiä koskevat julkiset ja poliittiset säädökset. Niiden mukaan näiden puoli-itsenäisten yritysten on kyettävä täyttämään sekä tiukat taloudelliset vaatimukset että tarjoamaan samanaikaisesti sosiaalista hyvinvointia, mukaan luettuna korkea turvallisuustaso.[500]

Kriminalisointi uhkaa turvallisuustutkintaa

> *Onnettomuuksien kriminalisointi on yksi tapa palauttaa maailmaan moraalinen ja tietoteoreettinen varmuus.*[501]

Kaupallinen matkustaja- ja rahtilentoliikenne on 2000-luvulla jatkuvasti kasvanut. Vuosittainen kasvu on vaihdellut parista prosentista kymmeneen. Samanaikaisesti tuhoisien onnettomuuksien lukumäärämäärä on säilynyt suhteellisen samana. Lentoturvallisuus on siten sekä absoluuttisesti että suhteellisesti laskien jatkuvasti parantunut. Liikennelentoyhtiöt kuljettivat esimerkiksi vuonna 2017 yhteensä 4,2 miljardia matkustajaa, ja lähinnä pienille yhtiöille tapahtuneissa onnettomuuksissa menetettiin yhteensä 50 henkilöä.[502]

Myönteinen kehitys on ollut seurausta laaja-alaisesta turvallisuuskulttuurin parantamisesta. SHELL-mallin jaottelua soveltaen voi todeta, että kehitystä on tapahtunut sekä tekniikassa (*hardware*), koulutuksessa ja toiminnan sääntelyssä (*software*), inhimillisten tekijöiden ja miehistöyhteistyön kehittämisessä (*liveware*) että toimintaympäristön säilymisessä suhteellisen rauhallisena (*environment*). 2000-luvulta alkaen liikenneilmailun turvallisuuskehitykseen on kuitenkin kohdistunut uudenlaisia uhkatekijöitä. Näitä ovat muuan muassa terrorismin uhka, joka on nostanut perinteisen turvallisuuden (*safety*) rinnalle kontrollointiin perustuvan turvallisuusvartioinnin (*security*).[503]

Hyvän turvallisuustason ylläpitäminen on edellyttänyt jatkuvaa valppautta ja erityisesti turvallisuustutkimuksen korkeaa tasoa. Perinteinen onnettomuustutkinta on laajentunut selkeistä onnettomuuksista vaara- ja poikkeustapahtumien analyysiin. Samalla mielenkiinto on kohdistunut normaaliin eli suunnitelmien mukaan toteutuneeseen operointiin. Mitkä tekijät ovat vaikuttaneet siihen, että kaikki sujuu kuten pitääkin? Lentoturvallisuudesta vastaavien kysymyksenä ei tällöin ole, mikä meni vikaan tai kuka teki virheen, vaan miten voisimme tehdä asiat vielä paremmin.[504]

Yllättäen keskusteluun ovat nousseet turvallisuustutkinnan itsenäisyyteen liittyvät kysymykset. Nämä kysymykset koskevat erityisesti turvallisuustutkinnan autonomiaa tilanteissa, joissa tutkintaan kohdistuu yhä vahvempi rikosoikeudellisen tutkinnan paine. Kun turvallisuustutkinnassa keskitytään teknisten ja inhimillisten syiden selvittämiseen ja sekä onnettomuuksien ehkäisyyn, rikosoikeudellisessa tutkinnassa päämääränä on syyllisten löytäminen ja oikeuden jakaminen. Turvallisuustutkimuksen alkuperäiseen itsenäisyyteen kohdistuu paineita, ja tämä on herättänyt asiantuntijapiireissä huolta. Myös käsityksissä turvallisuustutkimuksen olemuksesta ja tavoitteista on nähtävissä eri oikeusjärjestelmistä nousevia eroja. Lisäksi aihetta on tutkittu tieteellisin menetelmin verrattain vähän.[505]

Julkiseen keskusteluun ilmailuturvallisuuteen liittyvät oikeusprosessit nousivat lähestyttäessä 1990-lukua. Erityisesti Lontoon Heathrow'n kentällä koettu vaaratilanne viritti laajan periaatteellisen pohdiskelun.

> *Marraskuun toisena päivänä 1989 British Airwaysin laajarunkoinen Boeing 747 (G-AWNO) oli lähestymässä marginaalisissa olosuhteissa Lontoon Heathrow´n lentokenttää. Lennon ylle oli alkanut kasaantua synkkiä pilviä jo ennen paluumatkaa. Miehistö oli kärsinyt vatsataudista, mutta päättänyt lääkärikonsultaatioiden jälkeen lähteä Bahrainista pitkälle paluumatkalleen. Lähestyessään määränpäätä polttoaineet olivat kovan vastatuulen vuoksi käymässä vähiin, miehistö uupunut ja erityisesti perämies lähes toimintakyvytön. Kapteeni mietti varakentälle menemistä, mutta muutti viime vaiheessa mielensä. Varakentälle meneminen olisi aiheuttanut merkittäviä kustannuksia. Lisäksi edellä lentänyt kone oli hetkeä aikaisemmin tehnyt onnistuneen laskun.*

Loppulähestymisessä koneen epävarmaksi tunnetussa automaattiohjauksessa ilmeni lisäksi ongelmia ja ylikuormitettu kapteeni joutui turvautumaan käsiohjaukseen. Vaativan lähestymisen aikana kone ajautui sivuun laskulinjaltaan ja joutui paksussa sumussa tekemään ylösvedon. Se onnistui, mutta läheisten talojen kattoja hipoen. Toinen lähestyminen ja lasku olivat normaalit. Dramaattinen ylösveto oli kuitenkin herättänyt paikalla olleiden ja median huomion, minkä takia lentoyhtiö nosti tapauksesta oikeusjutun.[506]

Koneen radiokutsun November Oscar -nimellä tunnettu tapaus käynnisti pitkän oikeusprosessin, joka sai suuren julkisuuden. Lehdistössä jaettiin tapauksesta pikatuomioita. Lentoyhtiö joutui mainekriisiin, ja sitä syytettiin matkustajien hengen vaarantamisesta. Pääsyytettynä olleen lentokapteenin puolustus vetosi vaikeisiin olosuhteisiin sekä siihen, että koneen päällikkö oli kaikkien vastoinkäymisten jälkeen pystynyt tuomaan matkustajat turvallisesti perille. Lopputuloksena kuitenkin oli, että koneen kapteeni menetti lupakirjansa, erotettiin tehtävästään ja tuomittiin korvauksiin "lentokoneen ja sen matkustajien vaarantamisesta".[507]

Oikeudenkäynnistä muodostui historiallinen. Koskaan aikaisemmin ei brittiläisessä ilmailussa matkustajakoneen päällikköä ollut tuomittu vastaavanlaisesta rikoksesta. November Oscarin tapaus herättikin runsaasti keskustelua suuren yleisön, ilmailun ammattilaisten ja oikeusoppineiden joukossa.[508] Vaaratilanne ja oikeusprosessi nousivat traagisella tavalla otsikoihin vielä kolmen vuoden jälkeen, kun työnsä menettänyt kapteeni teki itsemurhan.[509]

November Oscarin tapausta voidaan pitää ensimmäisenä merkittävänä ilmailun oikeusprosessina, jossa tuomio annettiin epätäydellisestä työn suorittamisesta ja siinä tapahtuneista virhearvioinneista. Tämä ajattelutapa on sittemmin vahvistunut, erityisesti tultaessa 2000-luvulle. Turvallisuustutkijat näyttävät olevan varsin yksimielisiä yleisestä kriminalisaation ja legalisaation paineen lisääntymisestä.[510] Ilmiöstä viritti keskustelua kokenut lentoturvallisuusasiantuntija Urpo Koskela Helsingin Sanomien Vieraskynä-palstalla vuonna 2003.

Hän kirjoitti, kuinka ”virheet kuuluvat normaaliin inhimilliseen käyttäytymiseen. Kummallista kyllä, sitä on alettu pitää rikoksena.”[511]

Lento-onnettomuuden yhteydessä automaattisesti käynnistettävästä esitutkinnasta on tullut vallitseva käytäntö monissa ICAO:n jäsenmaissa.[512] Kymmenen vuoden aikana vuosituhannen vaihteesta näitä rikosprosesseihin johtaneita ilmaliikenteen onnettomuuksia on ollut keskimäärin kolme vuodessa. Luku tulee suhteuttaa onnettomuuksien kaiken kaikkiaan vähäiseen määrään.[513] Asennemuutos on ollut nopea, ja sillä saattaa olla heijastusvaikutuksia ilmailun kokonaisturvallisuuteen. Euroopan ilmatilaa koordinoivan Eurocontrollin lainopillisen osaston johtaja Roderick van Dam (2016) on muiden muassa ilmaissut kehityssuunnasta huolensa.

> *Viime vuosina ovat ilmailun ammattilaiset ja koko ilmailuala tunteneet kasvavaa huolta tavasta, jolla lentoturvallisuutta on käsitelty julkisuudessa ja kuinka rikosoikeudellisia tuomioita on jaettu. Pelko rikosprosessien käynnistymisestä ja oikeusviranomaisten läsnäolosta voivat aiheuttaa haluttomuutta raportoida vaara- ja poikkeamatilanteista. Mikäli ilmailun piirissä epäonnistutaan käytettävissä olevan turvallisuusmateriaalin keräämisessä, sillä voi olla vakavia seurauksia. Kyky oppia virheistä ja sitä kautta estää uusien syntyminen, on yksi arvokkaimmista keinoista parantaa ilmailun turvallisuutta.*[514]

Yleinen rikosprosessien paine ei kohdistu vain ilmailuun, vaan moniin muihinkin turvallisuuskriittisiin toimialoihin. Voidaan kysyä, mistä muutos johtuu. Onko kriminalisointitrendin takana joitakin yleisiä ja yhtäläisiä syitä?

Yhtenä syynä voidaan pitää kehitystä, jossa henkirikokseen liittyviä oikeusprosesseja on mahdollista nostaa oikeushenkilöiksi katsottavia yhteisöjä ja organisaatioita vastaan. Eurooppalaisessa oikeuskäytännössä tapahtui merkittävä muutos, kun Britannian parlamentti hyväksyi vuonna 2007 lain (*Corporate Manslaughter and Corporate Homicide Act*), joka mahdollisti näiden syytteiden nostamisen.[515] Lain taustalla oli joukko tuhoisia onnettomuuksia, jotka olivat tapahtuneet Britanniassa edellisinä vuosikymmeninä ja joissa syyttävä sormi osoitti organisaatioiden hallinnollisiin ja toiminnallisiin puutteisiin.[516] Päätös oli jatkoa ajattelutavan muuttumiselle, jossa yksilön tekemien virheiden rinnalle nousivat yhä vahvemmin yhteisölliset ja organisatoriset tekijät.

Oikeuskorosteisen muutoksen takaa voi löytää myös syvempiä kulttuurisia, sosiologisia ja psykologisia tekijöitä. Ne liittyvät keinoihin, joilla yksilö ja yhteisö hallitsevat pelkojaan sekä traumaattisia menetyksiään. Yhä monimutkaisemmaksi käyvässä maailmassa selkeillä selitysmalleilla on tilausta. Syyllisten etsimisen voi nähdä ikiaikaisena tapana projisioida ongelmia ja siirtää ne avainhenkilöiden ja tapahtumaketjun terävää kärkeä edustavien toimijoiden vastuulle. Virheiden kriminalisointi on siten pyrkimys löytää syyllisiä, joihin tapahtuneet traumaattiset menetykset on mahdollista siirtää.[517]

Paradoksisella tavalla tämä kriminalisointipaine voi vaikuttaa kielteisesti lentoturvallisuuden kehittymiseen. On olemassa riski, että rikosoikeudellisen syyttämisen uhka ei tuota yhteiskunnallista hyötyä, vaan vaarantaa puolueettoman onnettomuustutkinnan ja heikentää ilmailuturvallisuuden kehitystä. Syyttäminen tyydyttää kuitenkin ihmisten luontaista halua rankaisuun ja kostoon tilanteissa, joissa on jouduttu kohtaamaan kauhistuttavia menetyksiä.[518]

Giddens (1991) on modernia yhteiskuntaa käsittelevissä teoksissaan korostanut, kuinka modernisaatiolle tyypilliset piirteet, muun muassa paikallisuuden merkityksen väheneminen, normien ja sääntöjen katoaminen sekä yleinen maallistuminen ovat luoneet uudenlaista ahdistusta. Tällainen ahdistus voi myös tuottaa yhteiskunnallista suvaitsemattomuutta, joka on omiaan nostamaan tarpeita kriminalisointiin. Giddensin mukaan tätä kautta vahvistetaan mielikuvaa siitä, että yhteiskunnalla on edelleen olemassa yhteinen arvopohja. Yhteiskunnan arvopohjaa luodaan ja määritellään siten oikeusprosessien kautta.[519]

Paine onnettomuustutkinnan itsenäisyyttä kohtaan nousee myös yhä mediakeskeisemmän yhteiskunnan todellisuudesta. Onnettomuuksista on saatavissa paljon ja usein lähes reaaliaikaista tietoa. Sosiaalinen media on luonut aivan uudet mahdollisuudet kansalaisjournalismille, jossa ihmiset voivat laittaa jakoon autenttisia tapauskertomuksia ja onnettomuuskuvia. Lentoliikennettä voi seurata mobiililaitteilla reaaliaikaisesti, ja suurella yleisöllä on välittömästi tieto myös poikkeustilanteista. Lisääntynyt tieto saattaa osaltaan olla vaikuttanut myös oikeusprosessien yleistymiseen.[520] Kaikki tämä on merkinnyt Michaelides-Mateaou et al. (2016) mukaan "julkisuuden, tiedotusvälineiden ja poliitikkojen suunnalta valtavaa painetta tunnistaa syylliset osapuolet ja saattaa heidät vastuuseen".[521] Ilmiössä on nähtävissä myös yleisempää onnettomuuksiin liittyvän sensationalismin ja yksiviivaisten selitysmallien yleistymistä.[522]

Uusi piirre on myös turvallisuustutkinnan sisällöllinen laajeneminen yhä enemmän inhimillisten ja organisaatiotason tekijöiden selvittämiseen. EU:n vuonna 2010 hyväksymässä ilmailuonnettomuusasetuksessa korostuu klassinen periaate tutkinnan puolueettomuudesta ja tehtävästä palvella ainoastaan onnettomuuksien ennaltaehkäisyä. Samalla kuitenkin edellytetään, että tutkinta voisi parantaa "avun tarjoamista lento-onnettomuuden uhreille ja heidän läheisilleen".[523]

Sinänsä hyvä periaate on myös herättänyt keskustelua. Inhimillisen tuen ja avun tarjoaminen on arvokasta, ja sitä tulee kehittää. Empatiatoiminta voi kuitenkin laajentaa turvallisuustutkimuksen perinteistä roolia ja asettaa onnettomuustutkijat hankalaan välikäteen. Onnettomuuksissa traumatisoituneilla ihmisillä on usein voimakas tarve löytää yksinkertaisia selitysmalleja ja syyllisiä traagiselle tapahtumalle. Onnettomuuden yksityiskohdat parhaiten tuntevat asiantuntijat voivat tällöin joutua inhimillisistä syistä pehmentämään tutkimustensa tuloksia tai vähintäänkin tulkitsemaan niitä empatiapainotteisesti. Tällä saattaa olla Solomonin ja Rellesin (2011) mukaan haitallinen ja "viilentävä vaikutus" puolueettomaan turvallisuustutkintaan, jossa neutraalin suhtautumisen tulee vallita alusta loppuun.[524]

Viime kädessä onnettomuus- ja turvallisuustutkinnassa törmätään kaikkeen inhimilliseen toimintaan liittyvään epävarmuuteen ja epäonnistumisen mahdollisuuteen. Kaupallinen ilmailu on kehittynyt ultraturvalliseksi. Tehokas riskien hallinta edellyttää kuitenkin jatkuvaa vireilläoloa ja sen hyväksymistä, että toimitaan turvallisuuskriittisellä alueella. Tämän ymmärsi myös lentokapteeni, joka kommentoi November Oscarin oikeudenkäyntiä.

> *UA Air -lentoyhtiön kapteeni kysyi toimittajalta, mistä November Oscarin miehistöä syytettiin. Toimittaja vastasi, että matkustajien hengen vaarantamisesta. Kapteeni totesi, että "itse teen sitä joka päivä, kun lennän. Se kuuluu ilmailuun."*[525]

Eri oikeusjärjestelmät ja onnettomuustutkinta

> *Heinäkuun 25. päivänä 2000 lähti yliäänikone Concorde reittilennolle Pariisin Charles de Gaullen kentältä kohti New Yorkia. Lähtökiihdytyksen aikana koneen laskutelineen rengas osui kiitotiellä olleeseen metallinpalaseen, minkä seurauksena rengas räjähti. Suurella nopeudella singonneet kuminpalaset vaurioittivat koneen polttoainetankkia, johon tuli vuoto. Polttoaine syttyi palamaan, ja osa koneen neljästä moottorista menetti tehonsa. Concorde pysyi ilmassa vajaan minuutin, minkä jälkeen kone syöksyi kentän läheisyydessä olevaan hotelliin. Onnettomuudessa kuolivat kaikki koneessa olleet 113 henkeä sekä neljä hotellin työntekijää.*[526]

Ikoniselle yliäänikoneelle tapahtunut onnettomuus sai aikoinaan suuren huomion ja käynnisti mittavan onnettomuustutkinnan. Onnettomuudella oli kauaskantoiset seuraukset. Vaikka Concorde palasi teknisten modifikaatioiden jälkeen hetkeksi liikenteeseen, onnettomuus merkitsi yliäänimatkustamisen loppua. Lopetukseen vaikuttivat lisäksi vuoden 2001 terroristi-isku New Yorkissa, ympäristötietoisuuden lisääntyminen, yliäänimatkustamisen kysynnän hiipuminen sekä taloudelliset realiteetit. Ranska ja Britannia olivat sijoittaneet Concorde-projektiin yli 4 miljardia dollaria veronmaksajien varoja, ja toimintaa ei saatu missään vaiheessa aidosti kannattavaksi. Davies (1994) toteaakin pääministeri Churchillin sodanaikaisten hävittäjälentäjien ansioita käsitelleen puheen sanoja varioiden, etteivät "koskaan niin monet ole rahoittaneet niin harvoja".[527] Onnettomuus merkitsi ilmailuteknologisesti kunnianhimoisen, mutta taloudellisesti kannattamattoman hankkeen hautaamista.

Concorde-onnettomuus synnytti poikkeuksellisen pitkän ja monipolvisen oikeustaistelun. Itse onnettomuus oli tyyppiesimerkki monimutkaisesta tapahtumaketjusta, johon vaikutti Cusick et al. (2017) mukaan "myriadinen määrä eri tekijöitä".[528] Samanaikaisesti käynnistyi rikosoikeudellinen tutkinta. Tutkimusten alkuvaiheessa kumpikin tutkijaryhmä päätyi samaan tulokseen siitä, että onnettomuuteen johtaneen tapahtuman konkreettisena syynä oli kiitotielle joutunut ylimääräinen metallinpala. Se oli irronnut muutama minuutti aikaisemmin ilmaan nousseesta Continental Airlinesin DC-10-matkustajakoneesta ja rikkonut Concorden renkaan.

Tutkimuksissa paljastui pian, että kyseessä oli yhden moottorin suihkujarruun asennettu titaaninen korjausliuska. Työ oli tehty kuukautta aikaisemmin, mutta asennuksessa ei ollut noudatettu kaikkia huoltokäsikirjan edellyttämiä menetelmiä. Irronneen metallilistan asentanut israelilainen lentokonemekaanikko tuskin osasi aavistaa, millaisen tapahtumasarjan osaksi joutuisi.[529]

Oikeusprosessit saatiin päätökseen yli kymmenen vuoden jälkeen ja seitsemän vuotta siitä, kun viimeinen Concorde oli lentänyt. Sitä ennen lentoyhtiö oli maksanut miljoonakorvaukset onnettomuuden uhrien omaisille. Oikeusprosessi tuotti yli 80 000 sivua tutkimusmateriaalia. Ranskalainen oikeusistuin tuomitsi Continental Airlinesin sekä huoltotyön tehneen mekaanikon syyllisiksi kuolemantuottamukseen ja määräsi mittavien korvausten lisäksi mekaanikolle vankeusrangaistuksen. Vetoomustuomioistuin hylkäsi kuitenkin vuonna 2012 rikosoikeudelliset rangaistukset ja piti voimassa ainoastaan siviilioikeudellisen korvausvelvollisuuden.[530] Pitkällinen prosessi herätti monia kysymyksiä. *Flight International* -lehti piti yli kymmenen vuotta kestänyttä taistelua "kalliina ja epärelevanttina rituaalina".[531] Concorden onnettomuus on parinkymmenen vuoden jälkeenkin herättänyt keskustelua ja jälkispekulaatioita.[532]

Concorden oikeudenkäynnin taustalla vaikutti vahvasti ranskalainen oikeuskäytäntö. Ranska on ollut yksi niistä harvoista maista, jotka rutiininomaisesti käynnistävät rikostutkinnan liikenneonnettomuuksista riippumatta siitä, onko olemassa selkeää näyttöä rikollisesta aikomuksesta tai laiminlyönnistä.[533] Toisin kuin ICAO:n onnettomuustutkintaa sääntelevä Liite 13 edellyttää, ranskalaisella turvallisuustutkijalla ei tapahtuman aikoihin ollut myöskään yksinoikeutta tutkittavaan materiaaliin[534]. Rikostutkijoilla on sen sijaan ollut laajat oikeudet materiaalin tutkimiseen. Samoin paikallinen lainsäädäntö on antanut mahdollisuuden käynnistää rikostutkinnan silloinkin, kun onnettomuus on tapahtunut maan rajojen ulkopuolella, mikäli osallisena on edes yksi Ranskan kansalainen. Myös tämä periaate on johtanut pitkiin oikeusprosesseihin.[535]

Ranskan omaleimainen oikeustraditio nousee maassa perinteisesti noudatetusta niin sanotusta säädösoikeudellisesta käytännöstä (*Civil Law*). Sen juuret voidaan jäljittää varhaiseen roomalaiseen oikeuteen (*Corpus Iuris Civilis*) ja myöhemmin valistuksen ja Ranskan vallankumouksen aikaan, jolloin syntyi oikeuskäytäntöön vahvasti vaikuttanut Ranskan siviililaki (*Code Civil* eli *Code Napoleon*).[536] Säädösoikeus perustuu klassiseen vallan kolmijako-oppiin, jossa lainsäädäntövalta, tuomiovalta ja toimeenpanovalta on erotettava selkeästi toisistaan.

Säädösoikeuden keskeinen periaate on, että oikeutta jaetaan kirjoitetun ja hallintoelimien hyväksymän kodifioidun lainsäädännön pohjalta. Käytäntö nousee vanhasta roomalaisesta ja germaanisesta oikeuskäytännöstä. Säädösoikeutta onkin kutsuttu myös roomalaisgermaaniseksi oikeudeksi. Saksan sekä Pohjoismaiden oikeusjärjestelmien voidaan katsoa perustuvan säädösoikeuden periaatteille, joissa kirjoitettu laki on lähtökohta ja oikeusistuimen sitä tulkitseva rooli keskeinen.

Säädösoikeuden ranskalainen versio on ollut käytössä Ranskan lisäksi Benelux-maissa, Italiassa, Espanjassa ja Portugalissa. Yksi säädösoikeudellisen siviililain periaate on ollut, että kuolemaan johtaneissa onnettomuuksissa on käynnistettävä rikostutkinta syyllisten löytämiseksi.[537] Näissä maissa, mukaan luettuina myös Brasilia, Kreikka ja Indonesia, on havaittavissa piirre, että rikostutkinta käynnistyy automaattisesti turvallisuustutkinnan ohessa. Lisäksi rikostutkijoilla on ensisijainen hallintaoikeus onnettomuuspaikan materiaaliin ja tutkinnan kannalta keskeisiin dokumentteihin.[538]

Säädösoikeuden rinnalla toiseksi johtavaksi länsimaiseksi oikeusperiaatteeksi on muodostunut tapaoikeus (*Common Law*). Tapaoikeudessa kirjoitettujen säädösten ohella oikeuden jakamisen välineinä ovat historian kuluessa muodostuneet ennakkotapaukset. Tapaoikeuskulttuuri on siten pragmaattista. "Yhteinen laki" muodostuu tapaus tapaukselta, kun oikeusistuin tekee päätöksiään ja soveltaa niitä. Tapaoikeudellinen järjestelmä on käytössä Yhdysvalloissa ja Britanniassa sekä eräissä vanhoissa siirtomaissa. Samalla on huomattava, että kansalliset oikeusjärjestelmät muodostuvat usein eri oikeusperiaatteiden yhdistelmistä. Pohjoismainen oikeusjärjestelmä on perusolemukseltaan selkeästi säädösoikeudellinen, mutta samalla ennakkotapauksilla on ollut kasvava merkitys.

Onnettomuustutkinnan kannalta on mielenkiintoista, että tutkijoiden mukaan tapaoikeudellista kulttuuria noudattavissa maissa turvallisuustutkinnan itsenäisyys näyttää olevan selkeästi vahvempaa.[539] Hyvä esimerkki tästä on Iso-Britannia. Chicagon sopimuksen onnettomuustutkintaa koskevan Liitteen 13 hengessä EU:n lainsäädännössä on korostettu turvallisuustutkijoiden ja rikostutkijoiden yhteistyötä.[540] Britannia on kuitenkin samalla halunnut omassa muistiossaan korostaa periaatteellisen eron tärkeyttä. "Yleinen etu edellyttää, että turvallisuusnäkökohdat ovat ensiarvoisen tärkeitä, minkä seurauksena Britannian ilmailuturvallisuustutkintaelimen (AAIB) etujen on oltava etusijalla rikostutkintaan nähden."[541]

Tätä periaatetta on noudatettu johdonmukaisesti myös käytännössä. Tunnettu esimerkki on 21.12.1988 tapahtunut Pan Amin lennon 103 onnettomuus. Lontoosta Detroitiin matkalla ollut laajarunkoinen B747 tuhoutui räjähdyksenomaisesti skotlantilaisen Lockerbien kylän yllä surmaten kaikki koneessa olleet 259 henkilöä sekä 11 koneen jäännösten alle jäänyttä kyläläistä.[542] AAIB suoritti vaativan tutkinnan, joka paljasti tuhoutumisen syyksi koneen matkatavaratilaan sijoitetun pommin. Vasta onnettomuustutkinnan loppuraportin valmistumisen jälkeen aloitettiin terrorismiepäilyyn johtanut rikostutkinta.[543]

Ison-Britannian tavoin Yhdysvalloissa noudatettava tapausoikeudellinen käytäntö painottaa onnettomuus- ja turvallisuustutkinnan itsenäisyyttä. Liittotasavallan liikenteen turvallisuutta tutkiva elin (NTSB) on senaatin asettama, ja sen ensisijaisena pyrkimyksenä on mahdollisimman asiantunteva sekä puolueeton työskentely. Tätä tarkoitusta palvelee tutkintaelintä johtava neuvosto, joka koostuu eri puolueiden edustajista ja eri teknisten osa-alueiden asiantuntijoista. Neuvoston jäsenten koostumus ja valinta heijastavat toiminnan suurta itsenäisyyttä.[544]

Riippumattoman tutkinnan periaate näkyy myös NTSB:n politiikassa, jossa rajoitetaan esimerkiksi ohjaamon äänitallenteiden ja lentoarvojen julkista saatavuutta. Laki tosin sallii tietyissä tapauksissa näiden dokumenttien käytön rikosoikeudellisessa tutkinnassa. Liittovaltion poliisilla (FBI) on tällöin ensisijainen tutkintaoikeus onnettomuusmateriaaliin. Lupa materiaalin käyttöön annetaan kuitenkin vasta sen jälkeen, kun oikeusministeri on keskustellut asiasta NTSB:n puheenjohtajan kanssa ja "näyttö osoittaa melko varmasti, että onnettomuuden on voinut aiheuttaa tahallinen rikollinen teko".[545] Tällöinkin materiaalin luovuttaminen tapahtuu sen jälkeen, kun tutkintaselostus on valmistunut ja materiaalin mahdollisesta laajemmasta julkisesta levittämisestä on tehty erillinen oikeuden päätös. Paineita on kuitenkin syntynyt tutkintamateriaalin käytöstä siviilioikeudellisten riita- ja korvausasioiden yhteydessä. Oikeusasteet ovat saattaneet päätyä eri onnettomuuksien kohdalla erilaisiin lopputuloksiin.[546]

Keskeiseksi kysymykseksi onnettomuustapauksissa muodostuu, millä tavoin syy-yhteys voidaan määrittää. Perinteisessä roomalaisessa oikeudessa keskeistä on, että pystytään määrittämään toiminnan ja sen seurauksen välinen suhde ja siten osoittamaan mahdollinen syyllinen. Nykyisen kompleksisen maailman ongelma on se, että onnettomuuksissa vaikuttaa monta toisiinsa kietoutunutta toimijaa ja tekijää. Siksi on vaikeaa arvioida, mikä on kunkin tekijän yksittäinen vaikuttavuuden osuus kokonaisuudessa. Turvallisuusasiantuntijoiden mukaan syy-yhteyden käsite kaipaisikin uudenlaista määrittelyä.[547]

Lentoturvallisuudessa tämä syy-yhteysproblematiikka paljastuu erityisen selvänä. Nykyinen turvallisuuskulttuuri rakentuu sen varaan, että väistämättömiä inhimillisiä virheitä eliminoidaan monella eri suodattimella. Näitä ovat muun muassa vikasietoisuuden ja sääntelyn periaatteet sekä tekniseen varmistamiseen ja luotettavuuteen liittyvät hallintajärjestelmät. Koko turvallisuusrakenne lepää sen varassa, ettei yksittäinen virhe – olkoon tekninen tai inhimillinen – johda katastrofiin. Juridiikan alueella tätä monisyisyyden periaatetta ei ole helppo noudattaa, vaan pyrkimyksenä on löytää yksi ainoa vastuullinen tekijä. Tutkijat ovat kiinnittäneet huomiota siihen, kuinka onnettomuuksiin liittyvissä prosesseissa törmätään yhä useammin oikeudenkäytön perustavaa laatua oleviin kysymyksiin yksilön ja yhteisön suhteesta vastuisiin ja mahdollisuuksiin toimia kriisitilanteissa.[548]

Monivuorovaikutteisessa (*Complex Adaptive Systems*, CAS) toimintamaailmassa turvallisuustutkinta edellyttää entistä kattavampaa tiedonkeruuta. Samalla tutkijoiden on nöyrryttävä myöntämään, että objektiivisen todellisuuden täydellinen haltuunotto jää väistämättä haaveeksi, minkä vuoksi tutkintaryhmissä tarvitaan entistä enemmän erityisasiantuntijoita. Dekker et al. (2011) mukaan onkin eettisempää hyväksyä erilaisten näkökulmien olemassaolo. ”Tutkintatulosten moninaisuuden (*diversity*) voi nähdä tärkeänä tekijänä, jonka avulla ymmärrämme paremmin monivuorovaikutteisten (*complex*) järjestelmien joustavuutta ja toimivuutta. Moninaisuus on siten vahvuus, ei heikkous.”[549]

Erehtyväinen ihminen ja organisatoriset onnettomuudet

Lauantaiyönä 26. huhtikuuta 1986 tapahtui Ukrainan sosialistisessa neuvostotasavallassa, Prypjatin kaupungin lähellä Tšernobylin ydinvoimalaitoksessa historian tähän mennessä vakavin ydinonnettomuus. Ydinvoimalaonnettomuuksien INES (International Nuclear Event Scale) -asteikolla luokiteltuna Tšernobyl kuuluu luokkaan 7 (erittäin vakava onnettomuus). Varsinaisena syynä oli ennen reaktorin huoltoa tehtävä poikkeustilanteen testaaminen. Tarkoitus oli tutkia voimalan kykyä tuottaa sähköä jäähdytysjärjestelmälle tilanteessa, jossa varsinaisen reaktorin tehoa oli laskettu. Koe vaati hätäjärjestelmien poiskytkemistä, mikä rikkoi selkeästi turvallisuusmääräyksiä. Toimenpiteiden seurauksena reaktorin hallinta vaikeutui, ja siitä seurasi tehon nouseminen yli kymmenkertaiseksi normaalista. Lopputuloksena oli massiivinen höyryräjähdys ja voimalan suojarakenteiden tuhoutuminen. Lisäksi ydinprosessin hidasteena käytetty grafiitti syttyi palamaan, mikä edes auttoi radioaktiivisten hiukkasten leviämistä ympäristöön.

Tšernobylin onnettomuuteen johtivat erilaiset toimintakulttuuriin sidoksissa olevat tekijät. Tapahtumat on pystytty jäljittämään sekuntien tarkkuudella. Onnettomuuden kuolonuhrien määräarviot ovat vaihdelleet muutamasta kymmenestä useisiin tuhansiin. Vaikutukset koko neuvostoliittolaiseen yhteiskuntaan olivat mittavat. Onnettomuus päätti riskialttiiden grafiittihidasteisten reaktoreiden jatkorakentamisen ja loi kasvupohjaa ympäristöliikkeelle ympäri maailmaa. Tragedia on tullut tunnetuksi myös Nobel-palkitusta romaanista *Tšernobylistä nousee rukous*[550], viisiosaisesta tv-sarjasta Chernobyl [551] ja historiateoksesta *Chernobyl* (Plokhy 2018).[552]

Tšernobylin ydinonnettomuus on yksi tapausesimerkki Manchesterin yliopiston psykologian professori **James Reasonin** kirjassa *Human Error* (1990). Teos on turvallisuustutkimuksen klassikkoja ja vaikuttanut merkittävällä tavalla sekä alan terminologiaan että turvallisuusohjelmien sisältöihin.[553] Kirjoittajan mukaan Tšernobylin onnettomuuden varsinaisena syynä olivat koko toimintakulttuurin ongelmat. Kyseessä oli vaarallinen järjestelmä, jossa toimittiin normaalien olosuhteiden ulkopuolella. Lisäksi voimalan hallintojärjestelmä oli monoliittinen, hidas reagoimaan ja sen edustajat vähättelivät turvallisuuspyrkimyksiä. Laitoksen käyttäjilläkään ei ollut riittävästi ymmärrystä kokonaisuuden hallinnasta, ja he olivat käynnistäneet toimia, joissa vaaralliset virheet olivat väistämättömiä.[554]

Reason katsoo, että Tšernobylin onnettomuudesta alkoi uusi vaihe turvallisuustutkimuksessa. Onnettomuus nosti esiin tekijät, jotka koskivat teknisten järjestelmien taustalla olevia asenteita ja käyttäytymismalleja. Onnettomuuden tutkintaselostuksissa käytettiin ensimmäisen kerran sanaa turvallisuuskulttuuri kuvaamaan onnettomuuden monitahoista taustaa. Katastrofi ei johtunut vain teknisistä ongelmista tai yksittäisen ihmisen tekemistä virheistä. Tapahtuneeseen vaikuttivat syvemmät, koko toiminnan perusteisiin ja työilmapiiriin liittyvät tekijät.[555] Reason on myöhemmin korostanut, että Tšernobylin onnettomuuden taustalla oli 35 vuoden aikana kehittynyt ”hiljaisuuden salaliitto”, jossa ei kyetty jakamaan riskitietoisuutta, raportoimaan poikkeamista ja oppimaan niiden kautta.[556]

Reasonin kirjan myötä turvallisuuskulttuurin käsite tuli laajempaan käyttöön. Erityisesti kirjoittajan kehittämä onnettomuuksien ”reikäjuustomalli” (*Swiss Cheese*) on löytänyt tiensä turvallisuusalan teoksiin, koulutusohjelmiin ja onnettomuustutkintaselostuksiin. Reikäjuustoteorian mukaan onnettomuudessa on kyse tapahtumasarjasta, jota voi kuvata peräkkäin asetetuilla juustosiivuilla. Kun reikäiset juustosiivut ovat tietyissä asennoissa toisiinsa nähden, siivurivistön läpi voi nähdä. Turvallisuusajattelussa yksittäiset siivut edustavat erilaisia suojamenetelmiä, säännöksiä ja kieltoja, joilla onnettomuuksia ja tapaturmia yritetään ehkäistä. Juustosiivuissa olevat aukot edustavat puolestaan järjestelmissä ja valvonnassa olevia puutteita, riskejä tuottavia ympäristötekijöitä sekä yksittäisen henkilön tekemiä virheitä. Kun nämä juustopalasten reiät osuvat samaan linjaan, seurauksena on onnettomuus.

Reasonin reikäjuustomalli on hyvä esimerkki akateemisesta tutkimuksesta, joka tuottaa yksinkertaisen ja helposti mieleenpainuvan teorian. Kirjoittaja itse ei tosin käyttänyt mallistaan nykyistä nimeä, vaan se on tullut käyttöön vasta myöhemmin. Samalla mallin alkuperäinen idea on hieman muuttunut. Alkuperäisessä graafisessa kuvassa psykologisia ja organisatorisia tekijöitä edustavien "juustopalojen" jatkeena oli metallia muistuttavia reikälevyjä. Nämä estolevyt edustivat teknisten järjestelmien muodostamaa viimeistä syvyyssuuntaista turvallisuusjärjestelmää (*defence-in-depth*).[557] Malli korosti siten inhimillisten tekijöiden ohella teknisten suojausjärjestelmien merkitystä onnettomuuksien torjunnassa.[558] Hollnagelin (2004) mukaan nämä suojaukset voivat olla fyysisiä (seinät ja portit), funktionaalisia (portteja kontrolloivat lukot), symbolisia (säännöt ja kyltit) tai aineettomia (kulttuurin sisäänrakennetut säännöt ja normit).[559] Muun muassa Suomen atomienergialaki tukeutuu tähän syvyyssuuntaiseen malliin, jossa "turvallisuus on varmistettava peräkkäisillä ja toisistaan riippumattomilla suojauksilla".[560]

Myöhemmin Reason ei erotellut inhimillisiä ja teknisiä tekijöitä toisistaan vaan käytti onnettomuuksiin johtavista tekijöistä ilmaisuja "aktiiviset virheet" (*active failures*) ja "piilevät olosuhteet" (*latent conditions*).[561] Korostaessaan piilevien tekijöiden merkitystä hän edusti Turnerin (1978) ja Perrow'n (1984) hahmottamia malleja. Reason korostaa, että onnettomuustutkinnassa mielenkiinto on perinteisesti kohdistunut onnettomuustapahtuman "terävään päähän" eli tapahtumaketjun viimeisiin toimijoihin. Niitä ovat esimerkiksi lentäjät, lennonjohtajat tai mekaanikot. Nykyisessä onnettomuustutkinnassa kohteena ovat yhtä lailla aktiivisten virheiden taustalla olevat piilevät tekijät.

Vaikka erehtyväisyys on väistämätön osa inhimillisiä olosuhteita, nykyisin tunnustetaan, että monimutkaisten järjestelmien parissa toimivat ihmiset tekevät virheitä tai rikkovat sääntöjä syistä, joita ei voi tavoittaa yksilöpsykologisella tarkastelulla. Nämä syyt ovat piileviä olosuhteita.[562]

Kuvatessaan piileviä olosuhteita Reason tukeutuu lääketieteen maailmasta lainattuun vertauskuvaan.[563] Pysyvät patogeenit (*resident pathogen*) ovat ihmisruumiin mikrobeja, jotka aktivoituessaan johtavat erilaisiin sairauksiin. Normaalitilassa ihmisruumiin autoimmuuninen järjestelmä pystyy pitämään tuhoisat patogeenit kurissa. Mikäli riskitekijöitä on useampia, jokin vähäinenkin tapahtuma voi liipaista patogeenit aktivoitumaan.

Vastaavalla tavalla organisaatiossa voi muodostua tekijöitä, jotka luovat edulliset olosuhteet piileville onnettomuuspatogeeneille. Se johtaa puolestaan koko järjestelmän kohtalokkaaseen häiriötilaan. Tämän vuoksi turvallisuusajattelussa on jatkuvasti kiinnitettävä huomiota systeemisairauksiin eli niihin tekijöihin, jotka ennakoivat mahdollista onnettomuutta. Nykyaikaisissa monimutkaisissa järjestelmissä piileviä virheitä on entistä enemmän, ja niiden löytäminen ei välttämättä ole yksinkertaista. Kuten ihmisruumiin hoitamisessa, myös riskialttiissa organisaatioissa ennakoitavuus ja hyvän peruskunnon ylläpitäminen ovat siksi olennaisen tärkeitä.[564]

Reasonin ajattelun keskeinen anti on ollut, etteivät onnettomuudet ja vaaratilanteet johdu ensisijaisesti inhimillisistä virheistä, vaan ovat pidemmän tapahtumasarjan seuraus. Tämä Reasonin tutkimustulos on vaikuttanut myös onnettomuustutkinnan kehittymiseen. Yksilön epäonnistumiseen keskittyneestä tarkastelusta näkökulma on laajentunut selvittämään tapahtumia monisyisinä (*multicausality*) prosesseina. Ilmailuonnettomuuksien tutkinnassakaan perinteinen selitys lentäjän virheestä ei ole pitkään aikaan enää riittänyt onnettomuuksien ainoaksi selitysperusteeksi. Ohjaamomiehistö edustaa Reasonin mallin mukaan tapahtumapyramidin terävää kärkeä (*sharp end*), jonka alapuolella on erilaisten sattumusten ja toimenpiteiden laajalle levittäytyvä tylppä pää (*blunt end*).[565]

Kirjallaan Reason loi paljon käytetyn onnettomuuksien käsitteistön. Turvallisuustutkimuksessa on usein tukeuduttu hänen määritelmäänsä, kuinka inhimillisessä virheessä on kyse ”suunnitellun toiminnan tavoitteen epäonnistumisesta, ilman että jokin odottamaton tekijä olisi ollut siihen vaikuttamassa”.[566] Määritelmällään Reason halusi tehdä eron tietoisten toimintojen ja tapahtumiin vaikuttavan hyvän tai pahan ”onnen” välillä. Reason erottaa toisistaan myös erilaiset inhimillisten virheiden tyypit, kuten lipsahdukset (*slips*), hairahtumiset (*lapses*), erehdykset (*mistakes*) ja tietoiset rikkomukset (*violations*). Luokitteluun on sittemmin tukeuduttu useasti turvallisuustutkimuksessa.

Reasonin jaottelu on ollut pohjana myös Shappellin ja Wiegmanin laatimassa mallissa *Human Factors Analysis and Classification System*.[567] HFACAS-luokittelu syntyi alun perin Yhdysvaltojen merivoimien käyttöön, mistä se on levinnyt ilmailun ja avaruushallinnon turvallisuustyökaluksi. Malli kuvaa virheitä organisaation neljällä tasolla: yksittäisten toimijoiden tekemät vaaralliset virheet, ennakkoehdot virheiden syntymiselle, riittämätön valvonta sekä järjestelmään liittyvät tekijät.

HFACAS-mallin tekijät luokittelevat esimerkiksi toimijoiden virheet tahattomiin toimintoihin sekä tahallisiin sääntöjen ja ohjeiden rikkomisiin. Tahattomat toiminnot voivat olla taitopohjaisia virheitä (toimijalta jää vahingossa huomaamatta tärkeä yksityiskohta tai hänen taitonsa ovat riittämättömät), päätöksentekovirheitä (hän valitsee väärän reitin tai lentomenetelmän) tai aistivirheitä (esimerkiksi asentotajun menettäminen tai mittarilukemien väärä tulkinta). Shappellin ja Wiegmanin HFACAS-mallissa virheiden luokitus on viety vielä Reasonin teorioita yksityiskohtaisemmalle tasolle. Reasonin teorioista ja HFACAS-mallista on yhdessä muodostunut turvallisuustutkinnassa paljon käytetty työkalupakki. Reasonin turvallisuusmallien tunnettavuutta ja käytettävyyttä lisää se, että hän on kyennyt havainnollistamaan teoriaansa empiirisillä, käytännöllisillä ja myös graafisilla esimerkeillään.[568]

3.2 Oikeudenmukainen ja avoin toimintakulttuuri

Menetin äitini viime kesänä. Se oli tavallinen aurinkoinen heinäkuun päivä. Yksin asuva äitini ei ollut vastannut koko päivänä puhelimeen, mikä oli poikkeuksellista. Kun iltapäivälläkään en saanut häneen yhteyttä, lähetin sukulaiset paikalle. He vahvistivat sen, mitä olin jo ounastellut. Kaikki oli tapahtunut täysin yllättäen kenenkään sitä odottamatta. Menetys sai miettimään surun vaikutusta lentotyössä. Ja vähän muutakin. Seuraava päivä ei ollut enää entisensä. Uni ei ollut tulla, ja sanomattakin oli selvää, että työvuoro sai jäädä.[569]

Suomen liikennelentäjäliiton jäsenlehdessä ilmailun ammattilainen kertoo kokemastaan läheisen menetyksestä ja sen heijastumisesta arkityöhön. Tapauskertomuksen voi lukea monesta eri näkökulmasta. Ensiksi lentäjäkään ei voi sulkea pois omaa yksityistä elämänpiiriään, vaikka toimiikin yhteisesti sovittujen ja ennalta määrättyjen menetelmien mukaan. Toiseksi teksti välittää kuvan työntekijästä, jolla on realistinen näkemys omasta itsestään ja rajallisuudestaan. Kriisin kohdatessa hän pystyy asettumaan persoonansa ulkopuolelle arvioimaan kriittisesti työkykyään. Kolmanneksi kuvaus on kertomus työyhteisöstä, jossa on mahdollista tunnustaa alentunut toimintakyky ilman, että tarvitsee pelätä seuraamuksia.[570]

Ilmailun turvallisuuskulttuurissa huomio on viimeisinä vuosikymmeninä keskittynyt teknisten parannusten ohella inhimillisiin tekijöihin. Teknisestä kehityksestä huolimatta ohjaamoissa, matkustamoissa, lennonjohdoissa ja huolto-organisaatioissa työskentelee ihmisiä, jotka ovat perusolemukseltaan rajallisia ja haavoittuvia. Henkilöiden valinnoilla, koulutuksella ja selkeillä toimintaohjeilla tätä rajallisuutta pystytään hallitsemaan. Kuitenkin henkilökohtaiset traumat voivat muodostua kokonaisturvallisuuden kannalta vaarallisiksi, etenkin ellei niitä uskalleta työyhteisössä tunnustaa.

Syyskuun 7. päivänä 2005 lähestyi Roomaa Ryanairin reittilennolla ollut B737-kone. Myrskyrintaman vuoksi kapteeni päätti valita Ciampinon lentokentän sijasta Rooman Fiumincinon kentän. Lähestymisen aikana tuli ongelmia navigointilaitteiden virittämisessä. Samalla kapteeni menetti sijaintitietoisuutensa ja otteensa koneen hallintaan. Lähestyminen ei sujunut suunnitellulla tavalla, ja kone oli lisäksi vaarassa törmätä lentoesteisiin. Perämiehen lentokokemus oli kapteeniin verrattuna vähäinen, mutta hän kykeni ottamaan tilanteen haltuun. Lento päättyi lopulta onnellisesti varakentälle, joskin polttoainetta oli loppulähestymisessä jäljellä vain muutaman minuutin lentoa varten. Tutkimuksessa selvisi, että koneen päällikön kolmivuotias poika oli kuollut vain muutamaa päivää aikaisemmin. Kapteeni kärsi voimakkaasta jälkitraumaattisesta tilasta, mutta ei uskaltanut paljastaa rajoitettua työkykyään esimiehilleen ja työtovereilleen. Taustalla vaikutti pelko oman työpaikan menettämisestä.[571]

Lapsensa menettäneen lentäjän alentunut työkapasiteetti ei ollut ainoastaan yksilötason ongelma. Yhtä lailla sen voi nähdä toimintakulttuurin epäonnistumisena tilanteessa, jossa olisi pitänyt olla mahdollisuus henkilökohtaisen trauman hoitamiseen ilman seuraamuksien pelkoa. Kokonaisturvallisuuden kannalta on tärkeää, että työyhteisössä vallitsee ilmapiiri, jossa on mahdollisuus jakaa vaikeita asioita. 2000-luvulle tultaessa ilmailun turvallisuusajattelussa tapahtuukin selkeä painopisteen muutos. Teknisten ja inhimillisten tekijöiden ohella korostuvat tekijät, jotka koskevat koko toimintakulttuuria ja sen parantamista.

Vaikeat asiat eivät välttämättä liity henkilökohtaisiin ongelmiin tai rajoituksiin. Yhtä lailla kyseessä voivat olla työssä tapahtuneet epäonnistumiset, unohdukset, lipsahdukset tai kehittymässä olevat vaaratilanteet. ICAO:n turvallisuusjohtamisen käsikirja jakaa virheet Reasonin aikomusvirheisiin ja muistivirheisiin.[572] Edellinen voi olla esimerkiksi laskulaippojen valinta laskutelineiden sijaan, jälkimmäinen puolestaan tarkistuslistan käytön unohtaminen.

Erehdykset (*mistakes*) ovat suunnitelmien toteuttamiseen liittyviä virheitä. Lentosuunnitelma on ehkä tehty oikein, mutta sitä ei ole jostain syystä noudatettu. Rikkomukset (*violations*) ovat pääsääntöisesti tietoisia valintoja. Niitä tehdään esimerkiksi kireän aikataulun sanelemina poikkeamisina (*situational violations*) tai rutiininomaisina rikkomuksina, joihin on pikkuhiljaa ajauduttu ja joista on tullut yhtiön tapa (*routine violations*).

Järjestelmärikkomukset (*organizationally induced violations*) ovat puolestaan käytänteitä, jotka ovat laajentuneet jo toiminnan rakenteisiin. Niitä esiintyy erityisesti siellä, missä ollaan taloudellisten paineiden vuoksi valmiita tinkimään turvallisuusmääräyksistä, jolloin lipsumisista tulee vallitseva käytäntö.[573] Onpa kyse millaisista virheistä tai rikkomuksista tahansa, kokonaisturvallisuuden kannalta on olennaisen tärkeää pystyä raportoimaan niistä avoimesti ja luottamuksellisesti.

Turvallisuuskulttuuri ja yhteiset arvot

Kaupallisessa ilmailussa ja muilla korkean luotettavuuden toimialoilla turvallisuuskulttuuri on kuulunut vakiosanastoon 1980-luvulta lähtien. Edellisessä luvussa mainituilla Überlingenin ja Linaten onnettomuuksilla oli merkittävä vaikutus eurooppalaisen turvallisuuskulttuuritutkimuksen käynnistämisessä.[574] Turvallisuuskulttuurin käsite on luonnollisesti avoin monille eri tulkinnoille.

ICAO:n määritelmän mukaan kulttuuri edustaa yhteistä uskomusjärjestelmää (mikä on totta) sekä yhteisiä arvoja (mikä on tärkeää). Käytännön toimintamuodot eivät ole syntyneet tyhjästä, vaan yhteisö on kehittänyt ne ajan myötä kohdatakseen elinympäristöönsä liittyvät olemisen ja toimimisen vaatimukset.[575] Tämän kulttuurinäkemyksen keskeisenä elementtinä on yhteinen sopeutuminen. Mitä pidempään ja intensiivisemmin ihmisryhmä työskentelee yhdessä, jakaa yhteisiä kokemuksia ja malleja kriisitilanteista selviämiseksi, sitä enemmän se myös ajattelee ja toimii yhteisten päämäärien saavuttamiseksi.[576]

Toimiva turvallisuuskulttuuri perustuu siten sen varaan, mitä organisaatio syvimmältään on. Siihen kuuluvat jäsenten yhteiset näkemykset, asenteet ja arvot, joilla he ovat sitoutuneet turvallisuuteen. Samalla organisaation voidaan sanoa omistavan asioita, jotka ovat turvallisuuden kannalta keskeisiä. Näitä ovat muun muassa rakenteet, käytännöt, sääntelyjärjestelmät sekä poliittiset päätökset turvallisuuden edistämiseksi.[577] Käytännössä jälkimmäisten muuttaminen on helpompaa kuin edellisten.

Uskomukset ja arvot edustavat yhteisöjen toiminnan syvintä olemusta, ja siksi niihin vaikuttaminen ilman yhteisön identiteetin muuttamista on vaikeaa. Ilmailussa ja sen turvallisuuskulttuurissa tällaisella yhteisöllisyydellä ja yhteisellä arvopohjalla on aina ollut tärkeä merkitys.[578]

Turvallisuuskulttuuri on parhaimmillaan eleetöntä ja tehokasta toimimista yhteisen hyvän eteen. Turvallisuuteen tähtäävät toimet on sisäistetty, ja niistä on tullut osa tapakulttuuria ja asioiden automaattista toistamista. Käyttäytymismallit voi nähdä jopa rituaalina: asiat tehdään sovitun mukaisesti, mutta ei vain ulkokohtaisena asioiden toistamisena, vaan automaattisesti ehdollistettuna toimintana. Yksilötasolla kysymys vertautuu siihen, miten autoilija valmistautuu lähtiessään liikenteeseen. Turvatyön kiinnittämisen tulisi olla yhtä luonnollista kuin auton käynnistäminen. Ritualistiset käytännöt toimivat parhaimmillaan myös meditatiivisina pysähdyshetkinä. Turvavyötä virittäessään autoilija voi vielä hetkeksi rauhoittua ja käydä mielikuvissaan läpi, onko kaikki valmista lähtöä varten. Samoin tekee lentäjä lukiessaan tarkistuslistaa.

Karl E. Weickin (1987) mukaan turvallisuus ja luotettavuus ovat ”dynaamista tapahtumattomuutta” (*dynamic non-event*).[579] Ilmaisullaan hän tarkoittaa, että korkean luotettavuuden organisaatioissa turvallisuus on institutionalisoitunut ja siitä on tullut olemukseltaan huomaamatonta. Kaikki jatkuu pääsääntöisesti ennallaan ilman suuria poikkeamia. Tämä piirre vaikeuttaa samalla turvallisuuden tutkimusta. Turvallista tapahtumattomuutta on vaikeampi mitata kuin poikkeamia ja onnettomuuksia. Reason et al. (1998) huomauttavatkin, että turvallisuutta on mitattu ja määritelty enemmän sen poissaolosta kuin läsnäolosta käsin.[580]

Dynaamisen tapahtumattomuuden kielteisenä puolena on lisäksi vähitellen kasvava tottumus siihen, että luotettavuutta pidetään itsestään selvänä eikä sitä osata arvostaa. Oster et al. (2013) mukaan, ”kun onnettomuuksia tapahtuu, meillä on mitattavaa näyttöä, että asiat eivät ole menneet turvallisesti. Mutta kun kaikki jatkuu entiseen malliin, emme tiedä, olivatko kyseessä hyvin toimivat turvallisuusrakenteet vai ainoastaan hyvä onni".[581] Turvallisuuden edistäjille ja vaalijoille tämä muodostaa jatkuvan haasteen. He joutuvat taistelemaan vastaan yleistä mielikuvaa, jonka mukaan luotettavuus ja turvallisuus ovat saavutettavissa helpommin kuin tilanne todellisuudessa on.[582]

Reason (1998) on määritellyt ideaalin turvallisuuskulttuurin moottoriksi, jonka avulla järjestelmä pyrkii "kohti maksimaalista kykyä vastustaa toiminnallisia vaaroja riippumatta johtajien persoonista tai vallitsevista kaupallisista paineista".[583] Määritelmässä on keskeistä turvallisuuskulttuurin varmuus ja jatkuvuus. Taustalle on luotu rakenteita, jotka varmistavat turvallisen toiminnan jatkumisen silloinkin, kun ihmiset ja heidän mieltymyksensä vaihtelevat. Pyrkiessään jatkuvuuden ylläpitämiseen turvallisuuskulttuuri on olemukseltaan myös konservatiivista: muutoksia tehdään, mutta vasta harkinnan jälkeen. Periaate muistuttaa 2000-luvulla erityisesti luonnonsuojelussa ja lääketeollisuudessa sovellettua niin sanottua varovaisuusperiaatetta (*precautionary principle*). Sen mukaan korkean teknologian innovaatioita ei pidä ottaa käyttöön, elleivät perusteelliset tieteelliset näytöt niiden turvallisuudesta ole riittäviä.[584]

Ilmailussa laadulliset hyväksymisprosessit (*certification*) ovat vaativia ja kalliita.[585] Siksi uutta tekniikkaa otetaan käyttöön varovaisesti ja jatkuvaa koulutusta edellyttäen. Olemassa olevan tekniikan kohdalla parannuksia tehdään käyttökokemusten kasvaessa ja poikkeamamateriaalien kertyessä. Kun kehitystyötä on tehty ja se on saanut hyväksynnän, operaattoreilta edellytetään, että korjaukset otetaan myös käyttöön. Tämä toteutuu muun muassa jakamalla maailmanlaajuisesti laitteisiin liittyviä ja viranomaisten valvomia huoltomääräyksiä (*bulletins*).

Reason (1998) myöntää, että turvallisuuskulttuurin ideaalit ovat vaikeasti saavutettavissa, mutta niitä kohti pitää kulkea. Tämä merkitsee terveen epäluulon ylläpitämistä ja samalla liiallisen sinisilmäisyyden sekä uhkarohkeuden välttämistä. On kiinnitettävä väsymättä huomiota tekijöihin, jotka uhkaavat "ottaa haltuun, kytkeä pois päältä tai ohittaa systeemin turvatekijät. Lyhyesti sanottuna, tämä merkitsee sitä, ettei pidä unohtaa pelätä."[586] Reasonin mukaan muun muassa Tšernobylin ydinonnettomuuden yhtenä merkittävä tekijänä oli yhteisön vääristynyt turvallisuuden tunne. "Ei voida sanoa, että he olisivat unohtaneet pelätä. Todellisuus oli paljon pahempi: he eivät olleet koskaan oppineet pelkäämään."[587]

Just Culture – uusi turvallisuuskulttuurimalli

Kaupallisen ilmailun kannalta merkittäväksi muodostui James Reasonin hahmottelema turvallisuuskulttuurimalli, joka oli jatkoa hänen aikaisemmalle tutkimustyölleen. Reasonin tunnetusta reikäjuustomallista muodostui 1990-luvulla paljon käytetty teoria, jota on sen jälkeen käytetty lukuisissa erilaisissa turvallisuuskoulutuksen ohjelmissa.[588] Manchesterin yliopiston psykologian professorina toimiva Reason syvensi malliaan edelleen ja keskittyi 1990-luvun lopussa erityisesti organisaatio-onnettomuuksien tutkintaan. Tutkimustyön tuloksena kehittyi malli, joka otettiin käyttöön 2000-luvun alussa ilmailun turvallisuuskulttuurin koulutuksessa ja kehittämisessä.[589]

Reason määrittelee toimivan turvallisuuskulttuurin viidestä eri tekijästä käsin. Ensinnäkin turvallisuus edellyttää riittävää ja oikeanlaista tiedonsaantia. Ilmailussa tämä merkitsee normaalitoimintojen lisäksi poikkeamatietojen sekä vaara- ja onnettomuustietojen systemaattista kokoamista ja analysointia. Kyse on siten tietokeskeisestä kulttuurista (*informed culture*). Toiseksi turvallisuuskehitys edellyttää eri toimijoiden halukkuutta jakaa auliisti tietoa ja sellaisen ilmapiirin luomista, jossa tähän jakamiseen rohkaistaan. Tätä piirrettä voidaan kutsua raportoivaksi kulttuuriksi (*reporting culture*).

Korkean luotettavuuden organisaatioissa toimintakulttuurin tulee kyetä kriisitilanteissa mukautumaan nopeasti muuttuviin olosuhteisiin. Tämä edellyttää hätätilanteissa siirtymistä perinteisistä hierarkkisista rakenteista "laajapohjaisempaan ammatilliseen toimintamalliin" ja kriisin mentyä ohitse palaamista takaisin perinteiseen hallintorakenteeseen. Akuutissa kriisissä terävän pään toimijoiden asiantuntijuudella on ratkaisevan tärkeä merkitys ja heille on pystyttävä antamaan riittävästi vastuuta ja itsenäistä toimintavaltaa. Organisaation kriisivalmius edellyttää sekä vahvoja rakenteita että samanaikaisesti kykyä tarvittaessa irrottautua niistä. Kyse on joustavasta kulttuurista (*flexible culture*). Joustavuuden rinnalla kulttuurin on kyettävä myös uudistumaan ja oppimaan virheistään (*learning culture*).[590]

Näistä turvallisuuskulttuurin keskeisistä rakennusosista Reason käyttää käsitettä *Just Culture*. Sanapari voidaan suomentaa oikeudenmukaiseksi toimintaympäristöksi.[591] Käsitteen rinnalla on käytetty myös ilmaisua myönteinen turvallisuuskulttuuri (*positive safety culture*).[592] Reasonin oman määritelmän mukaan Just Culturen toteutumisen kannalta olennaista on juuri toimintaympäristössä vallitseva ilmapiiri ja yhteinen motivaatio toimia turvallisuuden edistämiseksi.

> *Tarvitsemme oikeudenmukaista toimintaympäristöä (Just Culture) eli luottamuksen ilmapiiriä, jossa ihmisiä rohkaistaan ja jopa palkitaan, tarjoamaan olennaisen tärkeää turvallisuustietoa. Samalla he ovat syvästi tietoisia hyväksyttävän ja ei-hyväksyttävän toiminnan rajoista.*[593]

Just Culture -periaatteiden toteutumisessa on olennaista pystyä erottamaan tahattomat virheet ja epäonnistumiset tietoisista laiminlyönneistä tai törkeästä huolimattomuudesta. Jo ennen Reasonin esittämää mallia oli hahmoteltu ilmailuun ei-syyllistävää ja ei-rankaisevaa turvallisuusmallia (*no-blame culture*). Idealistisena lähtökohtana oli, että rankaisevuudesta päästäisiin kokonaan eroon. Malli soti kuitenkin luonnollista oikeustajua vastaan. Vaikka ilmailussa tahallisten ja tuottamuksellisten rikkomusten ja tietoisten laiminlyöntien määrä on vähäinen, niitäkin tapahtuu. Ei ole oikein katsoa niitä läpi sormien. Siksi Just Culture -mallissa korostetaan tarvetta tehdä selkeä ero hyväksytyn ja ei-hyväksytyn toiminnan välillä. Kysymys rangaistavuudesta onkin virittänyt keskustelua turvallisuusteoreetikkojen parissa.[594]

Ei-syyttävän kulttuurimallin taustalla vaikutti myös 1990-luvulla vahvistunut organisaatiopainotteinen turvallisuusajattelu. Onnettomuustapauksissa on tällöin katsottu, että järjestelmä on viime kädessä vastuussa tapahtuneesta. Tämä on aiheuttanut keskustelua siitä, olisiko turvallisuusajattelussa korostettava nykyistä enemmän yksilön merkitystä ja vastuuta.[595] Aihe on herättänyt keskustelua erityisesti sairaalamaailmassa. Esimerkiksi Yhdysvalloissa tehtiin vuonna 2007 noin 4 000 kirurgista operaatiota, joissa lääkärit erehtyivät leikkaamaan potilaan väärää jäsentä.[596] Näkökulman mukaan ongelma on nähty joko rakenteellisena tai yksilötasoisena – tai kumpanakin.[597] Reasonin mukaan Just Culturen toteutumisessa ensiarvoisen tärkeää on erottaa toisistaan tahallinen ja tahaton toiminta sekä niiden vaikutus virheiden syntymiseen. Yhtenä ratkaisuna hän esittää tapahtuneen selvittämiseen Neil Johnsonin kehittämää koeluontoista testiä (*substitution test*).[598] Siinä kyseisen teon tehnyt henkilö korvataan vastaavat valmiudet omaavalla henkilöllä ja asetetaan hänet samaan tilanteeseen samoissa olosuhteissa. Sen jälkeen kysytään, olisiko henkilö toiminut vastaavassa tilanteessa samoin. Jos asianmukainen koehenkilö katsoo, että hän olisi vastaavilla tiedoilla ja valmiuksilla toiminut samoin, tuomion kohdistaminen alkuperäiseen toimijaan on kohtuutonta.

Juridisesti Just Culture luo kuitenkin tiettyjä ongelmia. Voidaan ajatella, että siinä sivuutetaan länsimaisessa oikeuskäytännössä tunnettu niin sanottu itsekriminointisuoja eli myötävaikuttamattomuusperiaate.[599] Sen mukaan ketään ei voida pakottaa todistamaan itseään vastaan ja syytetyllä on siten oikeus myös vaieta. Laki on muotoutunut Britanniassa 1600-luvulla, ja siitä on tullut yleinen länsimainen oikeuskäytäntö. Siksi poikkeamailmoitusten tekemisessä on varmistettava, ettei tätä itsekriminointisuojaa rikota. Työntekijän on oltava varma, ettei tietoja käytetä häntä itseään vastaan. Tämä periaate on luettavissa myös EU-lainsäädännöstä.

> *Kokemus osoittaa, että kun poikkeamia analysoidaan saatujen kokemusten perusteella onnettomuuden jälkeen, analyysi johtaa sellaisten riskien ja puutteiden tunnistamiseen, joita ei olisi muutoin kenties tunnistettu. Arviointiin, käsittelyyn tai analysointiin osallistuvat henkilöt voivat näin ollen pelätä mahdollisia tuomioistuinkäsittelyyn liittyviä seurauksia.*[600]

Keskeiseksi kysymykseksi muodostuu, millä tavoin syy-yhteys voidaan määrittää. Ongelmana nykyisessä kompleksisissa maailmassa on, että onnettomuuksissa vaikuttaa monta toisiinsa kietoutunutta toimijaa ja tekijää. Siksi on vaikeaa arvioida, mikä on kunkin tekijän yksittäinen vaikuttavuuden osuus kokonaisuudessa. Lentoturvallisuudessa tämä syy-yhteysproblematiikka paljastuu erityisen selvänä. Koko turvallisuusrakenne lepää sen varassa, ettei yksittäinen virhe – olkoon tekninen tai inhimillinen – johda katastrofiin. Syy-yhteyden käsite kaipaakin monimutkaisissa teknologisissa järjestelmissä entistä tarkempaa määrittelyä.[601] Shappel et al. (1999) toteavatkin tehtävän vaikeuden.

> *Ilmailuonnettomuuksien selittäminen pelkästään lentäjien virheinä edustaa yksinkertaista, ellei peräti naiivia ajattelumallia. Kokemus on osoittanut, että onnettomuudet eivät useimmiten johdu vain yhdestä syystä tai useimmissa tapauksissa yhdestä henkilöstä. Ensisijaisen syyn selvittäminen on siksi monin tavoin ongelmallista. Sen sijaan on hyväksyttävä, että ilmailuonnettomuudet ovat monien yksittäisten syiden seuraus.*[602]

Just Culture -mallista on muodostunut 2000-luvulla ilmailuturvallisuuden keskeinen kehitystyökalu, johon keskeiset ilmailuorganisaatiot ovat sitoutuneet.[603] Malli on luonut perustan systeemiselle turvallisuusajattelulle, jolle on ominaista yksilöiden syyttämisen sijasta turvallisuuden syvärakenteiden vahvistaminen. Mallin tulee olla myös pohjana yhä vahvemmin tekoälyn varaan rakennetuissa ilmailun ohjausjärjestelmissä.[604] Euroopan ilmaliikennettä johtavan Eurocontrollin ohjausmateriaali toteaakin, että "Just Culture ei ole vain mukava vaihtoehto, vaan ainoa tie eteenpäin".[605]

Raportoinnin avoimuus

> *Minun piti tehdä rakenteellinen korjaus, josta itselläni ei ollut aikaisempaa kokemusta. Lisäksi korjattava kohta sijaitsi paikassa, jossa en ollut aikaisemmin työskennellyt. Suoritin korjaukset ja kysyin työnjohtajalta, näyttikö työ oikein tehdyltä. Hän hyväksyi korjaukset. Jatkoin työtä poraamalla asennus-*

reikiä. Mittasin reikien sijainnin, ja tein suunnitellut asennukset loppuun. Kun seuraavan päivänä tulin töihin, huomasinkin vahingossa poranneeni liian syvälle ja vaurioittaneeni rakenteita.[606]

Oheinen tapauskertomus on lainattu vapaaehtoisesta ja luottamuksellisesta raportointitietokannasta ja kuvaa lentokonemekaanikon tekemää turvallisuusilmoitusta. Raportointi edustaa Just Culturen toimintamallia ja henkeä. Kysymyksessä oli mitä ilmeisimmin verrattain pieni virhe, joka olisi helposti jäänyt huomaamatta ja jonka työtä johtanut esimies olisi todennäköisesti kuitannut asianmukaisesti tehdyksi. Työntekijän ammatillinen eetos ja luottamuksen ilmapiiri motivoivat kuitenkin häntä kertomaan virheestään. Hän halusi saattaa tapahtuneen raportointijärjestelmän kautta ilmailuyhteisön tietoon, jotta vastaavilta virheiltä säästyttäisiin.

Just Culture -mallin keskeinen ajatus on, että monimutkaisessa teknologisessa ympäristössä tapahtuvat onnettomuudet eivät johdu vain yhdestä yksittäisestä tekijästä. Taustalla vaikuttavat monet piilevät ja Perrow'n käsitteitä lainaten tiiviisti toisiinsa sidotut tekijät. Näiden piilevien tekijöiden löytämiseksi on tärkeää kerätä tietoa normaalissa toiminnassa esiin tulleista poikkeamista, lipsahduksista, vahingoista ja läheltä piti -tilanteista (*occurrences, slips, mishaps, incidents*).[607] Jotta tällainen raportointi ja tarpeellisen tiedon kerääminen onnistuisi, on olennaisen tärkeä suojata raportoijaa kurinpidollisilta toimilta. Vallitsevan toimintakulttuurin tulisi siksi olla sellainen, ettei vapaaehtoisesti jaettu tieto automaattisesti johtaisi oikeudellisiin toimiin. Useat rikkomuksetkin johtuvat Eurocontrollin (2006b) mukaan "enemmän miellyttämisen paineesta kuin tahallisuudesta".[608] Reason (1998) korostaa, kuinka "lähes kaikki virheet ovat tahattomia, kun sen sijaan rikkomukset ovat useimmiten tietoisia poikkeamisia sovituista vakiotoimintamenetelmistä".[609]

Just Culture -malli kehittyi ilmailun piirissä, ja se on heijastunut myös alan lainsäädäntöön. Erityisen selvästi se näkyy poikkeamailmoitusten tekemisessä. Poikkeamilla tarkoitetaan laaja-alaisesti vaaratilanteita, toiminnan keskeytyksiä, vikoja, virheitä ja muita poikkeuksellisia tilanteita, jotka ilmailulain mukaan "vaarantavat, tai jos niihin ei puututa, vaarantaisivat ilma-aluksen taikka siinä olevien henkilöiden tai kenen tahansa muun henkilön turvallisuuden".[610] Lain mukaan nämä ilmoitukset ovat pakollisia. Samalla kuitenkin niiden antajaa ja asiaa halutaan suojella, jos "tiedon antaminen siitä vaarantaisi tietojen saannin tulevaisuudessa".[611] Myös Suomen ilmailun turvallisuusohjelmassa (2020) tukeudutaan vahvasti Just Culture -malliin ja korostetaan, että "myöskään toiminnanharjoittajat eivät saa kohdella syrjivästi työntekijää, joka tekee ilmoituksen tiedossaan mahdollisesti olevasta vaaratilanteesta".[612]

Viranomainen ei myöskään saa ryhtyä oikeudellisiin toimenpiteisiin "suunnittelemattoman tai tahattoman rikkomuksen johdosta, joka tulee viranomaisen tietoon ainoastaan siksi, että siitä on tehty ilmoitus". Tämä ei kuitenkaan koske ilmoitusta törkeänä huolimattomuutena pidettävästä velvollisuuksien laiminlyömisestä tai rikoslaissa rangaistavaksi säädetystä menettelystä.[613]

Avoin raportointi on olennainen osa Just Culture -mallin toteutumista. Tarkoitusta varten on laadittu erilaisia ennakoivia turvallisuusjärjestelmiä, jotka rakentuvat joko vapaaehtoiselle tai pakolliselle raportoinnille. Taustalla on ilmailun turvallisuusajattelussa tapahtunut suuri muutos. Pitkään keskeisenä turvallisuuden kehittämisen materiaalina olivat tapahtuneiden onnettomuuksien tutkintaselostukset. Onnettomuuksien määrän jatkuvasti laskiessa tätä menneisyyteen painottuvaa materiaalia (*reactive safety*) on kuitenkin ollut entistä vähemmän käytettävissä. Samalla sen tilastollinen edustavuus on heikentynyt. Painopiste onkin siirtynyt normaalitoimintaan (*active safety*) ja sen ennakoivaan tarkkailuun (*proactive safety*). On huomattava, että normaalitoimintaan kuuluvat myös väistämättä tapahtuvat virheet. Näin on saatu materiaalia, jolla pystytään entistä paremmin ennustamaan mahdollisia kehittymässä olevia uhkatekijöitä (*predictive safety*).[614] Tämä näkökulman muutos on merkittävä, ja sen pohjalta ICAO on tarkentanut turvallisuusraportoinnin periaatteita.[615]

Ennakoivaan toimintaan tähtäävä kulttuurimuutos on näkynyt selvästi uusien raportointijärjestelmien syntymisenä. Lentotietojen ja ohjaamokeskustelujen tallentimet ovat olleet pakollisia jo 1970-luvulta alkaen. Niiden käyttö on kuitenkin rajoittunut jälkikäteen tehtävien onnettomuus- ja vakavien vaaratilanteiden analyysiin. Mustien laatikoiden rinnalle ovat tulleet pakollisiksi yksityiskohtaisia tietoa tallentavat ja jatkuvasti purettavat lentoarvotallentimet. ICAO edellyttää, että vähintään noin 27 tonnia painavat liikennekoneet on varustettava moderneilla digitaalisilla lentoarvomuisteilla (*Operational Flight Data Monitoring*, OFDM).[616] Näiden pakollisten datakeruujärjestelmien rinnalle on syntynyt vapaaehtoisia turvallisuusraportointiohjelmia.

Vapaaehtoisten raportointiohjelmien synnyttämisessä Yhdysvallat on ollut edelläkävijä. Perinteisesti yhdysvaltalaisessa tiedonvälityksessä on korostettu vapaan tiedonvälityksen ihannetta, joka nousee jo perustuslain yhteyteen liitetystä ”ensimmäisestä lisäyksestä” (*first amendment*). Lisäyksellä korostettiin lehdistönvapautta ja mahdollisimman vapaata tiedonvälitystä. Samoin oikeudenkäytössä noudatettu tapaoikeuden periaate (*Common Law*) on välillisesti motivoinut avoimeen raportointikulttuuriin.

Ennakoivat tiedonkeruujärjestelmät

> *Lumisateisena joulukuun ensimmäisenä päivänä vuonna 1974 TWA:n Boeing 727 lähestyi Washingtonin Dullesin lentokenttää. Huonon sään vuoksi lennon 514 määräkenttä oli jouduttu vaihtamaan. Noin 60 kilometrin päässä kohteestaan kone aloitti lähestymisensä. Miehistö tulkitsi väärin lennonjohdon ohjeita sekä lähestymiskarttoja, jonka tuloksena kone aloitti loppulähestymisen liian aikaisin ja törmäsi vuorenhuippuun. Kaikki koneessa olleet 92 henkeä saivat surmansa. Onnettomuustutkinnassa paljastui, että vastaavassa paikassa oli tapahtunut vain kuusi viikkoa aikaisemmin vastaavanlainen erehdys. Miehistö oli kuitenkin huomannut virheensä ja paremmissa sääolosuhteissa pystynyt korjaamaan lähestymistään sekä välttämään siten onnettomuuden.*[617]

TWA:n lennon 514 tutkintaselostus kiinnitti huomion aikaisemmin tapahtuneeseen vaaratilanteeseen. Tuolloin miehistö oli täyttänyt anonyymin vaarailmoituksen ja raportoinut lentoyhtiön turvallisuudesta vastaaville omasta tulkintavirheestään. Raportti oli kuitenkin jäänyt odottamaan jatkokäsittelyä. Onnettomuustutkijat pitivät epäonnisena sattumana, etteivät vaaratilanneraportin tiedot johtaneet "laajaan jakeluun ja välittömään tutkintaan, joiden kautta raportoidut tiedot olisivat välittyneet yhtiön lentäville miehistöille".[618]

TWA 514 -onnettomuus vaikutti vahvasti ilmailun turvallisuusraportoinnin kehittämiseen.[619] Kehittämisen motivaatiota lisäsi 1980-luvulla alkanut CRM-koulutus, jossa eritaustaiset työntekijät rohkaistuivat jakamaan kokemuksiaan ja raportoimaan myös epäonnistumisistaan. Ensimmäisiä lentoturvallisuuden raportointiohjelmia oli Yhdysvalloissa laadittu ilmaliikenneturvallisuuden palautejärjestelmä ASRS (*Aviation Safety Reporting System*). Järjestelmän valmisteluun ja käyttöönottoon kului kuitenkin lähes 20 vuotta TWA:n onnettomuudesta. ASRS-ohjelman rahoitus on tullut liittovaltion ilmailuviranomaiselta (FAA), mutta toiminnallisesti se on kuitenkin valtiosta itsenäinen. Tulosten analyysissä on tukeuduttu NASAn asiantuntemukseen ja tutkijaresursseihin.[620] Alkuperäinen toimintaperiaate on rakentunut keskitetyn hallinnon perustalle, jossa keskeisenä analyysipaikkana on ollut NASAn tutkimuskeskus Kaliforniassa.

ASRS-järjestelmä on rohkaissut antamaan välittömästi palautetta poikkeamista, riskitekijöistä ja virheistä. Samalla ohjelma pyrkii luomaan ilmapiiriä, jossa virheiden tunnustamista ei tarvitse pelätä, siihen jopa motivoidaan. Raportointi on täysin vapaaehtoista, ja ohjelma häivyttää automaattisesti tiedot, joilla lähettäjä voitaisiin identifioida. Lentävän henkilökunnan lisäksi ohjelmassa ovat mukana myös lennonjohtajat, mekaanikot, asematasotyöntekijät sekä monet muut ilmaliikenteen palveluksessa olevat työntekijät. Raportoinnin ideana on koota materiaalia myös mahdollisista ja vähäisistä vaaratilanteista, jotka on onnistuttu välttämään.

> *Sen sijaan, että olisin keskittynyt varsinaiseen vastuuseeni ohjata konetta, keskityin syöttämään tietoja monimutkaiseen lennonohjausjärjestelmään.*[621]

Lyhyt kuvaus on lainaus ASRS-raportista, jossa lentäjä kuvaa syntynyttä vaaratilannetta ja siihen johtaneita syitä. Hän halusi saattaa kokemuksensa työtovereidensa tietoon. Raportointi onkin toiminut parhaiten ohjaamomiehistöjen kohdalla sekä yleisilmailussa. Sen sijaan matkustamohenkilökunta ei ottanut aluksi järjestelmää omakseen. Ilmoituskaavakkeiden tekniset termit olivat vieraita, eivätkä työntekijät välttämättä edes tunteneet raportointikanavaa. Kuvaavaa on, että vuonna 1993 yli 90 prosenttia matkustamomiehistöstä ei ollut edes kuullut ASRS-palvelusta.[622] Raportointimahdollisuudet kehittyivät kuitenkin sähköisen viestinnän myötä, ja vuoteen 2017 mennessä järjestelmän kautta oli vastaanotettu yli miljoona raporttia.[623] Näin koottu turvallisuusmateriaali on analyysin jälkeen tallennettu tietokantaan ja välitetty julkaisuiden kautta operaattoreille, lentokoneiden valmistajille ja viranomaisille.[624]

American Airlines (AA) lentoyhtiö käynnisti vuonna 1994 ennakoivaan raportointiin keskittyvän turvallisuusohjelman ASAP (*Aviation Safety Action Program*). Järjestelmä osoittautui pian toimivaksi. FAAn kautta saatua palautetta analysoi lentoyhtiöiden, työntekijöiden ja viranomaisten muodostama arviointiryhmä (*Event Review Committee*, ERC). Työryhmän tehtävänä on ollut esittää konkreettisia suunnitelmia ja ehdotuksia virheiden välttämiseksi.[625] ASAP:n käytöstä saadut kokemukset osoittivat, että toimittaessa korkealla olevalla turvallisuustasolla ennakoivien ja ohjaavien mittareiden (*leading indicators*) merkitys on yhä tärkeämpi. Toimivan raportointijärjestelmän kautta välittyy siten poikkeamatietoa, joka sisältää sekä reaktiivista että proaktiivista tietoa. Varsinkin proaktiivisen raportoinnin merkitys on kompleksisessa toimintaympäristössä jatkuvasti kasvanut.[626]

Hyvistä tuloksista huolimatta raportointijärjestelmät ovat herättäneet myös arvostelua. Suurimmat arvostelut ja pelot ovat kohdistuneet siihen, että työnantajat ja viranomaiset voisivat käyttää luottamuksellisia tietoja työntekijöitään vastaan ja käynnistää rankaisutoimenpiteitä. Jottei näin kävisi, FAA julkaisi vuonna 2001 yleiset ohjeet, joilla pyrittiin varmistamaan vapaaehtoisesti tuotetun turvallisuusaineiston puolueeton käsittely.[627] Käytäntö on osoittanut, että luottamuksellisuus on avaintekijä merkittävän turvallisuustiedon hankkimisessa. Sen varaan rakentunut ASAP on saanut laajan hyväksynnän ja arvioitu toimivimmaksi raportointijärjestelmäksi.

Anonymiteetti sisältää luonnollisesti ongelmia. Ne koskevat etenkin pienempiä yhtiöitä, joissa raportoijan henkilöllisyyden jäljittäminen on helpompaa kuin satojen työntekijöiden suurissa yhtiöissä.[628]

Just Culturen myötä raportointimenetelmien tarve on edelleen kasvanut. Yhdysvalloissa on synnytetty kymmeniä erilaisia ohjelmia, jotka liittyvät muun muassa lentokoneiden teknisiin järjestelmiin (ACAS), ilmaliikennepalveluihin (ATSAP), lento-operaatioiden laadunvalvontaan (FOQA), sääpalveluihin (METAR) tai liikennevirtojen tutkimiseen (TFMS). Massiivisen ja jatkuvasti kasvavan tietomäärän analyysistä on samalla tullut yhä vaativampaa. Materiaalin tarkoituksenmukaista hallintaa varten on kehitetty erityinen analyysiohjelma ASIAS (*Aviation Safety Information Analysis and Sharing*).[629]

Verkkopohjainen portaali on tehnyt mahdolliseksi turvallisuustietojen entistä helpomman vastaanottamisen ja jakamisen. Vuonna 2017 järjestelmän kautta pelkästään Yhdysvaltojen ilmatilassa vastaanotettiin noin 200 000 lentäjien ja 100 000 lennonjohtajien vapaaehtoista poikkeama- tai vaarailmoitusta. Tulevaisuudessa lentotoimintaan liittyvän suuren datamäärän hallinta ja analyysi tulevat olemaan yhä keskeisempiä turvallisuustekijöitä.[630]

Eurooppa on ollut Just Culturen edistämisessä ja raportoinnissa edelläkävijä.[631] EU:n poikkeama-asetus on globaalistikin ajateltuna erittäin edistyksellinen, ja sitä käytetään mallina myös EU:n ulkopuolella.[632] Traficomin johtavan asiantuntijan Heli Koivun mukaan Suomessa vapaaehtoisella raportointijärjestelmällä onkin ollut vain vähän käyttöä. EU:n poikkeama-asetuksen velvoitteet ovat varsin kattavia pakolliselle raportoinnille, ja ihmiset ovat tottuneet raportoimaan kattavasti tämän järjestelmän kautta.[633] EU:n poikkeamatietokanta (ECCAIRS) sisältää suuren määrän dataa. Samoin EU:ssa on meneillään niin sanottu big datan käyttöön perustuva D4S-hanke (*Data for Safety*), jossa tavoitteena on hyödyntää erityyppisen datan (esimerkiksi FDM, poikkeama- ja säätiedot) kautta saatavaa tietoa.

Järjestelmällinen turvallisuushallinta

Siviili-ilmailuteollisuutta voidaan kuvata monimutkaiseksi, päällekkäisten sosioteknisten tekijöiden järjestelmäksi, jo-

ka toimii erittäin kilpailupainotteisessa yritysympäristössä ja jossa turvallisuus on ensisijainen, muttei suinkaan ainoa tavoite. [634]

Lofquist (2010)

Ilmailun turvallisuusajattelun historiassa on erotettavissa kolme selkeää ajanjaksoa, jolloin tietyt asiakokonaisuudet ovat olleet korostetusti esillä. Tekninen aikakausi ulottui ilmailun alkuajoista aina 1960-luvun loppuun. Tuolloin lentotekniikan nopea kehitys mahdollisti matkustajamäärien mittavan kasvun. Turvallisuustutkijoiden mielenkiinto kohdistui erityisesti teknisiin yksityiskohtiin ja niiden parantamiseen.

1970-luvun alusta aina 1990-luvun puoleen väliin asti inhimilliset tekijät tulivat yhä vahvemmin esille sekä onnettomuustutkinnassa että koulutuksessa. Päähuomio keskittyi aluksi yksittäiseen toimijaan ja myöhemmin yhä enemmän yhteistyöhön ja kommunikaatiokysymyksiin. 1990-luvun lopulla havahduttiin kuitenkin siihen, että yksilöt työskentelevät aina monimutkaisessa toimintaympäristössä, jossa yhteisön ja organisaation merkitys on suuri. Onnettomuustutkijoidenkin mielenkiinto suuntautui teknisten ja inhimillisten tekijöiden lisäksi yhä vahvemmin järjestelmäriskeihin.[635]

Järjestelmän merkitystä korostavaa turvallisuusjohtamista voidaan pitää kolmantena kehitysvaiheena. 1990-luvulla yleistyi näkemys, että onnettomuudet eivät johdu ainoastaan teknisistä vioista tai ihmisten tekemistä virheistä. Sen sijaan, että korostettaisiin yksittäisten komponenttien merkitystä, huomio kiinnittyy entistä enemmän koko systeemin toimivuuteen. Samalla suhde virheisiin ja erehdyksiin muuttui: epäonnistumiset ovat väistämättömiä ja kuuluvat olennaisena osana inhimilliseen toimintaan ja järjestelmiin. ICAO:n asiakirjassa (2013) todetaan, kuinka "hyvin koulutetut ja oikeat asenteet omaavat ihmiset tekevät virheitä huoltaessaan, käyttäessään tai johtaessaan hyvin varustettuja laitteita".[636] Organisaation on tunnustettava tämä tosiasia ja kyettävä hallitsemaan tätä perustavaa laatua olevaa heikkoutta. Kysymys on siten uhkien tunnistamisesta, riskien arvioinnista ja niiden hallinnasta. Reimanin ja Oedewaldin (2008) mukaan onnettomuudet ovatkin yleensä "seurausta pikemminkin organisaation eri tasoilla tapahtuvasta ymmärryksen puutteesta kuin motivaation puutteesta".[637]

Tämä näkemys on vaikuttanut myös asennoitumisessa onnettomuuksiin. Dekkerin (2007) mukaan onnettomuudet eivät ole enää tarkoituksettomia tai kontrolloimattomia kohtalon sattumuksia. Sen sijaan ne ovat todisteita siitä, ettei tiettyjä riskejä ole kyetty hallitsemaan riittävästi.[638] Tämän ajattelumallin mukaan riskienhallinnasta tulee turvallisuustyön keskeinen tekijä. Riskienhallinta edellyttää puolestaan tehokasta ja tarkoituksenmukaista työnjakoa, ohjeistusta, sääntelyä sekä yhteistä sitoutumista.

Uusi riskienhallintaa painottava ajattelumalli on synnyttänyt 1990-luvulta alkaen pohjanaan lukuisan määrän erilaisia turvallisuusohjelmia ja raportointivälineitä.[639] Järjestelmien päällekkäisyys ja monimutkaisuus johti lopulta ICAO:n laatimaan kattavan turvallisuushallinnan mallin ja käsikirjan (*Safety Management*). Kysymyksessä on ollut massiivinen ja historiallinen hanke. Sitä kuvastaa hyvin se, että ilmailuturvallisuuden perusasiakirjaan, Chicagon sopimukseen, tehtiin 30 vuoden tauon jälkeen uusi, turvallisuushallintaan keskittyvä liite (*Annex* 19, *Safety Management*).

Turvallisuushallinnan liitteen ensimmäinen versio hyväksyttiin 25.2.2013, ja sitä päivitetään tarvittaessa.[640] Liite kattaa kaikki turvallisuushallinnan keskeiset tekijät ja kokoaa ne yhteen. Samalla edellytetään, että jäsenvaltiot tekevät kansalliseen tasoon ja ilmailun organisaatioiden turvallisuushallintaan koskevia tarvittavia muutoksia myös kansalliseen lainsäädäntöön. EU:n jäsenvaltioiden osalta Liite 19:n velvoitteet on viety jo pääosin EU:n sääntelyyn, ja ne velvoittavat sitä kautta suoraan EU-jäsenvaltioita.

Turvallisuushallinnan neljä pilaria

ICAO:n turvallisuushallinnan malli on pelkistettävissä neljään pääkomponenttiin (pilariin). Ne kaikki noudattavat samaa perusajattelua, jossa päätavoitteena ovat tahattomien virheiden ja riskien mahdollisimman tehokas kontrolli sekä tämän kontrollin edellyttämät toimet.

Ensimmäinen pilari on turvallisuuspolitiikka ja tavoitteet (*safety policy*). Keskeisenä vaatimuksena on, että organisaation johto sitoutuu kehittämään turvallisuutta toiminnan kaikilla tasoilla. Tämä tehtävä edellyttää, että jokaisessa ilmailuyrityksessä on yksi nimitetty vastuutaho (*accountable executive*), jonka vastuu turvallisuuden ylläpitämisestä ja edistämisestä on jakamaton. Organisaation turvallisuuspolitiikan ja turvallisuuskäytäntöjen tulee olla myös kirjallisesti työntekijöiden tiedossa. Lähtökohta on, että työntekijät toimivat turvallisuuteen liittyvissä asioissa oma-aloitteisesti, ennakoivasti ja vastuullisesti silloinkin, kun kukaan ei ole näkemässä.[641]

Toinen pilari on turvallisuusriskien hallinta (*Safety Risk Management*, SRM). Sanoilla tarkoitetaan systemaattista uhkien selvittämistä, riskien arviointia ja toimia riskien hallinnaksi. Tähän kuuluu myös hyväksyttävän riskitason määrittely. Taustalla on realistinen näkemys siitä, että täydellisen nollatoleranssin saavuttaminen on utopia ja sen kirjaimellinen noudattaminen merkitsisi kaikesta riskialttiista toiminnasta luopumista. Siksi hyväksyttävä riskien luonne ja määrä on pystyttävä määrittelemään entistä tarkemmin. Se edellyttää tehtävään perehtynyttä johtamista. Turvallisuudenhallinta on siten eräänlainen paradoksi. O'Leary (2002) toteaakin, että "virheettömässä maailmassa hallintaa ei tarvittaisi".[642]

Turvallisuudenhallinta on synnyttänyt tutkimuksen alan, jossa riskitasoja analysoidaan vaarallisten tilanteiden todennäköisyyden, vakavuuden ja hyväksyttävyyden funktioina. Tämän tutkimustyön tuloksena on lentokoneisiin määritelty muun muassa konekohtaiset turvallisen toiminnan minimilistat. Listat kertovat, mitkä laitteet tai järjestelmät voivat olla epäkunnossa, mutta lento on silti mahdollista suorittaa turvallisesti (*Minimum Equipment List*, MEL).[643] Esimerkiksi evakuointijärjestelmän vika tai turvallisuusvälineiden puuttuminen saattavat rajoittaa mukaan otettavien matkustajien määrää.

Turvallisuuden varmistaminen (*safety assurance*) viittaa toimenpiteisiin, joilla mitataan turvallisuuden tasoja ja varmistetaan organisaation suorituskyvyn pysyminen hyväksyttävällä tasolla. Samalla seurataan ja varmistetaan, että riskienhallinnan toimet tuottavat haluttua tulosta. Joskus parannukset saattavat johtaa myös yllättäviin riskitasojen nousuihin.[644]

Hyvien käytäntöjen kehittämiseen kuuluu auditointi, josta on muodostunut keskeinen osa turvallisuusjohtamista. Auditoijat ovat kaupallisessa ilmailussa valtuutettuja asiantuntijoita, jotka suorittavat turvallisuuskohteiden säännöllisiä katselmuksia.

Auditointi viittaa sanana kuulemiseen. Ideaalina lähtökohtana on ollut tarkastamisen sijasta vuorovaikutteisuus. Tavoitteena tulisi olla keskittyminen toiminnan kehittämiseen ja tiedon välittämiseen eri toimijoiden kesken. Kriittinen tarkastustehtävä ei saisi kuitenkaan unohtua. Reimanin ja Oedewaldin (2008) mukaan ”jos auditoinnit tuottavat pelkästään positiivisia havaintoja, on yleensä syytä epäillä auditoinnin perusteellisuutta”.[645]

Neljättä pilaria voidaan kutsua turvallisuuden esillä pitämiseksi ja edistämiseksi (*safety promotion*). Käsitteeseen sisältyvät laajasti kaikki sellaiset toimet, joilla turvallisuuskysymykset kulkevat päätöksenteossa ja jokapäiväisessä toiminnassa kiinteästi mukana. Työntekijöille tämä merkitsee velvollisuutta osallistua työajalla koulutukseen, joka toteutetaan asiantuntevasti ja tarkoituksenmukaisesti. Koulutus ei siten ole itseisarvo, vaan sen on aidolla ja merkityksellisellä tavalla liityttävä käytännön työhön.[646]

Ilmailun kehittyneet raportointijärjestelmät tuottavat yhä enemmän turvallisuustietoa ja samalla kasvattavat sääntelyn määrää. Varsinkin pienemmille kaupallisille operaattoreille määräysten tunteminen ja hallinta ovat vaativia tehtäviä. Tällöin korostuu kouluttajien ja lentotoiminnan tarkastajien rooli. Peltolan (2021) mukaan heidän erityinen tehtävänsä on tulkita sääntöjä ja jopa kyetä valitsemaan massiivisesta määräysviidakosta turvallisen toiminnan kannalta olennaiset tekijät.[647]

Chicagon sopimuksen Liite 19 on pohja myös EU:n ilmailun turvallisuuspolitiikalle. EU:n parlamentin ja neuvoston asetus (EU) 2018/1139 (niin sanottu EASA-asetus) edellyttää, että unionin tasolla laaditaan Euroopan lentoturvallisuussuunnitelma ja Euroopan lentoturvallisuusohjelma. Kunkin jäsenvaltion on myös laadittava kansallinen turvallisuusohjelma EASA-asetuksen artiklan 7 sekä Chicagon yleissopimuksen Liitteeseen 19 sisältyvien vaatimusten mukaisesti. Lisäksi EASA-asetuksen artikla 8 edellyttää EU-jäsenvaltioilta kansallista ilmailun turvallisuussuunnitelmaa, jossa kuvaillaan meneillään olevat ja tulevat toimet, joilla jäsenvaltiot lieventävät tunnistettuja turvallisuusuhkia. [648] Suomen ilmailun päivitetty turvallisuusohjelma[649] julkaistiin joulukuussa 2020 ja vuosittain päivitettävä turvallisuussuunnitelma keväällä 2021.[650]

Onnettomuus vai riskienhallinnan epäonnistuminen?

Malaysia Airlinesin lento 370 lähti 8.3.2014 Kuala Lumpurista kohti Kiinan Pekingiä. Boeing 777 -koneen lento sujui aluksi normaalisti, kunnes vajaa tunti lähdön jälkeen yhteys koneeseen yllättäen katkesi. Samalla tutkalennonjohtajat havaitsivat koneen muuttavan jyrkästi suuntaansa ja jatkavan merelle kohti etelää. Lopulta tutkayhteyskin kadotettiin, ja viimeinen heikko satelliittisignaali koneesta vastaanotettiin, kun kone oli ollut ilmassa vajaat kahdeksan tuntia. Tuolloin kone oli polttoaineen loputtua syöksynyt mitä todennäköisimmin mereen. Runsas vuosi tapahtuneen jälkeen löydettiin Réunionin saarelta koneeseen kuuluneita osia. Varsinaista hylkyä ei ilmailuhistorian tähän mennessä mittavimmista etsinnöistä huolimatta ole löydetty. Viimeiset viralliset etsintätoimet lopetettiin toukokuussa 2018.[651]

Malesian kansallisen lentoyhtiön koneen katoamisen lopullinen syy on edelleen selvittämättä. *The Independent* -lehti kutsuu tapausta jopa ilmailuhistorian suurimmaksi mysteeriksi. [652] Laajan tutkintaselostuksen viimeisissä sanoissa todetaan yksinkertaisesti, ettei ”tutkintaryhmä pysty selvittämään todellista syytä MH 370:n katoamiseen”.[653]

Yleistä hämmästystä on herättänyt se, että suuri matkustajakone ylipäätään voi kadota ilman, että lentoreitistä tai lennon lopullisesta päätepisteestä olisi tarkkaa tietoa. Koneen epäselvä kohtalo on synnyttänyt runsaasti spekulaatioita sekä myös terminologisen hämmennyksen. Millä sanalla tulisi kutsua poikkeuksellista tapahtumaa?

Tutkintaselostuksessa ja artikkeleissa lennon MH 370 kohdalla toistuvat sanat katoaminen (*disappearance, missing*) tai vaaratilanne (*incident*). Onnettomuus-sanaa on vältetty, vaikka sekä Chicagon sopimuksessa että EU:n asiakirjoissa lentokoneen katoamista tai täydellistä saavuttamattomuutta voidaan kutsua onnettomuudeksi. Ilmailuterminologiassa on lainattu myös meriliikenteessä käytettyä ilmaisua aluksen tuhoutumisesta (*hull loss*) kuvaamaan vakavia vaurioita, jotka johtavat koneen menettämiseen. Joissakin tapauksissa yhtiöt ovat tehneet huomattavan kalliita vauriokorjauksia, jotta turvallisuustilastoihin jäisi ainoastaan merkintä vaurioitumisesta tuhoutumisen sijasta.[654]

Onnettomuus-sanan vierastaminen heijastaa turvallisuusajattelussa 2000-luvulla tapahtunutta muutosta. Dekkerin (2007) sanoin "onnettomuudet eivät ole enää onnettomuuksia. Ne ovat riskienhallinnan epäonnistumisia."[655] Samalla ajattelutavan muutos on heijastunut tutkimukseen ja kehitystyöhön. Kun aikaisemmissa turvallisuusmalleissa pääpaino oli vahvasti onnettomuuksien selittämisessä ja analysoinnissa, uudessa mallissa painopiste on siirtynyt turvallisuuden ja sen hallinnan ympärille. Reiman ja Oedewald (2008, 220) kuvaavat muutosta seuraavasti.

> *Onnettomuuksia mallinnettaessa yritetään tavoittaa toimintaa, joka on mennyt pieleen, ja etsitään keinoja palauttaa se "takaisin raiteilleen", turvallisuutta mallinnettaessa mallinnetaan niitä raiteita, joissa toiminnan tulisi pysytellä. On siis mallinnettava itse organisaatiota ja sen toimintaa.*[656]

Uuden turvallisuusajattelun taustalla näyttää vaikuttavan suurempi näkökulman muutos. Voidaan puhua jopa tietynlaisesta uudesta turvallisuusontologiasta. Sen keskeisenä piirteenä on irrottautuminen aikaisemmasta selkeille syy-yhteyksille rakentuneesta ajattelusta. Aikaisemmin oli tyypillistä, että onnettomuuksia pyrittiin selittämään selkeiden kausaaliketjujen avulla. Malli toimi hyvin niin kauan kuin järjestelmät olivat suhteellisen yksinkertaisia, inhimillisten tekijöiden osuus merkittävä ja vastaavasti autonomisen teknologian osuus vähäisempi. Kausaalimalli osoittautui kuitenkin ongelmalliseksi, kun yksittäisten tekijöiden määrä kasvoi suureksi ja samalla vuorovaikutussuhteista muodostui yhä monimutkaisempia. Selkeiden kausaalisten mallien tilalle onkin turvallisuustutkimuksessa tullut kompleksisiin järjestelmiin keskittyvä dynaaminen systeemiajattelu.[657]

Onnettomuusteoreettisen ajattelutavan muutos on vaikuttanut samalla turvallisuusajatteluun. Uudessa mallissa turvallisuus ymmärretään ennen kaikkea järjestelmän emergeettiseksi ominaisuudeksi, joka syntyy organisaatioiden eri osien vuorovaikutuksesta.[658] Emergeettisyys tarkoittaa tällöin sitä, että samankokoisesta syystä ei aina seuraa samankokoista vaikutusta. Sen sijaan tapahtumien seuraukset voivat eskaloitua, ja siten pienilläkin teoilla voi olla suuria seurauksia – ja päinvastoin. Kokonaisuus on siten enemmän kuin vain osiensa summa. Yksi emergeettisen turvallisuusajattelun keskeisistä teoreetikoista on tanskalainen Eric Hollnagel.

Luottamus keskeisenä turvallisuustekijänä

Toukokuun 22. päivänä 2002 lähti China Airlinesin B747-laajarunkokone lennolle 611 Taiwanilta kohti Hong Kongia. Parikymmentä minuuttia lähdön jälkeen kone katosi yllättäen tutkalta ja tuhoutui. Koneen osia levisi laajalle alueelle, ja kaikki kyydissä olleet 225 henkeä saivat surmansa. Kohtalokkaan lennon tutkijalautakunta sai selville, että samainen kone oli kärsinyt laskuvaurion 22 vuotta aikaisemmin. Koneen peräosa oli tuolloin koskettanut laskussa kiitotietä ja painerunko samalla vaurioitunut. Korjausta ei kuitenkaan ollut suoritettu valmistajan hyväksymän rakenteiden korjauskäsikirjan mukaisesti. Sen sijaan oli tyydytty niittaamaan uutta peltiä vaurioituneiden rakenteiden päälle. Vuosien aikana paineistuksen vaihteluiden ja muiden kuormitusten seurauksena runkoon tuli väsymismurtumia, jotka johtivat lopulta koko peräosan irtoamiseen ja koneen hajoamiseen ilmassa.[659]

Suurelle matkustajakoneelle tapahtunut onnettomuus on kertomus ilmailuun liittyvästä haavoittuvuudesta ja toisaalta luottamuksen merkityksestä. Korjausmääräykset on tehty noudatettavaksi ja ilmailuyhteisö olettaa, että tätä luottamuksen ja kurinalaisuuden periaatetta toteutetaan. China Airlinesin tapauksessa poikkeaminen määräysten mukaisista korjaustoimenpiteistä oli työn tehneiden mielestä turvallista ja se oli saanut esimiesten hyväksynnän. Rakenteiden vähittäinen väsyminen tapahtui niin hitaasti ja salakavalasti, ettei siihen osattu määräaikaistarkistuksissa kiinnittää huomiota.

Poikkeamiin tottuminen ja tuudittautuminen aikaisempaan menestykseen nähtiin keskeisiksi syiksi myös Yhdysvaltojen Columbia-sukkulan tuhoutumisessa 1.2.2003. Onnettomuuden teknisenä syynä oli 81 sekuntia lähdön jälkeen tapahtunut polttoainesäiliön eristemateriaalin irtoaminen, joka vaurioitti sukkulan siiven lämpöeristeitä. Sukkulan palatessa 16 päivän lennon jälkeen maan ilmakehään siiven vaurioituneet rakenteet pettivät kovassa kitkalämmössä. Lähes päivälleen 17 vuotta aikaisemmin tapahtuneen Challenger-sukkulan tuhoutumisen jälkeen tapahtunut onnettomuus synnytti vakavan pohdiskelun NASAn organisaatiokulttuurissa ja turvallisuuden hallinnassa. Kummankin onnettomuuden takaa löydettiin samoja tekijöitä.

> *Organisaatiorakenne ja hierarkia estivät tehokkaasti viestinnän teknisistä ongelmista. Varoitussignaalit unohdettiin, ja arvostelijoita ei kuultu. Tärkeä tieto teknisistä ongelmista ei tavoittanut päätöksentekijöitä. Heille kerrottiin vain, että tiiviste- ja eristysmateriaaliongelmista ei ole vaaraa.*[660]

Woods (2004) mukaan Columbia-raportin taustalla vaikutti lisäksi vääristynyt luottamus siihen, että menneisyyden menestys olisi takuu myös tulevasta menestyksestä. Samoin hajautettu organisaatiorakenne oli omiaan sumentamaan toiminnan suurta kuvaa ja aiheutti siksi kyvyttömyyden nähdä vähitellen kertyneitä riskitekijöitä.[661]

Weick et al. (2015) ajatusta soveltaen China Airlinesin tapauksessa koneen huolloista vastaavat eivät riittävästi muistuttaneet itseään onnettomuuden mahdollisuudesta (*preoccupation with failure*). Epäilevämpi asenne olisi voinut motivoida suurempaan tarkkaavaisuuteen vanhan vaurion seuraamisessa.[662] Ilmailun luotettavuus rakentuukin pitkän ja monimutkaisen luottamusketjun varaan, jossa on monia erilaisia toimijoita. Jokaisen ketjun lenkin osuus on tärkeä, ei vain loppupäässä olevan käyttäjän. Ketjussa tapahtuneet luottamuksen menettämiset voivat paljastua vasta paljon myöhemmin.

Erityisesti 2000-luvulla luottamuksen käsite on ollut vahvasti esillä niin työelämää kuin kaupallisia suhteita koskevassa tutkimuksessa.[663] Sillä näyttää olevan selvää käyttöä yhä monimutkaisempien teknologisten järjestelmien aikana. Luottamuksesta on muodostunut keskeinen tekijä, kun puhutaan talousmarkkinoista tai turvallisuuskriittisistä organisaatioista. Avoin raportointikulttuuri perustuu sekin pohjimmiltaan luottamukselle.[664] Tämän sanoittaa selkeästi myös EU:n parlamentti ja neuvosto.

> *Siviili-ilmailun turvallisuusjärjestelmä perustuu palautteeseen ja onnettomuuksista ja vaaratilanteista saaduista kokemuksista oppimiseen. Poikkeamista ilmoittaminen ja poikkeamatietojen käyttö turvallisuuden edistämiseksi perustuu poikkeamasta ilmoittajan ja tietojen keruusta ja arvioinnista vastaavan yhteisön väliseen luottamussuhteeseen. Tämä edellyttää luottamuksellisuutta koskevien sääntöjen tiukkaa soveltamista.*[665]

Luottamuksessa on kyse vanhasta, klassiseen hyve-etiikkaan liittyvästä käsitteestä. Asenteena se on monitahoinen ja samalla jännitteinen. Nykyiset sopeutumista korostavat turvallisuusteoriat rakentuvat ihmisen kykenevyyden ja luotettavuuden varaan. Tiukan paikan tullen oletetaan, että ihminen kykenee asennoitumaan uusiin tilanteisiin sujuvasti ja että häneen voidaan luottaa. EU-mietinnön (2014) mukaan ihmistä ei nähdä "vain järjestelmän epäluotettavana komponenttina, vaan sopeutuvana ongelmanratkaisijana, joka kykenee jatkuvasti ennakoimaan, reagoimaan ja korjaamaan riskitekijöitä".[666] Ihmiskuva on siten positiivinen ja ihmisen mahdollisuuksia korostava. Ihminen on luottavainen, luottamuksen arvoinen ja kekseliäs.

Luottamus voidaan ymmärtää yksittäisen toimijan asenteena, joka Lee et al. (2004) mukaan "auttaa häntä saavuttamaan yksilölliset päämääränsä tilanteissa, joita leimaavat epävarmuus ja haavoittuvuus".[667] Riskien hallintaa korostavan luottamusajattelun rinnalla ovatkin vahvistuneet ihmisen haavoittuvuutta (*vulnerability*) korostavat näkemykset. Sanalla ilmaistaan ihmisen olemiseen kuuluvaa rajallisuuden ja epävarmuuden avointa kohtaamista. Haavoittuvuus on elämän realistisuuden ja epätäydellisyyden tunnustamista. Aihetta tutkineen Risto Saarisen (2017) mukaan ”luottamus on ihmisen ominaisuus rajallisena, ajattelukykyisenä ja sosiaalisena olentona. [...] Luottamusta tarvitaan, kun suuntaudutaan kohti epävarmaa tulevaisuutta.”[668] Luottamus sisältää siten sekä kykenevyyden, mutta samalla myös rajallisuuden ulottuvuudet. ”Mitä korkeammalle kiipeät luottamuksen portailla, sitä suurempi on putouksesi epäluottamuksen kuiluun.”[669]

Haavoittuvuus merkitsee sitä, että ihminen tuntee omat rajansa ja pystyy myöntämään myös epäonnistumisensa. Tämä ei ole välttämättä helppoa. Ihmisluonnon ikiaikainen piirre on epäonnistumisten kätkeminen ja sitä kautta yritys välttää häpeän tunne. Länsimaisessa kulttuurissa tämä piirre on kuvattu jo varhaisissa myyttisissä teksteissä. Kun Raamatun syntiinlankeemuskertomuksessa ihmiseltä kysytään ”missä sinä olet?”, ihminen yrittää piilotella, väistellä vastuutaan ja siitä nousevaa häpeäänsä toteamalla, että ”en se ollut minä”. [670] Lentoturvallisuustoimikunnan puheenjohtaja Lauri Soini (2020) kuvaa tätä kokemusta seuraavasti.

> *Oma hypoteesini on, että jopa avoimen turvallisuuskulttuurin ympäristöissä häpeän pelolla on vaikutusta virheiden myöntämiseen. On virheitä, joita on jalo myöntää, mutta myös virheitä, mitkä tuntuvat aidosti häpeällisiltä. Uskon tällä olevan myös merkitystä usean ohjaajan menetelmillä lennettäessä. Asetan kollegan häpeän alaiseksi, jos puutun hänen toimintaansa. Toisaalta olemme kollegan kanssa yhdessä saattaneet ajautua häpeälliseen tilanteeseen ja on kynnyksen takana myöntää tämä virhe. Molemmissa tapauksissa hierarkia vielä vahvistaa tätä käyttäytymistä.*[671]

Psykologiassa tunnetaan ylivertaisuusvinouma (*illusory superiority*), jossa ihminen yliarvioi omia taitojaan tai osaamistaan suhteessa kanssaihmisiinsä. Hänellä on tällöin vääristynyt käsitys kyvyistään, mikä usein johtuu realistisen palautteen puutteesta tai kyvyttömyydestä ottaa sitä vastaan. Winter et al. (2018) viittaavat vuonna 1977 tehtyyn tutkimukseen, jonka mukaan yli 90 prosenttia professoreista arvioi olevansa tiedoiltaan ja taidoiltaan yli työtovereidensa keskitason.[672] Erityisesti turvallisuuskriittisissä toimivien kohdalla on tärkeää, että heillä on realistinen kuva itsestään ja että he kykenevät ottamaan vastaan kriittistäkin palautetta.[673]

Haavoittuvuuden, henkisen tuen ja avoimen raportoinnin merkitys on ymmärretty entistä selvemmin 2000-luvulle tultaessa. Samalla raportointijärjestelmissä on tapahtunut kehitystä ja niiden käyttöönotossa yksittäisten lentoyhtiöiden rooli on ollut merkittävä. Tästä on hyvänä esimerkkinä British Airways, joka on ollut edelläkävijöitä lentoturvallisuuden kehittämisessä ja inhimillisten tekijöiden huomioimisessa.

Yhtiö otti vuonna 1991 käyttöön ilmailun raportointijärjestelmän (*Air Safety Reporting*, ASR). Ohjelma osoittautui tärkeäksi, ja sitä käytettiin ahkerasti. Samalla paljastui, että siinä ei päästy kuitenkaan kovin syvälle inhimillisen erehdyksen juurille. Painopiste oli menetelmissä ja teknisissä järjestelmissä. Lisäksi raportoidut tiedot välittyivät suoraan yhtiön johdolle, mitä jotkut vierastivat. Ohjelma oli taaksepäin katsova eikä rohkaissut ennakoivaan raportointiin. Sen rinnalle luotiinkin pelkästään inhimillisiin tekijöihin keskittyvä ohjelma (*Human Factor Reporting*, HFR).[674]

HFR on täysin luottamuksellinen, ja saatua aineistoa analysoi ainoastaan yhtiön lentoturvallisuusosaston erityinen työryhmä. Raportointi on vapaaehtoista, ja tietoja vastaanottavat ja käsittelevät tehtävään koulutetut lentäjät sekä muut alan ammattilaiset. Toimintaympäristön hyvä tuntemus on ohjelman toimivuuden kannalta ensiarvoisen tärkeää. Samoin keskeisiksi edellytyksiksi ovat osoittautuneet luottamus, luottamuksellisuus, nimettömyys sekä erillisyys yhtiön johdosta tai viranomaisista. Ulkopuoliset tutkimuslaitokset, kuten yliopistot, ovat kuitenkin voineet hyödyntää raportoinnin kautta saatua aineistoa.[675]

Turvallisuuskulttuurin kehittäminen on paljastanut, että käytännön elämä vaatii erilaisia palautekanavia. Virallisten ja yhtiöiden ylläpitämien järjestelmien rinnalle on syntynyt eri työntekijäryhmien vertaistukeen perustuvia järjestelmiä. Ne perustuvat vapaaehtoisuuden lisäksi luottamukselliseen kollegiaalisuuteen. Tällaisten järjestelmien tarve on erityisen suuri vakavien vaaratilanteiden jälkiselvittelyssä. Tällainen järjestelmä on esimerkiksi lentäjäyhdistysten järjestämä, vakaviin vaaratilanteisiin liittyvä keskustelupalvelu (*Critical Incident Response Program*, CIRP).[676] Palvelun lähtökohtana on se, että tukihenkilö ottaa yhteyttä vaaratilanteessa tai onnettomuudessa olleeseen miehistön jäseneen ja kysyy, miten henkilö voi tapahtuman jälkeen, ja tarjoaa apua tilanteen käsittelyssä.[677] Soinin (2020) mukaan keskeisinä tekijöinä ovat luottamuksellisuus ja oman haavoittuvuuden tunnustaminen.

> *Varsinkin lentäjän ammatissa on vielä osin vallalla asenne, että läheltä piti -tilanteet vain kuuluvat lentäjän ammattiin ja niiden kanssa on tultava toimeen. Harva uskaltaa sanoa esimiehelleen, että esimerkiksi pelkäsi tilanteessa tai pelkää tilanteen toistuvan. Terveydenhuollon ammattilaisella taas ei usein ole tietoa lentäjän ammatin erityispiirteistä, saati lentokoneen toiminnasta tai proseduureista. Tämän takia kollegalle puhuminen on helpompaa.*[678]

Tämän luvun alussa siteerattu liikennelentäjä kuvaa läheisensä menettämisen vaikutuksia työhönsä. Hän on kokenut kollegiaalisen luottamuksen keskeiseksi tekijäksi työkyvyn ja turvallisen toiminnan rakennusaineena.

> *Ammattiryhmämme ainutlaatuisena piirteenä voidaan onneksi pitää voimakasta luottamuksen ilmapiiriä ja tiivistä yhteisöä, jotka omalta osaltaan suojaavat niin surun kuin muidenkin ongelmien aiheuttamilta riskeiltä – standardisoitujen toimintamenetelmien lisäksi. Ohjaamon suljettujen ovien takana vallitsee erityisesti tutussa porukassa usein ilmapiiri, joka mahdollistaa syvällisemmänkin asioista juttelemisen luottamuksellisesti.*[679]

Ilmailu ja ydinvoima – kohti korkeaa luotettavuutta

Haluat siis ymmärtää lentotukialuksen toimintaa? Selvä. Kuvittele kiireinen päivä San Franciscon lentokentällä, jossa käytössä on vain yksi kiitotie, asemataso ja portti. Koneet lähtevät ja laskeutuvat vuorotellen. Kiitotie heiluu puolelta toiselle, ja jokaisen lähtevän koneen on määrä palata takaisin saman päivän aikana. Varmista, että kaikki toiminta tapahtuu suorituskykyjen äärirajoilla. Kytke sen jälkeen tutka pois ja rajoita radioliikennettä. Tankkaa koneet niiden moottoreiden käydessä, vihollisten lentäessä taivaalla ja kylväessä pommeja sekä raketteja ympäriinsä. Kastele lisäksi kansi suolavedellä sekä öljyllä, ja miehitä paikka parikymppisillä nuorukaisilla, joista puolet ei ole aikaisemmin nähnyt lentokonetta lähietäisyydeltä. Niin ja sen lisäksi – yritä olla tappamatta ketään.[680]

Nimettömäksi jäänyt upseeri kuvaa vertauksellaan värikkäästi suuren lentotukialuksen toimintaa. Teksti sisältyy artikkeliin (Rochlin et al. 1987), joka on osa vuonna 1984 Kalifornian Berkeleyn ja Michiganin yliopistoissa käynnistyneitä tutkimusohjelmia.[681] Ohjelmien tarkoituksena oli tutkia korkean luotettavuuden ja tehokkuuden saavuttaneita organisaatioita. Millä tavoin niissä on onnistuttu saavuttamaan korkea turvallisuustaso, ja onko niiden sisäisessä dynamiikassa joitakin luotettavuutta edistäviä erityispiirteitä?

Tutkijaryhmät olivat monitieteisiä, ja niissä oli mukana humanistien ja yhteiskuntatieteilijöiden lisäksi myös insinööritieteiden edustajia. Tutkimushanke oli merkittävä lähtökohta kehitykselle, joka on synnyttänyt käsitteen korkean luotettavuuden organisaatioista (*High Reliability Organizations*, HRO).[682] Tutkijat valitsivat kohteikseen kaksi ydinkäyttöistä lentotukialusta, Diablo Canyonin ydinvoimalan sekä Yhdysvaltain ilmailuviranomaisen hallinnoiman lennonvalvontajärjestelmän. Lentotukialusten valinta korkean luotettavuustason organisaatioiden tutkimuskohteeksi kuulostaa ensi kuulemalta yllättävältä. Tukialusten toiminnassa on kuitenkin sovellettu käytäntöjä, jotka edustavat poikkeuksellista ja vaativaa toimintaympäristöä.

Lentotukialuksen turvalliselle toiminnalle on tyypillistä, että kokonaisuus on toisaalta tiukasti yhteen kytkettyä ja keskitetysti johdettua. Samanaikaisesti nopean toiminnan edellyttämää päätösvaltaa on siirretty hierarkian alemmille tasoille, mikä mahdollistaa tarvittaessa nopean päätöksenteon. Vastuut ovat tarkasti määriteltyjä, eri tehtäviä hoitavat henkilöt erottuvat toisistaan erivärisellä vaatetuksella, ja viestintä tukeutuu tarkasti määriteltyihin käsimerkkeihin. Tehtävän vaarallisuusaste on koko ajan tiedossa. Sitä kuvaa hyvin se, että koneiden saapumisesta lentotukialukselle ei käytetä sanaa laskeutuminen (*landing*), vaan kyseessä on pelastaminen tai takaisin saaminen (*recovery*).[683] Vaikka riskitaso on korkealla, kriittisissä tilanteissa tarkkaavaisuus aktivoituu ja samalla huolimattomuusvirheiden määrä vähenee. Weick (1987) havainnollistaa tätä aktivoitumista lentotukialuksella palvelleen upseerin lausunnolla.

> *Kun laskeutuva kone ei onnistu kiinnittymään jarruvaijeriin eikä pysty löytämään tankkauskonetta polttoaineen täydennystä varten ja tuuli on 40 solmua sekä laiva samalla kääntymässä, silloin ei tehdä virheitä.*[684]

Diablo Canyonin voimalaitoksessa on puolestaan vuorojen vaihtuessa viisihenkinen tiimi, joka koostuu erilaisesta, eri aikoina ja eri aloilta hankitusta asiantuntemuksesta. Tiimin johtaja ei keskity yksityiskohtiin, vaan hänen edellytetään hallitsevan "suurta kuvaa". Tehokas delegointi on tärkeä piirre turvallisessa organisaatiossa, ja sen perustana on riittävä luottamus. HRO-toiminnalle on tyypillistä, että poikkeamia ja kriisitilanteita tapahtuu harvoin. Samalla niihin pyritään kuitenkin jatkuvasti valmistautumaan. Weick et al. (1993) kuvaavat, kuinka tämä tapahtumattomuuden ja vaarojen ennakoinnin jännite voi joskus muodostua työntekijöiden motivaation kannalta ongelmalliseksi.

> *Ydinkäyttöisen lentotukialuksen käyttöpäällikkö purki sydäntään alaiselleen, jonka tehtävänä oli vastata järjestelmien turvallisesta toiminnasta. "Olen vuosia toiminut tehtävässä ja saanut jatkuvasti tarvittavaa lisäkoulutusta. En ole tyhmä,*

enkä osaamaton. Silti kukaan ei näytä luottavan minuun, kun asioita joudutaan varmistamaan moneen kertaan." Alainen vastasi, että kyse on luottamuksen kaksinaisesta olemuksesta. "Luotan sinuun täydellisesti, kun on kysymys poikkeustilanteesta. Normaalisti toimiessamme emme voi välttyä virheiltä, ja siksi tarvitsemme jatkuvasti varmistuksia. Siksi kaiken sujuessa normaalisti en luota sinuun ja haluan varmistaa asioita."[685]

Keskustelu korkeasta luotettavuudesta on aktivoitunut ilmastonmuutoksen myötä. Hiilipäästöjen hillinnän yhtenä keinona on lisätä ydinvoiman käyttöä, ja mielenkiinto kohdistuu erityisesti pieniin modulaarisiin reaktoreihin (SMR). Perinteisiin ydinvoimaloihin verrattuna pienitehoiset ja sarjavalmisteiset reaktorit voivat olla hiilineutraali ratkaisu suurkaupunkien lämmöntuotantoon.

Modulaarisuus edellyttää ja mahdollistaa uudentyyppiset turvallisuuskäytännöt. Perinteiset ydinvoimalat ovat yksityyppikonstruktioita, joiden rakentaminen vaatii monitoimijoita, moniosaamista ja usein monikulttuurista yhteistyötä. Hyväksymismenettelyt ovat poikkeuksellisen raskaita, koska vakiokomponentteja ei juuri käytetä.[686] Sarjavalmisteisten reaktoreiden kohdalla on mahdollista toteuttaa tehokkaampaa hyväksymismenettelyä ja kansainvälistä sääntelyä. Suomessa erityisesti Lappeenrannan – Lahden teknillinen yliopisto LUT on kehittänyt pienreaktoreille soveltuvaa lisensointiprosessia. Mallia on otettu muun muassa kaupallisen ilmailun turvallisuusmalleista.[687]

Kansainvälisen ydinenergiajärjestön (WNA) katseet ovat nekin suuntautuneet ilmailun suuntaan. Kaupallisessa ilmailussa on pystytty luomaan malleja, joissa kansainväliset suositukset ovat vahvoja ja joihin kansalliset toimijat ovat sitoutuneet säilyttäen samalla suvereniteettinsa. Lentokoneiden tyyppihyväksyntä on tästä sääntelystä hyvä esimerkki: valmistajamaa on hyväksynnästä ensisijaisesti vastuussa, mutta koneiden rekisteröinti ja käyttäminen maan ulkopuolella edellyttää asianomaisen maan viranomaisten antamaa lentokelpoisuustodistusta. Tämä on pakottanut valmistajat noudattamaan tarkasti ICAO:n suosituksia ja sitoutumaan yhteisiin valmistus-, testaus- ja käyttöperiaatteisiin. Vuonna 2013 julkaistun WNA:n muistion mukaan ilmailussa on onnistuttu löytämään toimivat kansallisen ja kansainvälisen sääntelyn mallit.

> *Ilmailuala on synnyttänyt kansainväliseen yhteistyöhön ja molemminpuoliseen hyväksyntään perustuvat tehokkaat toimintamekanismit. Niiden avulla jaetaan tietoa ja reagoidaan yhteisten sääntöjen mukaisesti tapahtumiin ja poikkeamiin. Samalla kansallinen viranomainen on säilyttänyt suvereniteettinsa ja toimivaltansa. Näinä ratkaisevina aikoina ydinteollisuudelle on olennaisen tärkeää, että turvallisuustasoa pystytään edelleen kehittämään. Se voisi tapahtua ottamalla käyttöön samanlainen tehokas kansainvälisen yhteistyön järjestelmä, joka on kehitetty ja käytössä ilmailussa.*[688]

Onko maailma, jossa onnettomuuksia ei tapahdu, mahdollinen?

2000-luvun turvallisuusajattelun yksi keskeisistä teoreetikoista on Brisbanen yliopiston psykologian professori **Sidney Dekker**. Hän on alun perin liikennelentäjä ja työskennellyt myöhemmin muun muassa järjestelmäturvallisuuden professorina Lundissa.[689] Dekker keskittyy tuotannossaan inhimillisiin tekijöihin ja turvallisuuteen. Hän haluaa sanoutua irti perinteisestä ja yksinkertaisesta kausaaliajattelusta ja luoda turvallisuuskulttuuriin kokonaisvaltaisen ja dynaamisen mallin. Dekkerin ajatukset ovat heijastuneet vahvasti ilmailuturvallisuuden syvätason pohdiskeluihin ja erityisesti Just Culture -turvallisuusmallin kehittymiseen. Dekkerin vuonna 2007 ilmestynyttä kirjaa *Just Culture – Balancing Safety and Accountability* voidaan pitää tämän oikeudenmukaiseen ja avoimeen toimintakulttuuriin perustuvan turvallisuusajattelun keskeisenä teoksena.[690]

Dekker perustelee ajatteluaan laajoilla aatehistoriallisilla analyyseillä. Hänen perusväittämänsä on, että länsimainen turvallisuusajattelu on perustunut arkkityyppiseen pelastuskertomukseen (*salvation narrative*). Hän haluaa haastaa tämän mallin. Sen keskeisenä ajatuksena on käsitys, että kärsimyksestä vapaa maailma ei ole ainoastaan toivottava, vaan myös saavutettavissa. Ehtona on oikeanlainen moraalinen käyttäytyminen. Dekker havainnollistaa ajatteluaan tukeutumalla muun muassa Raamatun myyttisiin alkukertomuksiin, jotka ovat ”allegorioita, metaforisia kertomuksia, runollista pedagogiaa ja sekoitus ohjeita, varoituksia ja lohdutusta”.[691]

Erityisesti syntiinlankeemuskertomuksen kuva ihmisestä syyllisenä ja kärsivänä on vaikuttanut vahvasti näkemyksiin turvallisuudesta ja riskienhallinnasta. Kertomus pohjustaa

Dekkerin mukaan näkemystä, jonka mukaan ihmisellä on vapaa tahto, ja hän voi itsenäisesti päättää, tekeekö vääriä valintoja vai ei. Äärimmillään tämä merkitsee, että kärsimyskin aiheutuu viime kädessä ihmisen vääristä moraalisista valinnoista. [692] Hän siteeraa Elaine Pagelsia, jonka mukaan "paluu Eedeniin on ehkä vaikeaa, mutta maailma ilman kärsimystä on perusteltu tavoite, jonka toteutuminen riippuu suurelta osin meidän pyrkimyksistämme".[693]

Tällä ajattelulla on ollut kauaskantoiset seuraukset, jotka ovat heijastuneet turvallisuusajatteluun. Tuomitsemalla yksilöitä moraalittomista päätöksistä sen jälkeen, kun onnettomuus on tapahtunut, voimme luoda jonkinlaista järjestystä ja ennustettavuutta monimutkaiseen, hämmentävään ja uhkaavaan maailmaan.[694] Ristiriita syntyy kuitenkin siitä, että nykyisessä teknisessä maailmassa ihmisen liikkumatila on rajoitettu. Turvallisuuskriittisessä työssä toimivat, kuten sairaaloiden työntekijät, lentäjät ja lennonjohtajat, joutuvat tekemään päätöksiään sen tiedon varassa, jonka tietotekninen ympäristö heille tarjoaa. He eivät ole siis todellisuudessa vapaita, eivätkä he ole kuin syntiinlankeemuskertomuksen Eeva, joka saattoi käydä "vapaata keskustelua käärmeen kanssa, tehdäkö virhe tai ei". [695] Onnettomuuksien ja vaaratilanteiden tapahduttua heihin suhtaudutaan kuitenkin kuin autonomisiin toimijoihin, joilla on tahdon ja tekemisen vapaus.

Dekker katsoo, että turvallisuusajattelussa tulisi päästä eroon yksiviivaisesta syy- ja seurausajattelusta, jonka hän katsoo edustavan perinteistä newtonilais-cartesiolaista maailmankuvaa. Tilalle hän tarjoaa muun muassa filosofi Michel Foulcaultin edustamia ajatusmalleja. Se merkitsee huomion kiinnittämistä tapahtumien historiallisiin ehtoihin, tutkivan subjektin keskeiseen rooliin sekä ajattelua ohjaavan kielen rajoituksiin. Dekkerin mukaan nämä modernissa humanistisessa tutkimuksessa yleistyneet näkemykset voivat olla erityisen hedelmällisiä tutkittaessa yhä kompleksisempia järjestelmiä ja niiden turvallisuutta.[696]

Dekker myöntää toki aatehistoriallisten selitysmalliensa rajoitukset.[697] Hänen tulkintaansa länsimaisen aatehistorian ja tahdonvapauden yhteydestä voidaan pitää varsin suoraviivaisena ja vastakysymyksiä herättävänä.[698] Dekker on lisäksi paljastanut, että hänen omaan ajatteluunsa ovat vaikuttaneet vahvasti henkilökohtaiset elämänkokemukset. Perheen esikoislapsi menehtyi heti syntymän jälleen, ja menetys herätti miettimään kärsimyksen olemusta ja tarkoitusta.[699]

Dekker on suunnannut arvosteluaan myös niitä ajatusmalleja kohtaan, joissa hänen mukaansa ei oteta kärsimyksen todellisuutta ja epäonnistumisen mahdollisuutta riittävän vakavasti. Arvostelun kohteena on ollut erityisesti niin sanottu nollatapaturmaliike (*Zero Accident Vision*, ZAV). Kyseessä on 1990-luvulla alun perin rakennusteollisuuden piirissä syntynyt verkosto, joka pyrkii työturvallisuuden jatkuvaan parantamiseen sekä hyvien käytäntöjen levittämiseen. Verkosto haluaa sanoutua irti fatalistisesta onnettomuusajattelusta ja uskoo, että kaikki onnettomuudet ovat vältettävissä.[700] Suomalaiset ovat olleet vahvasti mukana nollatapaturmaliikkeessä.[701]

Dekker epäilee, että utopistinen nollatoleranssi-ihanne voi käytännössä merkitä virheiden peittelyä ja johtaa tosiasiallisesti turvallisuuden heikkenemiseen, joka puolestaan ”synnyttää paradoksisesti uudenlaisia muotoja kärsimykselle”.[702] Nollatapaturma-ajattelun edustajat puolestaan korostavat, että kritiikki perustuu lähinnä termien tulkintaeroille. Tavoitteet voidaan ja pitää asettaa idealistisiksi. Heidän mukaansa ei ole olennaista, saavutetaanko täydellinen vapaus onnettomuuksista. Olennaista ovat ZAV-ajattelun tuomat edut siihen sitoutuneille organisaatioille. Näkemyserot ovat virittäneet Dekkerin ja nollatapaturmaliikettä tutkineiden välillä akateemista keskustelua.[703]

Dekkerin vahva anti turvallisuuskeskustelulle on hänen voimakas sitoutumisensa systeemiseen turvallisuusajatteluun.[704] Sen mukaan inhimilliset erehdykset eivät ole onnettomuuksien ja vaaratilanteiden varsinainen syy, vaan ne ovat oireita syvemmällä järjestelmässä olevista ongelmista. Yksityisten toimijoiden ratkaisuilla on toki merkitystä, eikä niitä tule vähätellä. Tulevaisuuden turvallisuusajattelussa tulisi kuitenkin korvata perinteinen asetelma yksilön ja järjestelmän vastakkaisuudesta mallilla, jossa tarkastellaan voimakkaammin yksilön roolia ja suhdetta järjestelmän sisällä. Rankaisun sijasta yksilötoimijoita tulee rohkaista virheidensä tunnustamiseen ja palkita järjestelmissä olevien virheiden tunnistamisesta.

Dekkerin ajattelu on samansuuntaista ilmailun Just Culture -mallin kanssa. Kummankin mukaan epäonnistumisen ja kärsimyksen mahdollisuus on inhimillisessä toiminnassa aina läsnä ja sen myöntäminen on turvallisuuskriittisissä organisaatioissa olennaisen tärkeää. Dekker tiivistää oman ajattelunsa toteamukseen, että ”maailma ilman kärsimystä ei todennäköisesti ole mahdollinen, mutta myötätunnon ja anteeksiantamisen maailma on”.[705]

4
KRIISEJÄ JA TOIMIVIA TURVALLISUUSMALLEJA

Wrightin veljekset loivat suurimman kulttuurisen voiman sitten kirjoitustaidon keksimisen. Lentokoneesta tuli ensimmäinen World Wide Web, joka yhdisti ihmiset, kielet, ideat ja arvot.

Microsoft-yhtiön perustaja Bill Gates (1999)[706]

Kuten tapana on sanoa, ilmailu on aina kriisissä. [...] Onnen vaihtelu kuuluu väistämättömänä ominaisuutena ilmaliikenteeseen, jossa menestys on sidottu tiukkaan sääntelyyn, kilpailuun ja teknologiseen muutokseen.

Ruwantissa Abeyratne (2018)[707]

Nämä kaksi ilmailun olemusta ja todellisuutta kuvaavaa sitaattia kertovat jännitteestä, joka on modernissa kaupallisessa ilmailussa ollut aina läsnä. Microsoft-yhtiön perustajan Bill Gatesin lausuma viittaa liikenneilmailun globaaliin luonteeseen, jossa volyymit ovat olleet näihin päiviin asti todella suuria. Vuonna 2019 – siis ennen pandemiaa – maailmassa lennettiin 47 miljoonaa kaupallista lentoa, joilla matkusti noin 4,5 miljardia matkustajaa.[708] Määrää voi verrata maapallon koko väestöön, joka on noin 7,7 miljardia.

Ilmailuoikeuden tutkijan ja ICAO:n pitkäaikaisen asiantuntijan Ruwantissa Abeyratnen sitaatti kuvaa puolestaan jatkuvaa muutosta, joka sekin on ollut kaupalliselle ilmailulle ominaista. Kehitys on usein edennyt kriisien kautta. Ne ovat kulkeneet mukana alusta lähtien. Kriisien saattelema kehitys on kuitenkin ollut dynaamista. Parhaiten se on näkynyt ilmailuturvallisuuden jatkuvana parantumisena. Kaupallinen lentäminen on kehittynyt ultraturvalliseksi[709], mistä kertoo Kansainvälisen ilmakuljetusliiton (IATA) esimerkinomainen laskelma. Vuoden 2019 lentoturvallisuustilastojen perusteella yksityisen ihmisen pitäisi lentää joka päivä 29 586 vuoden ajan joutuakseen onnettomuuteen, jossa kaikki koneessa olijat menehtyvät. Vähintään yhden matkustajan kuolemaan johtanut onnettomuus edellyttäisi sekin 535 vuoden ajan päivittäistä matkustamista.[710] Huolimatta vuonna 2019 tapahtuneesta Ethiopian Airlinesin tuhoisasta Boeing 737 MAX -turmasta vakavan lento-onnettomuuden laskennallinen riski oli samaisena vuonna puolet pienempi kuin edeltävinä viitenä vuotena.[711]

Suurien matkustajamäärien ja lisääntyneen turvallisuuden rinnalla kaupallinen ilmailu on joutunut kohtaamaan yhä suuremmat vaatimukset. Ne koskevat ilmailun ympäristökuormituksia, lisääntyvän kilpailun synnyttämiä talouspaineita, uuden teknologian käyttöönoton ongelmia sekä ennalta aavistamattomia maailmanlaajuisia tekijöitä. Ilmailu elääkin alkaneella 2020-luvulla samanaikaisesti sekä menestyksen että kriisin aikoja.

Pandemian hallitsema vuosi 2020 oli IATA:n mukaan haastavin liikenneilmailun tähänastisen historian aikana.[712] Huhtikuussa 2020 kaksi kolmasosaa maailman suurimpien lentoyhtiöiden käyttämistä noin 22 000 liikennekoneesta oli poissa käytöstä. Toki vastoinkäymisiä on koettu aikaisemminkin. Niitä ovat olleet erityisesti 1970-luvun energiakriisit, vuonna 2001 WTC-torneihin kohdistetut terrori-iskut, kansainvälinen finanssikriisi 2008 ja Eyjafjallajökull-tulivuoren purkautuminen Islannissa vuonna 2010.

Aivan erityisellä tavalla pandemia vaikutti Yhdysvalloissa. Jo vuonna 2019 lentokenttien pysäköintialueet ja Boeing-tehtaan varastoalueet täyttyivät lentokiellon saaneista B737 MAX -koneista. Vuoden 2020 maalikuusta alkaen niiden joukkoon siirrettiin myös pandemian maadoittamat liikennekoneet.[713] Boeing-tehtaan edustajat arvioivat syksyllä 2020, että kestää vähintään viisi vuotta ennen kuin liikenne palaa pandemiaa edeltävälle ajalle. On todennäköistä, että koneiden koko ja kapasiteetti tulee jatkossa myös pienenemään.[714]

4.1 Ilmastopaneeli haastaa lentoliikenteen

Vuoden 2019 heinäkuussa Kotimaisten kielten keskus valitsi kuukauden uudissanaksi lentohäpeän. Alun perin ruotsista lähtöisin olevalla sanalla (*flygskam, Flight shame*) on ilmaistu kielteistä tunnetta, jonka lentokoneella matkustaminen on ihmisissä herättänyt.[715] Taustalla on vahvistunut tietoisuus ilmailun ympäristövaikutuksista ja jatkuvasti kasvaneista hiilidioksidipäästöistä. Ilmailun ympäristövaikutuksiin ovat kiinnittäneet huomiota sekä hallitustenvälisen ilmastonmuutospaneelin (IPCC) tutkijat että ilmaliikenteen maailmanlaajat järjestöt.

Lentämisen kokonaispäästöt ovat edelleen maantie- ja meriliikenteen päästöihin verrattuna vähäiset. Hiilikuorman vähentäminen on maanpinnalla lisäksi helpompaa kuin taivaalla. Lentämisen symbolinen merkitys on kuitenkin suuri, ja siksi se herättää voimakkaita sekä arvostelevia että puolustelevia reaktioita.[716]

Laskentatavan mukaan lentoliikenne tuottaa noin 2,5 prosenttia koko maailman CO2-päästöistä. Niistä kansainvälisen lentoliikenteen osuus on 1,3 prosenttia. Vuonna 2015 maailman lentoliikenne kulutti noin 7 prosenttia maailman senhetkisestä öljyntuotannosta.[717] Koko maailmanlaajasta päästökuormituksesta liikenteen osuus on noin 25 prosenttia, josta puolestaan lentämisen rasite on 4–6 prosenttia.[718] Vaikka ilmailun osuus maailman liikennekuormasta on siten vielä maltillinen, huolestumista ovat herättäneet lentoteollisuuden nopea kasvu ja sen seurausvaikutukset.[719] 2010-luvulta alkaen lentomatkustamisen määrä on kasvanut vuosittain noin 5 prosenttia, ja samaan aikaan lentäminen on jatkuvasti halventunut. Keskimääräisen lentomatkan hinta on puolittunut viimeisen 20 vuoden aikana, mikä on vaikuttanut voimakkaasti matkustajamääriin.[720] Ennen vuoden 2020 alussa levinnyttä pandemiaa laskettiin, että lentomatkustamisen päästöt tulisivat kaksinkertaistumaan vuoteen 2050 mennessä, mikäli tehokkaisiin vähennystoimiin ei ryhdyttäisi.[721]

ICAO on ottanut vakavasti Pariisin sopimuksen velvoitteet ja ilmastopaneelin suositukset. Välittömästi ilmastosopimuksen jälkeen ICAO päätti ympäristötavoitteistaan, joiden tuli ohjata lentoliikenteen kehitystä.[722] Järjestö perusti vuonna 2016 lentoliikenteen hiilidioksidipäästöjen vähentämiseen ja kasvusta aiheutuvien taakkojen hyvittämiseen keskittyvän järjestelmän (*Carbon Offsetting and Reduction Scheme for International Aviation*, CORSIA).[723] Järjestelmän myötä liikenneilmailussa päätettiin ottaa käyttöön maailmanlaajuinen ja markkinaehtoinen päästöjen hyvitysjärjestelmä (*Global Market-Based Measure*, GMBM).[724]

Päätöstä voidaan pitää historiallisena. Kyseessä on ensimmäinen kokonaista elinkeinoelämän sektoria koskeva globaali ratkaisu, jossa päästöjä on tarkoitus vähentää markkinaehtoisen järjestelmän kautta. Tavoitteena on lentoliikenteen hiilineutraali kasvu vuodesta 2020 alkaen ja pitkällä aikavälillä päästöjen puolittaminen vuoden 2005 tasosta vuoteen 2050 mennessä. Keinoina päästöjen vähentämiseen ovat energiatehokas lentotoiminta, teknologian kehittäminen sekä vaihtoehtoisten ja uusiutuvien polttoaineiden käyttö. Tavoitteiden yksityiskohtaiset määritelmät on lisäksi kirjattu Chicagon sopimuksen ympäristönsuojelua koskevaan Liitteeseen 16 (*Annex*).[725] EU:n päästökauppaan lentoliikenne siirtyi ensimmäisenä liikennemuotona jo vuonna 2012.[726]

Ilmailu ja ympäristöystävälliset käyttövoimat

Lentoliikenteen päästöjen vähentäminen ei ole kuitenkaan yksinkertainen tehtävä. Öljypohjaisten polttoaineiden korvaaminen pitkän matkan lennoilla on nykytekniikalla toistaiseksi mahdotonta. Öljyn energiatiheys on ylivoimaisen suuri vaihtoehtoisiin energialähteisiin verrattuna. Päästöjä on kuitenkin mahdollista pienentää olennaisesti, mutta se edellyttää vaativaa tutkimus- ja kehitystyötä. Helpoimmin energiankulutusta voi vähentää liikennemäärien vähentämisellä ja tarkoituksenmukaisilla lentomenetelmillä. Jälkimmäisiä ovat esimerkiksi mahdollisimman suorat reittivalinnat, optimaaliset nousut reittikorkeuteen ja jatkuvan liu'un periaatteella tapahtuvat loppulähestymiset laskua varten.[727] Huonolla hyötysuhteella maassa tapahtuva rullaus olisi sekin järjestettävissä nykytekniikalla energiatehokkaammin.[728]

Lentokonetekniikkaan kohdistuvat uudistukset ovat vaativia. Uudistukset tähtäävät koneiden painon keventämiseen sekä aerodynamiikan ja moottoriteknologian parantamiseen. Samalla uudistusten tulisi täyttää vaativat turvallisuus- ja sertifiointimääräykset.

Painon vähentäminen edellyttää uusien komposiittimateriaalien käyttöä sekä korkeatasoista suunnittelua, jotta kevyiden rakenteiden turvallisuus taataan. Modernit rakenteet edellyttävät entistä huolellisempaa käsittelyä. Esimerkiksi maahuolinnassa tapahtuvien kolhujen korjaaminen on perinteisiin rakenteisiin verrattuna vaativampaa. Aerodynamiikan parannukset näkyvät muun muassa entistä pidempinä ja kapeampina siipinä sekä kärkipyörteitä vähentävien siipiulokkeiden (*winglet*) lisääntymisenä.[729]

Moottoriteknologian kehittyminen on sekin heijastunut lentokoneiden ulkoasuun. Modernit niin sanotut ohivirtausmoottorit (*high-bypass turbofan*) ovat jopa yli puolet taloudellisempia kuin muutaman kymmenen vuoden takaiset konstruktiot. Samalla moottoreiden käyntiäänestä on tullut hiljaisempi.[730] Lentomelun vähentämisestä on tullut keskeinen tavoite. Joissakin tapauksissa se merkitsee kompromissien tekemistä ympäristöystävällisyyden ja optimaalisten lentomenetelmien välillä. Esimerkiksi Helsinki-Vantaalla suositaan iltaisin melusyistä sivukiitotien käyttöä laskuihin, vaikka esimerkiksi tuuliolosuhteiden vuoksi pääkiitotiet voisivat olla parempi vaihtoehto.[731]

Lentämisen energiatehokkuus onkin kehityksen myötä parantunut. Yhtä matkustajaa kohden hiilijalanjälki on pienentynyt vuosittain noin 2,8 prosenttia.[732] Ilmastopaneelin raportin mukaan viimeisten vuosikymmenten aikana kehittynyt ilmailuteknologia on vähentänyt lentokoneiden polttoaineenkulutusta noin 20–30 prosenttia. Jatkossa on odotettavissa, että energiatehokkuus paranee edelleen ja vähennykset voivat olla jopa 40–50 prosenttia. Näihin tavoitteisiin pääseminen edellyttää kattavia poliittisia päätöksiä sekä paikallisella että globaalilla tasolla.[733] ICAO:n arvio on, että vuoteen 2037 mennessä puhtaasti teknologisin parannuksin olisi realistista saavuttaa 21–26 prosentin lentopolttoaineen kulutuksen vähennys vuoden 2019 tasoon verrattuna.[734]

Automaailmasta tuttu sähköteknologia on tulossa myös ilmailun käyttöön. Pidemmillä reiteillä tarvittavan sähkön varastointi ei toistaiseksi ole kuitenkaan mahdollista. Parhaidenkin akkujen ominaisenergia painossa mitattuna on alle 2 prosenttia nykyisistä lentopolttoaineista. Lentokerosiinin energiamäärä on siis noin 60 kertaa suurempi kuin vastaavan painoisen akun. Toisin kuin polttoaineiden kohdalla, akkuenergian paino ei myöskään vähene käytön myötä. Sähkökäyttöisten koneiden on siis pystyttävä sekä nousemaan että laskeutumaan maksimipainoissaan.[735]

Lyhyillä reiteillä saattaa ilmailun sähköistyminen vähentää hiilidioksidipäästöjä kuitenkin merkittävästi. Norjan lentoliikennepalveluista vastaava Avinor on yhdessä kansallisen ilmailuviranomaisen kanssa julkistanut vuonna 2018 suunnitelman, joka mukaan maassa lennetään ensimmäiset reittilennot sähkökäyttöisellä kalustolla vuonna 2030. Kaikki Norjan kotimaan lentoreitit on suunnitelman mukaan tarkoitus operoida sähkökalustolla vuoteen 2040 mennessä.[736] Kehitystä ennakoi Euroopan ilmailuviranomaisen kesäkuussa 2020 myöntämä maailman ensimmäinen tyyppihyväksyntä sähkökäyttöiselle pienkoneelle.[737]

Ennen uuden moottoriteknologian käyttöönottoa ilmailun ympäristöpäästöjä yritetään kansainvälisesti suitsia siirtymällä enenevässä määrin biopolttoaineiden käyttöön. Kansainvälisen ilmastopaneelin mukaan biopolttoaineet ovatkin tällä hetkellä tarkoituksenmukaisin menetelmä vähentää hiilikuormitusta pitkien matkojen lentoliikenteessä. Ne soveltuvat käytettäväksi nykyään käytössä olevassa kalustossa, ja niiden ominaisenergia on suuri. Niiden avulla hiilidioksidipäästöjä voidaan vähentää jopa 80 prosenttia fossiilisiin polttoaineisiin verrattuna.[738] Biopolttoaineiden käytön ympäristöystävällisyys riippuu kuitenkin olennaisesti niiden valmistuspaikasta sekä tuotantoprosessin ekologisuudesta. Myös hinta on nykyisin polttoaineisiin verrattuna selvästi korkeampi.[739]

Biopolttoaineen rinnalla uutena vaihtoehtona on sähkön avulla vedestä hajotetusta vedystä ja hiilidioksidista valmistettu niin sanottu sähköpolttoaine (PtL, PtX). Se soveltuisi käytettäväksi nykyisissä voimalaitteissa, ja yleistyminen mahdollistaisi lähes päästöttömän globaalin lentoliikenteen. Näiden polttoaineiden valmistamisen teknologiaa on Suomessa kehitetty erityisesti LUT-yliopistossa. PtL-polttoaineiden ekotehokkuus riippuu olennaisesti siitä, kuinka niiden valmistamisen vaatima suuri sähköenergia on tuotettu. Tuulivoiman tuotantokustannusten laskeminen voisi tehdä valmistamisesta kilpailukykyistä. Kansainvälisten arvioiden mukaan sähköpolttoaineet vaikuttaisivat lentoliikenteen päästöjen vähentämiseen aikaisintaan 2030-luvulta alkaen.[740]

Suurten lentokoneiden ja pitkien matkojen lentämisessä katseet ovat kääntyneet myös vetypolttoaineen suuntaan. Nesteytetyn vedyn energiatiheys on suuri, ja sen voimin voidaan pyörittää tehokkaita sähkömoottoreita tai turbiineja siten, että päästöinä on lähinnä puhdasta vettä. Vetyenergia on vahvana vaihtoehtona muun muassa Airbusin strategiassa kehittää hiilidioksidivapaa matkustajakone vuoteen 2035 mennessä.[741] Oravasaari (2020) katsoo, että vähäpäästöisessä lentämisessä sähkö- ja biopolttoaineita tullaan hyödyntämään lähinnä lyhyillä matkoilla. Vetykoneiden luontevin potentiaali on suurissa lentokoneissa ja suurten kenttien välisessä liikenteessä. Niille on helpompaa ja edullisempaa rakentaa vedyn edellyttämät kalliit tankkausjärjestelyt.[742]

Vaihtoehtoiset energialähteet ja turvallisuus

Uusi moottoriteknologia ja uudet polttoaineet ovat ilmailussa väistämättä myös turvallisuuskysymys. Erityisesti täyssähköisten ja hybridikoneiden kehittäminen edellyttää ilmailuturvallisuusviranomaisten perusteellisia ja vuosia kestäviä sertifiointiprosesseja. Uuden sähköteknologian vaativuutta kuvaavat hyvin ongelmat, joita kohdattiin Boeing 787 Dreamliner -matkustajakoneen tehokkaiden apulaiteakkujen käyttöönotossa.

> *Vuoden 2013 tammikuussa tapahtui All Nippon Airlinesin ja Japan Airlinesin Boeing 787 Dreamliner -koneella kaksi vaaratilannetta. Uuden polven matkustajakone oli saanut hieman aikaisemmin tyyppihyväksynnän, ja moderniin rakenteeseen kuuluivat osana kevyet ja tehokkaat litium-ioni-akut.*

Kummassakin tapauksessa nämä koneen akut ylikuumenivat ja tuottivat matkustamoon savua. Suuren ominaisenergian sisältävien akkujen ongelmat olivat siinä määrin vakavia, että FAA määräsi 16.1.2013 maailmanlaajuisesti kaikki B787-koneet lentokieltoon, joka kesti aina 11.4.2013 asti. Turvallisuustutkinnassa kiinnitettiin huomiota akkujen laaduntarkkailun lisäksi sertifiointiprosessiin ja sen puutteellisuuksiin.[743]

Dreamliner-koneiden akkuongelmat paljastivat, kuinka teknisesti vaativaa suurten sähköenergiamäärien varastointi on. Kysymyksessä oli kuitenkin vain sähköisen ohjausjärjestelmän vaatiman virran varastointi. Vaatimukset ovat toista luokkaa, kun on kyse koko koneen liikuttamiseen tarvittavista energiamääristä. Kaupallisen lentoliikenteen edellyttämät pitkälliset sertifiointiprosessit saattavatkin hidastaa merkittävästi sähköistymiskehitystä.[744] IATA:n optimistisen arvion mukaan täyssähköiset matkustajakoneet voisivat lentää noin 400–500 kilometrin matkoja aikaisintaan 2035–2050.[745]

Vetyteknologiassa suurimmat vaikeudet koskevat sähkön tavoin energian varastointia. Vety voidaan varastoida joko paineistettuna kaasuna tai nesteytettynä. Kriittisiä tekijöitä ovat varastoidun vedyn massa suhteessa varastoinnin vaatimaan kokonaismassaan (gravimetrinen kapasiteetti) tai kaasun määrä annetussa tilavuudessa (volumetrinen kapasiteetti). Lentokoneissa kyseeseen tulisi lähinnä varastoiminen painesäiliöissä, mikä edellyttää erittäin kovia paineita (jopa 700 baaria) kestäviä säiliöitä.[746] Varastointihaasteet ovat siten samanlaisia kuin sähköenergian kohdalla. Vedyn räjähdysherkkyys on lisäksi kriittinen turvallisuustekijä.

Ilmastokuorman vähentämisessä helpoimmin käyttöönotettavia ovat bio- ja synteettiset sähköpolttoaineet. Lentoturvallisuuden kannalta nekin toki vaativat sertifiointia ja varastoinnin erityisjärjestelyjä. Uusiutuvien polttoaineiden on läpäistävä käytössä oleva hyväksyntämenettely, jolloin niitä voidaan sekoittaa perinteisiin fossiilisiin polttoaineisiin.[747] Esimerkiksi suomalaisen Neste Oy:n niin sanotulla HEFA-menetelmällä valmistettua uusiutuvaa lentopolttoainetta voidaan sekoittaa 50 prosenttia fossiilisen kerosiinin joukkoon.[748] Sähköpolttoaineiden kohdalla turvallisuushyväksyntöjen saaminen olisi verrattain yksinkertaista, koska niihin sovelletaan nykyisten biopolttoaineiden standardoimisvaatimuksia.[749]

Turvallisuus, taloudellisuus ja ekotehokkuus

Lentoliikenteen kehittämisestä on perinteisesti hallinnut kaksoisstrategia, joka on ilmaistu Chicagon sopimuksessa vuodelta 1944. Alkuperäinen sopimuksen tavoitteena oli kehittää kansainvälistä siviili-ilmailua siten, että turvallisuus ja taloudellisuus edellyttävät toisiaan ja ovat tiiviisti sidoksissa toisiinsa.[750] Viimeisinä vuosikymmeninä tästä dialogista on muodostunut trilogia, kun turvallisuuden ja talouden rinnalle on tullut kolmantena vaatimus ekotehokkuudesta.

Ilmailun kohdalla ekotehokkuus riippuu ratkaisevasti siitä, millaiset ovat maantieteelliset olosuhteet, millaista kalustoa käytetään ja mitä kuljetetaan. Yksi malli ekotehokkuuden mittaamiseen on saksalaisen Wuppertal-instituutin 1990-luvulla esittelemä MIPS-indikaattori (*Material Input Per Service Unit*), jolla pyritään ilmaisemaan tuotteen tai palvelun koko elinkaarenaikainen luonnonvarojen kulutus verrattuna sen tarjoamaan hyötyyn.[751]

MIPS-mittaaminen osoittaa, että eri liikennemuotojen ekotehokkuus ei ole yksiselitteinen asia. Ilmailu edellyttää vähän maapinta-alaa ja maapalveluiden ylläpitoa. Liikennemuotona lentäminen vertautuu siten lähinnä laivaliikenteeseen. MIPS-mittarilla arvioituna lentäminen voi olla ekotehokas liikennemuoto, kun on tarve kuljettaa kevyitä kuormia nopeasti ja joudutaan ylittämään hankalia maastoja. Tämä käy ilmi myös Suomen liikennejärjestelmän ympäristövaikutuksia arvioivassa tutkimuksessa.

> *Vertailut osoittavat, että liikennemuotojen välillä on eroja ja liikennemuodon valinnalla voidaan siten saavuttaa säästöjä luonnonvarojen käytössä. Yleismalkaisella vaatimuksella ajoneuvo- ja lentoliikenteen korvaamisesta raide- ja laivaliikenteellä ei kuitenkaan ole luonnonvarojen käytön kannalta kattavia perusteita.*[752]

Yhdysvalloissa on käynnistetty *Trajectory Based Operations* (TBO) -hanke, jolla pyritään joustavaan reitinvalintaan ja samalla mahdollisimman kokonaistaloudelliseen lentämiseen.[753] Euroopan tasolla samaan tavoitteeseen pyritään luomalla järjestelmä, jossa lennonvarmistuspalvelut eivät olisi enää sidottuja vain tiettyyn paikkaan.[754] Periaatteiden käytännön toteutuksesta vastaa SESAR-ohjelma, joka perustu tehokkaaseen automaatioon ja digitalisaatioon sekä eurooppalaisen Galileo-paikannusjärjestelmän hyödyntämiseen. [755] Vuonna 2020 julkaistu Eurocontrolin *The FLY AI* -raportti luettelee peräti 24 erilaista tekoälyn varaan rakentuvaa ilmailun ja lennonjohdon ohjausjärjestelmien kehityshanketta.[756]

Aivan erityinen ilmastotekijä ilmailussa on lentosää ja sen mahdollisimman tarkka ennustaminen. Ilmailumeteorologia on vaikuttanut ratkaisevasti yleisen meteorologian kehittymiseen. Huomio on keskittynyt erityisesti lyhyen ajan muutoksiin ja poikkeusilmiöiden ennustamiseen. Suomi on ollut varhain tämän kehityksen kärjessä.

Professori Vilho Väisälän kehittämä ilmakehän lämpötilaa, kosteutta, painetta ja tuulta havaitseva radiosondi oli merkittävä keksintö 1930-luvulla. Ylempien ilmakerrosten merkitys lisääntyi, kun kasvava lentoliikenne tarvitsi ja vaati päivittäisiä lentosäätiedotuksia. Helsingin Malmin lentoaseman päämeteorologina vuonna 1936 työnsä aloittanut FM Aili Nurminen tuli puolestaan kansainvälisesti tunnetuksi ilmailumeteorologian asiantuntijana. Miesten hallitsemassa maailmassa "Die Nurminen" nimellä tunnettu meteorologi herätti erityisesti Saksassa ja Yhdysvalloissa huomiota, kun hän vuonna 1955 väitteli ensimmäisenä naisena maailmassa tohtoriksi meteorologian alalta.[757]

Nurmisen ja Väisälän ajoista ilmailumeteorologian kehitys on ollut vahvaa ja tarjonnut osaltaan edellytykset taloudellisesti kestävälle ja turvalliselle toiminnalle kriisiherkässä ympäristössä.

Lentoturvallisuuden parantamisessa saavutettu menestys on antanut esimerkkejä myös muille turvallisuuskriittisille toimialoille. Ilmailun turvallisuusmalleja ja toiminnan periaatteita on hyödynnetty erityisesti sairaaloiden leikkaussaleissa 2000-luvulla.

4.2 Ohjaamoista mallia sairaaloihin

Jokainen kirurgi kantaa mukanaan pientä hautausmaata, johon hän aika ajoin vetäytyy rukoilemaan. Kyseessä on katkeruuden ja katumuksen paikka, jossa hän pyrki etsimään syitä tietyille epäonnistumisilleen.

René Leriche (1951)[758]

Tunnettu brittiläinen neurokirurgi Henry Marsh lainaa artikkelissaan ranskalaisen kolleganſa René Lerichen ajatusta. Marsh on tullut tunnetuksi päivätyönsä lisäksi kirjoistaan ja julkisista esiintymisistään, joissa hän on avoimesti kertonut uralleen mahtuneista onnistumisista ja epäonnistumisista.[759] Kirjoittajan tunnustukset kertovat tapahtuneesta ajattelutavan muutoksesta. Terveydenhuollon riskit ja potilasvahingot ovat nousseet keskusteluun 2000-luvulle tultaessa, ja ne ovat herättäneet tutkijoiden, päättäjien ja suuren yleisön huomion. Osana tätä kehitystä on ollut se, että terveydenhoidon piirissä työskentelevät ovat rohkaistuneet entistä avoimemmin käsittelemään työssään kokemiaan vastoinkäymisiä. Mallia tähän on saatu ilmailun turvallisuuskulttuurista ja erityisesti poikkeamien raportointimenetelmistä.

Keskustelun merkittävänä avaajana oli vuonna 1998 Yhdysvalloissa perustettu kansallinen komitea, jonka tavoitteena oli parantaa terveydenhoidon laatua.[760] Työn taustalla oli karu havainto potilasvahinkojen jatkuvasta kasvusta. Laajassa 34 miljoonaa potilaskertomusta käsittävässä tutkimuksessa paljastui, että laskentatavan mukaan Yhdysvalloissa kuoli vuosittain 44 000–98 000 henkilöä erilaisten potilasvahinkojen seurauksena. Määrä on suurempi kuin mitä vuosittain menehtyi yhteensä liikenneonnettomuuksiin, rintasyöpään ja AIDSiin.[761]

Erehtyminen on inhimillistä

Komitea julkaisi vuonna 2000 raporttinsa *To Err is Human*, joka jo nimessään viittasi vahinkojen taustalla vaikuttaneisiin inhimillisiin erehdyksiin.[762] Raportti tunnusti avoimesti, että terveydenhoidon turvallisuusajattelu ja käytännön toimet eivät olleet kehittyneet yhtä hyvin kuin muilla turvallisuuskriittisillä toimialoilla. Esimerkkinä mainittiin ilmailuturvallisuus, johon verrattuna yhdysvaltalainen terveydenhuollon turvallisuuskulttuuri oli "vuosikymmenen ellei enemmän jäljessä".[763]

Syitä tähän kehitykseen oli monia. Sairaalat ovat luonnollisesti paikkoja, joissa paranemisen ohella moni kohtaa matkansa pään. Lisäksi kuolema koskettaa pääsääntöisesti vain yhtä ihmistä ja hänen läheisiään eikä siten saa osakseen julkisuutta. Myös julkisuuslait ovat suojelleet potilasvahingoista tiedottamista ja niiden käsittelyä. Työntekijöitä sitova vaitiolovelvollisuus on sekin rajoittanut mahdollisuuksia virheistä raportointiin.[764] Tämä kaikki on johtanut siihen, että vahingot ovat jääneet suurelta osin julkisuudelta pimentoon eikä käytäntöjen muuttamiseen ole kohdistunut riittävää yhteisöllistä painetta. Kun yhdysvaltalainen potilasvahinkoyhdistys teki vuonna 1997 haastattelukyselyn sairaalaturvallisuudesta, vastaajat arvioivat tilanteen kohtuullisen hyväksi ja turvallisuusriskien olevan samaa luokkaa kuin lentoliikenteessä.[765] Kuitenkin Yhdysvaltojen potilasvahinkojen määrä merkitsi vuosituhannen vaihteessa laskentavasta riippuen Wachterin (2004) mukaan "jumbojetin tai Greyhound-bussillisen verran menehtyneitä joka päivä".[766]

Raportti toi ongelman näkyväksi ja ehdotti samalla parannusehdotuksia tilanteen korjaamiseksi. Keskeisenä suosituksena oli kaupallisen ilmaliikenteen turvallisuusmallien soveltaminen sairaalaympäristöön. Niitä olivat muun muassa poikkeustilanteiden ja erehdysten systemaattinen raportointi, työntekijöiden yhteistoiminnan parantaminen sekä avoimen toimintakulttuurin vahvistaminen. Terveydenhuollolla ja ilmailulla nähtiin monia yhteisiä tekijöitä. Kumpikin edustaa turvallisuuskriittistä toimintaa, ja kummallekin ovat ominaisia korkeasti koulutetut sekä vahvasti motivoituneet työntekijät. Yhteistä on myös se, että tasokkaasta koulutuksesta ja vahvasta ammatillisesta eetoksesta huolimatta ammattilaiset tekevät väistämättä myös virheitä.[767] Raportti totesi, ettei henkilökunnan syyttäminen kuitenkaan ratkaise ongelmia.

Yksityisten työntekijöiden syyttäminen ei muuta tosiasioita, ja samat virheet tapaavat toistua. Virheiden estäminen ja turvallisuuden parantaminen edellyttävät järjestelmätasoista lähestymistapaa, jonka tavoitteena on muuttaa edellytyksiä, jotka synnyttävät virheitä. [...] Ongelma eivät ole huonot ihmiset; ongelma on se, että järjestelmän tulee olla turvallisempi.[768]

Ensimmäinen askel terveydenhuollon järjestelmäturvallisuuden parantamisessa oli tehokkaan raportointijärjestelmän luominen. Mietintö ehdotti, että sairaalamaailmaan luotaisiin vastaavanlainen vapaaehtoinen ja luottamuksellinen poikkeustapahtumien palautejärjestelmä kuin mikä on käytössä kaupallisessa ilmailussa. Ilmailun palautejärjestelmä (ASRS) oli osoittautunut tehokkaaksi ja tarpeelliseksi. Vuosituhannen vaihteessa yksistään Yhdysvalloissa järjestelmän kautta välitettiin vuosittain yli 30 000 turvallisuusilmoitusta. Nämä ilmoitukset analysoitiin ja jaettiin tiedoksi yli 85 000 ilmailun ammattilaiselle.[769]

To Err is Human -raportti painotti samalla, että terveydenhuollon turvallisuushaasteet ovat luonteeltaan poikkeuksellisia eikä niihin voi suoraan soveltaa sen enempää ilmailun kuin teollisten valmistusprosessien turvamääräyksiä. Potilaat ovat eläviä ihmisiä, joiden tilanteet ja olosuhteet muuttuvat nopeasti. Prosessit on pystyttävä mukauttamaan nopeisiin muutoksiin, ja samalla on kyse vaativasta ihmisten välisestä vuorovaikutuksesta.

Vaikka lentoliikenne ei vastaakaan olemukseltaan usein ennakoimattomia biologisia järjestelmiä, siinä kohdattavat vaativat tilanteet muistuttavat monelta osin intensiivistä sairaalatyötä. Esimerkkinä tällaisista nopeaa reagointia edellyttävistä toimintaympäristöistä raportti esitti suuren lentotukialuksen toiminnan ja sitä ohjaavan turvallisuuskulttuurin.[770] Kyseessä on poikkeuksellisen vaativa toimintaympäristö, jossa ”miljoonat onnettomuudet odottavat toteutumistaan”, mutta jossa on kuitenkin pystytty saavuttamaan korkea turvallisuustaso.[771]

Sairaalan tehohoitoyksikön tai leikkaussalin toiminta muistuttaa lentotukialuksen nopeasti muuttuvaa ja tiivistä yhteistyötä vaativaa toimintaympäristöä. Weick et al. (1993) mukaan kummankin menestyksellinen toiminta rakentuu kollektiivisen mielen varaan. Kyseessä on vaativien teknisten järjestelmien kanssa työskentelevien ihmisen joukko, joka toteuttaa monimutkaista tehtävää ja jossa yksilöt suhteuttavat toimintansa toinen toisiinsa joustavalla ja älykkäällä tavalla. Kollektiivisen mielen toimintaa ei voi ymmärtää vain tarkastelemalla yksittäisten henkilöiden toimintaa. Toiminta on sen sijaan keskinäisesti riippuvaista, ja se mahdollistaa nopean ja tehokkaan reagoimisen muuttuviin tilanteisiin. Toiminta muistuttaa tekoälyn yhteydessä käytettyjä neuroverkkoja. Niissä signaali kykenee esteitä kohdatessaan löytämään vaihtoehtoisen ja korvaavan väylän.[772]

Raportin tulokset johtivat käynnistämään vuonna 2004 kansallisen kampanjan (*100 000 Lives Campaign*) potilasturvallisuuden parantamiseksi. Kampanjassa keskityttiin muun muassa leikkausta edeltäviin palavereihin sekä potilaan identiteetin ja operaatioiden yksinkertaiseen varmistamiseen. Parin vuoden päästä mitatut tulokset osoittivat jopa 120 000 potilasvahingon vähennystä [773]. Raportti ja onnistunut kampanja lisäsivät kiinnostusta tutkia ilmailun turvallisuuskäytäntöjen käyttöä potilasturvallisuuden parantamiseen. Esimerkkiä näyttivät nukutuslääkärit, jotka olivat jo 1990-luvun alusta soveltaneet ilmailun turvallisuuskäytäntöjä omaan työhönsä.

Kriisien hallintaa yhteistoiminnalla

> *Turvallisen lennon varmistamiseksi liikennelentäjän täytyy luottaa maapalveluhenkilökuntaan, miehistöönsä ja lennonjohtajiin. Samoin kirurgi on vastuullisen hoitotiimin olennainen, mutta ei suinkaan yksin toimiva jäsen.*
>
> *WHO Surgical Safety Checklist (2008)*[774]

Ilmailun turvallisuuskulttuurin yksi merkittävistä uudistuksista oli miehistöyhteistyökoulutuksen (CRM) käynnistyminen 1980-luvulla. Vuosikymmenien aikana koulutus kehittyi ja miehistöyhteistyöstä muodostui olennainen osa liikenneilmailun turvallisuusajattelua. Tehokkaaksi osoittautunut koulutus kiinnosti jo varhaisvaiheessaan erityisesti sairaaloiden nukutuslääkäreitä. Anestesiologit olivat ensimmäisten joukossa hyödyntämässä Charles Perrow'n (1987) normaalionnettomuuksien teoriaa ja James Reasonin systeemiturvallisuuden malleja sekä osittain niiden pohjalle rakentuvaa CRM-koulutusta.[775]

Stanfordin yliopiston anestesiologian professori ja bioläöketieteen insinööri David Gaba kuvaa, kuinka Perrow'n *Normal Accidents* -kirja avasi hänen silmänsä näkemään normaalionnettomuuksien teorian vahvuudet. "Se oli kuin suoraan anestesiasta."[776] Samaan aikaan hän tutustui ensimmäisiin käytössä oleviin ilmailun yhteistyömalleihin. Yhdessä Stanfordin yliopiston tutkijakollegoiden kanssa Gaba lähti kehittämään anestesiaan sopivaa CRM-koulutusta. Tarkoitus oli yhdistää ilmailukoulutuksesta kertyneet kokemukset Perrow'n teoriaan inhimillisten virheiden synnystä ja niiden estämisestä.[777] Gaban mukaansa ilmailussa ja anestesiahoidossa oli paljon samoja kriittisiä tekijöitä. Lentäjät tuntevat anestesiologien tavoin tilanteet, joissa "tuntien tapahtumattomuutta seuraavat lyhyet kauhun hetket". [778]

Stanfordin työryhmän ensimmäisenä tuloksena syntyi vuonna 1990 leikkaussaleihin tarkoitettu virheidenhallintamalli. Englanninkielisessä nimessä *Anesthesia Crisis Resource Management* (ACRM) miehistöä tarkoittava *crew* oli korvattu lääkäreille tutummalla sanalla *crisis.* Koulutuksen periaatteet ja sisällöt oli kuitenkin lainattu vahvasti ilmailumaailmasta. Koulutus sisälsi paineiden ja tilannetietoisuuden hallintaa, vuorovaikutuksen ja tiimiajattelun vahvistamista sekä inhimillisten virheiden ja heikkouksien tunnustamista.[779] Erityisen merkittäväksi osoittautui simuloidun harjoituksen 40 minuuttia kestänyt palauteosuus, johon lääkäreiden ohella osallistuivat myös muut anestesiaryhmän jäsenet.[780]

ACRM ei jäänyt vain teoreettiseksi opiskeluksi, vaan työryhmä halusi kytkeä koulutuksen kiinteästi käytännön työhön. Tämä toteutettiin ilmailukoulutuksesta tutulla LOFT-mallilla, jossa jäljitellään reittilennolla ilmeneviä ja nopeaa ratkaisua vaativia tehtäviä. Koulutuksen tueksi työryhmä kehitti 1990-luvun alussa erityisen anestesiasimulaattorin. Se sisälsi leikkaussalivarustuksen lisäksi keinotekoiseen potilashahmoon sekä tietokoneohjaukseen perustuvan poikkeamatapahtumien simuloinnin. Koulutukseen kuului rooliharjoituksia, joihin osallistui koko anestesiaryhmä hoitajat ja tekninen henkilökunta mukaan lukien.[781] Läheistä yhteyttä ilmailuun kuvastaa se, että ensimmäisen anestesiasimulaattorin rakentajana oli CAE-Link-konserni, jonka historiaan kuuluu alkuperäisten Link Trainer -lentosimulaattoreiden valmistaminen.[782] Lisäksi koulutuskokonaisuus suunniteltiin yhteistyössä NASAn tutkimuskeskuksen kanssa.[783]

Stanfordin tutkimusryhmän ohella muuallakin kiinnostuttiin ilmailun yhteistyömallien ja simulaattorikoulutuksen hyödyntämisestä sairaalamaailmassa. Baselin yliopiston kantonisairaalassa työskentelevä Hans-Gerhard Schaefer oli 1990-luvun alussa tutustunut Robert L. Helmrichin tutkimusryhmään. Hänen johdollaan luotiin vuonna 1995 myös Baseliin kokonainen leikkaussalisimulaattori, jossa oli mahdollista harjoitella vaativia anestesiologian ja kirurgian menetelmiä.[784]

Simulointi on vähitellen tullut käyttöön terveydenhuollossa. Samalla on syntynyt tarve laatia ilmailun mallin mukaan sertifiointijärjestelmiä, joilla varmistetaan ammattitaidon jatkuva ylläpito. Yhdysvalloissa on ollut muun muassa vuodesta 2007 alkaen käytössä anestesialääkäreiden säännöllinen simulaattoripohjainen CRM-koulutus, johon osallistuminen on edellytyksenä leikkaussalikelpoisuuden ylläpitämiseen. Käytäntö vastaa lentäjiltä vaadittavia säännöllisiä koulu- ja tarkastuslentoja.[785] Anestesiologian piirissä syntynyt yhteistyö- ja kommunikaatiokoulutus on sittemmin laajentunut ja koulutuskokonaisuuksista on kehitetty myös rekisteröityjä tavaramerkkejä (mm. *MedTeam, TeamSTEPPS*).[786] Euroopassa anestesian potilasturvallisuuden kehittäminen on kirjattu erityisesti vuonna 2010 Helsingissä allekirjoitettuun sopimukseen (*The Helsinki Declaration on Patient Safety in Anaesthesiology*).

Simulaattoriharjoitukset osoittivat, kuinka keskeistä leikkaussalin nopeasti vaihtuvissa kriisitilanteissa on työntekijöiden välisen kommunikaation onnistuminen. Vuonna 2003 tehdyssä laajassa tutkimuksessa paljastui, että vakavissa ja potilaan menehtymiseen johtaneissa hoitovirheissä 60 prosenttia johtui juuri kommunikaatio-ongelmista.[787] Nämä viestintävaikeudet selittyvät monista erilaista tekijöistä. Lindgard et al. (2004) mukaan osassa leikkaussalien kommunikaatiovaikeuksia taustalla on usein valmistelupalaverien riittämättömyys ja aidon vuorovaikutuksen puute. Viestintä on saatettu kokea yksisuuntaiseksi, reaktiiviseksi ja jännitteitä synnyttäväksi.[788] Tilannetta ei ole helpottanut se, että leikkaussalissa kuuluu erilaisia häiriöääniä. Jopa työntekijöiden käyttämät suojamaskit ovat saattaneet vaikeuttaa sekä sanallista että elekieleen tukeutuvaa viestintää.

Vaativissa operaatioissa, esimerkiksi sydän–keuhko-koneen kytkemisessä potilaaseen, sairaaloissa on totuttu noudattamaan ilmailumaailmasta tuttuja vakiotoimintamenetelmiä (SOP) sekä erilaisia avainsanoihin liittyviä muistisääntöjä.[789] Erona ilmailuun on kuitenkin yhteisen fraseologian puute ja tavat, jolla kieltä käytetään. Gordon et al. (2013) kiinnittävät huomiota, että erityisesti yhdysvaltalaisessa sairaalamaailmassa on tarkkaan erotettu sairaanhoitajien ja lääkärien käyttämän kielen ilmaisut. Sairaanhoitajien ei ole luvallista tehdä diagnooseja ja tukeutua lääketieteellisiin termeihin. Siksi he eivät voi esimerkiksi sanoa, että ”potilaalla on hallusinaatioita”, vaan ainoastaan kuvata, kuinka ”potilas näkee pieniä valkoisia norsuja”. Nämä rajoitukset vaikuttavat voimakkaasti leikkausalin kommunikatiiviseen ilmapiiriin ja ovat omiaan erottamaan tehokkaasti tiimin jäsenet toisistaan.[790]

Ilmailussa käytäntö on puolestaan ollut päinvastainen. Turvallisuuskulttuurissa on pyritty voimakkaasti luomaan globaali ja tarkasti hyväksyttyyn fraseologiaan perustuva yhteinen ilmailuenglanti (*airspeak*). Kommunikaatiota on parannettu toistoilla ja karsimalla häiriötekijöitä noudattamalla esimerkiksi steriilin ohjaamon periaatetta.

Ilmailun viestintäkulttuurista on anestesian yhteistyökoulutukseen tuotu eräitä keskeisiä onnistuneen kommunikaation perustekijöitä. Näitä periaatteita ovat muun muassa viestin selkeä kohdistaminen, epäilyksen ilmaiseminen ja toimintavaihtoehdon esittäminen. Samoin viestin perillemenon varmistaminen ja tarvittaessa toistaminen (*read back*), korjaavan palautteen antaminen ja rohkaisevan ilmapiirin vahvistaminen kuuluvat niihin.[791]

Ilmailussa kehittynyt fraseologia ja tiivistetty puheviestintä eivät luonnollisesti ole sellaisenaan sovellettavissa sairaalamaailmaan. Vaikeiden potilastapausten kanssa työskentelevät joutuvat kohtaamaan yllättäviä tilanteita, joihin ei ole olemassa selkeitä ohjeita eikä käskyjä.[792] Vaikka modernit matkustajakoneet ovat erittäin monimutkaisia teknisiä kokonaisuuksia, niiden toiminta on silti ennustettavampaa kuin hauraan ihmisruumiin. Gaba et al. (2015) toteavatkin osuvasti, että "toisin kuin ilmailun tai teollisuuden järjestelmät, ihmiset eivät ole suunnitelleet, rakentaneet eivätkä testanneet potilaita eikä heidän mukanaan tule myöskään käyttäjän ohjekirjaa".[793]

Erilaisuuksista huolimatta leikkaussalien viestintäkulttuurissa on opittavaa ilmailumaailmasta, erityisesti raportointikulttuurista. Rogers (2011) katsoo, että erityisesti ilmailun luottamuksellisella vaaratilanteiden raportointimallilla (CHIRP) olisi käyttöä sairaalamaailmassa.[794] Raportointijärjestelmät ovat siirtyneet sairaalamaailmaan kuitenkin melko hitaasti. Suomessa on käytössä sosiaali- ja terveydenhuollon vaaratapahtumien raportointijärjestelmä HaiPro.[795] Varsinkin lääkäreiden aktiivisuus palvelun käyttämiseen on Duodecim-lehden (2018) pääkirjoituksen mukaan ollut kuitenkin "valitettavan huonoa".[796] Raportointia on haitannut lisäksi epätietoisuus, minkälaisista poikkeamista on syytä tehdä ilmoitus sekä kuinka ilmoituksista tiedotetaan ja käytäntöjä muutetaan.[797]

Erehdysten ja poikkeaminen ilmoittaminen on ilmailussa osoittautunut keskeiseksi välineeksi turvallisuuden parantamisessa. Se on tarjonnut ainutlaatuisen määrän kokemusperäistä tietoa ja vienyt kehitystä eteenpäin. Samalla turvallisuusraportointi on muistuttanut, ettei kukaan ole virheetön, mikä puolestaan on vahvistanut yhteisöllisyyttä ja parantanut avointa kommunikaatiota.[798] Sandelin ja Roine (2018) ovat havainneet, että näiden arvojen merkitys ymmärretään yhä vahvemmin myös sairaalamaailmassa.

> *Syyllistämätön ja myönteinen toimintakulttuuri, jossa myös lääkärit uskaltavat avoimesti ilmoittaa virheensä ilman pelkoa jälkiseuraamuksista tai maineen tahriintumisesta, on siis välttämätön. Se mahdollistaa virheiden kautta oppimisen ja siten hoidon laadun parantamisen. Haittatapahtumien tutkimus on muutenkin vaikeaa, ja ilman luotettavaa tietoa haittatapahtumien määrästä emme pysty arvioimaan kehittämistoimenpiteiden vaikutusta.*[799]

Tarkistuslistoja tarvitaan sairaalassakin

Tarkistuslistojen käyttöönotto merkitsi myös suurta kulttuuristа muutosta. Se näkyi hoitoa koskevissa valtasuhteissa, vastuissa ja odotuksissa – ja sairaaloiden oli pakko tunnustaa tämä muutos.

Atul Gawande (2011)[800]

Yhdysvaltalaisen Johns Hopkins -yliopistosairaalan anestesiologi ja terveystieteiden tohtori Peter Provonost kiinnitti vuosituhannen vaihteessa huomiota sairaalassaan tapahtuviin tulehduksiin. Hän oli huomannut, että asennettaessa tehohoitoyksikössä katetria potilaaseen tapahtui helposti suojavälineiden unohduksia, joiden seurauksena potilas infektoitui. Näihin virheisiin oli vuosien varrella totuttu siitäkin huolimatta, että joissakin tapauksissa ne johtivat potilaan menehtymiseen.

Pronovost laati hoitoyksiköitä varten yksinkertaisen viiden kohdan tarkistuslistan, joka tuli käydä läpi ennen katetrin asettamista. Ajatuksen pelkistetyn tarkistuslistan laatimisesta hän oli saanut ilmailusta. Listassa kerrattiin hoitohenkilökunnan hyvin tuntemat asiat: kädet oli pestävä saippualla, potilaan iho puhdistettava antiseptisellä aineella, potilas suojattava riittävästi, kirurgien käytettävä steriilejä varusteita ja leikattava kohta suojattava asianmukaisesti.[801]

Sairaalassa oli toki aikaisemminkin ollut kirjalliset ohjeet katetrien asettamiseen, mutta materiaalia oli yli sata sivua ja keskeisten asioiden hahmottaminen siten vaikeaa. Pronovostin lista oli lyhyt, ja se sisälsi kaksi keskeistä uudistusta. Ensinnäkin siinä keskityttiin potilaan turvallisuuden kannalta kaikkein keskeisimpiin toimiin. Toiseksi uutta oli se, että sairaanhoitajien tehtävänä oli huolehtia listan läpikäymisestä ja tarvittaessa huomauttaa vastuulääkäreille mahdollisista unohduksista.[802]

Pronovostin tarkistuslista osoittautui heti ensikokemusten perusteella tehokkaaksi. Rohkaisevien kokemusten jälkeen hän päätti käynnistää kollegoidensa kanssa vuonna 2003 leikkaussalien turvallisuuteen keskittyvän tutkimushankkeen. Vuonna 2006 ilmestynyt tutkimus herätti mielenkiintoa, koska tulokset olivat hämmästyttävän hyviä. Tulosten mukaan ensimmäisten kolmen kuukauden aikana tehohoitoyksikössä saatujen tartuntojen määrä laski 66 prosenttia verrokkiryhmään verrattuna.[803] Gawande (2011) arvioi, että puolentoista vuoden tutkimusjakson aikana toimien tuloksena pelastettiin noin 1 500 henkeä ja säästettiin potilaskuluissa 174 miljoonaa dollaria.[804]

Pronovostin esimerkki motivoi myös muita yhdysvaltalaisia sairaaloita potilasturvallisuuden parantamiseen. Vuonna 2005 oli Ohion osavaltion Columbian lastensairaalassa havahduttu siihen, että jopa kolmannes umpisuolileikkauksessa olevista lapsipotilaista saattoi saada väärän määrän antibioottia. Oikea annostus unohtui helposti anestesiologien keskittyessä varsinaisiin nukutustoimenpiteisiin. Columbian lastensairaalan johtaja oli sekä kokenut sydänkirurgi että lentäjä. Hän halusi ottaa mallia ilmailusta ja laati Pronovostin tavoin yksinkertaisen tarkistuslistan leikkaussalien käyttöön.

Listan käyttö oli kuitenkin epäsäännöllistä, ja usein se unohtui. Johtaja kehitti ideaansa pidemmälle ja teetätti metallisen kannen, johon oli kaiverrettu lennonjohdon perinteisesti käyttämät sanat *cleared for takeoff* (selvä lähtöön). Sairaanhoitajan tehtävänä oli asettaa kansi leikkausveitsen päälle ja käydä valmisteluiden jälkeen tarkistuslista läpi. Kun varmistukset oli tehty, hoitaja poisti kannen skalpellin päältä. Se oli kuin lennonjohtajan antama virallinen lähtölupa – symbolinen merkki siitä, että kaikki oli kunnossa ja leikkaus voitiin aloittaa.[805]

Nämä eri puolilla Yhdysvaltoja toteutetut myönteiset kokeilut olivat taustalla, kun Maailman terveysjärjestö WHO aloitti vuonna 2008 leikkaussalien turvallisuuskampanjan *Safe surgery saves lives*.[806] Pyrkimyksenä oli estää haittatapahtumat, joita ei yksinkertaisesti saisi tapahtua ja jotka olisivat tehokkaasti vältettävissä. Näitä tapahtumia olivat esimerkiksi erehtyminen leikkauskohdasta, leikkausinstrumenttien unohtaminen potilaaseen tai vääränlaisen proteesin asentaminen.

WHO:n kampanjan olennaisena osana oli leikkaussalien käyttöön tarkoitettu tarkistuslistaehdotus.[807] Ehdotus ei ollut kuitenkaan sairaaloita sitova dokumentti toisin kuin ilmailussa, jossa ICAO:n jäsenvaltioiden lentoyhtiöiden hyväksymien tarkistuslistojen käyttö on pakollista. Suositukseen lainattiin kuitenkin monia yksityiskohtia ilmailun käytännöistä. Alkutarkistus (*sign in*) vastaa lentokoneen käynnistys- ja rullauslistan läpikäymistä. Sen aikana leikkaussalissa varmistetaan potilaan henkilöllisyys, tarvittavien laitteiden asennus ja toimivuus sekä potilaan mahdolliset allergiat ja muut riskitekijät. Aikalisän (*time out*) tarkistukset muistuttavat juuri ennen lentoonlähtöä tehtävien reittiselvitysten ja hätätilanteiden läpikäymistä. Leikkaussalin aikalisässä varmistetaan, että henkilöt tuntevat toistensa nimet ja roolit. Samalla kirurgi, anestesiologi ja hoitaja käyvät läpi leikkauksen kulkuun ja kriittisiin tapahtumiin liittyvät tarkistukset, jonka jälkeen viilto voi vasta tapahtua. Lopputarkistuksessa (*sign out*) lasketaan instrumentit sekä varmistetaan leikkaushaavojen sulkeminen ja potilaan tilan edellyttämät jatkotoimet.[808]

WHO:n suositus tarkistuslistan käyttöönotosta ei kuitenkaan sujunut ongelmitta. Yksinkertaisen apuneuvon käyttämiseen liittyi vahvoja ennakkoluuloja. Tarkistuslistaa saatettiin kutsua huijaripaperiksi tai kainalosauvaksi, ja sen käyttöä häpeiltiin.[809] Listojen käyttöön liittyvä akateeminen tutkimus oli vähäistä, ja sen metodista pätevyyttä epäiltiin.[810] Lisäksi WHO:n mallilistan keskittyminen itsestäänselvyyksiin (esimerkiksi veren happipitoisuutta mittaavan pulssioksimetrin käytön varmistaminen) koettiin ei-motivoivana ja tarpeettomana. Suomalaisessa Finnanest-lehden artikkelissakin listojen yksityiskohtaisuutta arvosteltiin.

> *Suomalaisesta näkökulmasta pulssioksimetri on itsestäänselvyys kaikkein pienimmässäkin kirurgisessa nyppäisyssä. Suomessa niin pulssioksimetri kuin kaikki muutkin laitteet ovat taatusti myös toimintakunnossa.*[811]

Itsestäänselvyyksien mukanaolo oli tietoinen ratkaisu, ja siihen oli saatu malli ilmailusta. Kokemus on osoittanut, että paineen alla tai yllättävien häiriöiden keskellä yksinkertaisetkin rutiinitoimet saattavat helposti jäädä tekemättä. Tyypillinen esimerkki ilmailussa on laskutelineiden ulosoton unohtaminen, joita Yhdysvalloissa tapahtuu kevyille koneille arvion mukaan keskimäärin kolme viikossa.[812] Näitä onnettomuuksia sattuu erityisesti silloin, kun vieressä ei ole monitoroivaa ja listaa lukevaa toista pilottia. Ylimääräinen kuormitus loppulähestymisen kriittisessä vaiheessa johtaa tällöin helposti itsestäänselvyyden unohtamiseen.

Leikkaussalien tarkistuslistojen käyttöönotto hämmensi myös perinteisiä hierarkkisia toimintamalleja. Tilanne oli sama, mitä koettiin ilmailun CRM-koulutuksen alkuvaiheissa: kapteenin roolin vaihtuminen yksinvaltiaasta tiiminvetäjäksi ja uusien yhteistyömallien omaksuminen ottivat aikansa. Lääkäreille saattoi olla vaikea tottua ajatukseen, että sairaanhoitajat lukivat perämiesten tavoin tarkistuslistoja, antoivat luvan leikkauksen aloittamiseen tai puuttuivat tarvittaessa virheisiin. Tutkimukset kuitenkin osoittivat, että sairaanhoitajille nämä uudet vastuut olivat ammatillisesti tärkeitä.[813] Samoin tiimin valmistautumisen yhteydessä tapahtunut esittäytyminen ja mahdollisuus tehdä kysymyksiä koettiin yhteistyötä lujittavana. Ne vahvistivat hoitajien kokemusta osallisuudesta ja rohkaisivat heitä ilmaisemaan ajatuksiaan suoraan.[814]

Samalla on huomattava sairaala- ja ilmailutoiminnan ratkaisevat erot. Vakiotoimintamenetelmät ja tarkistuslistojen yksityiskohtainen noudattaminen on helpompaa ennustettavammassa ja rajoitetummassa ilmailuympäristössä. Rogers (2011) toteaa, että leikkaussalissa erilaisen ammattitaidon omaavat ihmiset työskentelevät tiiminä jatkuvasti muuttuvissa olosuhteissa. Siksi leikkaussaleihin ei pidä väkisin tuoda toisenlaisissa ympäristöissä syntyneitä toimintamalleja. "Lentäjätkin nauttivat omasta työstään ilman, että heidän pitäisi jäljitellä lääkäreitä."[815]

Ennakkoluuloista ja käynnistysvaikeuksista huolimatta tarkistuslistojen käyttö on osoittautunut hyödylliseksi. Haynes et al. (2009) tutkivat tarkistuslistojen käyttöä kahdeksassa eri mantereilla sijaitsevassa sairaalassa. Tulokset olivat yllättävän hyviä: vakavien komplikaatioiden ja potilaiden menehtymisten määrä laski lähtötilanteisiin verrattuna lähes puolella.[816] Tarkistuslistat ovat ilmeisen selvästi parantaneet potilasturvallisuutta. Samalla tutkimus on paljastanut, että listat vaativat rinnalleen yhteistyötaitoja sekä avointa ja toimivaa kommunikaatiota.[817] Niiden käyttö edellyttää asennetta, jossa hyväksytään jatkuvasti vaaniva inhimillisen erehdyksen mahdollisuus. Sexton et al. (2000) totesivatkin tutkimuksessaan, että toisin kuin ilmailussa sairaalamaailmassa erehtymisherkkyyttä ei ole "universaalisti tunnistettu" ja monien mielestä virheiden käsittely ei myöskään ole riittävää.[818]

Listojen käyttö on vähentänyt erehdyksiä, mutta yhtä merkittävää on ollut se, että ne ovat lujittaneet työyhteisöä ja leikkaustiimien yhteistoimintaa. Takala et al. (2011) mukaan tarkistuslistojen käyttö on vahvistanut leikkaustiimin jokaisen jäsenen merkitystä ja parantanut selvästi tiimin sisäistä kommunikaatiota.[819] Tutkimusten perusteella listat ovat täyttäneet siten tehtävänsä, mutta niiden käyttöaste ei kuitenkaan ole ollut paras mahdollinen.[820] Singh (2009) toteaa, että potilaan näkökulmasta käyttöasteen lisääminen on epäilemättä perusteltua.

> *Yksi asia on kuitenkin varma. On olemassa ihmisryhmä, joka ei esitä kritiikkiä, jos kirurgit harjoittelevat simulaattoreissa, turvautuvat tiiminsä kanssa tarkistuslistojen käyttöön tai ottavat parhaan kykynsä mukaan opiksi virheistään. Tämä ryhmä on potilaamme.*[821]

Huomio onnettomuuksista onnistumisiin

2000-luvulle tultaessa onnettomuusteoreettinen tutkimus joutui uusien haasteiden eteen. New Yorkin WTC-torneihin kohdistunut terroristi-isku 11.9.2001 nosti turvallisuusvartioinnin (*security*) keskustelun keskiöön. WTC-iskut vaikuttivat ratkaisevalla tavalla lentoliikenteen turvakäytäntöihin. Lentokenttien suoja-aitoja parannettiin ja matkustajien sekä matkatavaroiden läpivalaisussa siirryttiin entistä tarkempaan tietokonekerroskuvaustekniikkaan. Matkustajien oli pystyttävä todistamaan henkilöllisyytensä ja matkatavaransa myös kotimaan lennoilla. Lentokoneisiin tuli lukittavat ohjaamoiden ovet.[822]

Samaan aikaan tapahtui ilmailun perinteisissä turvallisuusjärjestelmissä voimakasta kehitystä. Fly-by-Wire-ohjausjärjestelmät mahdollistivat aikaisempaa tarkemman lentodatan keräämisen ja analysoinnin. Turvallisuuteen vaikuttavat järjestelmät muuttuivat yhä monimutkaisemmiksi, ja niiden hallinta vaati uudenlaista turvallisuusajattelua.

Professori **Erik Hollnagel**[823] on tuotannossaan käsitellyt järjestelmäturvallisuuden ja ihmisen asemaa teknologian hallitsemassa maailmassa. Tutkijaa ovat kiinnostaneet erityisesti kompleksiset järjestelmät ja niihin liittyvät turvallisuuskysymykset. Vuonna 2004 ilmestyneessä teoksessaan *Barriers and accident prevention* Hollnagel toi keskusteluun uusia näkökulmia, joita on sittemmin sovellettu varsin suoraan eurooppalaisissa ilmailuturvallisuuden periaateohjelmissa.[824]

Hollnagel jakaa kirjassaan onnettomuusmallit kolmeen ryhmään. Ensimmäinen on perättäisten tapahtumien kausaalinen malli, jossa onnettomuuteen johtavat tekijät ovat selkeässä syy-yhteydessä ja etenevät lineaarisen johdonmukaisesti. Tätä mallia edustavat klassiset onnettomuusteoriat, kuten Heinrichsin domino- ja pyramidimallit.[825] Toista malliaan Hollnagel kutsuu epidemiologiseksi onnettomuusmalliksi. Sen mukaan onnettomuuksia aikaansaavat tekijät ovat verrattavissa sairauksien syntyyn johtaviin syihin. Usein syyt ovat piileviä ja aktualisoituvat sopivan tilaisuuden tullen. Malli muistuttaa Perrow'n kehittämää pysyvien patogeenien mallia, jossa ulkoisesti terve järjestelmä voi kuitenkin kantaa sisällään potentiaalisia riskitekijöitä. Epidemiologisessa mallissa keskeistä ovat erilaiset suojaavat tekijät (määräykset, sanktiot, hälytykset), joilla onnettomuustauti pidetään loitolla.[826]

Hollnagelin varsinainen oma kehitelmä on systeeminen onnettomuusmalli. Sen mukaan onnettomuuksia eivät selitä yksinkertaiset syy-yhteydet, vaan ne ovat organisaation emergeettisiä ominaisuuksia. Kokonaisuus ymmärretään tällöin suuremmaksi ja monimutkaisemmaksi kuin osiensa summa. Malli muistuttaa moderneja kaaosteorioita, joiden mukaan pienetkin systeemimuutokset saattavat eskaloitua ja johtaa ennalta aavistamattomiin seurauksiin.

Hollnagelin systeeminen onnettomuusmalli on samalla turvallisuusmalli. Turvallisuuden tavoittelemisessa on olennaista, että organisaatiossa on riittävä määrä joustavuutta ja varianssia. Parhaiten turvallisuutta edistetään, kun tarkastellaan järjestelmän normaalia toimintaa ja pyritään ajoissa havaitsemaan mahdolliset kontrolloimattomat tekijät. Tämä edellyttää toimijoilta joustavuutta ja kykyä tarvittaessa myös irrottautua tiukoista vakiotoimintamenetelmistä. Reiman ja Oedewald (2008) korostavat dynaamisen systeemimallin vahvuuksia.

Päinvastoin kuin lineaariset ja epidemiologiset onnettomuusmallit, systeemiset onnettomuusmallit ottavat myös kantaa siihen, minkälainen on turvallinen organisaatio. Ihmisten mukautumiskyky on lähtökohtaisesti turvallisuustekijä ja vain tietyissä tilanteissa vaaratekijä.[827]

Systeemisestä mallistaan käsin Hollnagel on arvostellut perinteistä onnettomuustutkintaa liian yksioikoisten syy-yhteyksien varaan rakentamisesta. Hänen mukaansa tutkijoilla on taipumuksena etsiä omia ennakko-oletuksiaan tukevia tosiasioita. Faktoja ei siten löydetä, vaan ne "kaivetaan esiin".[828] Syy-yhteysmalli on hallinnut turvallisuusajattelua siinä määrin, että Hollnagel kutsuu sitä "erilaisten syiden hypoteesiksi" tai jopa suoranaiseksi "syy-yhteyden uskontunnustukseksi" (*causality credo*).[829]

Kausaalisuususko perustuu hänen mukaansa kolmeen harhapäätelmään. Ensiksi syy-yhteysharhaan (*proportionality bias*), jonka mukaan jokaisella merkittävällä tapahtumalla pitää olla selkeästi osoitettava syy. Toinen on tapahtumien seuraamuksiin liittyvä harha (*valence bias*). Tällöin ajatellaan, että kielteisillä tapahtumilla on automaattisesti kielteiset seuraukset ja päinvastoin. Viimeisin on aikomusharha (*intentionality bias*), jonka mukaan epäselvienkin tapahtumien taustalta on löydettävissä selkeä aikomus.[830]

Kausaalikritiikkinsä pohjalta Hollnagel on kehittänyt mallia, jossa hän erottaa toisistaan kaksi erilaista näkökulmaa, joilla hahmottaa turvallisuusajattelua. Näistä ensimmäistä ja perinteistä hän kutsuu Turvallisuus I -malliksi (*Safety-I*). Sille on ominaista päähuomion kiinnittäminen asioihin, jotka voivat mennä vikaan ja joissa on epäonnistuttu. Onnettomuudet ja poikkeamat ovat tällöin turvallisuuskulttuurin lähtökohtia ja tutkimuksen keskeisintä aineistoa. Poikkeamien ja vaarojen välttämiseksi on luotu vahvoja rakenteita, jotka perustuvat määräyksiin, huolelliseen suunnitteluun ja yksityisen toimijan kuuliaisuuteen (*compliance*). Malli on ongelmallinen, koska siinä näkökulma suuntautuu taaksepäin ja turvallisuutta lähestytään negaation kautta eli riskitekijöiden poissaolona.

Kun Weick (1987)[831] luonnehtii turvallisuutta dynaamiseksi tapahtumattomuudeksi, Hollnagel kääntää määritelmän päinvastaiseksi. Turvallisuus on tällöin dynaamista tapahtumista, jossa päähuomion tukee olla asioissa, jotka menevät oikein.[832] Uudesta lähestymistavasta hän käyttää nimitystä Turvallisuus II (*Safety-II*). Tällöin näkökulma vaihtuu radikaalisti nykyhetkeen ja tulevaisuuteen. Tärkeintä on keskittyä asioihin, jotka toimivat ja joissa on onnistuttu. Hollnagel korostaa, että monimutkaisillekin järjestelmille on ominaista, että "10 000 tapauksen kohdalla 9 999 sujuu suunnitelmien mukaan".[833] Tähän tosiasiaan ei ole hänen mukaansa kiinnitetty riittävästi huomiota eikä tutkittu, mistä tämä onnistuminen johtuu. Hollnagelin mukaan menestyksen taustalla on erityisesti ihmisen kyky sovittautua uusiin tilanteisiin ja luovia tarkoituksenmukaisesti monimutkaisissa sosioteknisissä ympäristöissä.

Turvallisuus II -mallissa kiinnostus kohdistuu jokapäiväiseen ja usein itsestään selvään toimintaan. Toiminta on turvallista niin kauan, kun mitään erityistä ei tapahdu. Jotta näin voisi jatkua, tarkkaavaisuuden on kohdistuttava vähäisiin muutoksiin ja niiden hallintaan. Toimijoiden ja tutkijoiden on kyettävä kuulemaan heikkoja signaaleja ja tarvittaessa muuttamaan rutiineja. Tarkkaavaisuuden kohteena on tällöin pikemminkin tapahtumien määrä kuin niiden vakavuus. Jälkimmäinen tekijä on puolestaan hallinnut Turvallisuus I -ajattelua, jossa vakavat vaaratilanteet ja onnettomuudet ovat määritelleet kehitystyötä. Turvallisuuden koko ajan lisääntyessä tämä retrospektiivinen malli ei ole kuitenkaan enää toimiva. Hollnagelin mukaan onkin "yksinkertaisempaa ja edullisempaa tehdä pieniä muutoksia jokapäiväiseen toimintaan kuin suuria muutoksia harvinaisiin toimintoihin".[834] Hollnagelin Turvallisuus II -malli ei ole jäänyt vain teoreettiseksi hahmotukseksi ja akateemisen yleisön omaisuudeksi. Malli on siirtynyt sellaisenaan muun muassa EU:n ilmatilaa valvovan Eurocontrollin periaatepapereihin.

Vuonna 2013 ilmestynyt valkoinen kirja *From Safety-I to Safety-II* rakentuu nimeään myöten Hollnagelin näkemyksille.[835] Asiakirjan historiallisena taustana on 2000-luvulla tapahtunut lentoturvallisuuden jatkuva paraneminen. Onnettomuuksien ja vaaratilanteiden väheneminen on merkinnyt empiirisen tutkintamateriaalin vähenemistä. Turvallisuustoiminnan on siten täytynyt vaihtaa näkökulma menneisyydestä käsillä olevaan hetkeen ja keskittyä siihen, missä onnistutaan, eikä siihen, missä on epäonnistuttu. Hollnagelin ajattelulle tyypillisiä piirteitä oli havaittavissa jo 1990-luvun turvallisuusmietinnöissä. Muun muassa FAAn ohjaamotyöskentelyä käsitellyt tutkimus kiinnitti huomiota heikkojen signaalien merkitykseen turvallisuuskulttuurissa.[836]

Eurocontrollin periaatepaperi haastaa perinteisen turvallisuusajattelun varsin radikaalisti. Kun ilmailussa vanhastaan on korostettu sääntöjen ja määräysten tinkimätöntä noudattamista, uusi ajattelu nostaa joustavuuden ja tilannetajun sen edelle. Asiat eivät suju oikein sillä, että ihmiset yksinkertaisesti noudattavat määräyksiä ja toimivat, kuten on kuviteltu. Asiat menevät oikein siten, että ihmiset tekevät tilanteiden vaatimia järkeviä ratkaisuja.[837]

Eurocontrollin ja Hollnagelin turvallisuusajattelu perustuu vahvasti emergeettiseen systeemimalliin ja ihmisen oletettuun kykyyn sopeutua toimintaympäristössä tapahtuviin nopeisiin muutoksiin. Tätä ominaisuutta Hollnagel kutsuu suorituskykyvaihtelevuudeksi (*performance variability*). Käsite tulee lähelle 2000-luvulla vahvistunutta resilienssiajattelua. Emergenssi on kuitenkin selitysmallina monitulkintainen. Eurocontrol 2013 toteaa, että käsitteellä ei tarkoiteta asioiden tapahtuvan maagisesti ja epäloogisesti. Emergenssi kuvaa sitä, että ilmiötä ei voi selittää purkamalla niitä yksinkertaisesti osiin tai tukeutumalla selkeään kausaliteettiperiaatteeseen. Monimutkaisten systeemien yksittäiset osat ovat usein jäljittämättömiä (*intractable*). Emergeettiseen järjestelmään kuuluu luonnollisena osana ei-ennustettavuus. Siksi järjestelmän synnyttämästä vaihtelevuudesta ei tulisi käyttää kielteisiä ilmaisuja, kuten suorituskykypoikkeama, rikkomus tai noudattamatta jättäminen (*non-compliance*).[838]

Nisula (2018) katsoo, että emergeettisen ajattelun taustalta on tunnistettavissa syvempi todellisuuskuvan muutos. Perinteinen Descartesin ja Newtonin teorioihin pohjautuva näkemys maailmasta monimutkaisena (*complicated*), mutta selkeisiin syysuhteisiin rakentuvana mallina, on korvautunut modernilla maailmankuvalla. Sille on ominaista monivuorovaikutteisuus (*complexity*), ei-lineaarisuus ja dynaamisuus.[839] Nykytodellisuus edellyttää siksi uudenlaisia turvallisuusmalleja, joille on ominaista sopeutuvuus ja valmius yllätysten kohtaamiseen. Näistä yhtenä esimerkkinä on Suomen liikenneviranomaisen Traficomin tutkimusohjelma, joka rakentuu vahvasti monimutkaisten sopeutuvien järjestelmien (*Complex Adaptive Systems*, CAS) teoriapohjalle (Nisula 2015).[840]

Turvallisuus II -malli herättää kysymyksiä

Eurocontrollin ja Hollnagelin edustama turvallisuusajattelu on optimistista ja järjestelmien perustoimivuuteen luottavaa. Vahvimpana perusteena emergeettiselle systeemimallille Hollnagel esittelee kaupallisen ilmailun myönteiset turvallisuustilastot. Vaikka ilmailuteknologia ja ohjaavat järjestelmät ovat kehittyneet yhä monimutkaisemmiksi ja volyymit kasvaneet, suhteellinen turvallisuus on liikenneilmailussa kuitenkin koko ajan parantunut.[841] Hollnagel korostaa, että onnettomuuksiin takertumisen sijasta uusi turvallisuusmalli tuleekin määritellä positiivisesti vahvuuksista käsin.[842]

Samalla puhtaaksiviljelty Turvallisuus II -malli herättää myös kysymyksiä. Otetaanko siinä vakavasti ihmiselle luontainen taipumus koetella rajoja, tottua poikkeamiin tai tarve tinkiä turvallisuusmääräyksistä mukavuudenhalun vuoksi? Voiko turvallisuuteen liittyvissä emergeettisissä järjestelmissä olla sisäänrakennettuna kielteisiä ominaisuuksia, jotka aikaa myöten kasvattavat riskien mahdollisuuksia? Eikö ilmailussa saavutettu korkea luotettavuustaso kerro siitä, että perinteinen poikkeamien raportointi ja riskianalyysi on osoittautunut toimivaksi toimintamalliksi?

Voidaan myös kysyä, toimiiko emergeettinen malli varsinaisena turvallisuusohjelmana. Se voi olla hedelmällinen ja ulkopuolinen näkökulma onnettomuuksien ja vaaratilanteiden jälkikäteen tapahtuvaan analyysiin. Pakkotilanteissa toimija joutuu kuitenkin turvautumaan niihin keinoihin ja asioihin, jotka ovat sillä hetkellä käsillä. Hän tekee ratkaisunsa ohjeiden, sisäistämiensä mallien sekä järkiperäisen ja intuitiivisen päättelyn avulla.[843] Emergeettisessä systeemimallissa korostetaan sen sijaan normaalitoiminnan merkitystä, jolloin aikaisemmista kokemuksista oppiminen ja niiden kautta kumuloitunut ymmärrys jää vähemmälle huomiolle. Tietoteoreettisena kysymyksenä emergenssi on vaativa. Sen pyrkimys luoda synteettinen kokonaisjäsennys todellisuudesta onkin Pihlström (1999) mukaan "loputtoman ongelmallinen".[844]

Rasmussen (1997) on kiinnittänyt huomiota siihen, kuinka organisaatioissa saattaa olla piileviä ominaisuuksia, jotka aiheuttavat aikaa myöten siirtymisen (*migration*) kohti riskitekijöitä ja onnettomuuksia. Siirtymistä on vaikea havaita, mikäli näkökulma on Turvallisuus II -mallin mukaisesti suunnattu menneisyyden sijasta voimakkaasti tulevaan. Siirtymistrendiä vahvistaa usein kustannustehokkuuden paine ja vähittäinen lipsuminen aikaisemmin sovitusta. Tällöin turvallisen toiminnan rajat siirtyvät pikkuhiljaa yhä kauemmaksi.[845] Myös Nisula (2018) kiinnittää ilmiöön huomiota ja katsoo sen edustavan Vaughanin tunnettua teoriaa poikkeamiin tottumisesta (*normalization of deviance*).[846]

Reiman et al. (2015) toteavat, että emergeettisissä ja monivuorovaikutteisissa järjestelmissä on sisäänrakennettuna myös systeemisten onnettomuuksien vaara. Aikaisemmin inhimilliset virheet ovat olleet turvallisuuskriittisissä organisaatioissa tyypillisiä ongelmia. Nykyisin ongelmia aiheuttavat yhä useammin järjestelmän kompleksisuudesta johtuvat yllätykselliset tapahtumat. Turvallisuuden näkökulmasta emergenssi on siten sekä turvallisuusriski että -resurssi.[847] Poikkeamiin tottumisen ja hitaasti tapahtuvien käytäntöjen siirtymisen yhtenä esimerkkinä on Alaska Airlinesin koneelle vuonna 2000 tapahtunut onnettomuus.[848]

> *Meksikosta Seattleen matkalla olleessa MD-83-matkustajakoneessa ilmeni lennon aikana vaikeuksia pituusohjauksen kanssa. Lentäjät yrittivät korjata tilannetta varajärjestelmillä ja korkeusperäsimen säätömuutoksilla. Toimenpiteet eivät kuitenkaan onnistuneet, vaan kone syöksyi ohjaamattomassa tilassa mereen Los Angelesin edustalla. Kaikki koneessa olleet 86 henkeä saivat surmansa. Onnettomuuden lopullisena syynä oli koneen korkeusperäsintä säätävän käyttöruuvin murtuminen ja siitä johtunut hallinnan menetys.*

Murtuminen johtui puolestaan huoltotoimien riittämättömyydestä. Alun perin 350 lentotunnin välein tehtävän huollon väliä oli pikkuhiljaa pidennetty, ja se oli lopulta 2 550 lentotuntia. Huoltovälin pidentyminen oli tapahtunut vähitellen, ja toimenpiteelle oli saatu asianmukaiset hyväksynnät. Huoltotoimissa havaittiin puutteita, mutta suurin osa mekaanikoista oli kuitenkin toiminut säännösten mukaan ja tehnyt rutiinityötään. Monimutkaisessa huoltojärjestelmässä oli tapahtunut huomaamaton siirtyminen, joka lopulta johti turvallisen käyttörajan ylittymiseen.[849]

Dekkerin (2005) mukaan modernien monimutkaisten järjestelmien onnettomuuksissa onkin havaittavissa tietynlainen banaalisuuden eli arkipäiväisyyden piirre. Organisaatioiden onnettomuuksia ei useinkaan edellä jonkin tärkeän yksittäisen komponentin pettäminen. Sen sijasta tapahtuu vähittäistä liukumista pois onnettomuuksia estävistä käytännöistä ja suojaavista marginaaleista. ”Turvallisten järjestelmien onnettomuuksia edeltää normaali työ, jota tekevät normaalit ihmiset normaalissa, näennäisesti turvallisessa organisaatiossa.”[850]

5
AUTONOMINEN TEKNIIKKA JA IHMINEN

5.1 Kulttuurierot vaikuttavat taustalla

Riippumatta lähtömaasta, jokainen kansainvälinen lento on jo määritelmänsä mukaisesti monikulttuurinen kokemus.
Merrit ja Ratwatte (1997)[851]

Turvallisuuskulttuuri-sana yleistyi 1980-luvun lopulla kuvaamaan korkean luotettavuuden organisaatioiden toimintaa. Sana ilmaisee, kuinka teknisten tekijöiden ja yksittäisten ihmisten rinnalla turvallisuuteen vaikuttavat laajat ja koko yhteisön arvopohjaa rakentavat tekijät. Näkökulmaa on vahvistanut yleinen globalisaatiokehitys. Sen myötä kulttuurien väliset erot ovat paljastuneet entistä selvempinä samalla, kun paikalliset identiteetit ovat vahvistuneet. Muutokset ovat heijastuneet akateemiseen tutkimukseen, jossa kulttuuriantropologiaan ja -sosiologiaan liittyvät teemat ovat tulleet entistä suositummiksi.

Kulttuuri tulee sanana yhä useammin vastaan ilmailuturvallisuuden kirjallisuudessa. Helmreichin (2000) mukaan kaupallisessa ilmailussa voidaan erottaa kolme merkittävää turvallisuuskulttuurin aluetta: kansallinen, organisatorinen ja ammatillinen.[852] Kansallisen kulttuurin erityispiirteet ovat nousseet esille erityisesti miehistöyhteistyökoulutuksessa (CRM). Maailmanlaajan koulutuskokonaisuuden käyttöönoton jälkeen huomattiin pian, kuinka merkittävästi paikalliset kulttuurierot vaikuttivat ymmärrykseen ja halukkuuteen tehdä miehistöyhteistyötä. Ensimmäiset CRM-koulutukseen liittyvät seurantatutkimukset osoittivat yllättävän suuret erot eri kulttuureja edustavien koulutettavien asenteiden ja ymmärryksen välillä. Se, mikä toimi Yhdysvalloissa, ei välttämättä toiminut enää Aasiassa.[853]

Kansalliset kulttuurit ja valtasuhteet

> *Liikennekoneen ohjaamo on loistava paikka opiskella, kuinka yksilölliset, ryhmädynaamiset, organisatoriset ja kansalliset tekijät vaikuttavat inhimilliseen vuorovaikutukseen sekä tiimien ja teknologian rajapintoihin.*[854]

CRM-koulutus nosti esiin kysymykset lentoturvallisuudesta ja kulttuurieroista. Onko niin, että tietyssä kulttuuriympäristössä lentäminen on selvästi vaarallisempaa kuin toisessa? Jos näin on, mitä syitä taustalta löytyy?

Ensimmäiset empiiriset tutkimukset viittasivatkin selvästi siihen, että kulttuuriset ja maantieteelliset erot onnettomuustiheydessä olivat merkittäviä. 1980-luvun lopussa kerätty aineisto (Johnston 1993) osoitti, että operaatioiden määrään suhteutettuna kehitysmaissa saattoi tapahtua jopa kahdeksan kertaa enemmän tuhoisia lento-onnettomuuksia kuin kehittyneissä teollisuusmaissa.[855] 2000-luvulle tultaessa laskennallinen onnettomuustiheys vaikkapa Kiinassa, Intiassa, Pakistanissa, Egyptissä ja Nigeriassa oli kolme neljä kertaa suurempi Yhdysvaltoihin verrattuna.[856] Ilmailuturvallisuuden kehitys oli erityisen hidasta niissä Afrikan maissa, jotka ovat joutuneet painiskelemaan taloutensa kanssa.[857] Mikäli päättäjien on pitänyt valita puhdas vesi miljoonille tai kehittynyt tutkalaite muutamille lentomatkustajille, on ollut järkeenkäypää ja poliittisesti helpompaa unohtaa tutkat.[858]

Ilmailuturvallisuuden ja paikallisen kulttuurin suhde ei kuitenkaan ole yksiselitteinen asia. Pilottien ammattitaito ei ole ainoa kriittinen tekijä, eivätkä onnettomuustilastot tai taloudellinen hyvinvointi kerro koko totuutta. Ilmeisen selvää kuitenkin oli, että kulttuurit ja paikalliset normit vaikuttivat turvallisuusajattelun taustalla.[859] Tutkijoita alkoi kiinnostaa, oliko menestykselle mahdollisesti muitakin ja erityisesti kansalliseen kulttuuriin liittyviä tekijöitä.

Kysymykseen vastaaminen tieteellisen tutkimuksen keinoin ei ole helppoa. Sosiaalipsykologiassa tunnetaan perusarviointivirhe (*fundamental attribution error*), jonka mukaan toisten ihmisten käyttäytymisen määrätyllä tavalla ajatellaan johtuvan heidän perusluonteestaan, kun taas oman käyttäytymisen taustalla nähdään vain kulloiset olosuhteet. Tämä virhe on tunnistettu myös ilmailun turvallisuuskulttuurin tutkimuksessa.[860] Tutkimuksella ei myöskään välttämättä ole käytössä luotettavia menetelmiä analysoida, kuinka erilaiset vaaratilanteet ja onnettomuudet olisivat puhtaasti selitettävissä kulttuurisista tekijöistä käsin. Onnettomuuksiin johtaneet kognitiiviset prosessit ovat olemukseltaan poikkeuksellisen monimutkaisia.

Rasmunssen (1985) lainaa tieteenfilosofina ja äänennopeuden tutkijana tunnetun Ernst Machin ajatuksia onnettomuustutkinnan perusongelmasta. Machin mukaan on mahdollista tehdä kokeita vain tietyllä tarkkuudella, koska yhtäläisiä olosuhteita ei voi toistaa. Mach laajensi tätä aerodynamiikan tutkimuksista oppimaansa ajatusta myös ihmismielen tutkimiseen. Siksi hänen mukaansa ”osaaminen ja erehtyminen syntyvät samasta mentaalisesta prosessista, ainoastaan menestys erottaa ne toisistaan”.[861]

Uusi vaihe tutkimuksessa alkoi, kun 1990-luvun alussa ilmailun kulttuurikysymyksiä ryhdyttiin lähestymään antropologian ja monikulttuurisen psykologian tutkimusmenetelmin. Merkittävä menetelmällinen vaikutus oli hollantilaisen organisaatio-antropologian professori Geert Hofstede vuonna 1980 ilmestyneellä tutkimuksella *Culture's Consequences.*[862] Klassikoksi muodostunut tutkimus on käännetty 23 kielelle, ja se perustuu 53 valtiossa kerättyyn laajaan aineistoon.[863] Siinä ja vuonna 1991 ilmestyneessä jatkotutkimuksessa *Cultures and Organizations: Software of the Mind*[864] Hofstede on hahmotellut teoreettisen mallin, jota on hyödynnetty laajalti pyrittäessä ymmärtämään monikulttuurista työelämää.[865]

Kulttuuri on Hofsteden tutkimuksen keskeinen termi. Sana voidaan määritellä monin eri tavoin. Jo vuonna 1952 tutkijat olivat löytäneet kulttuurille peräti 164 erilaista määritelmää.[866] Hofstede ei tee kuitenkaan perusteellista sana-analyysiä, vaan tyytyy tiiviiseen määritelmään. Hänen mukaansa kulttuuri on ”ihmismielen kollektiivinen ohjelmointi, joka erottaa jonkin ihmisryhmän tai luokan ihmiset toisistaan”.[867] Näin ymmärrettynä kulttuuri koostuu useista eri kerrostumista, joissa symbolit edustavat lähinnä pintaa olevaa ja arvot taas syvintä kerrostumaa. Hofsteden käyttämä ilmaisu mielen ohjelmointi (*mental programming*) kuvaa sosiaalista ympäristöä, jossa yksilö on kasvanut ja jossa hän on hankkinut elämänkokemuksensa.[868]

Hofstede analysoi ensimmäisessä tutkimuksessaan kansallisia kulttuureja neljän eri kuvaajan kautta. Ensimmäinen ja keskeinen kuvaaja on valtaetäisyys (*Power Distance Index,* PDI).[869] Sillä ilmaistaan tasa-arvon tilaa sekä suhtautumista eriarvoisuuteen. Kysymyksessä ovat myös riippuvuussuhteet. Maissa, joissa valtaetäisyys on vähäinen, alaisten riippuvuus esimiehistä on lievempi. Valtaetäisyyttä kuvaavat parhaiten vähiten valtaa käyttävien asenteet. Kuinka vahvasti he odottavat tai hyväksyvät vallan epätasaisen jakautumisen?

Suuren valtaetäisyyden maissa esimiehen arvovallan merkkeinä ovat vallan ulkonaiset tunnukset ja hierarkiat. Vastaavasti pienen valtaetäisyyden kulttuureissa hierarkkiset pyramidit ovat matalia ja vallan ulkoiset symbolit vähäisempiä. Hofsteden mukaan tyypillisiä suuren valtaetäisyyden maita löytyy Latinalaisesta Amerikasta (Guatemala, Panama) sekä Aasiasta (Malesia, Filippiinit). Euroopassa niitä edustavat eniten Kroatia, Slovenia ja Ranska. Pienen valtaetäisyyden maita ovat puolestaan Skandinavian maat, Itävalta, Israel ja Uusi-Seelanti. Hofsteden tutkimuksessa vallanetäisyyttä mitataan PDI-indeksillä.[870]

Epävarmuuden välttäminen (*Uncertainty Avoidance Index*, UAI) kuvaa puolestaan sitä, miten uhkaavina epävarmat ja tuntemattomat tilanteet koetaan eri kulttuureissa.[871] Epävarmuuden hyväksyvissä kulttuureissa ahdistustaso on suhteellisen alhainen. Vastaavasti epävarmuutta välttävissä yhteiskunnissa työntekijöitä valvotaan enemmän muodollisilla laeilla ja määräyksillä. Näitä maita edustavat muun muassa Etelä-Amerikan valtiot, Kreikka, Japani ja Ranska. Epävarmuutta sietävissä yhteiskunnissa valta perustuu puolestaan vahvasti asiantuntemukseen, ja ihmiset kokevat voivansa osallistua päätöksentekoon vähintäänkin paikallisella tasolla. Tyypillisiä epävarmuutta sietäviä maita ovat Yhdysvallat, Irlanti ja Skandinavian maat.[872]

Hofstede katsoo, että kulttuurien välisten erojen kolmantena perustekijänä on yksilön suhde ryhmään. Valtaetäisyyden lisäksi äärimmäistä kollektiivisuutta ja toisaalta korostettua yksilöllisyyttä voidaan pitää kansallisten kulttuurimuotojen ääripäinä. Yksilöllisyys (*indivi-*

dualism, IDV) ilmenee erityisesti yhteiskunnissa, joissa jokaisen oletetaan pitävän huolta itsestään ja joissa yksilöiden väliset siteet ovat löyhiä. Vastakohtana ovat kollektiiviset yhteiskunnat, joissa yksilöt on jo syntymästään lähtien liitetty kiinteisiin lähiryhmiin. Näissä yhteiskunnissa "kasvojen" merkitys on keskeinen. Kasvoilla kuvataan henkilön asianmukaista suhdetta sosiaaliseen ympäristöönsä. Kasvojen menettäminen perustuu velvollisuuksissa epäonnistumisiin ja johtaa kollektiivisille kulttuureille ominaiseen korostettuun häpeäntunteeseen. Hofstede pyrkii osoittamaan, että tyypillisiä yksilökorosteisia yhteiskuntia ovat esimerkiksi Yhdysvallat, Australia, Iso-Britannia ja Kanada. Kollektiivisia puolestaan useat Kaukoidän ja Latinalaisen Amerikan maat.[873]

Maskuliinisuus (*Masculinity,* MAS) viittaa yhteiskuntiin, joissa sukupuolten sosiaaliset roolit eroavat selkeästi toisistaan. Maskuliinisille kulttuureille on ominaista pyrkimys suorituksia korostavaan yhteiskuntaan, kun taas feminiinisissä yhteiskunnissa hyvinvointi ja turvallisuus ovat keskeisiä tavoitteita. Työpaikoilla maskuliinisuus näkyy haluna ratkaista konfliktit voimankäytöllä, kun taas feminiinisessä yhteiskunnassa arvostetaan enemmän kompromisseja ja neuvotteluita. Feminiinisiä yhteiskuntia edustavat tyypillisesti läntisen Euroopan luoteisosan maat (Tanska, Norja, Hollanti ja erityisesti Ruotsi), kun taas tyypillisen maskuliinisia ovat muun muassa Japani, Saksa, Meksiko ja Espanja.[874]

Myöhemmin Hofstede laajensi kulttuuriajatteluaan organisaatiotutkimukseen. Tällöin yhdeksi keskeiseksi tekijäksi muodostui kansallisten kulttuurien historiatietoisuus eli erilaiset näkemykset pitkän ja lyhyen aikavälin merkityksestä yksilön ja yhteisön elämässä (*Long-term Orientation,* LTO).[875] Lisäyksen taustalla oli arvostelu, jota oli kohdistettu Hofsteden liian länsimaiseksi koettuun ajatteluun. Aikaorientaatio-malliinsa tutkija lainasikin näkemyksiä konfutselaisesta ajattelusta, jossa korostuvat ihmisten väliset voimakkaat velvollisuussuhteet, perhekeskeisyys sekä harmonian tavoittelu. Pitkän aikavälin kulttuureissa tavoitellaan tulevaisuudessa saavutettavia palkintoja ja stabiilisuutta. Lyhyen aikavälin orientaatiossa nopeat tulokset ovat tärkeämpiä eikä mahdollisia konflikteja koeta niin kielteisesti.

Erilaiset aikaorientaatiot kuvaavat yhteiskuntien erilaisia näkemyksiä totuudesta. Lyhyen aikakäsityksen maissa on perinteisesti korostunut käsitys universaalista totuudesta ja sen tavoittelemisen tärkeydestä. Tämä kulttuurinen syväpiirre näkyy myös länsimaisten monoteististen uskontojen (kristinusko, juutalaisuus, islam) opeissa. Itämaiselle ja pitkän aikavälin kulttuurille on enemmän ominaista hyveiden vaatimus sekä näkemysten harmonia ja synteesi kuin absoluuttisen totuuden analysointi ja sen tavoittelu.[876]

Hofsteden teorioita on myöhemmässä tutkimuksessa myös arvosteltu. Kritiikki on kohdistunut muuan muassa kulttuurimallien deterministisiin piirteisiin ja tulosten analysointitekniikkaan. Samoin on epäilty, ettei kansallisista erityispiirteistä voida johtaa suoraan yksilötason käyttäytymismalleja.[877] Yhtä kaikki hänen malliaan on käytetty laajasti, ja useat tutkijat ovat yrittäneet todistaa sitä joko oikeaksi tai vääräksi.[878]

Kulttuurierot ohjaamotyöskentelyssä

> *Meillä ei tapahdu onnettomuuksia. Miksi kaikki muut eivät lennä kuten me?*[879]

Australialaisen lentokapteenin toteamukselle löytyy tilastollista tukea. Maanosa on osoittautunut tutkimuksissa turvallisuuden kannalta yhdeksi maailman kehittyneimmistä ilmailuympäristöistä.[880] Vähäisten onnettomuuslukujen selittämiseen löytyy toki muitakin tekijöitä kuin vain lentäjien ammattitaito. Lentomatkat ovat pitkiä, ilmasto-olosuhteet suotuisia ja maa taloudellisesti hyvinvoiva. Australiassa vallitsee vahva ilmailun sääntely, ja siellä on määrätietoisesti kehitetty lentämisen infrastruktuuria.[881] Mutta onko osaavien ammattilaisten ja suotuisien olojen lisäksi olemassa paikallisesta kulttuurista selittyviä menestystekijöitä?

Vuonna 1986 julkaistussa yhdysvaltalaisessa tutkimuksessa selvitettiin ensimmäisiä kertoja kulttuuritaustan vaikutuksia ohjaamotyöskentelyyn.[882] Oletuksena oli, että lentäminen on globaali toimiala ja lähtökohtaisesti kulttuurivapaata. Tai ainakaan kulttuuritaustojen ei pitäisi juurikaan vaikuttaa miehistön tai lentoyhtiöiden toimintaan.

Lopputulos oli tutkijoille kuitenkin yllätys. Lentäjien edustamat kulttuurierot osoittautuivat suuremmiksi kuin aikaisemmissa yhteyksissä mitatut erot eri lentoyhtiöiden ja niiden taustaorganisaatioiden välillä. Siksi tutkijat katsoivat välttämättömäksi, että ilmailun turvallisuustutkimuksen mittareihin olisi jatkossa liitettävä myös kansalliset kulttuuritekijät.[883]

Helmreich jatkoi aiheen parissa ja keräsi yhdessä tutkijaryhmänsä kanssa NASAn sekä FAAn tuella vuosina 1993–1997 yli 15 000 ammattilentäjän kokemuksia eri kulttuuriympäristöissä työskentelystä. Lentäjät palvelivat 36 eri lentoyhtiötä, jotka edustivat 23:a eri kansallisuutta.[884] Tarkoituksena oli tutkia Hosfteden teorioihin tukeutuen eri kulttuuritaustoja edustavien pilottien ohjaamotyöskentelyn dynamiikkaa.

Hofsteden valtaetäisyysindeksiä soveltaen kävi ilmi, että paria poikkeusta (Malesia ja Etelä-Afrikka) lukuun ottamatta kaikki lentäjäryhmät edustivat korkeampaa valtaetäisyysindeksiä kuin heidän kansallisessa kulttuurissaan keskimäärin. Lentäjät työskentelivät siis ympäristössä, jossa käskyvaltasuhteet ovat poikkeuksellisen selkeät. Tämän katsottiin kuuluvan luonnollisena osana ilmailukulttuuriin. Individualismissaan lentäjät näyttivät kuitenkin edustavan vahvempia arvoja kuin kulttuuritaustassa muutoin. Ilmailun ammattilaiset ovat siten sopeutuneet vahvan hierarkkiseen järjestelmään, mutta arvostavat kuitenkin samanaikaisesti omaa yksilöllistä identiteettiään.[885]

Epävarmuuden välttämisessä ei sen sijaan ollut suuria eroja suhteessa heidän kansalliseen verrokkiryhmäänsä. Lentäjät sietävät kuitenkin selvästi enemmän stressiä, epävarmuutta ja pelkotiloja verrattuna Hofsteden alkuperäisen tutkimuksen kohderyhmään eli IBM:n kansallisiin työntekijöihin. Maskuliinisuus–feminiinisyys-vertailu osoitti yllättäen, että lentäjien asenteet edustivat maamiehiinsä verrattuna voimakkaammin feminiinisiä asenteita. Tämä selittyy työn erityispiirteistä. Lentäjät ovat vahvasti sitoutuneet työnantajiinsa, ja lentämiseen olennaisesti kuuluvat yhteistyö- ja turvallisuustavoitteet edustivat Hofsteden luokituksessa tyypillisesti feminiinistä kulttuurimallia. Vaikka lentäminen sinänsä on mielletty perinteisesti maskuliiniseksi toiminnaksi, turvallisuushakuisuus on selkeästi feminiininen piirre.[886] Samalla on huomattava, että Hofsteden sukupuolimalli nousee hänen 1980-luvun ajattelustaan. Tutkija on myöhemmin päivittänyt malliaan.[887]

Helmreichin et al. tutkimuksen ehkä tärkein anti oli asioiden monikerroksisuuden ja jännitteisyyden paljastaminen. Hyvä esimerkki tästä ovat eurooppalaisten vahvaa yksilöllisyyttä edustavien maiden (anglosaksiset maat, Skandinavia ja Saksa) pilottien haastattelutulokset. Näiden maiden lentäjät arvostivat suuresti yksityisyyttään ja järjestäytynyttä elämäänsä. Samalla he olivat valmiita suhtautumaan kriittisesti hierarkkisiin johtamistyyleihin, luottivat vähemmän automaatioon ja olivat valmiita tarvittaessa hylkäämään joustavuuden nimissä tiukat säännökset. Heillä oli myös keskimääräistä todenmukaisempi käsitys omasta stressinsietokyvystään. Vahvan valtaetäisyyden kulttuureissa arvostettiin puolestaan enemmän käskysuhteiden hierarkkisuutta sekä automaatiota ja vakiotoimintamalleja. Selkeästi nämä erot tulevat esiin vertailtaessa länsimaista ja itämaista toimintakulttuuria.[888]

Helmreichin tutkimusryhmän tulokset motivoivat myös muita tutkijoita painiskelemaan kulttuurikysymysten parissa. Li ja Harris (2007) käyttivät omassa tutkimuksessaan apuna sekä Hofsteden teoriaa, että Reasonin laatimaa inhimillisten erehdysten luokittelujärjestelmaa (HFACS). Tutkintamateriaalina olivat 1990-luvulla Taiwanilla, Intiassa ja Yhdysvalloissa tapahtuneet ilmailun onnettomuudet ja vaaratilanteet. Tutkijat osoittivat, että kollektiivisen ja vahvan valtaetäisyyden Intiassa ja Taiwanilla oli selvästi suuremmat onnettomuustilastot kuin Yhdysvalloissa.

Tutkimusryhmän päätelmä oli, että kulttuuritekijöillä on selkeä vaikutus. Ryhmän mukaan ilmailu on niin vahvasti länsimaisen kulttuurin tuote, että se vaikuttaa myös tutkimusmetodeihin sekä käsityksiin siitä, kuinka turvallisuuteen tulisi pyrkiä. Tutkijat tiivistivät tuloksensa näkemykseen, että ”matalan valtaetäisyyden ja individualismin hallitsemat kulttuurit näyttävät olevan ylivoimaisia kollektiivisiin, korkean valtaetäisyyden kulttuureihin, kun on kyse ilmailuturvallisuuden edistämisestä”.[889] Noort et al. (2021) analysoivat puolestaan ohjaamokeskusteluja, joita on käyty onnettomuuksien yhteydessä. Tutkimuksessa paljastuivat selvät kulttuurierot kriisitilanteiden puheviestinnässä (*safety voice*) ja tarve muokata miehistöyhteistyökoulutusta (CRM) erilaisiin kulttuuriympäristöihin paremmin sopivaksi.[890] Kulttuurikysymykset nousivat esiin myös FAAn laajassa ihmisen ja modernin ohjaamoteknologian suhteita käsittelevässä raportissa vuonna 1996. Raportin tekijät tunnustivat avoimesti, että ilmailuyhteisöllä ei ole riittävää ymmärrystä eri kulttuurien ja kielellisten tekijöiden vaikutuksesta miehistön ja automaation välisessä vuorovaikutuksessa.[891]

Erityisesti Kiinan kasvattaessa taloudellista valtaansa ja lisätessä voimakkaasti lentoliikennettään, turvallisuuteen ja kulttuuriin liittyvät kysymykset ovat alkaneet kiinnostaa yhä enemmän sikäläisiä tutkijoita. Onko niin, että ilmaliikenteessä näkyy perustava ero itämaisen ja länsimaisen ajattelun välillä? Miten sovittaa yhteen yli 5 000 vuoden aikana syntyneen kulttuurin toimintamallit nuoreen ja länsimaisten ihanteiden mukaisesti kehittyneeseen ilmailukulttuuriin?

Lohikäärme ohjaamossa – jännite idän ja lännen välillä

Huhtikuun 26. päivänä 1994 China Airlinesin lento 140 oli lähestymässä Nagoyan kansainvälistä lentokenttää. Lento oli sujunut normaalisti, ja kone oli saanut laskeutumisluvan. Lähestyttäessä kenttää noin 300 metrin korkeudessa perämies painoi vahingossa kytkintä, joka aktivoi koneen ylösveto-ohjelman. Tällöin lähestyminen keskeytyy ja kone nousee turvallisesti riittävään korkeuteen uutta lähestymistä varten. Tietokoneohjatussa Airbus 300B4 -koneessa toiminto lisäsi automaattisesti tehoa ja sääti samalla koneen asentoa ja tasapainoa. Kapteenin huomattua virheen hän pyysi perämiestä kytkemään toiminnon pois päältä. Tämä teki työtä käskettyä ja keskittyi samalla säätämään käsin koneen tehoja ja ohjaussuuntaa. Ylösvetoasetus kytkeytyi kuitenkin takaisin päälle, ja seurauksena oli ristiriita automatiikan ja manuaalisten toimintojen välillä. Miehistö yritti saada konetta laskuasuun, kun automatiikka pyrki ohjaamaan konetta takaisin taivaalle. Hämmentävässä tilanteessa koneen päällikkö ryhtyi lopulta ohjaamaan konetta. Käsiohjauksen ja automatiikan välillä vallitsi edelleen ristiriita, mikä johti nousukulman äkkinäiseen kasvuun. Sen seurauksena ilmanopeus pieneni, kone sakkasi ja tuhoutui.[892]

Taiwanilaisen China Airlinesin historian tähän asti pahimmassa lento-onnettomuudessa kuoli 264 ihmistä. Onnettomuus herätti vahvan keskustelun. Tapahtunutta pidettiin esimerkkinä länsimaisen ja itämaisen kulttuurin välimatkasta ja erilaisesta tavasta katsoa ympäröivää maailmaa. Lento 140 vaikutti samalla Airbus-koneiden automatiikan kehitystyöhön ja selvensi miehistön roolia modernissa tietokoneohjatussa lentokoneessa.[893]

Onnettomuustutkijat kiinnittivät huomiota muun muassa miehistön vajavaiseen yhteistyöhön ja edellyttivät yhtiön tehostavan koulutustoimintaansa. Erityisen tärkeää oli lisätä lentäjien valmiuksia ymmärtää modernin lentokoneautomaation ja ihmisen yhteistoimintaa.[894] Japanilaisen tutkijalautakunnan suositukset eivät kuitenkaan saaneet Taiwanissa ja Kiinassa varauksetonta vastaanottoa. Onnettomuudesta muodostuikin symbolisesti merkittävä. Tutkijat ovat palanneet siihen vielä vuosien jälkeen.

Heidän mukaansa Nagoyan onnettomuudessa ei ollut kyse vain lentäjien virheistä tai yhteistoiminnan ongelmista. Syvimmiltään kyse oli lännen ja idän välisestä arvojen ristiriidasta. Kysymyksiä herätti erityisesti Airbus-koneiden suunnittelufilosofia. Osasyynä tapahtuneeseen olikin Airbus 300-koneiden automatiikassa ollut käyttöliittymäongelma.[895] Hung-Sying et al. (2015) katsovat, että päätösvaltaa oli onnettomuuskoneessa luovutettu liikaa lentäjiltä tekniikalle. ”Miksi Nagoyassa länsimainen elektroninen pilotti halusi olla kiinalaisten lentäjien vastustaja?”[896]

Tutkijoiden kritiikki suuntautui koko länsimaista teknologista paradigmaa vastaan. Eräät heistä katsoivat, että moderni tietokoneohjattu lentokone ei ole enää aito kone. Sen sijaan se on artefakti, jossa on sisäänrakennettuna länsimaisen ihmisen näkemys yhä autonomisemmasta teknologista, ilmailusta ja turvallisuudesta. Se on kuin ”Mona Lisan hymy, joka ilmaisee sen, kuinka Da Vinci ymmärtää naiskauneuden”. [897] Samalla uuden artefaktin edustama autonomia on synnyttänyt uudenlaisen ohjaamokulttuurin. Se on synnyttänyt ristiriidan suunnittelijoiden, lentäjien ja lennonjohtajien välille.

> *Individualistisissa kulttuureissa, kuten lännessä, riskit liittyvät vahvasti yksilöiden tekemiin virheisiin. Hierarkkisissa yhteiskunnissa, kuten Kiinassa, riskit ovat koko yhteiskunnan ongelma keisarista alamaisiin asti. [...] Siksi Nagoyassa käydyssä ihmisen ja koneen välisessä taistelussa ei syvimmältään ollut kyse lentäjän ja koneen välisestä konfliktista. Lentäjän vastapuolena oli länsimainen insinööri, joka oli suunnitellut automaattisen lennonhallintajärjestelmän. Kyseessä oli mitä suurimmassa määrin kulttuurinen yhteentörmäys.*[898]

Liao (2015) myöntää, että länsimaisessa kulttuurissa on erityisesti kaksi asiaa, jotka vaikuttavat lentoturvallisuuteen: työntekijöiden halu sitoutua määräyksiin ja keskinäisen vuorovaikutuksen arvostaminen.[899] Kulttuurierot länsimaisen ja kiinalaisen ilmailuturvallisuuden välillä ovat tulleet erityisesti esille suhtautumisessa vuorovaikutukseen ja miehistöyhteistyökoulutukseen (CRM). Pitkän liikenneilmailu-uran sekä Suomessa että Kiinassa tehnyt Pekka Kärmeniemi kuvaa kokemuksiinsa perustuvia eroja seuraavasti.

> *Kiinalaisten ohjaajien koulutus on erittäin laaja ja perinpohjainen, samoin tekninen tietämys ja lentotaito. Ohjaamoyhteistyössä resurssien maksimointi jää kuitenkin helposti taka-alalle. Keskustelu ohjaamossa on kyllä avointa ja ohjaamogradientti demokraattinen aina päätöksentekoon asti. Erityisesti perämiehet varovat ottamasta kantaa päätöksentekoon, jotta eivät tekisi virheitä. Yllättävää on myös motivaatiotason suuri vaihtelu. Toisin kuin länsimaissa, kaikki lentäjät eivät välttämättä ole toiveammatissaan. Yleinen käytäntö on, että yhtiöt värväävät koulumenestyksen pohjalta oppilaita suoraan lukiosta. Myös vanhemmilla on suuri vaikutus lastensa uravalintoihin.*[900]

Näiden jännitteiden ymmärtämiseksi on tarpeellista yrittää ymmärtää kiinalaista tapaa katsoa maailmaa ja rakentaa ihmisten välistä kommunikaatiota. Kiinalaiset turvallisuusteoreetikot ovat itse korostaneet voimakkaasti perustavanlaatuisia eroja länsimaisen ja kiinalaisen maailmankuvan välillä. Nämä erot tulivat vahvasti esille vuonna 2015 järjestetyssä lentoturvallisuuskonferenssissa (IASS) Miamissa, kun tutkijat Hung Sying Jing ja Allan Batteau pitivät esitelmän *Dragon in the Cockpit*.[901] Huomiota herättäneen esitelmän pohjalta julkaistiin samanniminen kirja.[902]

Tutkijoiden keskeinen viesti oli, että erot lentoturvallisuudessa idän ja lännen välillä johtuvat erilaisesta tavasta ymmärtää todellisuutta. Tutkijat kuvaavat länsimaista ajattelua dialogin kautta tapahtuvaksi, suoraviivaiseksi ja yksiulotteiseksi. Se on mahdollistanut teknologisen kehityksen ja sen taustalla olevan loogisen, analyyttisen ja käsitteellisen ajattelun.[903] Samalla se eroaa kiinalaisten tavasta hahmottaa maailmaa verkostojen ja symbolien kautta.[904] Tutkijoiden mukaan yksi keskeinen termi näiden erojen ymmärtämiseksi on kiinan sana *guanxi*.

Kiinalainen guanxi-periaate ja miehistöyhteistyö

Kiinalaista kulttuuria voikin kuvata tilanneohjautuvaksi (*situationalistic*). Sen hierarkkinen yhteiskuntarakenne edellyttää yksilöiden välisen oikean etäisyyden löytämistä ja sen kunnioittamista. Lähtökohtana on Kiinan yli 5 000 vuoden aikana syntynyt käsitekirjoitus (ideografia), jossa todellisuutta kuvataan piirrettyjen merkkien kautta. Kuvapohjainen viestintä edellyttää toisenlaista vuorovaikutusta kuin länsimainen aakkoskirjoitus.[905]

> *Länsimainen lineaarinen ja kausaalinen ajattelumalli perustuu aakkoselliseen kirjoitukseen ja kieleen. Siksi se eroaa täydellisesti kiinalaisesta kulttuurista, joka puolestaan rakentuu symboliseen kuvakirjoitukseen. [...] Länsimainen turvallisuusajattelu tukeutuu aakkosellisuuteen, kausaalisuuteen ja niiden avulla luotuihin normaalimenetelmiin. Kiinalaisille näin syntynyt kausaalisuus on vaikeaa, koska he ovat tottuneet*

hahmottamaan asiat kuvien tulkinnan kautta ja siksi voittopuolisesti intuitiivisesti.[906]

Kuvakirjoituksen lisäksi keskeinen sana kiinalaisen ajattelun ja miehistöyhteistyön ymmärtämiseksi on *guanxi*. Sana voidaan kääntää usealla tavalla: läheinen yhteys, erityinen side, ystävyys, suhde, vastavuoroisuus, resurssi, prosessi ja verkosto. Guanxi luo yhteyden ja oikeat suhteet, joiden välityksellä rakennetaan yhteistä hyvää ja parantavaa ilmapiiriä. Sillä kuvataan myös erilaisten ryhmien välistä harmoniaa sekä monisyistä verkostoa, jonka varassa yhteiskunta toimii ja joka rakentuu molemminpuolisesta kunnioituksesta ja velvollisuuksien täyttämisestä.[907]

Guanxi-sanaa on käytetty, kun on pyritty ymmärtämään kiinalaisen liike-elämän erityislaatuisuutta.[908] Sana on tullut esille myös ilmailuturvallisuustutkimuksessa.[909] Guanxi-ajattelun taustalla on kiinalainen tapa määritellä ihmisten läheisyys ja etäisyys erilaisten suhteiden avulla. Läheisimpiä ovat perheenjäsenet, heidän jälkeensä tulevat hyvät ystävät sekä läheiset työtoverit. Kaukaisempien yhteistyökumppaneiden kohdalla guanxigradientti on suurempi. Suurin etäisyys vallitsee vieraisiin, jotka ovat kulttuurisesti ja toiminnallisesti kaukana. Olennaista on, että guanxi määrittelee myös ihmisten välisen luottamuksen vahvuuden. Vahva guanxi merkitsee vahvaa luottamusta. Siksi guanxi on tärkeä tekijä luotaessa toimivaa miehistöyhteistyötä.

Ongelmana on se, että kiinalaisessa ajattelussa ICAO:n määrittelemän miehistöyhteistyökoulutuksen katsotaan edustavan länsimaista individualistista ajattelua. Siksi siinä ei oteta riittävästi huomioon eri persoonien intimiteetin ja harmonian vaatimusta. Kiinalaisen tutkijan sanoin "CRM:ssä ei ole guanxia".[910] Jingin ja Batteaun (2015) mukaan CRM-ajattelu ilmentääkin länsimaisen kulttuurin peruslähtökohtia ja arvoja.

Modernissa länsimaisessa ajattelussa on perususkomus, että kaikki miehet ja naiset ovat luotu samanarvoisiksi. Kyseessä on individualistinen ideologia, joka perustuu kristilliseen uskoon. Samalla ajatellaan, että ristiriidat ovat hyvä asia, eikä niitä tule pyrkiä välttämään. Tämä ajattelumalli on sisäänrakennettuna erilaisiin instituutioihin, ja se voi palvella jopa edistyksen motivaattorina. Vastuujakomalli ohjaamossa kapteenin ja perämiehen välillä perustuu sekin tähän periaatteeseen ja uskomusjärjestelmään sen takana. Kiinalainen kulttuuri edustaa kuitenkin tilanneohjautuvuutta. Sille on ominaista korostaa ennen kaikkea harmoniaa, jotta jokainen voi toimia omissa erityisissä rooleissaan vaihtelevissa tilanteissa. Kukaan ei halua siksi hajottaa harmoniaa.[911]

Kulttuuriset erot idän ja lännen välillä ovat ilmeiset, ja ne ovatkin kiinnostaneet tutkijoita. Jing ja Cheng (2013) selvittivät 75 kiinalaisen lentäjän asenteita länsimaiseen ohjaamoyhteistyöhön. Tulokset olivat varsin selviä. Guanxi-yhteys koettiin tärkeäksi, ja siksi vieraasta kulttuurista kotoisin olevia työtovereita vierastettiin. Ohjaamoyhteistyössä tärkein arvo oli harmonian tavoittelu. Sen eteen oltiin valmiita joustamaan ja välttämään ristiriitatilanteita. Ainoastaan puolet piloteista arvosti työtoverin ammattitaitoa enemmän kuin ohjaamossa vallitsevaa harmoniaa.[912]

Guanxi-kulttuurin vaikutukset tulivat esille myös tutkittaessa kiinalaisten ja länsimaisten pilottien yhteistyötä.[913] Kiinalaisessa yhtiössä työskennelleet länsimaiset lentäjät kokivat ulkopuolisuutta, koska eivät kuuluneet sisäpiiriin. Kiinalaiset puolestaan vierastivat Just Culturen mukaista avointa raportointi-ihannetta. Sen tulkittiin johtavan vaikeuksiin, koska oli pelko, että raportoivat työntekijät rikkoisivat guanxi-yhteyden ja heidät luokiteltaisiin ilmiantajiksi. Kiinalaisille luottamuksellinen raportointi edellytti luottamuksellisuutta myös suhdeverkostossa. Ilman sitä länsimaisten turvallisuusmallien noudattaminen oli haastatelluille varsin vaikeaa, ellei peräti mahdotonta.

Kun säännöt määräävät ihmisiä korjaamaan hyvien ystävien tai jopa itseä ylempien virheitä tai kun rohkaistaan hoitamaan heidän tehtäviään riippumatta asiaankuuluvista suhteista, suosiosta tai ystävyyden tasosta, millainen este heillä onkaan ylitettävänä. Onko ylipäätään mahdollista onnistua?[914]

Harmonian vaatimus koskee myös japanilaista kulttuuria. Vertailtaessa yhdysvaltalaisten ja japanilaisten lentäjien kokemuksia yhteistyöstä, japanilaiset kokivat, että vaatimattomuus ja harmonian tavoittelu eivät olleet tavoiteltavia arvoja amerikkalaisessa kulttuurissa. Amerikkalaiset työtoverit olivat sen sijaan tehtäväsuuntautuneita ja pitivät itseään yksilösuorittajina yhteistyökoulutuksesta huolimatta. Samalla tunnustettiin, että kulttuurieroista huolimatta yhteinen näkemys turvallisuuden tavoittelusta on tärkein. Yamamorin ja Miton (1993) mukaan "tärkeämpää kuin huomion kiinnittäminen persoonan kulttuuritaustaan on keskittyä tavoittelemaan varsinaista päämäärää, turvallisuuden varmistamista".[915]

Japanilaiset ovat itsekin nostaneet esiin kansalliseen kulttuuriinsa sisältyviä riskitekijöitä. Fukushima Daiichin ydinvoimalaonnettomuuden (2011) tutkijakomission puheenjohtaja Kiyoshi Kurokawa totesi suoraan, että onnettomuuden taustalla vaikuttivat japanilaiseen kulttuuriin vahvasti juurtuneet käytännöt: suoraviivainen tottelevaisuus, haluttomuus kyseenalaistaa auktoriteetteja, joustamaton toiminta sekä voimakas yhteisöllisyys ja eristyneisyys.[916] Murata (2021) lisää luetteloon haluttomuuden oppia aikaisemmista katastrofeista sekä epäonnistumisen pelon. Ne vaikeuttavat avoimen ja oikeudenmukaisen toimintaympäristöajattelun juurtumista japanilaiseen kulttuuriin.[917]

Luvun alussa käsitelty Nagoyan lento-onnettomuus osoitti, kuinka lisääntyvä automaatio on kulttuurisesti herkkä asia. Toisaalta voidaan ajatella, että automaatio myös tasoittaa kulttuurieroja. Mitä enemmän koneen teknistä hallintaa siirtyy tietokoneohjatuille järjestelmille, sitä helpompaa on eri kulttuuritaustaisten miehistöjen yhteistoiminta. Tutkijat ovat kuitenkin osoittaneet, että suhteessa automaatiokehitykseen eri kulttuureja edustavilla miehistöillä on hyvin erilaiset asenteet.

Vuonna 1997 julkaistussa tutkimuksessa (Sherman et al.) selvitettiin 12:ta eri kansallisuutta edustavan 5 879 liikennelentäjän asenteita lisääntyvään matkustajakoneiden automaatioon.[918] Tarkoituksena oli selvittää, näkyikö kansallinen kulttuuritausta lentäjien tavoissa toimia yhdessä ja tukeutua koneen järjestelmiin. Taustalla olivat tutkijoiden havainnot, kuinka automaatio on lisännyt riippuvuutta teknologiasta ja toisaalta saattanut vähentää tarkkavaisuutta. Samalla kommunikaatiotaidot ovat tulleet yhä tärkeämmiksi, kun miehistö on joutunut selvittämään kasvavan datamäärän antamia ohjeita ja joissain tapauksissa ristiriitaisia tietoja.[919]

Saadut tulokset noudattivat aikaisemmin saatuja tuloksia, joissa on tukeuduttu Hofsteden teoriaan. Individualismia ja vähäistä valtaetäisyyttä edustavissa kulttuureissa (Yhdysvallat, Australia, Irlanti) pilotit halusivat säilyttää enemmän itsenäisyyttä ja riippumattomuutta automaatiosta kuin hierakkisemmat ja kollektiivisemmat kulttuurit (Taiwan ja Brasilia). Näiden maiden lentäjille oli tyypillisempää sekä tukeutua automaatioon että samalla olettaa yhtiöiden edellyttävän mahdollisimman tehokasta automaation hyödyntämistä.[920]

Samalla tutkijat tunnustivat, että vaikka kansallinen kulttuuri vaikuttaa automaation käyttöasenteisiin, ratkaisevin merkitys on kuitenkin organisaatiokulttuurilla ja sen edustamilla malleilla. Sherman et al. (1997) tiivistävätkin tuloksensa, ettei ”mikään kansallinen kulttuuri ole parempi kuin toinen – pikemminkin jokaisella kansallisella kulttuurilla on omat vahvuutensa ja heikkoutensa, jotka heijastuvat myös ilmailuturvallisuuteen”.[921]

Kulttuuriset erot voi nähdä myös voimavarana. Eri taustaisilla ihmisillä on erilaisia vahvuuksia, ja niistä on mahdollista myös oppia. Kulttuurierot voivat siksi olla ongelmia ohjaamossa silloin, kun niiden vaikutusta ei kyetä tunnistamaan.[922] Vuonna 1996 FAA päätyi ehdottamaan, että ohjaamosuunnittelussa tulisi pyrkiä käyttämään mahdollisuuksien mukaan enemmän ”kansainvälisesti ymmärrettäviä visuaalisia symboleja ja kuvia verbaalisten kuvausten ja ohjeistuksien sijaan”.[923]

Ammattimainen kulttuuri ratkaisevassa asemassa

> *”Kutsu minua Jimiksi”, sanoin australialainen kapteeni nuorelle malesialaiselle perämiehelleen. ”Kyllä, herra kapteeni”, vastasi perämies. ”Ei niin, vaan pelkkä Jim.” ”Selvä, herra*

Jim", vastasi perämies. Lopulta perämies uskaltautui kutsumaan työtoveriaan pelkällä etunimellä. Hän oli samalla hämmentynyt. Aikaisempien yhtiöiden lentotoiminnan käsikirjassa oli selvästi sanottu, että koneen päällikköä tulee kutsua joko kapteeniksi tai sukunimellä. Perämies oli yrittänyt olla kohtelias ja ammattimainen, mutta se oli uudessa tilanteessa vaikeaa.[924]

Pieni tarina välittää olennaisia piirteitä ammattimaisesta asennoitumisesta ja samalla kulttuurien välisistä eroista. Kumpikin ohjaamomiehistön osapuoli noudatti omaa kulttuurista koodistoaan ja annettuja ohjeita. Kummankin asennoituminen oli ammattimaista. Koulutuksessa ja lentotoiminnan käsikirjoissa oli vain paikallisista kulttuureista johtuvia eroja. Ammattimaisuus ilmeni kuitenkin molemminpuolisena aktiivisena haluna ymmärtää toista ja asennoitua uudella tavalla uudessa ympäristössä.

Ammattimaisuudesta on muodostunut yksi kaupallisen lentotoiminnan avainsanoista. Sana voidaan ymmärtää eri tavoin. Se voi tarkoittaa syvää sitoutumista tehtävien suorittamiseen parhaalla mahdollisella tavalla. Cusick et al. (2017) käyttävät ilmaisua voimaannuttava tai rohkaiseva vastuullisuus (*empowered accountability*). Sillä kuvataan yhteisöllistä asennetta, jossa työntekijät haluavat toimia aktiivisesti ja ennakoivasti turvallisuuden eteen. Asenne merkitsee myös kurinalaisuutta varsinaisen työajan ulkopuolella. Työvuoroaan odottavan henkilöstön jäsenen ei pidä jäädä valvomaan ja katsomaan elokuvaa puolisonsa kanssa, mikäli pitää aamulla varhain ilmoittautua palvelukseen.[925]

Ammattimaisuuteen kuuluu vahvasti tietoihin ja taitoihin liittyvien valmiuksien lisäksi oikea eettinen asenne. Henkilökohtainen eettisyys merkitsee sitä, että työntekijä tekee oikeita asioita myös silloin, kun kukaan ei ole näkemässä. Ammattilaisen oletetaan lisäksi osoittavan työpaikallaan kohteliaisuutta ja tunnollisuutta, jotka kummatkin kuuluvat laajasti ymmärrettyyn liiketoimintaihanteeseen. Tätä ihannetta on selvennetty myös 4R-mallilla, joka muodostuvat neljästä eri kategoriasta: suhteet (*relationships*), roolit (*roles*), vastuut (*responsibilities*) ja tulokset (*results*).[926]

Ammattilaisuuden korostus on ollut ilmailussa perinteisesti vahvaa. Ammattilaisuutta ovat ylläpitäneet vertaisverkostot ja työntekijöiden perinteisesti vahva motivaatio sekä sitoutuminen tehtäväänsä. Helmreich ja Merrit (1998) haastattelivat yli 12 500 lentäjää 19 eri maasta ja tutkivat heidän työviihtyvyyttään sekä sitoutumistaan työhön. Tutkimuksessa ilmeni, että yli 75 prosenttia piti työstään erittäin paljon.[927] Vertailukohtana oli vastaavana aikana tehty kysely yhdysvaltalaisten työssä käyvien aikuisten keskuudessa. Heistä ainoastaan 36 prosenttia ilmaisi olevansa erittäin tyytyväinen työhönsä. Myös lääkäreiden työviihtyvyys on perinteisesti ollut suurta, mutta ei ole keskimäärin ylettynyt samalle tasolle kuin vähiten työssään viihtynyt uusseelantilaisten lentäjien ryhmä.[928]

Työssä viihtymisen taustalla on monia syitä. Ilmailun ammatit ovat näihin päiviin asti olleet arvostettuja ja hyvin palkattuja. Alalle hakeutuvien motivaatio ja kiinnostus on harvinaisen vahva. Monen ilmailun ammattilaisen taustalta löytyy jo varhain ilmennyt kiinnostus, joka on johtanut harrastuksen pariin ja sieltä myöhemmin ammattiin. Ilmailun piirissä työskentelevät muistuttavat monessa suhteessa terveydenhoidon ammattilaisia. Molempien kohdalla on yhteistä keskimääräistä suurempi motivaatio sekä keskimääräistä paremmat vuorovaikutustaidot.[929]

Vahva sitoutuminen työhön herättää kysymyksen, onko vahvasti motivoituneiden työntekijöiden asenteista samalla löydettävissä riskitekijöitä. Helmreich ja Merrit (1998) nostavat esiin korkean ammattitaidon yhtenä varjopuolena työntekijöiden kyvyttömyyden nähdä omaa rajallisuuttaan ja haavoittuvuuttaan. Tämä rajoitus ilmenee erityisesti kuormittavissa tilanteissa. Voimakas ammatillinen eetos ja yhteisön tarjoama sosiaalinen arvostus voivat tukea ammatillisen itsetunnon muodostumista liiankin vahvaksi. Tällöin yksilö on vaarassa menettää realistisen näkemyksen omasta jaksamisestaan ja kykenevyydestään. Lisääntyvä kilpailu ja alan kustannuspaineet tukevat tätä kielteistä kehitystä.

Tutkijoiden mukaan 60 prosenttia haastatelluista lentäjistä katsoi voivansa unohtaa työssään henkilökohtaisen elämänsä ongelmat. Luku on yllättävän suuri, vaikka tarkat vakiotoimintamenetelmät epäilemättä helpottavat rutiinisuorituksia eikä työtovereille ole pakko jakaa henkilökohtaisia tuntemuksia. Väsymyksen vaikutus työtehokkuuteen tunnustettiin sen sijaan avoimesti. Vain 30 prosenttia tutkituista lentäjistä myönsi kykenevänsä työskentelemään tehokkaasti ollessaan uupunut. Luku on selvästi pienempi kuin vertailuryhmänä olleilla lääkäreillä, joista 60 prosenttia katsoi, ettei uupuminen vaikuta heidän ammattitaitoonsa.[930]

Lentäjien kohdalla on tärkeää havaita, että uupumisen vaikutuksen tunnistaminen on kasvanut selvästi sen jälkeen, kun maailmanlaajaa CRM-koulutusta on ryhdytty toteuttamaan. Ennen koulutusta lähes puolet piloteista katsoi, ettei uupumuksella ole vaikutusta heidän työkykyynsä. Koulutus on siis selvästi lisännyt itsetuntemusta ja oman rajallisuuden ymmärtämistä.[931]

Yhden vertailukohdan ammatillisen kulttuurin kehittymiseen tarjoaa kaupallinen meriliikenne. Sen historia on tuhansia vuosia vanha, ja meriliikenne onkin tarjonnut ilmaliikenteelle perinteitä, termejä ja symboleja. Ilma-alusten päälliköt ovat edelleen kapteeneita ja heidän työpareinaan ovat perämiehet (*co-pilot, second officer*). Navigointivalojen värit ja ilma-alusten väistämissäännöt tulevat suoraan meriliikenteestä. Turvallisuuskulttuurissa ilmailu on kuitenkin voinut olla antavana osapuolena ja tarjonnut uusia toimintamalleja. Pitkä historia on luonut rakenteita, joita on ollut vaikea arvioida uudelleen. Ammatillisuus on perinteisesti ollut arvostettua, mutta rakenteet ovat muuttuneet hitaasti.

Esimerkkinä muutoksesta on Työterveyslaitoksen Suomessa käynnistämä Seasafety-hanke, jossa tavoitteena on merenkulun turvallisuuskulttuurin kehittäminen ja keskittyminen inhimillisten tekijöiden hallintaan[932]. Hankkeen taustalla ovat liikenneviranomaisten vuoden 2016 havainnot, kuinka merenkulun taustalta löytyy heikkoja toimintatapoja, yksilöihin kohdistuvia paineita sekä laiminlyöntien hyväksymisiä, jotka ovat heijastuneet turvallisuuskäytäntöihin. Parannuskeinoina viranomainen on tunnistanut tarpeen kehittää merenkulkuun vastaavia järjestelmiä kuin ilmailussa.[933]

Onnettomuustutkintakeskuksen tutkinnoissa on myös kiinnitetty huomiota merenkulun poikkeamien taustalta löytyviin toimintapuutteisiin. Näitä ovat esimerkiksi miehistöyhteistyön tehottomuus, kommunikoinnin ja yhteisen tilannekuvan epämääräisyys sekä työkäytännöt, jotka eivät ole vastanneet alan teknisiä vaatimuksia.[934] Helmreich ja Merrit ovat tutkineet lentäjien ja lääkäreiden ohella myös merenkulun ammattilaisten asenteita, ja tutkimustulokset ovat samansuuntaisia. He tiivistävät tuloksensa havaintoon, että pitkästä historiasta ja perinteiden painolastin takia merenkulun maailma on ollut hidas omaksumaan malleja miehistöyhteistyöstä, avoimesta kommunikaatiosta ja inhimillisten tekijöiden huomioimisesta koulutuksessa. Ilmailun turvallisuuskulttuurissa nämä kaikki ovat tänä päivänä yleisesti hyväksyttyjä arvoja ja käytäntöjä.[935]

5.2 Ihmisen ja lentotekniikan dialogi

Mitä eksoottisempaa teknologiaa, sitä eksoottisempia virheitä.
Earl Wiener (1999)[936]

Modernista teknologiasta – lentoliikenne mukaan luettuna – on muodostunut olennainen osa nykyihmisen elämänmuotoa. Suhde teknologisiin artefakteihin on vuosisatojen saatossa kuitenkin vaihdellut. Antiikin ajattelussa teknologian kantasana, kreikan *tekhne*, tarkoitti erityistä hankittua taitoa vastakohtana synnynnäisille kyvyille (*physis*). Platon suhtautui varauksellisesti teknisiin taitoihin ja teknologiaan. Erityisesti ihmisen keksimät mekaaniset laitteet olivat hänen mielestään merkityksettömiä tai Knuuttilan (1998) mukaan jopa ”olevaisen järjestykseen kuulumattoman saasteen tuottamista”.[937] On kuljettu pitkä tie, kun teknologiasta on tullut osa arkipäivää ja modernin elämäntyylin välttämätön elementti.

Kehitys herättää myös kysymyksiä. Onko moderni teknologia olevaisen järjestykseen kuulumaton tekijä, joka lopulta voi toimia ihmistä itseään vastaan? Onko teknologinen kehitys itse itseään ruokkiva ilmiö, joka on muuttumassa yhä autonomisemmaksi?

Onnettomuusteoreetikko Charles Perrow (1984) käyttää teknologisen imperatiivin käsitettä kuvaamaan yhä autonomisemman teknologisen kehityksen synnyttämiä uhkatekijöitä.[938] Teknologisella imperatiivilla tarkoitetaan näkemystä ja asennetta, jossa tekninen kehitys nähdään välttämättömänä ja itse itseään lisäävänä. Käsite sisältää ajatuksen, että mikä voidaan tehdä, pitää myös tehdä. Yhä autonomisemmiksi kehittyneet tekniset luomukset ottavat tällöin ihmisestä ylivallan ja erottavat samalla ihmiset luonnollisista yhteyksistään.[939]

Teknologisen imperatiivin edustama kohtaloajattelu on kuitenkin ongelmallista, koska se mystifioi teknisen kehityksen. Samalla se vahvistaa käsitystä, ettei ihmisellä ole valtaa vaikuttaa kehitykseen. Teknologisesta imperatiivista puhuminen tavoittaa kuitenkin ristiriitatilanteen, johon pitkälle kehitetyn teknologian hallitsemissa ympäristöissä yhä useammin törmätään. Kuka tai mikä on varsinainen ja vastuullinen toimija? Miten voitaisiin välttää tilanteet, joissa ihmisen ja käytetyn teknologian yhteistyö ei suju suunnitellulla tavalla, vaan johtaa ongelmiin? Tällaiset tilanteet ovat tuttuja myös ilmailun turvallisuustutkijoille.

Ihmisen ja koneen hienovarainen suhde

Lauantai-iltana 31.5.2009 lähti Air Francen lento AF 447 Rio de Janeirosta kohti Pariisia. Neljä ja puoli tuntia lähdön jälkeen Airbus 330 -laajarunkokone lensi jäätävään ukkosrintamaan, jolloin jääkertymä aiheutti häiriön ilmanopeutta mittaavaan järjestelmään. Häiriön takia koneen autopilotti kytkeytyi pois päältä ja ohjausjärjestelmä siirtyi matalamman suojauksen tilaan. Lentovuorossa ollut perämies alkoi ohjata käsin konetta. Vähän aikaisemmin koneen kapteeni oli aloittanut lepovuoronsa, luovuttanut ohjaamisen kahdelle perämiehelle ja mennyt nukkumaan. Kone lensi lähellä sille määriteltyä maksimikorkeutta. Ohuen ilman takia ilmanopeuden ja sakkausnopeuden välinen marginaali oli pieni, jolloin käsin ohjaaminen oli vaativaa. Normaalisti autopilotti huolehtii koneen hallinnasta kontrolloiden tarkasti sen suuntaa, korkeutta ja nopeutta.

Koneen nopeusmittausjärjestelmä palautui pian normaalitilaan, mutta sitä ennen miehistö oli menettänyt tilannetie-

toisuutensa ja koneen hallinnan. Ohjaamisesta vastannut perämies oli yllättäen nostanut koneen nokkaa, jolloin 11 kilometrin korkeudella lentänyt Airbus sakkasi ja alkoi vajota nopeasti. Kone oli vahvasti pituuskallistunut, mutta tilanteesta hämmentyneet lentäjät eivät pystyneet hahmottamaan pimeällä taivaalla koneen asentoa. He kuvittelivat epätodellisen pientä ilmanopeutta ja ylisuurta kohtauskulmaa ilmaisevien mittarilukemien olevan virheellisiä. Lisäksi koneen varoitusjärjestelmä antoi suuren määrän keskenään ristiriitaisia ääni- ja valohälytyksiä, mikä vaikeutti tapahtumien hahmottamista. Lepovuorolta herätetyn kapteenin saapuessa ohjaamoon tilanne olisi voitu ehkä pelastaa. Miehistön yhteistyö ei kuitenkaan sujunut. Ohjaamisesta vastaava perämies ei tiennyt, että toinen perämies oli koko ajan pitänyt omaa ohjaintaan ääriasennossa, mikä esti viime hetken lentotilan korjaukset. Teknisesti täysin kunnossa ollut kone syöksyi lopulta Atlantin valtamereen, ja kaikki 216 matkustajaa ja 12 miehistön jäsentä menehtyivät.[940]

Air France 447:n onnettomuutta on pidetty useasta syystä ilmailuhistorian kannalta merkittävänä. Ensimmäisten onnettomuusuutisten julkistamisen jälkeen yleisön valtasi suuri hämmennys. Miten oli mahdollista, että luotettavaksi osoittautunut konetyyppi saattoi kadota yhtäkkiä ja ilman, että miehistö ehti lähettää edes hätäkutsua? Onnettomuus käynnisti lähes kaksi vuotta kestäneen mittavan etsinnän, joka monien vaiheiden jälkeen johti viimein tulokseen. Tasan 700 päivän jälkeen löydettiin neljän kilometrin syvyydestä lentotiedot ja ohjaamokeskustelut tallentanut muistiyksikkö.

Ankarista olosuhteista huolimatta muistiyksikön tiedot olivat säilyneet ja ne saatiin purettua. Sitä ennen alustavaa tietoa oli saatu satelliittien välityksellä toimivasta ACARS-järjestelmästä.[941] Satelliittidata ja onnettomuustutkinnan väliraportti paljastivat, että lentäjät olivat menettäneet koneen hallinnan reittikorkeudessa, jonka jälkeen lentotietoja oli kertynyt runsaan neljän minuutin ajan ennen tuhoutumista. Ranskan ilmailuhistorian pahimman onnettomuuden tutkinta edellytti poikkeuksellisen laajaa yhteistyötä, johon ranskalaisen viranomaisen lisäksi osallistuivat Yhdysvaltojen virallinen onnettomuustutkinta (NTSB), Euroopan unioni ja kansainvälinen ilmakuljetusliitto (IATA).[942] Onnettomuus synnytti ilmailun ammattilaisten keskuudessa laajan keskustelun, ja siitä on julkaistu sekä kirja että tieteellisiä artikkeleita.[943] Chialastri (2019) luonnehtii onnettomuutta paradigmaattiseksi.[944] Termillä on tarkoitettu tutkimuksessa tapahtuvia vallankumouksellisia muutoksia ja sitä kautta syntyvää uutta tieteellistä lähestymistapaa.[945]

Laajassa onnettomuustutkinnassa selvisi, että vaikka koneen lentäjillä oli runsaasti lentokokemusta, heidän senhetkiset taitonsa eivät riittäneet tulkitsemaan ohjaamolaitteiden viestejä oikein ja toimimaan tarkoituksenmukaisella tavalla. Heillä ei ollut ratkaisevina minuutteina selkeää kuvaa siitä, mitä oli tapahtumassa. Sakkaustilan oikaiseminen olisi edellyttänyt, että miehistö olisi ymmärtänyt koneen sakkaavan. Palmer (2013) toteaakin, että ”tilannetta ei ollut mahdollista harjoitella simulaattorissa tai edes hahmottaa mielikuvien kautta”.[946]

Air France 447 -lennon kohtalo paljasti yhden korkeateknologisille järjestelmille tyypillisen piirteen. Niin kauan, kun tietokoneohjattu systeemi saa ulkomaailmasta oikeaa tietoa, järjestelmät toimivat johdonmukaisesti. Tilanne muuttuu, kun indikaattoreiden ja anturien välittämä informaatio ei vastaa koneen ulkopuolella vallitsevaa tilannetta ja olosuhteista raportoivien mittarien lukemista päätellyt tiedot ovat keskenään ristiriitaisia.

Tietokonetekniikassa tunnetaan ilmiöstä lyhenne GIGO (*garbage in, garbage out*).[947] Lyhenteellä ilmaistaan sitä, että sisään syötetty virheellinen informaatio – vaikkapa anturin välittämä väärä signaali – tuottaa väistämättä myös virheellistä ohjausdataa. Kun anturivikoja ilmenee ja tietokoneet antavat vallitsevien olosuhteiden kannalta vääriä ohjauskäskyjä, ongelmat kasaantuvat nopeasti ja johtavat vaikeasti hallittaviin tilanteisiin. Siksi koneen ohjaamisen kannalta keskeistä informaatiota välittävien antureiden moitteeton toiminta on tärkeää.

Lennon AF 447 tuhoutumiseen johtanut tapahtumakulku on esimerkki tietokoneohjatun ilma-aluksen ja ihmisten välisen kommunikatiivisen yhteyden särkymisestä. Ohjaamossa oli ennen koneen mereen syöksymistä kolmen miehistön jäsenen lisäksi neljäntenä koneen toimintoja ohjaava ja viiden tietokoneen laskentatehoa hyödyntävä lennonhallintajärjestelmä (EFCS, *Electronic Flight Control Systems*). Lentämisestä huolehtivien ihmistoimijoiden ja tietokonejärjestelmän välinen kommunikaatio ei kuitenkaan sujunut tai väärät tulkinnat haittasivat sitä. Onnettomuuden analysoiminen paljasti lisäksi, että Airbusin varoitusjärjestelmissä oli ominaisuuksia, joiden aktivoituminen teki tilannekuvan hahmottamisen entistä vaikeammaksi.[948]

Heikentääkö automatiikka lentotaitoja?

Air Francen onnettomuus herätti keskustelun, jossa epäiltiin yhä pidemmälle automatisoitujen lentokoneiden heikentävän lentäjien perustaitoja. Ihmetystä herätti erityisesti se, että yli 20 000 yhteisen lentotunnin kokemuksesta huolimatta lentäjät eivät olleet pystyneet tunnistamaan ja oikaisemaan koneen virheasentoa, minkä opettelu on olennainen osa jo perustason lentokoulutusta.[949] Automaation aiheuttamaan taitojen rapautumiseen (*skill degradation*) oli kiinnitetty ilmailun turvallisuustutkimuksessa huomiota jo aikaisemminkin.[950]

Mengelkoch et al. olivat jo vuonna 1971 osoittaneet, että hyvin opitut peruslentotaidot kyllä säilyvät, vaikka pilotit olisivat kuukausien ajan turvautuneet automaattijärjestelmien avulla lentämiseen.[951] Sen sijaan kognitiiviset taidot rapautuvat nopeasti, mikäli niitä ei jatkuvasti harjoiteta. Samaan tulokseen tulevat Casner et al. (2014).[952] Harjoituksen puute paljastuu erityisesti niissä tilanteissa, joissa suunnistusautomatiikka kytkeytyy pois päältä ja lentäjät joutuvat selvittämään sijaintinsa varajärjestelmillä tai säätämään navigointijärjestelmää uudelleen. Kognitiivisten taitojen säilymisen kannalta onkin tärkeää, millä tavoin pilotit viettävät automatiikan mahdollistaman kiireettömän ajan ohjaamossa. Kun kaikki toimii normaalisti, lentäminen reittikorkeudessa on levollista automatiikan valvontaa. Levollisuus voi johtaa samalla siihen, että mielenkiinto suuntautuu muuhun kuin lentämiseen ja tarkkaavaisuus herpaantuu. Jos miehistö seuraa aktiivisesti lennon etenemistä ja varautuu vähintäänkin mielikuvien tasolla poikkeustilanteisiin, taidot säilyvät paremmin.[953] Tämä on erityisen tärkeää pitkillä lennoilla, joissa käytännön lentotaitoa vaativia lähestymisiä ja laskuja kertyy lentotunteihin verrattuna vähän.[954]

Air Francen kohtalokas lento vaikutti merkittävästi ilmailun turvallisuusajatteluun. Jo vuonna 1996 Yhdysvaltojen ilmailuviranomainen oli raportissaan kiinnittänyt huomiota ongelmiin, joita miehistön ja modernin ohjaamoteknologian yhteistyö aiheutti.[955] Yllätyksiä lentäjille aiheuttivat automaattisten järjestelmien autonomia ja toimintaperiaatteet sekä epävarmuus omien taitojen riittävyydestä uudenlaisessa toimintaympäristössä. Raportti korosti, että tulevaisuudessa ilmailun turvallisuusongelmat eivät ole vain inhimillisiä tai johdu laitteista, vaan ovat tyypillisiä järjestelmäongelmia. Siksi niiden selvittäminen edellyttää järjestelmätasoisia ratkaisuja.[956] Samalla tutkijalautakunta päätyi suosittamaan, että Euroopan ilmailuturvallisuusviranomainen kehittäisi koulutusjärjestelmiään siten, että lentäjät kykenisivät tunnistamaan paremmin epänormaalit lentoasennot erityisesti korkealla lennettäessä ja tarvittaessa oikaisemaan syntyneen sakkaustilan.[957]

Myös Yhdysvalloissa herättiin automaation synnyttämiin uudenlaisiin haasteisiin. Merkittävänä tuloksena oli yli 30 ilmailun eri alan asiantuntijuutta edustavan työryhmän perustaminen. Työryhmä julkaisi vuonna 2013 raporttinsa *Operational Use of Flight Path Management Systems*.[958] Raportissa kuvataan eräitä automaation ja ihmisen välisen vuorovaikutuksen tyypillisiä ja osin paradoksisia piirteitä. Samalla kun automaatio on eräillä alueilla helpottanut miehistön kuormitusta, se on samalla saattanut luoda uudenlaisia paineita. Nykylentäjiltä ei edellytetä ainoastaan käytännön lentotaitoja, vaan heidän on myös kyettävä johtamaan yhä monimutkaisempaa hallintajärjestelmää.

Tyypillistä muutokselle on se, että automaation myötä informaation määrä on lisääntynyt huomattavasti. Normaalitilanteissa se ei ole ongelma, mutta lennon vaativissa vaiheissa tai poikkeustilanteissa liika informaatio voi aiheuttaa mielensisäisen ylikuormituksen. Jotta siltä vältyttäisiin, miehistön ei ole ainoastaan kyettävä toimimaan automaattijärjestelmien kanssa, vaan myös ymmärrettävä, kuinka järjestelmät itsessään toimivat.[959]

Yhä autonomisemmissa järjestelmissä on myös vaarana, että miehistö alkaa koneen sijasta ”lentää autopilottia”. Tällöin vastuuta siirtyy yhä enemmän ohjausautomatiikalle ja huomio kiinnittyy sen odottamiseen, mitä järjestelmä ehdottaa seuraavaksi. Aktiivisesti ennakoiva ote vaihtuu passiivisemmaksi asioiden seuraamiseksi ja odottamiseksi.[960] Tätä kehitystä ovat tukeneet monien yhtiöiden suositukset, että lentäjien tulisi tukeutua mahdollisimman paljon automaatioon. Perinteisen käsin lentämisen taitoa ja sen aktiivisen ylläpitämisen merkitystä ei ole toimintaohjeissa tällöin riittävästi korostettu.[961]

Tilastollisesti voidaan osoittaa, että tietokoneohjatut matkustajakoneet ovat lisänneet merkittävästi lentämisen turvallisuutta. Kun järjestelmät ovat kehittyneet erittäin luotettaviksi, se on paradoksisesti lisännyt myös riskitekijöitä. AF 447 -lennon onnettomuuteen johtanutta tapahtumakulkua tutkineen työryhmän jäsen oli sitä mieltä, että kyse on uudenlaisesta oireyhtymästä, jota voidaan kutsua epäilyn puutteeksi. Koulutuksessa miehistön jäseniä olisi rohkaistava terveeseen epäilyyn ja valmistettava siten itseä yllättäviin poikkeustilanteisiin. Laitteistojen ja ohjelmistojen valmistajien tulisi samalla kehittää järjestelmiä, jotka eivät passivoisi niiden käyttäjia, vaan sen sijasta tukisivat ihmisen aktiivista osallistumista ja sitä kautta valppauden säilymistä.[962]

Air Francen onnettomuus oli monen yllättävän tekijän summa, ja yksiselitteistä syytä tapahtuneelle ei löydy. Siitä ja vastaavanlaisista muista poikkeuksellisista tapahtumista puhuttaessa on käytetty vertausta mustista joutsenista. Sanaparilla tarkoitetaan tavanomaisten odotusten vastaisia tapahtumia, jotka ovat tarkasteltavan asian kannalta merkittäviä, ja joiden esiintymiselle tai ilmaantumiselle voidaan löytää tukevat perusteet vasta jälkikäteen.[963] Sitä, mikä tapahtui AF 447 -lennon kohdalla, pidettiin epätodennäköisenä, mutta jälkeenpäin kuitenkin ymmärrettävänä.[964] Kirjailija Marianne Alopaeuksen sanoin: "Minkä kaikki näkevät, on jo tavallisesti ohi. Mitä parhaillaan elämme, sitä emme vielä huomaa."[965]

Yllätysten automaatio

AF 447 -onnettomuus on kiinnostanut tutkijoita myös siksi, että se paljasti miehistön reaktioista ja käyttäytymisestä piirteitä, jotka olivat onnettomuuden kannalta keskeisiä turvallisuuskriittisiä tekijöitä. Miehistön käyttäytymisessä oli ensinnäkin havaittavissa piirteitä vahvistusharhasta (*confirmation bias*).[966] Sen vallassa toimiva yksilö pyrkii puoltamaan ja vahvistamaan omia ennakkokäsityksiään ja valikoimaan niihin sopivaa informaatiota. Samalla näkökulma todellisuuteen kapenee, ja vaihtoehtoiset selitysmallit sivuutetaan.

Onnettomuuslennolla vahvistusharha syntyi hetken aikaa vallinneista mittarinäyttöjen virheistä. Automaattiohjauksen kytkeytyessä pois päältä lentäjät menettivät tilannetietoisuutensa. He uskoivat koneen hallintaongelmien johtuvan koneen ylinopeudesta ja ilman turbulenttisuudesta. Todellisuudessa kone lensi huomattavalla alinopeudella. Vahvistusharha oli niin vahva, että liian pieni ilmanopeus ja lentäminen sakkauksen rajalla paljastuivat vasta, kun kapteeni oli tullut ohjaamoon ja tuonut keskusteluun ulkopuolisen näkökulman. Aikaa koneen oikaisuun ei kuitenkaan enää ollut.

de Wit et al. (2019) analysoivat AF 447 -onnettomuutta käyttäytymistieteiden näkökulmista.[967] Tutkijat kiinnittävät huomiota siihen, kuinka ihminen pyrkii yllättävissä tilanteissa säikähtäessään reagoimaan vaistonvaraisesti. Tällöin käynnistyvät autonominen orientaatiorefleksi (*orienting response*) tai säihkähdysrefleksi (*startle response*). Reflekseille on tyypillistä, että ensivaiheessa näkö- ja kuuloaistit keskittyvät kapealle alueelle. Myös motoriset reaktiot muuttuvat vaistonvaraisiksi. Välittömien reaktioiden keskellä kognitiivisia valmiuksia edellyttävä looginen ja analyyttinen ajattelu joutuvat toissijaiseen asemaan. On vaarana, että refleksinomaiset ja hätiköidyt toimet vaarantavat harkintaa edellyttävää toimintaa.[968]

Oliver et al. (2019) kiinnittävät huomiota siihen, kuinka aikaisemmin liikennelentäjille tyypillinen sotilasilmailukoulutuksen tausta antoi paremmat edellytykset hallita sekä epänormaaleja lentotiloja että yllättävien tilanteiden emotionaalisia paineita. AF 447:n onnettomuusselostuksessa kiinnitetäänkin kriittisesti huomiota koulutusohjelmien mainintoihin, kuinka modernit suoritusarvosuojaukset tekevät "epänormaalien lentotilojen oikaisuharjoittelun tarpeettomaksi".[969]

Klassisessa lentokoneen hallintaa käsittelevässä teoksessaan Wolfgang Langewiesche totesi jo 1940-luvulla, että hyvään lentotaitoon kuuluu joissakin tapauksissa toimiminen ihmisen luonnollisia reaktioita vastaan. **Sakkausta ei oikaista vetämällä sauvasta, vaan nokkaa on laskettava, jolloin kohtauskulma pienenee ja siivet saadaan jälleen kantamaan.** Varsinkin matalalla lennettäessä oikeaoppinen korjaustoimenpide sotii ihmisen luontaista toimintarefleksiä vastaan.[970]

Säikähdys- ja orientaatiorefleksit ohjasivat mitä ilmeisimmin AF 447 -lennon miehistön käyttäytymistä. Sen sijaan, että lentäjät olisivat käsikirjan mukaisesti yrittäneet systemaattisesti analysoida ja rauhoittaa tilanteen, välittömät reaktiot saivat ylivallan. Samalla oli kysymys monimutkaisten toimintajärjestelmien sekä teknologisten artefaktien käytettävyydestä ja yhteistoiminnasta ihmisen kanssa. Onko järjestelmät suunniteltu niin, että niiden käyttö on luontevaa ja tukee inhimillistä päätöksentekoprosessia ja ihmiselle ominaista intuitiivista reagointitapaa?

Martin et al. (2015) mukaan viimeisinä vuosikymmeninä lento-onnettomuuksiin ja vaaratilanteisiin johtaneet syyt ovat muuttuneet.[971] Koulutuksessa korostuu edelleen esimerkiksi moottorihäiriötilanteiden harjoittelu lennon kriittisillä hetkillä. Käytännössä näitä häiriöitä tapahtuu erittäin harvoin. Sen sijaan koneen hallinnan menetykset ja automaattisten järjestelmien ohjelmointivirheet ovat suhteessa lisääntyneet. Näiden onnettomuuksien taustalla ovat usein olleet yllättävät häiriötekijät ja niihin liittyvät spontaanit ensireaktiot.[972] Automaatioyllätyksistä (*automation surprise*) on tullut ilmaisu, joka toistuu onnettomuus- ja vaaratilanneraporteissa.[973]

Automaatioyllätysten hallinnassa keskeinen tekijä on koulutuksen ohella teknologian käyttäjäystävällisyys. Onko suunnittelussa otettu huomioon ihmisen välitön tapa reagoida ja muodostaa asioista nopeasti ensimmäinen mielikuva (*direct perception*)? Ei riitä, että ihminen on tietoisella tasolla kykeneväinen (*consciously competent*) tilanteen hahmottamiseen. Yllättävissä tilanteissa hänen pitäisi pystyä reagoimaan tarkoituksenmukaisesti myös intuitiivisella tavalla. Kyseessä on tällöin tiedostamattomalla tasolla toteutuva kykenevyys (*unconscious competence*).[974] Oikeita vakiomenetelmiä tulisi harjoituttaa niin paljon, että ensimmäinen intuitiivinen reaktio olisi järkevä. Oliver et al. (2019) katsovatkin, että tulevaisuuden ilmailukoulutuksessa tulisi kiinnittää enemmän huomiota ihmisen reagointiin monimutkaisissa ja emotionaalisesti paineisissa tilanteissa.[975]

Automaatioyllätykset eivät ole aivan harvinaisia. Vuonna 1998 Australiassa julkaistussa tutkimuksessa paljastui, että 1 268 tutkitusta lentäjästä 61 prosenttia koki ajoittain automaatioon liittyviä yllätyksiä lentotyössään. [976] Tyypillisiä yllätyksiä olivat automaattiohjauksen suorittamien toimien ja lentäjien välisten odotusten väliset ristiriidat. Sellaisia olivat esimerkiksi ongelmat aktivoida oikea lähestymismalli, aikaisempien asetusten häviäminen vaihdettaessa kiitotien suuntaa tai vaikeudet hallita koneen nopeutta jouduttaessa keskeyttämään lähestyminen.[977] Tilanteille oli ominaista, että automaattinen lennonohjausjärjestelmä koettiin tällöin ikään kuin kolmantena itsenäisenä toimijana ohjaamossa. Tätä kuvastavat pohdiskelut, joita yllättävissä tilanteissa oli miehistön kesken usein käyty: Miksi se teki tuon? Mitä se aikoo tehdä seuraavaksi?[978]

Automaatiohuolettomuus uutena riskitekijänä

Automaatio ei ole lähtökohtaisesti hyvää eikä pahaa. Mutta se muuttaa työn luonnetta ja niin tehdessään ratkaisee joitakin ongelmia, mutta luo samalla uusia.

M.W. Scerbo (1996)[979]

Yhä tehokkaammaksi muodostuneet automaattiset ja autonomiset järjestelmät ovat virittäneet keskustelua ihmisen kyvystä säilyttää oma vireystilansa. Klassisessa tutkimuksessaan Yerkes ja Dodson osoittivat jo vuonna 1908, kuinka ihmisen työskentelytehokkuus kärsii, mikäli ympäröivät olosuhteet kuormittavat joko liian paljon tai liian vähän.[980] Liiallinen joutilaisuus voi johtaa tarkkaavaisuuden herpaantumiseen ja olla yhtä vaarallista kuin ylikuormitus. Tutkimuksen menetelmiä on arvosteltu, mutta tuloksia on vuosikymmenien aikana sovellettu sekä ergonomian että työviihtyvyyden parantamiseen.[981]

Yerkesin ja Dodsonin ajatukset ovat tulleet uudella tavalla ajankohtaisiksi automaation vallatessa yhä enemmän alaa. Pääsääntöisesti automatiikka on luotettavaa ja johdonmukaista, ja se vähentää miehistön työmäärää merkittävästi. Kun vielä 1950-luvulla matkustajakoneiden ohjaamossa tarvittiin parhaimmillaan viisi henkeä, nyt pärjätään kahdella. Pääsääntöisesti luotettavasti toimiva automaatio voi johtaa kuitenkin liian luottavaiseen asenteeseen sekä saatavilla olevan tiedon vääränlaisen tulkintaan.

Vuonna 2017 julkistetussa tutkimuksessa de Boer ja Dekker haastattelivat kahtasataa modernien matkustajakoneiden lentäjää ja kartoittivat heidän kohtaamiaan vaikeuksia työskentelystä automaattisen lennonhallintajärjestelmän kanssa.[982] Eniten ongelmia olivat aiheuttaneet järjestelmien toimintahäiriöt, vahingossa väärin syötetyt tiedot sekä toimintojen vajavainen tuntemus. Näiden lisäksi tutkijat tunnistivat kokemuksen, josta voidaan käyttää nimitystä automaatiohuolettomuus tai automaatiotuudittautuminen (*automation complacency*).

Automaatiohuolettomuuteen on kiinnitetty huomiota jo 1970-luvulta alkaen. NASAn asiakirjassa vuodelta 1976 ilmiötä luonnehdittiin "kyllästymiseksi, joka voi johtaa tarkkaavaisuuden herpaantumiseen ja joka syntyy perusteettomasta oletuksesta järjestelmän tyydyttävästä tilasta".[983] Parasuraman et al. (1993) määrittelevät sen kyvyttömyydeksi vastata automaatiojärjestelmien vikatoimintoihin.[984] Automaatiohuolettomuudesta on kyse myös silloin, kun kuvitellaan automaation hoitavan tai hoitaneen tehtävät tai kun jätetään tarkistustoimet pelkästään automaattijärjestelmien vastuulle.[985] Se tarkoittaa myös asennetta, jossa epäilyn ja kyseenalaistamisen taso on alhainen.[986]

Ilmailussa ilmiöön havahduttiin, kun koneiden automaattiohjauksista oli kehittynyt monipuolisia lennonhallintajärjestelmiä. Järjestelmät hoitivat itsenäisesti ohjaamisen lisäksi tehoasetuksia ja vähensivät samalla huomattavasti lentäjien työtaakkaa. Tällöin saattoi käydä niin, että tarkkaavaisuus herpaantui ja ohjaamossa ei heti havahduttu poikkeustilanteiden syntymiseen. Lentämisen ohella ilmiö on tuttu myös meriliikenteestä.

Kesäkuun 9. päivänä 1995 suomalaisvalmisteinen risteilyalus Royal Majesty lähti Bermudalta kohti Bostonia. Loistoristeilijä oli varustettu modernilla GPS-satelliittilaitteistolla sekä maalaitteisiin tukeutuvalla LORAN-C-navigointijärjestelmällä. Niiden apuna olivat tutkat ja kuvaruudulla näytettävät karttanäkymät. Lähtö sujui hyvin, ja laitteet toimivat normaalisti. Matkan aikana GPS-vastaanottimen antennikaapeli yllättäen irtosi ja tarkkaa satelliittipaikannustietoa ei tällöin ollut enää käytettävissä. Sähköinen kartta siirtyi automaattisesti käyttämään epätarkempaa merkintälaskunavigointia (dead reckoning). Miehistö ei kuitenkaan huomannut virheilmoitusta, vaan seurasi yli vuorokauden epätarkkaa karttanäyttöä.

Lähestyttäessä määräsatamaa miehistö lisäksi tulkitsi väärin tutkakuvan ja ympäröivän maiseman, minkä vuoksi ei havaittu, että alus oli yli 20 kilometriä sivussa varsinaiselta reitiltään ja kulkemassa kohti matalikkoa. Viime vaiheessa alueella liikkuneet kalastustroolarit yrittivät varoittaa radiolla uhkaavasta vaaratilanteesta. Royal Majestyn komentosillalla ei ymmärretty viestien koskevan heitä ja kehotettiin troolareita siirtymään toiselle radiokanavalle. Risteilyalus ajoi matalikolle vajaat 30 kilometriä sivussa varsinaisesta väylästä. Vuorokauden päästä, voimakkaiden hinaajien avustama alus saatiin irrotettua ja hinattua määräsatamaan.[987]

Vastaavan tyyppisiä vaaratilanteita ja onnettomuuksia on tapahtunut myös ilmailussa. Automaattijärjestelmät ovat sinänsä toimineet suunnitellulla tavalla ja joissakin tapauksissa kompensoineet syntymässä olevia ongelmia. Yllätyksiä on kohdattu siinä vaiheessa, kun järjestelmän säätövara on loppunut ja se on kytkeytynyt äkisti pois päältä. Miehistöllä ei ole tällöin välttämättä ollut näkemystä ongelmien perimmäisestä syystä. Samalla toimintaympäristö on radikaalisti muuttunut – vielä vaativampaan suuntaan.[988]

Schutte (2017) luonnehtii automaatiota ilmailun yhteydessä hiljaiseksi, velvollisuudentuntoiseksi, kuuliaiseksi, mutta myös "tyhmäksi ja erittäin hauraaksi".[989] Autopilotti on hänen mukaansa pahimmillaan kuin lentäjä, joka ohjaa eleettömästi konetta, mutta ei kerro vierustoverilleen kasvavista vaikeuksistaan hallita kulkuneuvoa. Yhtäkkiä mitta tulee täyteen, lentäjä irrottaa kätensä ohjaimista, sulkee silmänsä ja ryhtyy huutamaan, ettei pysty enää ohjaamaan. Vieressä istuvan pilotin on hämmennyksen keskellä kuitenkin vaikea saada kokonaiskuvaa, mitä on tapahtunut ja tapahtumassa. Schutte (2917) toteaakin, että ”näin (autopilotin lailla) käyttäytyvä lentäjä tuskin voisi jatkaa työssään kovin pitkään”.[990]

Automaatioyllätykset ja -tuudittautumiset ovat nostaneet keskusteluissa ja tutkimuksissa esiin vaatimukset sopeutuvasta, paremmin kommunikoivasta ja tilannetietoisemmasta automatiikasta. Geiselman et al. (2013) vaativatkin, että ”emme tarvitse enemmän automaatiota. Tarvitsemme parempaa automaatiota.”[991]. Näkemyserot ihmisen ja koneen yhteistyöstä ovat heijastuneet myös lentokonesuunnitteluun.

5.3 Airbus ja Boeing – kaksi erilaista suunnittelufilosofiaa

Kun matkustaja astuu moderniin lentokoneeseen, on noin 50 prosentin todennäköisyys, että koneen valmistaja on joko yhdysvaltalainen Boeing Commercial Airplanes tai eurooppalainen konsortio Airbus S.A.S. Näiden kahden valmistajan B737- ja A319/320-sarjan konetyypit hallitsevat etenkin keskimatkan lentoreittejä. Ulospäin koneet näyttävät samanlaisilta, ja keskivertomatkustaja tuskin kiinnittää edes huomiota vähäisiin eroihin. Boeingin ja Airbusin tuotteet edustavat kuitenkin kahta hyvin erilaista teknistä ja teknologian filosofista lähestymistapaa. Erot näkyvät erityisesti siinä, kuinka ihmisen ja koneen yhteistyö on toteutettu.[992]

Airbusin historia alkaa 1960-luvun lopulla, jolloin Euroopassa havahduttiin Yhdysvaltojen ilmailuteollisuuden kasvavaan markkinaosuuteen. Taloudellisesti raskaan, mutta teknisesti kunnianhimoisen yliäänikone Concorden rakentaminen oli kuitenkin osoittanut, että kansalliset voimavarat yhdistäen oli mahdollista toteuttaa teknologisesti vaativia hankkeita. Varovaisten tunnustelujen jälkeen tehtiin heinäkuussa 1967 ensimmäinen päätös yhteistyönä rakennettavan eurooppalaisen matkustajakoneen valmistamisesta.[993]

Päätös oli vahvasti kauppapoliittinen. Aérospatialen johtaja Bernard Lathière lausui vuonna 1975, että Airbus-projekti oli "poliittinen symboli sille, mitä yksimieliset eurooppalaiset voivat saada aikaisiksi".[994] Tavoitteena oli rakentaa kilpailukykyinen, taloudellinen ja suuren matkustajakapasiteetin omaava keskimatkan kone. Poikkeuksellista oli se, että 266 matkustajaa kuljettavassa laajarunkokoneessa tuli olemaan vain kaksi moottoria. Amerikkalaiset asiantuntijat pitivät suunnitelmaa "eurooppalaisten vitsinä" eivätkä ottaneet sitä aluksi vakavasti.[995] Samoihin aikoihin Boeing oli tuonut markkinoille kaksimoottorisen, kapearunkoisen, ainoastaan hieman yli sadalle matkustajalle suunnitellun B737-koneen.

Vuonna 1972 ensilentonsa tehnyt Airbus A300 oli alkuvaikeuksien jälleen kohtuullisen hyvä kaupallinen menestys. Kuitenkin vasta kymmenen vuotta myöhemmin esitellyn A320-koneen voidaan sanoa aloittaneen liikenneilmailussa uuden aikakauden. Suurin uudistus oli ensimmäistä kertaa matkustajakoneessa käytetty täysin tietokoneohjattu hallintajärjestelmä. A320:ssa ei ole enää ohjaamon ja aerodynaamisten pintojen välillä perinteisiä mekaanisia tai hydraulisia yhteyksiä, vaan hallinta tapahtuu täysin sähköisesti. Lentäjät säätävät ohjaimilla viittä toisistaan riippumatonta tietokonetta, jotka puolestaan ohjaavat datakaapeleiden kautta niin siivekkeitä kuin moottoreiden tehoja säätäviä servoja. Järjestelmään on rakennettu moninkertaiset varmistukset ja sähkömagneettisten häiriöiden suojaukset. Näkyvänä muutoksena on perinteisen ohjaimen vaihtuminen tietokoneista tuttuun peliohjaimeen.[996]

Tämän niin sanotun Fly-by-Wire-tekniikan erityinen merkitys on siinä, että sen avulla on mahdollista yhdistää koneen liikkeitä ja ulkoisia olosuhteita mittaavien antureiden tieto varsinaiseen ohjausjärjestelmään. Tämä mahdollistaa tehokkaiden autopilottien toteuttamisen. Uusi tekniikka herätti etenkin Yhdysvalloissa epäilyksiä ja arvostelua. Kritiikin kohteena oli erityisesti se, että lentäjältä puuttui perinteinen ohjaustuntuma koneen liikkeisiin ja lentäjän autonomiaa oli vähennetty. Samoin uuden teknologian luotettavuutta epäiltiin. United Airlines -yhtiön lentäjä puki sanoiksi monen kollegansa tuntemukset.

A320-koneelle tyypillinen sofistikoitunut ohjausjärjestelmä tulee jättää yksipaikkaisten hävittäjien ominaisuudeksi. Niihin se voidaan hyväksyä, ja niissä pilotti voi pakkotilanteessa poistua koneesta laskuvarjolla – etuoikeus, josta minä ja matkustajani emme pääse nauttimaan.[997]

Yhdysvaltalaisilla lentokonevalmistajilla oli toki vahva kokemus Fly-by-Wire-tekniikan käyttämisestä. Kokemusta oli kertynyt sekä Apollo-ohjelman että sotilaskoneversioiden kautta. Matkustajakoneiden kohdalla vastustus oli kuitenkin kovaa. Taustalla olivat erilaiset näkemykset koneen ja ihmisen välisestä vuorovaikutuksesta ja yhteistyöstä. Näissä näkemyseroissa voi tunnistaa ihmiskuvaan ja autonomiseen teknologiaan liittyviä periaatteellisia näkemyseroja.

Airbus tukeutuu automaatioon

Löimme vetoa, että Airbus 320 tulisi osoittamaan Fly-by-Wire-teknologian toimivuuden.

Airbus 320:n pääsuunnittelija Bernard Ziegler 1993.[998]

Hollantilainen sosioteknologian professori Wiebe E. Bijker (1997) on hahmotellut teknologisen kehityksen teoriaa.[999] Hänen mukaansa teknologinen kehitys tapahtuu aina sosiaalisessa ympäristössä, jonka käyttäjät ja tuottajat luovat yhdessä. He jakavat yhdessä ongelman ratkaisut, päämäärät ja käyttöönotettavat keksinnöt. Tätä yhteisöllistä uuden teknologian hyväksymistä Bijker kutsuu teknologiseksi kehykseksi. Teknologisen kehyksen käsitettä voi käyttää havainnollistamaan myös kahden johtavan lentokonevalmistajan poikkeavia ratkaisuja.[1000]

Airbusin suunnittelufilosofiassa on kyse kokonaisvaltaisesta teknologisesta kehyksestä, johon sisältyy automaation lisäksi kulttuurisia ja ihmiskäsitykseen liittyviä piirteitä. Fly-by-Wire-ohjausfilosofia tunnustaa ensinnäkin ihmisen rajallisen kyvyn käsitellä tietoa. Tarkoituksena on ollut luoda teknologinen kokonaisratkaisu, joka ottaa huomioon ihmisen suorituskyvyn rajoitukset ja alttiuden tehdä virheitä.

1980-luvulle tultaessa oli käynyt ilmeiseksi, että liikennelentämisen riskit eivät enää liittyneet ensisijaisesti teknisiin ongelmiin, vaan inhimillisiin virheisiin ja miehistön yhteistyön puutteisiin.

Airbusin suunnittelijat halusivat siksi kehittää tekniikkaa, joka suojaisi lentomatkustajia sekä miehistön tekemiltä virheiltä että olosuhteiden aiheuttamilta riskitekijöiltä. Samalla uusi tekniikka helpottaisi lentäjien mentaalista kuormitusta lennon vaativimmissa vaiheissa. Airbus 320 -projektin tekninen johtaja Bernard Ziegler totesi vuonna 1993, että "emme ole kiinnostuneita teknologiasta sinänsä. Katsomme vain avoimin mielin, mitä voimme tehdä jo olemassa olevalla teknologialla." [1001]

Airbus-koneiden tietokoneohjaus mahdollistaa monipuolisen lennonhallintajärjestelmän. Toimintafilosofian kannalta keskeinen ominaisuus on suoritusarvosuojaus (*envelope protection*). Jokaisella lentokoneella on oma suoritusarvoprofiilinsa, jonka sisällä toimittaessa lentäminen on turvallista. Profiiliin vaikuttavat monet eri tekijät, kuten koneen paino, nopeus, asento ja ilmanpaine sekä lämpötila. Airbusin järjestelmä ohjaa koneen toimintoja niin, ettei edes lentäjä pysty ylittämään koneen turvallisia toimintarajoja.[1002]

Suoritusarvosuojaus estää esimerkiksi sen, että kone lentäisi liian pienellä nopeudella tai kaartaisi liian jyrkästi. Samalla järjestelmä optimoi koneen suoritusarvot ja vähentää miehistön kuormitusta erityisesti hätätilanteissa. Hudson-jokeen laskeutuneen US Airways 1549:n tapauksessakin A320:n hallinta-automatiikka auttoi ratkaisevasti oikean nopeuden ja kohtauskulman säilyttämisessä. Se mahdollisti lähestymisen miniminopeudella, säilytti koneen ohjattavuuden ja antoi miehistölle aikaa valmistautua pakkolaskuun. [1003] Suojausohjelma edustaa modernien matkustajakoneiden pitkälle kehitettyä lennonhallinta-ajattelua, jossa pilotin toimintamahdollisuuksia on tietoisesti rajoitettu ja samalla lisätty teknologian autonomiaa.[1004]

Automaation tasot

Airbus-koneiden tietokoneohjauksessa on kolme erilaista tasoa, joiden käyttö riippuu saatavilla olevasta informaatiosta. Normaalitilassa (*Normal Law*) kaikki suojaukset ovat käytössä ja tietokoneet estävät koneen joutumisen epänormaaleihin lentoasentoihin. Normaalitoiminnot voivat kuitenkin kytkeytyä esimerkiksi anturivikojen vuoksi pois päältä ja samalla suojaustoimenpiteet vähenevät. Mikäli tietokoneet saavat riittävästi luotettavaa dataa, ohjausjärjestelmä siirtyy rajoitetumman toiminnan tilaan (*Alternate Law*). Tällöin suojaustoiminnoista on käytössä lähinnä vain maksiminopeuden ja -kuormituksen rajoittaminen. Näin tapahtui aiemmin kuvatun Air Francen onnettomuuden yhteydessä.

Poikkeustilanteissa lentäjien on mahdollista valita myös suoratoiminto (*Direct Law*), jolloin erilaiset suojausmekanismit on kytketty kokonaan pois päältä. Malli vastaa lähinnä perinteistä lentokoneen ohjausjärjestelmää, jossa lentäjällä on suora kontakti koneen ohjainpintoihin. Mikäli lentokoneen sähkövoimakin on menetetty, viimeisenä vaihtoehtona on mekaaninen varajärjestelmä. Tällöin varsinainen ohjain on poissa käytöstä ja konetta pystytään ohjaamaan rajoitetusti säätämällä lähinnä moottorin tehoja, mekaanisia trimmitasoja ja sivuperäsintä.[1005]

Airbusin erittäin pitkälle kehitetty automaattijärjestelmä perustuu loogiseen tiedonkäsittelyprosessiin. Suunnittelijat ovat pyrkineet luomaan kokonaisuuden, joka on tehokas, toimiva ja jossa on moninkertaiset varmistukset häiriötilanteiden varalle. Ongelmien kohdatessa ohjaajien edellytetään noudattavan johdonmukaisesti tarkoitukseen laaditun monitoriohjelman (ECAM) toimenpidepolkua.[1006] Erityisesti tämä koskee tilanteita, joissa järjestelmä on kytkenyt itsensä alemmille tasoille ja suojausta on samalla vähennetty. Ihminen ei ole kuitenkaan vain rationaalinen informaation käsittelijä ja looginen toimija. Tämä paljastui myös AF 447 -lennon kohdalla.

Epäilyksistä huolimatta Airbusin Fly-by-Wire-tekniikka on osoittautunut erittäin luotettavaksi. Alkuvaiheessa ilmenneet ongelmat eivät liittyneet niinkään tekniikkaan, vaan perinteiseen ohjaustekniikkaan tottuneiden pilottien vaikeuteen omaksua uusi toimintafilosofia. Holder ja Hutchins (2011) tutkivat Airbus 320 -koneiden miehistöjen suhdetta automaattiseen ohjausjärjestelmään. Tutkimuksessa selvisi, että lentäjillä ei aina ollut täyttä käsitystä automatiikan toimintaperiaatteista. Automaattihämmennyksiä koettiin erityisesti lennon lähestymisvaiheessa, mikäli menetelmiä jouduttiin yllättäen muuttamaan. Aerodynaamisesti puhdas A320 ei lentäjien mielestä "halunnut mielellään hidastaa vauhtiaan" ja oli siksi "vertikaalisesti haastava". Koneen valmistajan käsikirja ei tutkijoiden mielestä antanut riittävän selvää käsitteellistä mallia ymmärtää perinteisen ja automaattisen lentämisen eroja.[1007]

Uuden tekniikan katsottiin myös vähentävän pilottien tarvetta ja väheksyvän heidän ammattitaitoaan. **Eräät ranskalaiset lentäjät uhkasivat jopa pääsuunnittelija Zieglerin henkeä, ja hän joutui vetäytymään hetkeksi julkisuudesta.**[1008] Kaupallisen menestyksen myötä Airbusin teknologiasta kehittyi kuitenkin yhä hallitsevampi käytäntö, ja uusien lentäjäsukupolvien myötä kritiikin äänet ovat vaimentuneet.

Suoritusarvosuojauksen ohella Airbus-konseptin keskeisiä piirteitä ovat koneperheen eri tyyppien yhteneväinen ohjaamoarkkitehtuuri, hallintalaitteet ja ohjauskäyttäytyminen. Tätä yhteisyyttä (*commonality*) voisi verrata eri älylaitteiden samankaltaisiin käyttöliittymiin. Mobiililaitteissa on järjestelmäeroja, mutta käyttäjä ohjaa niitä pääsääntöisesti samankaltaisilla kosketusnäytöillä. Fly-by-Wire-periaate on mahdollistanut tekniikan, joka kompensoi koneiden koosta, erilaisista aerodynamiikoista sekä suoritusarvoista johtuvat erot. Se mahdollistaa konetyypistä riippumatta piloteille samankaltaisen työympäristön ja samanlaiset käyttöominaisuudet. Ohjaamoyhteisyys on ollut Airbus-koneiden keskeinen menestystekijä.[1009]

Yhteisyys merkitsee sitä, että eri koneversioiden vaatima tyyppikoulutus yksinkertaistuu huomattavasti. Ilmailuviranomaiset ovat myöntäneet Airbus-koneille omat määräykset, joilla siirtymistä konetyypistä toiseen on helpotettu ja samalla mahdollistettu useamman tyyppikelpuutuksen samanaikainen voimassaolo.[1010] Hyvä esimerkki on Euroopan ja Yhdysvaltojen lentoturvallisuusviranomaisten vuonna 2008 hyväksymä A380-koneen koulutusohjelma. 850 matkustajaa kuljettavaa konetta varten tavallisen 130 matkustajaa kuljettavan A320-koneen lentäjä tarvitsee vain vajaan parin viikon lisäkoulutuksen.[1011] Ohjaamoyhteisyyden merkitys nousi esille myös Boeingin 737 MAX -koneiden onnettomuuksien yhteydessä.[1012]

Yhteisyysperiaate hallitsee myös Airbus-konesarjan ohjaamosuunnittelua. Koneiden ergonomia ja visuaalinen ilme noudattavat yhtenäistä kaavaa. Ergonomiassa on tukeuduttu muun muassa selkeistä ohjaamoista tunnetun urheiluautovalmistaja Porschen suunnitteluosaston asiantuntemukseen. Aikaisemmin ohjaamosuunnittelua hallinneiden insinöörien rinnalle ovat siten tulleet toimivuudesta ja estetiikasta kiinnostuneet teolliset muotoilijat.[1013]

Airbus-koneiden teknisfilosofinen toimintaperiaate on mahdollista nähdä myös kulttuurisena ilmiönä. Catherine Krause-Nehring (2007) on väitöskirjassaan tutkinut Airbus-projektin kulttuurisia vaikutuksia.[1014] Hän kiinnittää huomiota siihen, että Fly-by-Wire-teknologia on merkinnyt ratkaisevaa muutosta naisten asemassa liikennelentämisen maailmassa. Aina antiikin Daidalos- ja Ikaros-myyteistä sekä sota-aikojen sankaripiloteista lähtien lentäminen on mielletty vahvasti maskuliiniseksi ja myös fyysistä voimaa vaativaksi toiminnaksi. Tutkijan mukaan Airbus-konseptin myötä perinteiset roolimallit muuttuivat ratkaisevasti.[1015] Suurta konetta pystyi hallitsemaan peliohjaimen tavoin kevyellä sormenpääotteella. Saksan naislentäjien liiton puheenjohtajan Heidi Gallandin (2007) mukaan liikennelentäjän ammatista on tullut uuden teknologian myötä houkutteleva työ myös naisille. "Se ei ole enää fyysistä voimaa vaativa ammatti, vaan edellyttää enemmän älyä ja sopivaa luonnetta."[1016]

Sukupuolirajoitusten vähenemisen myötä lentäjän työ ja ammattiin liitetyt odotukset ja vaatimukset ovat muuttuneet. Tätä muutosta Airbusin pääsuunnittelija Bernard Ziegler kuvaa lentäjille terävin sanavalinnoin.

> *Jos haluat lentää perinteiseen tyyliin, siirry lentämään purjelentokoneita, ryhdy koelentäjäksi tai minun puolestani voit lentää, vaikka kuuhun. Mutta kaupallisen matkustajalentämisen tarkoitus ei ole seikkailun tarjoaminen. Noususta laskeutumiseen autopilotit ohjaavat konetta, ja se on vallitseva käytäntö niin Boeingissa kuin Airbusissakin. Autopilotit tekevät tarkempaa työtä, mihin kukaan lentäjä kykenisi. Sinun tehtäväsi ei siksi liikennelentäjänä ole olla perinteinen sankarihahmo. Sinun tehtäväsi on tehdä päätöksiä, pysyä hereillä ja tietää, mitä painikkeita painat ja milloin. Sinun tehtäväsi on hallita järjestelmiä.*[1017]

Boeing pitää kiinni periaatteistaan

> *Lentäjällä on lopullinen auktoriteetti koneen hallinnassa.*
> *Boeing 777 -koneen esite (1995)*[1018]

Kaksi kilpailevaa lentokonevalmistajaa Airbus ja Boeing edustavat kahta eri mannerta. Niiden erilaisissa teknologisissa ratkaisuissa voi nähdä myös mantereita erottavia kulttuuripiirteitä. Helmreich et al. (1998) toteavat, että Airbus edustaa eurooppalaista insinööriajattelua, jossa on perinteisesti arvostettu teknistä ja innovatiivista kunnianhimoa. Sana insinööri (*engineer*) pohjautuu latinan *genius*-sanaan, joka viittaa etevämmyyteen ja nerokkuuteen. Eurooppalaisesta näkökulmasta "Airbus on suunniteltu toimimaan niin virheettömästi kuin mahdollista ja mahdollisimman itsenäisesti".[1019]

Yhdysvaltojen edustamassa kulttuurissa yksilönvapaus ja yksilönsuoja ovat perinteisesti olleet korvaamattomia arvoja. Insinööriajattelussa on innovaatioiden sijasta arvostettu yksinkertaisuutta ja toimivuutta. Nämä ominaispiirteet ovat heijastuneet myös lentokonesuunnitteluun ja luoneet teknologisen kehyksen, jossa pilotilla on ehdottomasti oltava viimeinen sana. Tämä on ollut Boeingin johtava suunnitteluperiaate. Yhdysvaltalaisessa ilmailukirjallisuudessa onkin korostettu Boeingin periaatteellista eroa Airbusin ratkaisuun verrattuna. Yhdysvaltalainen tehdas ei missään olosuhteissa halua ohittaa ihmistä, ja "automaation sijasta korostetaan yksinkertaisuutta".[1020] Beatyn (1995) mukaan liian pitkälle viety automaatio herättää lentäjissä epäilyä, jolloin myös työtyytyväisyys ja -ylpeys ovat vaarassa rapistua.

> *Ei kukaan lentäjä toivo olevansa vain perämies ihmeitä tekevässä koneessa. Kukaan meistä ei halua joutua tilanteeseen, jossa koemme taitojamme vähäteltävän tai vielä pahempaa, tunnemme olevamme avuttomia.*[1021]

Airbus-koneiden kaupallisen menestyksen myötä Boeing joutui kuitenkin tarkentamaan ajatteluaan. Fly-by-Wire-tekniikka osoittautui luotettavaksi, ja tehdas päätti rakentaa sen perustalle siihen mennessä suurimman kaksimoottorikoneen, Boeing 777. Yhdysvaltalaisten pilottien paine uutta konetyyppiä kohtaan oli kova. He halusivat saada lentokoneen, joka muistuttaisi mahdollisimman paljon ohjaustuntumaltaan ja filosofialtaan perinteistä lentokonetta. Ibsenin (2009) mukaan "välillä suunnittelijoihin kohdistui lähes uskonnollinen kiihko, jotta nämä jättäisivät järjestelmään edes jonkin verran vapautta pilotille".[1022]

Lentäjien toiveita kuultiin. Boeingin valitsema teknologinen kehys korostaa lentäjän lopullista auktoriteettia: hänen tehtävänään on tehdä lopulliset päätökset eikä lentää tietokonetta.[1023] Tätä periaatetta tukee Airbusiin verrattuna pehmeämpi suoritusarvosuojaus, jonka lentäjä pystyy helpommin kytkemään pois päältä ja ottamaan jälleen käyttöön. Näkyvänä erona on perinteisen rattiohjaimen säilyttäminen. Airbusin tavoin silläkin tosin ohjataan todellisuudessa tietokonetta, mutta Boeing säilytti ohjaimen muodon lisäksi keinotekoisen ohjaustuntuman. Sen rakentaminen oli kuitenkin tehtaalle merkittävä tekninen haaste.[1024] Periaatteena on ollut, että vanhoista konetyypeistä uuden B777:n ohjaimiin siirtyvä lentäjä tuntisi olonsa mahdollisimman kotoisaksi. Koelentäjä John Cashmanin sanoin: "Haluamme säilyttää lentokoneen sellaisena, että kun lentäjä astuu sisään, hänen ei tarvitse opetella mitään uutta."[1025]

Airbusin teknologisen kehyksen keskeisenä periaatteena on riippuvuus koneperheen tuotteista. Boeing puolestaan on korostanut sopeutuvuutta. Periaatteiden ero suhteessa autonomiseen teknologiaan on ilmeinen. Airbusin suunnittelufilosofiassa on tähdätty selkeästi eteenpäin ja luotu tulevaisuuden teknologista normia. Boeing on puolestaan suunnannut katseen taaksepäin ja rakentanut sen varaan, mikä on ollut jo olemassa.[1026] Periaate on tyypillistä ilmailuajattelua, jossa innovaatioiden ohella on aina vaikuttanut konservatiivinen elementti. Uudistuksia on tehty varovaisesti ja tukeutuen siihen, mikä on koeteltua ja toimivaksi havaittua. Boeingin kohdalla tämä menneisyyteen tukeutuva periaate on paljastanut myös rajoituksensa.

Kaksi onnettomuutta – yhteinen tekijä

Lokakuun 29. päivänä 2018 lähti indonesialaisen Lion Air -yhtiön uudenuutukainen Boeing 737–8 MAX lyhyelle lennolleen kohti Bangkan saarta. Vain 13 minuuttia lähdön jälkeen lento 610 katosi yllättäen tutkalta. Pian selvisi, että kone oli syöksynyt hallitsemattomassa tilassa Jaavanmereen ja 189 henkilöä oli menehtynyt. Ennen tuhoutumista koneessa oli ollut vakavuusongelmia, jotka olivat ilmenneet miehistön muuttaessa koneen lentoasua. Samoja ongelmia oli koneessa havaittu jo aiemminkin.[1027]

Vain runsas neljä kuukautta Indonesian onnettomuuden jälkeen Ethiopian Airlinesin B737-8 MAX tuhoutui pian lähdön jälkeen. Lento 302 oli lähtenyt 10. maaliskuuta 2019 Addis Abebasta kohti Nairobia ja kohtasi pian nousun jälkeen samankaltaisia ongelmia kuin Lion Air 610. Lentäjät toimivat hätätilanneohjeiden mukaisesti, mutta eivät saaneet lukuisista yrityksistä huolimatta konetta hallintaansa. Käsivoimat eivät riittäneet aerodynaamisesti epätasapainossa olevan koneen ohjaamiseen, ja se syöksyi maahan 500 solmun nopeudella. Kaikki koneessa olleet 157 ihmistä menehtyivät. [1028]

Lyhyen ajan sisällä tapahtuneet kaksi vakavaa lento-onnettomuutta jättivät liikenneilmailuun vahvan jäljen. Lion Airin onnettomuuden kohdalla ensimmäiset epäilykset kohdistuivat aggressiivisesti kasvaneen halpalentoyhtiön turvallisuuskulttuuriin. Yhtiölle oli tapahtunut onnettomuuksia aikaisemminkin, ja Indonesian onnettomuusluvut olivat vuosituhannen alussa jopa 15 kertaa globaalia keskivertoa suuremmat.[1031] Pian kuitenkin selvisi, että onnettomuuden taustalla oli yllättäviä teknisiä ongelmia. Kun vastaava tapahtuma toistui Ethiopian Airlinesin kohdalla, määrättiin kaikki B737 MAX -sarjan koneet maailmanlaajuiseen lentokieltoon 13.3.2019. Lähes 400 uuden koneen yli 20 kuukautta jatkunut lentokielto oli ilmailun historiassa ainutlaatuinen. Arvioiden mukaan lentokielto aiheutti valmistajatehtaalle vähintään 60 miljoonan dollarin tappiot joka päivä. [1032]

Pitkään lentokieltoon johtaneet ongelmat paikallistuivat ohjausjärjestelmään, ja ne selittyivät osittain konetyypin pitkästä historiasta. Maailman eniten valmistetun liikennekoneen B737:n ensimmäinen versio lensi jo vuonna 1967, ja sen jälkeen koneen kokoa on kasvatettu ja järjestelmiä paranneltu. Kehitystyö on kuitenkin rakentunut alkuperäisen konstruktion tekniselle alustalle, johon on liitetty modernia automatiikkaa. Uusimman B737 MAX -version ohjausjärjestelmä on eräänlainen hybridiratkaisu, jossa vanhaa hallintatekniikkaa on sähköisesti tehostettu Fly-by-Wire-teknologialla. Samalla on haluttu säilyttää perinteinen ohjaustuntuma ja yhteneväisyys konetyypin aikaisempiin versioihin. Jälkeenpäin kriitikot ovat arvioineet, että mikäli Boeing-tehdas olisi ajoissa suunnitellut kokonaan uuden konetyypin, Airbusin A320 -mallista ei olisi koskaan muodostunut nykyisenlaista myyntimenestystä.[1033]

Uusimmassa MAX-kehitysversiossa toteutettiin merkittävä muutos ottamalla käyttöön modernit ja aikaisempaa taloudellisemmat moottorit. Ulkoisilta mitoiltaan huomattavasti suuremmat moottorit vaativat kuitenkin uuden ripustuksen siipiin, mikä puolestaan aiheutti muutoksia koneen aerodynamiikkaan. Aerodynamiikan parantaminen rakenteita muuttamalla olisi tullut kalliiksi ja viivästyttänyt jo valmiiksi kireää toimitusaikataulua. Boeing-tehtaalla oli vuonna 2019 yli 5 000 alustavaa tilausta uudesta konetyypistä, ja lentoyhtiöt halusivat saada suositusta konetyypistä taloudellisemman version nopeasti käyttöön. Samaan aikaan Airbus-tehdas valtasi voimakkaasti markkinoita polttoainetaloudeltaan huomattavasti parannetulla A320neo-mallillaan.[1034]

Raskaiden rakenneuudistusten sijasta tehdas päätti ratkaista ongelmat sähköisesti ja suunnitteli ohjausjärjestelmään automaattisen pituuskallistuman korjaustoiminnon. Järjestelmä tunnetaan lyhenteellä MCAS (*Maneuvering Characteristic Augmentation System*). Vastaavaa ei ollut aikaisemmin käytetty kaupallisessa liikenteessä.[1035] Uuden MAX-version tuli olla ohjaustuntumaltaan siinä määrin edeltäjiensä kaltainen, etteivät lentäjät tarvinneet uutta ja kallista tyyppikoulutusta. Boeing halusi uudella koneella soveltaa koulutuksessa siis samanlaista yhteisyysajattelua, johon Airbus-tehtaan menestys oli pitkälle perustunut. MCAS-järjestelmän oli tarkoitus toimia taustalla niin huomaamattomasti, ettei tehdas katsonut tarpeelliseksi mainita edes sen olemassaolosta koneen käsikirjassa eikä sitä myöskään käsitelty suppeassa niin sanotussa eroavaisuuskoulutuksessa.

Järjestelmä toimikin suunnitellulla tavalla. Haavoittuvaksi kohdaksi paljastui kohtauskulma-anturi, joka välittää tietokoneille dataa koneen pituuskallistumasta. Anturin vikaantuessa koneen tietokoneohjaus toimi epäloogisesti ja aiheutti voimakkaita muutoksia koneen lentotasapainoon. Nämä muutokset tapahtuivat kummassakin tapauksessa nousun kriittisessä vaiheessa ja yllättivät lentäjät. Jälkimmäisessä Ethiopian Airlinesin onnettomuudessa lentäjät olivat jo alustavasti tietoisia järjestelmän olemassaolosta, mutta eivät kyenneet siitä huolimatta saamaan ristiriitaisesti käyttäytyvää konetta hallintaansa.[1036]

Vanhan ja uuden teknologian yhteensovittaminen osoittautui B737 MAX -koneiden kohdalla vaikeaksi tehtäväksi. Vaikka rakenteeseen liittyvät riskit osittain tiedostettiin, valmistaja ei uskonut, että ongelmat voisivat eskaloitua tapahtuneella tavalla. [1037] Wendelin (2019) mukaan Boeing ei osannut ottaa huomioon tilannetta, jossa miehistö hämmentyy yhtäkkiä aktivoituvista lukuisista hälytyksistä eikä pysty tekemään riittävän nopeasti korjaavia toimia.[1038]

Teknisesti katsoen B737 MAX -koneiden ongelmat olivat atk-tekniikasta tuttuja GIGO-ongelmia: vikaantuneet anturit antoivat väärää tietoa, mikä johti tietokoneiden vääriin toimintoihin. Onnettomuuksien taustalla on kuitenkin tekijöitä, jotka liittyivät teknisten ongelmien lisäksi kauppapoliittisiin paineisiin, ilmailuviranomaisten päätäntävallan kapenemiseen ja viime kädessä riskienhallinnan epäonnistumiseen.

Onnettomuuksia voisi kuvata tiimalasivertauksella. Tiimalasin yläosaan oli kertynyt monia erilaisia tekijöitä, historian painolastia, tiukkoja aikatauluja ja kovan kilpailun aiheuttamia kustannuspaineita. Ne kaikki tihentyivät tiettynä hetkenä tiimalasin keskiosaan. Kapeassa kohdassa ratkaisevia tekijöitä oli puolestaan vähän – yksi viallinen komponentti ja miehistön rajalliset toimintamahdollisuudet –, mutta nämä vähäisetkin tekijät johtivat kohtalokkaisiin onnettomuuksiin. Onnettomuuksien jälkeen tiimalasin runko lähti laajenemaan ja vaikuttavuus kasvoi. Ensivaiheessa onnettomuus koski 346:a onnettomuuden uhria ja heidän läheisiään. Heidän jälkeensä seurausvaikutukset laajenivat ja ulottuivat suunnittelijoihin, valmistajaan, viranomaisiin, lentoyhtiöihin, osakkeenomistajiin, talouselämään ja lopulta koko ilmailuturvallisuusajatteluun. B737 MAX -onnettomuudet tukevatkin Hollnagelin esittämää systeemistä onnettomuusmallia.[1039]

Lentokielto kesti yli 20 kuukautta. Yhdysvaltain ilmailuviranomainen kumosi lentokiellon 18.11.2020.[1040] Euroopan unionin lentoturvallisuusvirasto EASA seurasi perässä 24.11.202.[1041] Kummatkin edellyttivät samalla mittavia muutoksia sekä lentäjien koulutukseen että koneen ohjausjärjestelmään, minkä jälkeen B737 MAX -koneet palasivat vähitellen liikenteeseen.[1042]

Turvallisuuskeskustelu palaa juurilleen

B737 MAX -onnettomuudet katkaisivat pitkään jatkuneen myönteisen kehityksen ja vieläpä tavalla, jota ei osattu odottaa. Erityisesti vuoden 2012 jälkeen koettu onnettomuuksien väheneminen yhdessä liikenteen kasvun kanssa oli vahvistanut uskoa teknisten järjestelmien toimivuuteen. Onnettomuudet palauttivat kuitenkin perinteiset teemat turvallisuuskeskusteluun. Ne liittyvät erityisesti viranomaisten itsenäisyyteen, sertifiointijärjestelmien toimivuuteen sekä liiallisen kilpailun kielteisiin vaikutuksiin.[1043] Sgobba (2019) pitää B737 MAX -onnettomuuksia jopa ICAO:n ilmailun sääntelyhistorian suurimpina epäonnistumisina.[1044]

Yhdysvaltain kongressin edustajainhuoneen liikennekomitea julkaisi 16.9.2020 perusteellisen 238-sivuisen loppuraportin, jossa analysoidaan yksityiskohtaisesti onnettomuuksiin johtaneita syitä. Suorasanaisessa raportissa onnettomuuksia luonnehdittiin ”kauhistuttavaksi huipentumaksi” tapahtumasarjassa, johon johtivat Boeingin insinöörien virheelliset tekniset oletukset sekä yhtiön johdon avoimuuden ja viranomaisen valvonnan puutteet. Kiivas taistelu markkinaosuuksista loi tehtaalle paineita ja vahvisti haluttomuutta vaatia kalliita tyyppikoulutuskursseja.[1045]

Onnettomuudet synnyttivät myös oikeusprosesseja. Onnettomuuden uhrien lisäksi korvauksia vaativat myös Boeingin osakkeenomistajat. Delawarelainen tuomioistuin määräsi 7.9.2021 konevalmistajan vastaamaan oikeudessa yhtiön osakkeenomistajien vaatimuksiin. Omistajat katsoivat, että yhtiön johtajat epäonnistuivat täydellisesti lentokoneiden turvallisuutta koskevan raportointijärjestelmän luomisessa ja aiheuttivat siten osakkeenomistajille miljardiluokan tappiot. Omistajien vaatimuksia yhtiön johdon vaihtamisesta ei otettu vakavasti.[1046] Lisäksi yhtiön teknistä pääkoelentäjää vastaan nostettiin lokakuussa 2021 syyte väärien, epätarkkojen ja vajavaisten järjestelmämuutostietojen välittämisestä ilmailuviranomaisille.[1047]

Loppuraportti kiinnittää lisäksi huomiota Boeing-tehtaan toimitusjohtajan Harry Stonecipherin haastatteluun *Chicago Tribune* -lehdessä. Siinä hän ilmaisi pyrkimyksensä kehittää Boeing-tehdasta insinöörivetoisesta yrityksestä enemmän hyvää taloudellista tulosta tekeväksi sijoituskohteeksi.[1048] Raportti toteaa suoraan, että toimitusjohtajan edustama ajatusmalli oli osasyynä väärään suuntaan johtaneeseen toiminta- ja turvallisuuskulttuuriin.

> *Monien tarkkailijoiden ja entisten Boeingin työntekijöiden mielestä toimitusjohtajan asenteet tulehduttivat yrityksen. He korostivat, että ajatusmalli, jossa keskitytään enemmän taloudellisen hyödyn tavoittelemiseen kuin teknisten ratkaisujen parantamiseen, loi lopulta pohjan kahden B737 MAX -koneen tuhoutumiseen johtaneelle kehitykselle.*[1049]

Tehtaalle onnettomuudet merkitsivät mainekriisin lisäksi vakavaa itsetutkistelua. Suunnittelutyöhön osallistuneet insinöörit tarvitsivat kriisiapua, ja tuotantolinjoja jouduttiin sulkemaan. Johnstonin ja Harrisin (2019) mukaan onnettomuudet olivat traaginen esimerkki yritysmallista, jossa markkinamiehet saivat insinööreistä ylivallan – siitäkin huolimatta, että tehtaan sisällä esitettiin voimakasta arvostelua omaksutusta linjasta ja sen mukanaan tuomista riskeistä. Tapahtunut on heijastunut laajemminkin organisaatioiden kulttuurista käytävään keskusteluun. ”Tilanne ja vallitseva liike-energia pakottivat yrityksen etenemään määrättyyn suuntaan, vaikka yksittäiset henkilöt saattoivat olla eri mieltä. Se johti turvallisuuspyrkimysten asettamiseen toissijaiseen asemaan."[1050]

Rasmussenin (1997) mukaan turvallisuuskriittisessä toiminnassa on kolme keskeistä rajoittavaa tekijää. Taloudellinen raja määrittelee toiminnan kannattavuuden. Työtaakkaraja asettaa puolestaan ehdot käytettävissä oleville voimavaroille. Kolmantena on turvallisuusraja, jonka ylittyessä toiminta epäonnistuu. Kestävä toiminta tapahtuu näiden rajojen sisäpuolella ja niiden ehdoilla. Samalla kuitenkin hallinnolliset ja taloudelliset paineet työntävät järjestelmää koko ajan lähemmäksi työmäärän ja turvallisuuden rajoja.[1051] Boeingin tapahtumasarja tukee Rasmussenin näkemyksiä.

Boeing 737 MAX -ongelmien taustalla vaikutti samalla yhä monimutkaisemmaksi kehittyneen teknologian sertifioinnin vaativuus. Laadunvalvonnasta vastaavat viranomaiset toimivat olemassa olevien säädösten pohjalta, mutta määräykset eivät välttämättä pystyneet seuraamaan nopeaa kehitystä. Sgobba (2019) ehdottaakin, että valmistajien ja viranomaisten välille tulisi ilmailussa synnyttää laajapohjainen ja puolueeton asiantuntijaelin, joka keskittyisi sertifiointiprosessissa erityisesti riskitekijöiden analyysiin. [1052] Parièsin (2021) mukaan 737 MAX -onnettomuudet osoittivat samalla, että resilienssi ei yksin riitä turvallisuusperiaatteeksi. Sen varaan rakentaminen voi jopa lisätä riskitasoa.[1053]

Nämä ongelmat tiedostettiin jo vuonna 1996 julkaistussa FAAn mietinnössä. Raportin mukaan ilmailuteollisuuden taloudelliset paineet merkitsevät selkeää riskitekijää ilmailuturvallisuuden kehittämisessä.

> *Huolenaiheemme ovat vahvasti kietoutuneet toisiinsa, ja ne ovat osoituksia ilmailun systeemiongelmista, eivät vain yksittäisiin inhimillisiin tai teknisiin järjestelmiin liittyvistä ongelmista. Siksi tarvitsemme järjestelmätasoisia ratkaisuja, sen sijaan että kohdistaisimme huomiomme ainoastaan yksilötasoisiin ongelmiin. Jos hoidetaan vain yksittäinen ongelma-alue (tai taustalla oleva syy), se voi pahimmillaan jopa heikentää turvallisuutta.*[1054]

Joustavuus auttaa selviytymään

1990-luvun loppua lähestyttäessä onnettomuusteoreetikot alkavat keskittyä onnettomuuksien syiden ja tapahtumaketjujen sijasta entistä enemmän kriisien ja turvallisuuden hallintaan. Kuinka kiperistä tilanteista on selvitty, ja mitä niistä on opittavissa? Tutkijoita kiinnostaa, mitkä ovat ne tekijät, jotka luovat organisaatiosta ja toimijoista selviytyjiä.

Tätä kykyä organisaatioiden joustavuuteen on 1990-luvulta lähtien yhä useammin ilmaistu sanalla resilienssi. Sillä on joustavuuden lisäksi viitattu kimmoisuuteen, vastustuskykyyn, kestävyyteen, sietokykyyn sekä lannistumattomuuteen. Resilienssi on siten häiriöiden, muutosten, yllätysten ja rikkoutumisien tunnistamista, niihin mukautumista ja niiden vaikutusten hillitsemistä.[1055] Latinan *resilere* tai *resilio* on alun perin merkinnyt hylkäämistä, hyppäämistä tai ponnahtamista. Myöhemmin sanalla on kuvattu luonnonmullistuksista selviämistä tai metallirakenteiden kykyä kestää muodonmuutoksia.

1950-luvulla resilienssi otettiin käyttöön psykologisena terminä, jolloin sillä tarkoitettiin traumaattisissa oloissa kasvaneiden lasten kykyä selviytyä vaikeista kasvuoloista huolimatta. Sana on sittemmin siirtynyt psykologiasta yhteiskuntatieteisiin ja erityisesti ympäristönsuojelun sanastoon sekä riskien hallintaan.[1056] Resilienssistä onkin muodostunut muotisana, jota käytetään liian laaja-alaisesti ja joka on ollut tieteellisen tutkimuksen kohteena.[1057]

Resilienssi on myös yksi keskeisistä käsitteistä psykologian professorien **Karl E. Weickin** ja Kathleen M. Sutcliffen useaan painokseen yltäneessä teoksessa *Managing the Unexpected. Sustained Performance in a World.*[1058] Kirjoittajat havainnollistavat resilienssin ja kriisistä selviytymisen edellytyksiä lento-onnettomuuksiin liittyvillä esimerkeillä. Yksi näistä esimerkeistä on United Airlines -yhtiön onnettomuus 19.7.1989.

Kolmimoottorinen ja laajarunkoinen DC-10 oli matkalla Denveristä Chicagoon, kun sen keskimmäinen moottori yllättäen hajosi. Turbiinin puhaltimen titaaninen kiekko särkyi, ja irronneet palaset vahingoittivat koneen rakenteita sekä ohjausjärjestelmiä. Kone oli käytännössä ohjauskyvytön ja menetti nopeasti korkeuttaan. Lentäjät saivat kuitenkin oikaistua syöksyn käyttämällä hyväksi kahden toimivan moottorin tehonsäätöjä. Tilanne oli niin poikkeuksellinen, ettei sen hallitsemiseen ollut ohjeita edes hätätilannelistassa eikä sitä ollut harjoiteltu simulaattorissa. Miehistö joutui kovan paineen keskellä kehittämään hätäohjausmenetelmän ja jakamaan tarkoituksenmukaisella tavalla tehtäviä.

Apuun tuli matkustamon puolella istunut tarkastuslentäjä, jonka tehtäväksi jäi moottorien tehonsäätö kapteenin antamien ohjeiden mukaan. Näin toimien kone oli jotenkuten ohjattavissa. Vaativien valmisteluiden jälkeen lentäjät pystyivät ohjaamaan koneen Siouxin lentokentän kiitotien kynnykselle. Laskutelineet otettiin alas hätäjärjestelmällä. Ohjaamisen ollessa rajoitettua oikea siipi osui laskeutumisen loppuvaiheessa kiitotiehen, minkä seurauksena kone kääntyi katolleen. Siivet murtuivat, ja neljään osaan hajonnut runko syttyi palamaan. Koneen 285 matkustajasta ja miehistön 11 jäsenestä säilyi kuitenkin hengissä 174 matkustajaa. Yksi miehistön jäsenistä kuoli. [1059]

United Airlinesin lento 232 oli samanaikaisesti sekä traaginen onnettomuus että poikkeuksellinen selviytymiskertomus. Weickin ja Sutcliffen (2015) mukaan onnettomuudessa paljastuivat tiedostavan ja toimintakykyisen organisaation olennaiset vahvuudet. Kirjassaan he esittävät viisi ajattelumallia, jotka ovat tyypillisiä luotettaville organisaatioille.[1060] Nämä mallit voi tunnistaa myös UAL 232 -lennon miehistön ja matkustajien toiminnasta kohtalokkaalla lennolla.

Ensimmäinen on onnettomuuden mahdollisuudesta muistuttaminen (*Preoccupation with Failure*). Pitkään jatkuneet menestyksen ja turvallisen toiminnan kaudet saattavat luoda organisaatiolle mielikuvan, että kaikki jatkuu entiseen malliin ja takaiskuja ei tule. Tällöin menestys ”kaventaa havaintoja, muuttaa asenteita, vahvistaa asioiden yksioikoista suorittamista, ruokkii liiallista luottamusta olemassa olevien käytäntöjen toimivuuteen ja vähentää kykyä ottaa vastaan kriittisiä näkemyksiä”.[1061] Luotettava organisaatio muistuttaa kuitenkin jatkuvasti itseään onnettomuuksien mahdollisuudesta eikä vaivu vaaralliseen ja valheelliseen turvallisuudentunteeseen.

Weick et al. (2015) mainitsevat esimerkkinä myös Yhdysvaltojen Challenger-sukkulaonnettomuuden. Kirjoittajien mukaan avaruushallinnossa ei riittävästi muistutettu onnettomuuksien mahdollisuuksista. NASAssa oli syntynyt kulttuuri, jossa menneisyyden kokemuksia ei riittävästi kirjattu ylös. Sen sijaan poliitikkojen ja yleisen mielipiteen paine pääsivät ohjaamaan päätöksentekoa. Onnettomuuden tutkijalautakuntaan kuulunut tunnettu fyysikko Richard Feynman piti aiheesta kuuluisan puheenvuoron, jossa hän kävi tarkasti läpi tapahtuneen yksityiskohdat ja samalla arvosteli kovin sanoin NASAn toimintakulttuuria: ”Jotta teknologia voisi toimia menestyksellisesti, tosiasioiden on oltava tärkeämpiä kuin yleisen mielipiteen miellyttämisen, sillä luontoa ei voi huijata.”[1062]

Sosiologi Diane Vaughan (1996) analysoi samaista Challenger-onnettomuutta ja katsoo, että NASAn toimintakulttuurille oli tyypillistä ”katsoa asioita pitäen samanaikaisesti silmät kiinni”.[1063] Hän käyttää riskien vähättelystä ilmaisua poikkeaman normalisointi (*normalization of deviance*). Sanaparilla tarkoitetaan ilmapiiriä, jossa ei-hyväksytyt käytännöt ja standardit tulevat vähitellen hyväksytyiksi. ”Kun poikkeamat hyväksyvä käyttäytyminen toistuu riittävän monta kertaa ilman kohtalokkaita seurauksia, siitä tulee yhteisön sosiaalinen normi.”[1064]

UAL 232 -lennon kohdalla tilanne oli toinen. Vakavaa tilannetta ei kaunisteltu. Ohjaamotallenteista käy ilmi, kuinka miehistöllä oli realistinen näkemys siitä, että kone voisi lähestymisen aikana syöksyä ohjaamattomana maahan. Siksi he pyysivät lennonjohtoa ohjaamaan koneen tiheästi asutun kaupungin ulkopuolelle. Lisäksi matkustajille annettiin realistinen kuva tilanteen vakavuudesta.[1065]

Toinen turvallisuuskriittisille organisaatioille ominaisista toimintaperiaatteista on haluttomuus tyytyä yksinkertaistuksiin (*reluctance to simplify*). Vaikka toimivat organisaatiot joutuvat elävässä elämässä aina panemaan asioita tärkeysjärjestykseen ja yksinkertaistamaan toimintoja, tämä yksinkertaistaminen saattaa johtaa myös vaarallisen yksipuoliseen kuvaan toimintaympäristöstä. Korkeaan luotettavuuteen pyrittäessä tarvitaan aina työntekijöitä, jotka osaavat ja uskaltavat nähdä arkipäivän tavanomaisuuden taakse ja terveellä tavalla myös kyseenalaistaa vallitsevia uskomuksia ja käytäntöjä. Poikkeustilanteita varten on oltava riittävästi ylimääriä voimavaroja sekä korvaavia järjestelmiä.[1066]

Näistä varmistuksista on perinteisesti käytetty latinalaisperäistä sanaa redundanssi. Termi on tullut tunnetuksi viestintätutkimuksessa, jossa sillä on ymmärretty informaation toisteisuutta. Redundanttinen informaatio on ymmärrettävää, vaikka osia jäisi puuttumaan. Sanan merkitys on laajentunut, kun se on omaksuttu turvallisuustekijöiden kuvaamiseen. Järjestelmän redundanssi kuvaa yleisiä varmistusmenetelmiä, joiden avulla tekniikan ja viestinnän toimivuus voidaan taata virhetilanteissa. Suomen kielessä redundanssin synonyymeinä on käytetty sanoja vikasietoisuus ja rinnakkaisperiaate.

Vakavien ohjausongelmien kanssa painiskelleet UA 232:n lentäjät tukeutuivat saatavilla olevaan tietoon. He pyysivät matkustamohenkilökunnalta raportteja havaittavissa olevista rakenteiden vaurioista ja käyttivät hyväkseen valmistajatehtaan konsultaatiota. He tunnustivat tosiasiat, että perinteinen ohjaaminen ei onnistuisi ja redundanssiakaan ei olisi kovin paljoa tarjolla. Jäljelle jääneet vähäiset kontrollin mahdollisuudet oli siksi maksimoitava.

Perustoimintoihin keskittyminen (*sensitivity to operations*) voidaan ymmärtää monella eri tavalla. Odottamattomien tilanteiden sattuessa kohdalle perinteisiä selviytymismenetelmiä on kyettävä nopeasti muuttamaan. Periaate merkitsee sitä, että riippumatta siitä, mitä on ennen päätetty, mitkä ovat käskysuhteet tai olemassa olevat suunnitelmat, toimintoja on kyettävä organisoimaan uudelleen. ”Vain käsillä oleva tilanne tarjoaa mahdollisuudet senhetkisiin tapahtumiin vaikuttamiseen.” [1067] Periaate korostaa organisaation etulinjan työntekijöiden asiantuntemuksen ja harkintakyvyn tärkeyttä. Vaikka ei olisi kyse pakkotilanteesta, etulinjassa olevat työntekijät voivat antaa johdolle ensiarvoisen tärkeää tietoa koko järjestelmän toimivuudesta ja kyvystä suoriutua varsinaisesta tehtävästä vioista huolimatta.

Lentokoneen hallinnassa pituus- ja kallistusohjaaminen ovat lentämisen perustoimintoja. Kun United Airlinesin koneen miehistö havaitsi, ettei ohjaaminen tavanomaisella tavalla onnistunut, he keskittyivät tärkeimpään eli koneen pitämiseen taivaalla – oikein päin. Hallinta vain kahden moottorin tehoja säätämällä oli tilanne, johon edes koulutuksessa ei ollut varauduttu. Tehojen säätö edellytti ylimääräisiä käsiä, ja siksi tehtävä annettiin matkustajana olleelle tarkastuslentäjälle.

Sietokyvyn ylläpitäminen (*commitment to resilience*) toteutuu siellä, missä organisaatio ei lamaudu vaikeuksia kohdatessaan, vaan pystyy löytämään toimivat ulospääsytiet. Virheet, kriisit ja katastrofit eivät tällöin ole lamauttavia tekijöitä. Organisaatio pystyy tarvittaessa järjestäytymään uudestaan. Lannistumattomuuden periaatteena resilienssi on siten enemmän turvallisuus- kuin onnettomuusteoria.

Lennon UAL 232 miehistön toiminta on esimerkki tehokkaasta lannistumattomasta ja sopeutuvasta toiminnasta. Tilanteen intensiivisyyttä kuvaa hyvin se, että hengissä selvinneet kapteeni ja ohjaamoon tullut tarkastuslentäjä eivät onnettomuuden jälkeen tunnistaneet toisiaan. Intensiivisessä ilmapiirissä ei ollut aikaa vilkuilla toisten kasvoja, vaan huomio oli keskitettävä lentämisen kannalta kriittisiin asioihin. Onnettomuuden virallinen tutkintaselostus toteaakin, että "vallitsevissa olosuhteissa miehistön suorituskyky oli kiitettävää ja ylitti suuresti kohtuulliset odotukset".[1068]

Asiantuntijuuden arvostamisella (*deference to expertise*) Weick et al. eivät tarkoita vain hierarkian tai hallinnon ylätasolla työskentelemistä. Turvallisuuskriittisten organisaatioiden olemukseen kuuluu tyypillisesti hierarkkinen rakenne, mutta siitä ei pidetä orjallisesti kiinni. Nopeita päätöksiä vaativissa tilanteissa päätöksentekoa tulee siirtää henkilöille, joilla on eniten asiantuntemusta riippumatta arvosta tai asemasta organisaatiossa. Yleensä hän työskentelee etulinjassa ja hänellä on hyvä kuva tapahtumasta.

Weick et al. käyttävät tästä periaatteesta ilmaisua päätösten siirtäminen (*migrating decisions*) Päätökset on viety mahdollisimman matalalle tasolle, jotta nopeita ratkaisuja pystytään tekemään.[1069] Päätösten siirtäminen tapahtumien todellisille asiantuntijoille edellyttää myös valmiutta tunnustaa oma riittämättömyys. Täten todellista asiantuntijuutta on tietää omat rajansa ja turvautua tarvittaessa ulkopuoliseen apuun. Avun pyytämisen taustalla vaikuttaa myös kyky mielikuvituksen käyttämiseen, mikä ei ole kirjoittajien mukaan "byrokraateille tyypillinen lahjakkuus".[1070]

Korkeaan luotettavuuteen pyrittäessä ensiarvoisen tärkeää on, että toimijoilla on realistinen kuva toimintaympäristöstä ja omasta paikastaan siinä. Joskus sisäpiiriläisenä oleminen tai ilmiön tarkkaileminen liian läheltä voi vääristää rehellisen kokonaiskuvan muodostumista. Ilmiötä voi kutsua keskiössä olemisen harhaksi tai itsekeskeisyysharhaksi (*fallacy of centrality*). Jotta harha vältetään, on toimijoiden kyettävä ottamaan vastaan ulkopuolista kritiikkiä. Kirjoittajat mainitsevat esimerkkinä, kuinka kesti yllättävän pitkään, ennen kuin yhdysvaltalaiset lastenlääkärit havahtuivat lasten hyväksikäyttötapauksiin 1960-luvulla. He olivat itse liian lähellä tapahtumia eivätkä pystyneet näkemään asioiden todellista laitaa.[1071]

United Airlinesin DC-10-koneen ohjaamossa oli 103 vuoden yhteenlaskettu lentokokemus. Tätä kokemusta käytettiin mahdollisimman tarkoituksenmukaisella tavalla. Koneen päällikkö jakoi tehtäviä ja käytti päätöksenteossa kollektiivista asiantuntemusta. On huomattava, että onnettomuus tapahtui aikana, jolloin myöhemmin vakiomenetelmäksi muodostunut miehistöyhteistyömalli (CLR, CRM) oli vasta tulossa laajamittaiseen käyttöön. Kapteeni Haynesin mukaan onnettomuuslennon kohdalla ratkaisevan tärkeää olikin kollektiivisen osaamisen hyödyntäminen. "Mikäli en olisi käyttänyt CLR:tä, ja mikäli emme olisi toimineet yhdessä, emme olisi onnistuneet."[1072]

Asiantuntijuudesta kertoo myös se, että koneen päällikkö tunnusti avoimesti selviämiskertomuksen taustalla vaikuttaneet erilaiset syyt. Kyseessä ei ollut vain miehistön ammattitaitoinen toiminta, vaan siihen vaikuttivat myös heistä itsestään täysin riippumattomat tekijät. Viisi keskeistä menestystekijää olivat hänen mukaansa "hyvä onni, viestintä, valmistautuminen, toiminta ja yhteistyö". Oli onnea, että onnettomuus tapahtui päiväsaikaan hyvän sään vallitessa ja lähellä oli riittävän suuri sekä hyvin varustettu lentokenttä. Tehokas, määrätietoinen ja joustava toiminta pelasti suurimman osan matkustajista ja miehistöstä lähes varmalta tuhoutumiselta. Kapteeni Haynes totesi tosin jälkeenpäin, että "he saivat koneen maahan, mutta eivät laskeutuneet sillä".[1073]

6
KOHTI IHMISKESKEISTÄ TEKNOLOGIAA

Ihminen poikkeustilanteiden hallitsijana

> *Kanadalaisen Air Transat -yhtiön Airbus 330 -koneessa oli huollon yhteydessä havaittu tavallisesta poikkeavaa moottorin kulumista, minkä vuoksi yhtiö päätti vaihtaa sen. Asennuksen yhteydessä kävi ilmi, että eri tuotantosarjan polttoaine- ja hydrauliputkia ei voitu liittää täysin tiiviisti toisiinsa. Päämekaanikko konsultoi tehtaan asiantuntijoita ja päätti epäilyksistään huolimatta hyväksyä asennukset etenkin, koska aikataulu oli kireä.*
>
> *Vajaan viikon päästä korjauksesta elokuun 24. päivänä 2001 samainen kone lähti lennolla TSC 236 Torontosta kohti Lissabonia. Kun matka oli kestänyt viidettä tuntia ja kone lensi Atlantin yllä, pilotit havaitsivat öljynlämpötilan lievän kohoamisen. Poikkeama oli ensimmäinen merkki toisen moottorin polttoaineputken murtumisesta ja sen aiheuttamasta polttoainevuodosta. Sähköinen varoitusjärjestelmä (ECAM) ei kuitenkaan heti paljastanut vuotoa, eivätkä lentäjät osanneet sitä aluksi epäillä. Lennon edetessä polttoainehävikki kasvoi ja pian kävi ilmeiseksi, ettei perille päästäisi. Lentäjät muuttivat koneen suuntaa kohti lähinnä olevaa Azorien saariryhmää. Lopulta kumpikin moottori sammui polttoaineen loputtua 10 kilometrin korkeudessa noin 120 kilometrin päässä Azoreista. Lentäjät onnistuivat kuitenkin liitämään koneen Lajesin sotilaskentälle ja laskeutumaan turvallisesti.*[1074]

Air Transatin poikkeuksellinen vaaratilanne on jäänyt ilmailuhistoriaan, ja yhtiön Airbus 330 -kone on tapahtuneen jälkeen tunnettu Azorien liitokoneena (*The Azores Glider*).[1075] Moottoritehojen täydellinen menettäminen on modernissa matkustajakoneessa arvioitu äärimmäisen epätodennäköiseksi. Vastaavaa tilannetta ei siksi harjoitella normaalissa tyyppikoulutuksessa.[1076] Vaativasta tilanteesta selviäminen perustuikin moniin tekijöihin, joista osa oli onnellisia yhteensattumia. Alkuhämmennyksen jälkeen miehistö sai tilanteen hallintaan, Azorien hätälaskupaikka sattui olemaan riittävän lähellä ja sääolot olivat suotuisat. Airbusin teknisessä hallintajärjestelmässä oli riittävästi vikasietoisuutta, jotta koneen keskeiset toiminnot pystyttiin säilyttämään.[1077]

Onnistuneesta lopputuloksesta huolimatta tutkintaselostus kiinnitti huomiota ongelmiin, jotka liittyivät miehistön ja automaattisen ohjausjärjestelmän yhteistoimintaan. Lennon TSC 236 vaiheita voisikin tarkastella esimerkkinä ihmisen, koneen, automatiikan, huoltojärjestelmän ja olosuhteiden tiiviisti toisiinsa kytketystä kokonaisuudesta. Tapahtumien kulkuun vaikutti osaltaan Airbusin käyttämän automatiikan keskeinen toimintafilosofia.

Automaatiohallinnassa on perinteisesti erotettu kaksi toisistaan poikkeavaa johtavaa periaatetta. Automaatiojärjestelmät voivat noudattaa hyväksymisperiaatetta (*management by consent*), jolloin käyttäjän on reagoitava ja kuitattava järjestelmän antama viesti ennen kuin järjestelmä suorittaa tarvittavan toiminnon. Hyväksynnän edellyttäminen on tapa lisätä käyttäjän tietoisuutta automaatiojärjestelmän käyttäytymisestä ja tarvittaessa antaa mahdollisuus puuttua varhain ohjaustoimintoihin. Periaate toteuttaa tarkoitustaan vain, jos käyttäjälle tarjotaan runsaasti tietoa ja hän seuraa aktiivisesti tapahtumien etenemistä. Ongelmaksi voi muodostua se, että hyväksyntää vaativia toimenpiteitä on tarjolla liikaa ja käyttäjää kuormitetaan turhaan.

Toinen periaate rakentuu sen varaan, että automaatio on itsenäisempi ja hoitaa tehtäväänsä näkymättömästi taustalla. Käyttäjälle viestitetään ainoastaan järjestelmässä tapahtuvista poikkeamista ja vioista. Kokonaisuus muistuttaa liike-elämän hallintomallia, jossa yrityksen johtotaso on delegoinut mahdollisimman paljon päätösvaltaa alemmalle työntekijäportaalle. Johto puuttuu asioihin vain silloin, kun asiat eivät suju suunnitellusti ja indikaattorit näyttävät poikkeamia (*management by exception*).[1078]

Airbus on soveltanut automaatiojärjestelmissään tätä poikkeamajohtamisen mallia. Tavoitteena on helpottaa ihmisen ja koneen välistä vuorovaikutusta, kun käyttäjää ei rasiteta turhilla tiedoilla ja toimilla. Järjestelmien toimiessa normaalisti erilaiset varoitusnäytöt pysyvät pimeinä. Vasta kun poikkeamia ilmenee, kuvaruutunäytöille tulee koneen sähköisen varoitusjärjestelmän (ECAM) lähettämä ilmoitus.

Poikkeamajohtamisessa käyttäjältä vaaditaan valppautta ongelmien ilmetessä, koska kokonaiskuvan hahmottaminen on aluksi vaikeaa. Seurauksena voi tällöin olla automaatioyllätys, kun hälytysjärjestelmät odottamatta aktivoituvat. Air Transatin lennolla Airbusin automaattinen polttoaineen säätöjärjestelmä (FCMC) ei pystynyt havaitsemaan syntynyttä vuotoa, vaan siirsi ainoastaan polttoainetta tankista toiseen koneen lentotasapainon säilyttämiseksi. Poikkeamailmoitukset tulivat yllättäen näkyviin vasta, kun polttoainevuoto oli jatkunut niin pitkään, että se vaikeutti koneen tasapainon säilyttämistä.[1079]

Azorien vaaratilanneraportti kiinnitti huomiota automaattijärjestelmien rajoittuneisuuteen ja ihmisen valikoivaan tapaan tulkita tietoa. Vaikka ongelmien syy oli tekninen, miehistö ei pystynyt heti analysoimaan kehittyvää ongelmaa systemaattisesti. Raportin mukaan miehistön käyttäytymisessä oli havaittavissa piirteitä sekä vahvistusharhasta että niin sanotusta kehysharhasta (*framing bias*).[1080] Jälkimmäisellä viitataan ihmisen herkkyyteen tehdä päätöksiä sen perusteella, millaisen kehyksen sisällä asiat esitetään: ihminen suostuu riskien ottamiseen helpommin, jos asia esitetään myönteisen kautta. 90 prosentin onnistumisen mahdollisuus on mieluisampi valinta kuin 10 prosentin mahdollisuus epäonnistumiseen – vaikka kummassakin on tilastollisesti kyse samasta riskitasosta. Tämä syvästi inhimillinen piirre tunnetaan niin markkinoinnin kuin politiikankin piirissä.[1081]

Airbusin poikkeamajohtamiseen perustuva automaatiomalli vahvisti osaltaan miehistön kehysharhaan tukeutuvaa käyttäytymistä. Ohjaamossa oli epäilys polttoainevuodosta, mutta selkeän varoitussignaalin puuttuessa ongelmaa ei lähdetty järjestelmällisesti selvittämään. Oli helpompi tukeutua myönteisimpiin mielikuviin ja uskoa polttoaineen riittävän, koska erityistä vikailmoitusta ei näytöille ilmaantunut. Air Transatin lento päättyi kuitenkin onnellisesti, ja se oli osoitus miehistön ammattitaidosta, joustavuudesta ja kyvystä adaptoitua tilanteen vaativalla tavalla. Miehistö sai osakseen kiitosta, ja dramaattinen lento on kiinnostanut myös tutkijoita.[1082] Samalla tapahtumasarja osoittaa hyvin, kuinka kehittyneen teknologiankin aikana tarvitaan ihmiselle ominaista kekseliäisyyttä ja lannistumattomuutta.

Lentäjien rooli on viimeisten vuosikymmenten aikana ratkaisevasti muuttunut. Aikaisemmin lentäjät hallitsivat koneensa koko teknistä järjestelmäkokonaisuutta ja sen yksityiskohtaisia säätöjä. NASAn tutkija Paul Schutte toteaa osuvasti, että ilmailun alkuaikojen lentäjät tekivät koneessa kaiken muun paitsi "tuottivat nostovoimaa, ilmanvastusta ja työntövoimaa".[1083] Nyt tilanne on muuttunut. Automatiikka pystyy lentämään konetta tehokkaammin ja pehmeämmin sekä suunnistamaan tarkemmin kuin lentäjät. Mutta vaikka automaatiojärjestelmät hoitavat monet asiat ihmistä paremmin, nekään eivät pysty tekemään kaikkea. Tämä paljastuu erityisesti kriisitilanteissa. Automaatio ei ole itsessään päämäärätietoinen, ei pysty mielikuvituksen tasolla aavistamaan onnettomuutta eikä välttämättä etsimään uusia ja luovia vaihtoehtoja.

Ihmisen kyvyt liittyvät puolestaan luovuuteen, sopeutuvuuteen, joustavuuteen ja kykyyn hahmottaa kokonaiskuva. Samoin ihmiselle on luontaista kekseliäisyys, päämääräsuuntautuneisuus sekä taito toimia tarkoituksenmukaisesti epätavallisissa tilanteissa. Nämä kyvyt ovat ainutkertaisia juuri ihmisille, yhtä lailla kuin erehdyksiin johtava haavoittuvuus. Ihminen onkin yhä autonomisemmaksi kehittyvässä toimintaympäristössä ennen kaikkea poikkeustilanteiden hallitsija (*exception handler).* Monimutkaisessa teknisessä ympäristössä hänen erityinen ja vaativin tehtävänsä on Paul Schutten mukaan toimia "viimeisenä linnakkeena ja lopullisena vikasietoisuuden varmistajana".[1084]

Yhä luotettavampi teknologia ei tarjoa juuri mahdollisuuksia vaaratilanteiden käytännölliseen harjoittamiseen. Elävässä elämässä vakavia poikkeustilanteita tulee vastaan niin harvoin. Jotta ihmiselle uskottu tehtävä poikkeustilanteiden hallitsijana onnistuisi, se edellyttää poikkeustilanteiden simulointia. Tässä asiassa ilmailu on ollut edelläkävijä.

Simuloitu todellisuus

> *Kyseessä on laite, joka antaa aloittelijalle mahdollisuuden saavuttaa selkeä käsitys lentokoneen ohjainten toiminnasta sekä ilmassa vallitsevista olosuhteista siten, ettei hän vaaranna itseään eikä muita.*
>
> *Flight International (1910)*[1085]

Lentämisen simulointi on kiinnostanut ilmailun kehittäjiä varhaisesta alusta lähtien. Vuonna 1910 *Flight International* -lehdessä julkaistussa artikkelissa kerrottiin Sanders Teacher -nimellä tunnetusta harjoittelulaitteesta. Kyseessä oli modifioitu lentokone, joka oli ankkuroitu painopisteen kohdalta maahan ja jolla oppilas saattoi harjoitella – riittävän voimakkaan tuulen puhaltaessa – lentokoneen ohjainten käyttöä. Vastaavia laitteita oli markkinoilla useita, mutta näiden varhaisten keksintöjen toiminnallinen ja kaupallinen merkitys jäi vähäiseksi.[1086]

Ensimmäinen kaupallisesti menestynyt ja kehitykselle suuntaa näyttänyt simulaattori oli Edwin Linkin 1920-luvun lopussa kehittämä lennonharjoittelulaite. Link työskenteli isänsä urkutehtaassa, joka valmisti pneumaattisella periaatteella toimivia soittimia. Niiden mekanismeja hyödyntäen Link suunnitteli ja patentoi vuonna 1930 laitteen, jota patenttihakemuksen mukaan saattoi lentokoulutuksen lisäksi hyödyntää kaupallisesti kannattavana viihdelaitteena.[1087] Ilmailijat eivät kuitenkaan innostuneet prototyypistä, ja se päätyikin lopulta kolikoilla toimivaksi huvipuistohoukuttimeksi. Link ei kuitenkaan luovuttanut, vaan lähti kehittämään simulaattoriaan uusista lähtökohdista käsin. Ilmaliikenne oli 1930-luvulle tultaessa siirtymässä visuaalisesta lentämisestä mittarilentämiseen, mikä edellytti vaativaa ja kallista koulutusta. Simulaattorilla oli mahdollista korvata kalliita lentotunteja, ja samalla tehostaa mittarimenetelmien harjoittelemista. Link onnistuikin myymään ensimmäiset kuusi harjoittelulaitettaan Yhdysvaltain lentojoukoille.[1088]

Intensiivisen kehitystyön tuloksena syntyi mittarilentämisen harjoittelulaitteisto, jota voidaan pitää ensimmäisenä modernina ja laajasti käytettynä lentosimulaattorina. Link Trainer -nimellä tunnetun opetusvälineen merkityksestä kertoo se, että toisen maailmansodan aikana yli puoli miljoonaa liittoutuneiden lentäjää sai sen avulla mittarilennon alkeisopetuksen. Sotien jälleenkin lukemattomat lentäjäsukupolvet ovat hikoilleet "siniseksi laatikoksi" kutsutun simulaattorin ahtaassa ohjaamossa.[1089]

Edwin Linkin alkeellisesta harjoittelulaitteesta on pitkä matka tämän päivän kehittyneisiin simulaattoreihin. Vielä 1970-luvulla oli yleistä, että liikennelentäjien välttämättömät ja säännölliset tarkastus- ja koululennot lennettiin aidolla lentokoneella. Koska lentoihin kuului myös pakko- ja vikatilanteiden harjoittelua, tarkastuslennoilla ei aina vältytty onnettomuuksilta. Koneiden ja kustannusten kasvaessa syntyikin painetta siirtää koulutusta turvallisesti maan pinnalle ja simuloituun ympäristöön.

Kehitystä nopeutti tietokoneiden yleistyminen sekä erityisesti 1980-luvulla lisääntynyt Fly-by-Wire-teknologian hyödyntäminen koneiden ohjausjärjestelmissä. Simulaattoreihin oli tällöin entistä helpompaa rakentaa samanlainen ohjaustuntuma ja ergonomia kuin aidossa lentokoneessa. Digitaalitekniikka mahdollisti samalla maisemien, sää- ja ympäristöolosuhteiden keinotekoisen luomisen sekä poikkeus- ja vaaratilanteiden turvallisen harjoittelemisen. Kehityksen myötä koulutus- ja tarkastuslennot siirtyivät lähes täydellisesti simulaattorimaailmaan.

ICAO on määritellyt yksityiskohtaiset vaatimukset eritasoisille simulaattoreille.[1090] Kirjo ulottuu yksinkertaisista PC-pohjaisista lennonharjoituslaitteista täydellisiin kolmen akselin suhteen liikkuviin ohjaamojäljitelmiin.[1091] Jälkimmäisissä hallintalaitteiden yksityiskohdat, liikeominaisuudet, maisemanäkymät ja jopa ohjaamon äänimaailma vastaavat mahdollisimman tarkasti aitoa toimintaympäristöä. Nämä kehittyneimmät simulaattorit on hyväksytty niin sanottuun nollatuntikäyttöön (*Zero Flight Time*, ZFT). Periaate merkitsee, että uuden konemallin tyyppikoulutuksen simulaattorissa saanut lentäjä voi siirtyä suoraan reittilennolle matkustajat mukanaan.[1092] Tämä edellyttää käytetyltä laitteistolta ja koulutusorganisaatiolta tarkkaa hyväksymismenettelyä. Lisäksi ensimmäiset lennot tapahtuvat aina kouluttajan valvonnassa.

Kehittyneet lentosimulaattorit edustavat erittäin pitkälle vietyä keinotodellisuuden konstruktiota. Huolimatta korkeasta realismin tasosta simulaattorin välittämä maailma ei luonnollisesti ole aidosti todellinen. Koulutettavan ei tarvitse pelätä onnettomuutta eikä hän ole vastuussa matkustajistaan. Vaikka simulaattoreiden ohjaamot vastaavat yksityiskohtiaan myöten aitoja esikuviaan, niissä on myös ominaisuuksia, joita ei varsinaisista lentokoneista löydy. Moroney et al. (2009) toteavatkin, että "jos aidoissa ohjaamoissa olisi samat varusteet kuin simulaattoreissa, taukokytkin olisi säännöllisesti käytössä".[1093]

Rajoitettu todellisuus vaikuttaa väistämättä käsityksiin simulaattorikoulutuksen tehokkuudesta. Simulaattoreiden kehittäjät ovat joutuneet miettimään todellisuuden ja virtuaalisen todellisuuden välisiä eroja. Keskustelu virisi 1990-luvulla, kun markkinoille tulivat modernit nollatuntisimulaattorit (ZFT). Käyttäjät ja tutkijat alkoivat jakaantua kahteen eri koulukuntaan. Laitteiden valmistajat, tietokoneohjelmien suunnittelijat sekä koulutusmääräysten laatijat ovat edustaneet näkemystä, jossa koulutuksen tehokkuuden katsotaan edellyttävän mahdollisimman autenttista keinomaailmaa. Mitä aidommin ohjaamomaailma on simuloitu, sitä automaattisemmin myös oppimistulokset ovat paremmat. Päähuomio kohdistuu tällöin simulaattoritekniikan parantamiseen ja laitteistojen laadun yksityiskohtaiseen sääntelyyn.[1094]

Kouluttajien, psykologien ja kognitiotieteilijöiden näkemykset ovat puolestaan painottuneet ihmisten väliseen vuorovaikutukseen. He ovat korostaneet, ettei sofistikoitu tekniikka yksin ratkaise, vaan huomio on kiinnitettävä syvemmin koko oppimisprosessiin. Joissakin tapauksissa yksinkertaisellakin lennonharjoittelulaitteella on voitu saavuttaa yhtä hyviä oppimistuloksia kuin huippulaitteilla. Ratkaisevaa ovat olleet koulutukselle asetetut tavoitteet, selkeät tehtävät sekä oppilaan ja opettajan vuorovaikutus.[1095]

1990-luvun lopulla havahduttiin samalla siihen, että simulaattoreiden tekniikkaa varten oli luotu yksityiskohtaiset standardit, mutta koulutuksen metodit ja sisällöt olivat jääneet vähemmälle huomiolle.

Siksi tulevaisuudessa tuli keskittyä simulaattorikoulutuksen kehittämiseen, jossa hyödynnetään yhä enemmän psykologian, kognitiotieteiden ja pedagogiikan antia. Kyseessä on ajattelumallin muutos, jossa painopiste siirtyy teknisestä simulaatiosta yhä enemmän koulutustapahtuman kokonaisvaltaiseen ja kokemuslähtöiseen suunnitteluun.[1096]

Kokemus ja kykenevyys – uusi koulutusmalli

2020-luvulle tultaessa liikenneilmailun koulutuksessa tapahtui uudistus, jonka merkittävyyttä on verrattu 1980-luvulla syntyneeseen ohjaamoyhteistyöhallintaan. Kyseessä on lentodatan tallentamiseen ja analysointiin perustuva ja kokemusta painottava koulutusohjelma *Evidence-Based Training* (EBT).[1097]

Uudistuksen taustalla ovat lentotekniikassa ja toimintaympäristössä tapahtuneet muutokset. Simulaattorikoulutuksen mallit juontavat 1960-luvulle, jolloin keskeistä oli teknisistä häiriötilanteista selviäminen. Tyypillinen harjoitus on lentoonlähdössä tapahtuva moottorihäiriö, joka oli aikaisemmin nopeita toimenpiteitä vaativa ja kriittinen tilanne. Tekniikan kehittyessä nämä häiriöt ovat äärimmäisen harvinaisia.[1098] Nykyisten koneiden ohjaamoissa kohdataan toisenlaisia vaativuuksia. IATA:n (2014) 700-sivuisessa raportissa analysoitiin yli kolmen miljoonan lennon datatallenteet sekä 9 000 reittiauditoinnin ja tuhansien turvallisuusraporttien tiedot.[1099] Tutkimuksen mukaan ongelmia aiheuttivat esimerkiksi erilaiset laitehäiriöt, epävarma lähestyminen, sääolosuhteet sekä päätöksenteon ja kommunikaation puutteet. Nämä käytännön kokemuksen kautta saadut tiedot ovat olleet pohjana, kun on laadittu EBT-koulutuksen sisältöjä.

EBT-koulutuksessa pelkkien teknisten taitojen rinnalla korostuu monialaisen pätevyyden (*competence*) saavuttaminen.[1100] Taustalla on havainto, että nykypäivän monimutkaisessa ilmailujärjestelmässä harvoin kohdattavat vaaratilanteet voivat olla täysin odottamattomia ja edellyttävät luovaa ongelmanratkaisua. EBT-suunnitelma rakentuu yhdeksän ydinpätevyyden perustalle. Ydinpätevyyksiä ovat lentomenetelmien soveltaminen, viestintä, lähestymisen automaattinen ja manuaalinen hallinta, tiedolliset valmiudet, johtajuus ja tiimityö, ongelmanratkaisu ja päätöksenteko, tilannetietoisuus sekä työkuormituksen kontrolli.[1101]

Luettelo osoittaa, kuinka liikennelentämisen vaatimukset ovat muuttuneet vuosikymmenten saatossa. Teknisen osaamisen rinnalla korostuu yhä vahvemmin miehistön yhteistyötaitojen ja inhimillisten tekijöiden merkitys. EBT-suunnitelman onkin katsottu edustavan jopa paradigmaattista muutosta ilmailukoulutuksessa.[1102] Se siirtää koulutuksen painopistettä pelkästä järjestelmien varmistamisesta ja vakiotoimintojen harjoittelusta ihmisen luovan ja sopeutumista edellyttävän toiminnan harjoitteluun.[1103]

Näyttö- ja kokemuspainotteisuus on osa uudistuvaa ilmailukoulutusta. Samaa uudistusajattelua edustaa eri konetyyppien perämiehiksi valmentava MPL (*Multi-Crew Pilot Licence*) -koulutusohjelma.[1104] Aikaisemmin tuleva liikennelentäjä suoritti uransa alkuvaiheessa yksityis- ja ansiolentäjän lupakirjat, jotka edellyttivät huomattavan määrän yksinlentämistä ja samalla lentokoneen päällikkönä toimimista. Monilla liikennelentäjäoppilailla oli aikaisemmin tyypillisesti sotilaslentäjätausta. Nykyinen koulutus tähtää ainoastaan tietyn matkustajakonetyypin lentämiseen, ja siinä keskitytään alusta alkaen raskaaseen kalustoon ja tehokkaaseen ohjaamoyhteistyöhön. Puolentoista vuoden ohjelmassa lennetään perinteisiin kursseihin verrattuna huomattavasti vähemmän oikeilla koneilla, mutta sitä enemmän simulaattorilla. Muutos entiseen on merkittävä, ja sitä on pidetty suurimpana lentäjäkoulutuksen kokonaisuudistuksena yli 40 vuoteen.[1105]

MPL-koulutus ja lisääntynyt simulaattoreiden käyttö on samalla herättänyt keskustelua tulevaisuuden lentäjien valmiuksista kohdata vaativia poikkeustilanteita.[1106] Finnairin entinen pääohjaaja ja Airbustehtaan kouluttajana toiminut Heikki Saloheimo katsoo, että uudessa järjestelmässä on paljon hyvää, samalla kun se herättää kysymyksiä.

> *Koulutusvaiheessa on aina lennonopettaja vieressä. Mitä merkitsee, jos et ole koskaan joutunut kohtamaan todellisuutta yksin ja tekemään päätöksiä itsenäisesti? Perämies on tottunut koulutuksesta asti siihen, että vieressä on aina joku.*

Yhtenä hetkenä hän voikin olla ohjaamossa ainoa toimintakykyinen. Perinteinen ja uusimuotoinen lentäjäkoulutus ansaitsisikin vertailevaa tutkimustietoa. [1107]

Autonominen teknologia ja joustava ihminen

Lokakuun 7. päivänä 2008 Qantas-yhtiön Airbus 330 oli saavuttanut reittikorkeuden ja matkasi Singaporesta kohti Länsi-Australian Perthiä. Yllättäen koneen ohjausjärjestelmään tuli häiriö, jonka seurauksena kone lähti jyrkkään laskuun. Miehistö sai tilanteen aluksi haltuunsa, mutta häiriö toistui muutaman minuutin päästä. Koneen asentomuutokset olivat niin rajuja, että yli sata matkustajaa loukkaantui, heistä 11 vakavasti. Heidän turvavyönsä eivät olleet kiinnitettyinä, jolloin he sinkoutuivat koneen kattoon ja seiniin. Lentäjät siirtyivät käsiohjaukseen, suorittivat ohjeiden mukaiset hätätoimenpiteet ja saivat lopulta koneen hallintaan. Lento päättyi turvallisesti hätäkentälle. Tutkimuksissa paljastui, että yksi koneen anturisignaaleja käsittelevistä yksiköistä (ADIRU) oli lähettänyt vääristynyttä dataa varsinaisiin ohjaustietokoneisiin. Ongelmat liittyivät tietokoneen käyttämän algoritmin rajoituksiin. Niiden seurauksena ohjausautomatiikka ei pystynyt tulkitsemaan oikein antureiden antamaa tietoa. Virheellisen tiedon seurauksena koneen asento muuttui yllättäen.[1108]

Qantas 72 -lennon vaaratilanne joutui perusteellisen tutkinnan kohteeksi, koska kyseessä oli varsin poikkeuksellinen tapahtuma. Tutkinnassa paljastui, ettei samanlaista häiriötä ollut koettu vastaavien konetyyppien kohdalla yli 28 miljoonan lentotunnin aikana. Kattavista tutkimuksista huolimatta yksiselitteistä syytä ongelman syntyyn ei pystytty osoittamaan. Airbus-tehdas tiukensi kuitenkin alihankkijoidensa laadunvalvontaa ja komponenttien testausta. Samoin selkiytettiin varmistus- ja hätätilanneohjeita. Miehistön todettiin vaaratilanteessa toimineen asianmukaisesti ja ammattimaisesti.[1109]

Lennon onnellinen päätös oli osoitus miehistön tehtävästä poikkeustilanteiden hallitsijana ja viimeisenä vikasietoisuuden (*fail safe*) varmistajana. Samalla tapahtunut osoitti monimutkaisiin järjestelmiin liittyvien piilevien vikojen mahdollisuuden. Lennon Q72 kapteeni Kevin Sullivan on kirjoittanut kokemuksestaan kirjan, jossa hän kysyy, kuinka paljon ilmailussa on tarvetta jättää asioita tietokoneiden varaan ja millaisia varmistusmenetelmiä kehittynyt tekniikka tarvitsee.[1110] Monimutkaisissa lentokoneiden ohjausjärjestelmissä onkin havaittu kasautuvia virhetoimintoja, minkä vuoksi laitteistot on palautettava aika ajoin perusasetuksiin.[1111]

Sullivanin pohdiskelut liittyvät laajempaan kysymykseen autonomisen teknologian ja ihmisen välisestä yhteistyöstä. Kysymys on ajankohtainen, kun erilaiset tekoälyyn (*Artificial Intelligent, AI*) liittyvät sovellukset valtaavat yhä enemmän alaa ilmailussa. Euroopan unionin lentoturvallisuusviraston (EASA) keväällä 2020 julkaiseman muistion mukaan AI-teknologia edustaa ilmailun turvallisuushistoriassa kolmatta merkittävää kehitysvaihetta. Ensimmäinen oli 1950-luvulla tapahtunut siirtyminen mäntämoottoreista luotettavampiin suihkumoottoreihin. Toinen oli 1980-luvulta alkanut tietokoneisiin tukeutuvan Fly-by-Wire-teknologian käyttöönotto koneen ohjaus- ja hallintajärjestelmissä.[1112]

Ilmailun kolmas murros koskee tekoälyn hyödyntämistä ilmailuteollisuudessa ja turvallisuuskulttuurissa. Tekoälyn kehittäjien mukaan tulevaisuus tuo mukanaan muun muassa itsenäisesti toimivat lentolaitteet, aikaisempaa ennakoivamman huoltotoiminnan sekä entistä tehokkaamman ilmatilan hallinnan.[1113] Nopeaa kehitystä ja asenteiden muuttumista ennakoi se, että vuonna 2020 ilmestyneen Eurocontrollin raportin *The Fly AI* alaotsikkona on ”Tekoälyn demystifiointi ja kiihdyttäminen ilmailussa sekä lentoliikenteen hallinnassa”.[1114]

Samalla esiin nousevat kysymykset, joita Wiener et al. miettivät jo 1980-luvulla. Vaatiiko lisääntyvä automaatio yhä tarkempaa hyväksymismenettelyä, ja mitkä asiat inhimillisestä toiminnasta ovat korvattavissa teknologialla? Kirjoittajat aavistelivat, että automaation käyttäminen turvallisuuskriittisillä alueilla herättää kasvavaa epävarmuutta ja edellyttää lisää sääntelyä. Epäilykset olivat niin vahvoja, että tutkijat kysyivätkin jo vuonna 1980, onko ”automaation kehitys jo ohittanut optimaalisen pisteen”.[1115] Samalla he ennakoivat tulevaa kehitystä.

Aina silloin tällöin kuulee puhuttavan miehittämättömistä matkustajakoneiden ohjaamoista. Vaikka tämän kirjoittajat eivät pidä ajatusta utopistisena tai teknisesti mahdottomana, olemme sitä mieltä, ettei se ole lähitulevaisuudessa sosiaalisesti eikä poliittisesti mahdollista.[1116]

Wiener et al. esittämät pohdiskelut ovat käyneet osittain toteen. Samalla he tuskin olisivat pystyneet aavistamaan, miten paljon autonomista teknologiaa on 2000-luvulle tultaessa otettu liikenneilmailussa käyttöön. Automaation käytössä on kuitenkin eri asteita.

Parasuranam et al. (2000) mukaan automaatiota voi käyttää tiedon hankintaan ja analyysiin, päätöksentekoon ja toiminnan toteuttamiseen. Kaikissa näissä ihmisen ja koneen keskinäinen suhde voidaan ratkaista eritasoisesti. Tekoäly voi esimerkiksi ehdottaa toiminnan toteuttamiseksi useita vaihtoehtoja tai suositella vain yhtä. Samoin tekoälysovellukset voivat itsenäisesti tehdä päätöksiä ja edellyttää ihmiseltä ainoastaan kuittauksen tai mikäli sitä ei kuulu, toimia valitsemansa suunnitelman mukaisesti.[1117] Äärimmäisenä vaihtoehtona on ihmisen sulkeminen kokonaan pois päätöksentekoketjusta ja koneen täysin itsenäinen toiminta.[1118]

Luova päätöksenteko

Ilmailu on turvallisuuskriittistä toimintaa, jossa uutta automaatiotekniikkaa on hyödynnetty vasta perusteellisten testauksien jälkeen. Keskeinen kysymys on, missä autonomista teknologiaa ja tekoälyä aidosti tarvitaan ja missä sen riskit ovat vähäisimmät. Pohtimisen apuna on käytetty Rasmussenin tunnettua mallia (Skill-Rule-Knowledge, SRK), jossa erotetaan toisistaan toiminnan kolme eri tasoa.[1119]

Taitopohjainen toiminta (*skill-based action*) perustuu rutiininomaiseen ja usein sensomotoriseen suorittamiseen. Ilmailussa perinteinen lentokoneen ohjaaminen edustaa tätä sensomotorisuutta aidoimmillaan. Kyse on oppimisen kautta syntyvästä lihas- ja aistinvaraisesta muistista, jonka avulla pilotti hallitsee kolmessa ulottuvuudessa liikkuvaa konettaan. Taitopohjainen toiminta on suhteellisen helposti mallinnettavissa, ja siksi lentämisessäkin on siirrytty yhä enemmän automaation varaan. Tyypillinen esimerkki ovat lentokoneiden nykyaikaiset autopilotit, jotka pystyvät Fly-by-Wire-teknologian avulla ohjaamaan konetta tarkasti ja taloudellisesti. Airbus 320 -koneessa on peräti 190 erilaista tietokonetta ja mikroprosessoria hoitamassa taitopohjaisia tehtäviä, joista aikaisemmin merkittävä osa kuului lentäjän vastuulle.[1120]

Määräyspohjainen toiminta (*rule-based action*) on sekin luontevasti automatisoitavissa. Siihen voivat kuulua esimerkiksi säädettyjen lentokorkeuksien, nopeuksien ja ilmatilarajoitusten noudattaminen sekä moottoreiden tehonsäätö. Automaattinen korkeudenhallinta on mahdollistanut muun muassa sen, että lentokoneiden keskinäisiä porrastuksia reittikorkeudessa on voitu pienentää ja lähestymisreittejä optimoida. Määräyspohjaisen automaation avulla maassa oleva huoltohenkilökunta voi seurata satelliittiyhteyksien kautta, että koneiden järjestelmät toimivat sallituissa rajoissa. He saavat automaattisesti ilmoituksia teknisistä poikkeamatiedoista, joista lentäjät eivät ilmassa ollessaan ole välttämättä edes tietoisia.[1121]

Automaation ja tekoälyn käytön suurimmat kysymykset koskevat tietopohjaista toimintaa (*knowledge-based action*). Tietopohjaisuutta tarvitaan, kun on tehtävä ratkaisuja eri vaihtoehtojen välillä eikä ole olemassa selkeitä ratkaisumalleja. Tietopohjainen toiminta edellyttää, että toimija on sisäistänyt oman alansa perusperiaatteet ja määräykset, joiden puitteissa toimitaan. Tietopohjaisuus on myös päämääräsuuntautuneisuutta, jolloin toiminnan ja päätösten taustalla vaikuttavat yhteisön edustamat arvot. Ihminen ei siten toimi koneen lailla deterministisesti, vaan etsii aktiivisesti eri vaihtoehtoja.

Ihmisen käyttäytyminen onkin luonteeltaan teleologista, tarkoitusperäistä.[1122] Wendel (2019) käyttää esimerkkinä Hudson-jokeen päätynyttä US Airways 1549 -lentoa. Tietokone tuskin olisi kyennyt tekemään poikkeuksellista päätöstä veteen laskeutumisesta, vaan olisi yrittänyt jatkaa paluuta kentälle, mikä ei välttämättä olisi onnistunut. ”Hengissä selvinneet matkustajat olivat kiitollisia, että konetta ohjasi ihminen, ei tietokone.”[1123]

Rasmussenin (1983) mukaan taitoperustaiselle toiminnalle on tyypillistä ohjautua selkeiden ohjauskäskyjen (*signals*) perusteella. Määräysperustainen toiminta tukeutuu puolestaan merkkeihin (*sign*), jotka ovat ohjauskäskyihin verrattuna tulkinnanvaraisempia ja vaativat toimintaperiaatteiden ja -ympäristön tuntemista. Tietoperustaisen toiminnan instrumentteina ovat symbolit (*symbols*). Kun signaalit ja merkit viittaavat ulkoisesti toimintaympäristön tiloihin, symbolit edustavat sisäistä ja käsitteellistä maailmaa, joka on kaiken suunnittelun ja järkiperäisen toiminnan edellytys. Rasmussen tukeutuu filosofi Ernst Cassireriin, joka mukaan ”merkki on osa olemassaolon fyysistä maailmaa, mutta symbolit ovat osa ihmisen merkitysmaailmaa”.[1124]

Rasmussenin teoreettiset pohdiskelut ovat hedelmöittäneet automaatiosta ja tekoälystä käytävää keskustelua. Ne selkeyttävät ymmärtämään itsenäisen teknologian mahdollisuuksia ja rajoja myös ilmailussa. Kaupallinen ilmaliikenne on toimintaympäristönä selkeä ja keskitetysti ohjattu. Monet taito- ja määräyspohjaiset toiminnot on mahdollista jättää koneiden hoidettaviksi. Teoreettisesti voidaan jopa ajatella, että automaattijärjestelmiin olisi mahdollista rakentaa tiedolliset valmiudet ratkaista kaikki kuviteltavissa olevat poikkeustilanteet. Tällöin kuitenkin järjestelmät muodostuisivat ylivoimaisen monimutkaisiksi ja epävarmoiksi. Ne vaatisivat pitkiä koodirivistöjä, joiden ohjelmointi, hallinta ja sertifiointi muodostavat jo itsessään merkittävän riskitekijän.[1125]

Selkeä toimintaympäristö voi ilmailussa kuitenkin muuttua nopeasti. Tällöin vaaditaan nopeaa päätöksentekoa, jolloin kompleksisessa ympäristössä ihmisen oivaltava ja luova reagointi ovat korvaamattomia. Ratkaisevaa on ihmisen kuvitteellinen kyky, jonka avulla hän pystyy tulkitsemaan signaaleja, merkkejä ja symboleja. Symbolien tulkinta on olennainen osa päämäärätietoista ja luovaa ongelmanratkaisukykyä. Symbolit edustavat mielikuvitusta ja käsitteellisyyttä, jotka auttavat suuntautumaan eteenpäin ja löytämään selviytymismahdollisuuksia. Ne voidaan ymmärtää mielen sisäisiksi rakenteiksi, joiden avulla ihminen pystyy kokemuksensa ja taitonsa pohjalta tarvittaessa myös joustamaan tiukoista säännöistä ja toimimaan kokonaisedun kannalta järkevästi.

Hollnagel (2004) korostaa, kuinka turvallisuuskriittisissä organisaatioissa ihmisen rooli on kaksinainen. Inhimillinen toiminta on jatkuvaa tasapainoilua tehokkuuden ja täydellisyyden välillä. Ihminen synnyttää toisaalta riskejä tekemällä kaikkeen inhimilliseen toimintaan väistämättä kuuluvia virheitä. Toisaalta virheettömyys ja annettujen ohjeiden täydellinen noudattaminen johtaisi ennen pitkää koko toiminnan halvaantumiseen.[1126] Siksi tehokkaan käytännön toimimisen edellytyksenä on ihmisen tietoisuus ratkaisujensa ambivalentista luonteesta. Hänen tulee ymmärtää, kuinka paljon kannattaa poiketa annetuista ohjeista, jotta toiminnan varsinainen päämäärä toteutuu.[1127]

Samalla järjestelmien turvallisuus perustuu ihmisen luontaiseen haluun ja kykyyn selviytyä kiperistä paikoista. Tässä selviytymistaistelussa ihmisen kyky tarkastella asioiden tilaa symbolisella ja kuvitteellisella tasolla on keskeistä. Automaattinen toiminta perustuu ennalta ohjelmoituihin malleihin ja on siten taaksepäin suuntautunutta.[1128] Ihmiselle ominainen kyky on toimia, menneisyyteen kuuluvien arvojen ja mallien lisäksi, intentionaalisesti eteenpäin suuntautuen. Uusissa turvallisuusteorioissa painopiste onkin selvästi muuttunut. Ihmistä ei nähdä vain systeemien epäluotettavana komponenttina, vaan luovana, oppivana ja eteenpäin katsovana ongelmanratkaisijana.[1129] Tämä tulevaisuuden analysointi ja ennakointi ovat keskeisiä tekijöitä kriisitilanteissa selviämisessä. Ilmailussa ne on vanhastaan ymmärretty turvallisuustekijöiksi. Ajatus on tallennettu myös lentäjien viisausperinteeseen: ”Älä koskaan salli lentokoneen viedä sinua sinne, mihin ajatuksesi ei ole matkannut viittä minuuttia aikaisemmin.”[1130]

Ihmiskeskeinen ja luotettava teknologia

> *Aina kun ratkaiset ongelman, luot samalla uuden. Voit vain toivoa, että luomasi ongelma ei ole yhtä vakava kuin se, jonka poistit.*[1131]

Ilmailun automatisointi on paljastanut uudenlaisia turvallisuuteen liittyviä kysymyksiä. Tekoälyn mahdollistamat innovaatiot ovat herättäneet asiantuntijapiireissä runsaasti keskustelua. Euroopan unionin lentoturvallisuusvirasto EASA pitääkin tekoälyn käyttöä koskevia mielipide-eroja kaikista repivimpinä.[1132] EASAn mukaan suurin huolenaihe koskee lentävän yleisön luottamusta uuteen teknologiaan ja samalla tekoälyn synnyttämiä eettisiä ongelmia. Millä tavoin varmistetaan lentoturvallisuus yhä autonomisemmissa järjestelmissä? Miten taataan yksilön tietosuoja ja intimiteetti, kun käytössä ovat yhä tehokkaammat seuranta- ja profilointitekniikat? EASAn mukaan onkin välttämätöntä löytää yhteisesti jaetut eettiset arvot AI-sovellusten käyttöön. Siksi virasto on liittynyt myös yleiseurooppalaisiin tekoälyn etiikkaa pohtiviin hankkeisiin. EU:n komissio julkaisi vuonna 2019 korkean tason asiantuntijaryhmän mietinnön *Luotettavaa tekoälyä koskevat eettiset ohjeet.*[1133]

EU:n eettisten ohjeiden laatijat edellyttävät tekoälyjärjestelmiltä luotettavuutta, eettisyyttä ja ihmiskeskeisyyttä. Nämä vaatimukset eivät koske vain teknologian sisäisiä ominaisuuksia, vaan myös koko sosioteknistä järjestelmää, jonka osana tekoäly toimii. Raportti viittaa myös ilmailuun.

> *Kuten ilmailua, ydinvoimaa tai elintarviketurvallisuutta kohtaan tunnettua luottamusta (tai sen menettämistä) koskevissa kysymyksissä, kyse ei ole vain tekoälyjärjestelmän osatekijöistä vaan siitä, että järjestelmä kaiken kaikkiaan voi herättää tai olla herättämättä luottamusta.*[1134]

Ilmailun näkökulmasta EU:n periaatepaperit välittävät kuvan jännitteisistä tavoitteista. Toisaalta mietinnöissä korostuu voimakkaasti ihmiskeskeisen suunnittelun periaate, jolle on keskeistä jättää ihmisen valinnoille aito mahdollisuus ja varmistaa ihmisen lopullisen määräysvallan säilyminen. Asiantuntijaryhmän mukaan ”käyttäjän autonomian yleisperiaatteen on oltava keskeisellä sijalla järjestelmän toiminnassa”. Toisaalta EU:n suunnitelmista on luettavissa voimakas sitoutuminen tekoälyn kehittämiseen ja realistinen näkemys, että ”tekoälyjärjestelmät vaikuttavat vastaisuudessakin yhteiskuntaan ja kansalaisiin tavoilla, joita emme pysty vielä kuvittelemaankaan".[1135] Tekoälyn tärkeimmäksi ominaisuudeksi määritellään luotettavuus, joka koostuu kolmesta osa-alueesta: sen on oltava lainmukaista, eettistä ja teknisesti toimivaa.[1136]

Euroopan unionin lentoturvallisuusvirasto EASA on liittynyt näihin kaksinaisiin ja osin jännitteisiin tavoitteisiin. Virasto korostaa voimakkaasti ihmiskeskeisyyden (human-centric) ja luotettavuuden periaatteita ilmailutoiminnassa. Samalla virasto on laatinut aina vuoteen 2035 ulottuvan etenemissuunnitelman ja hahmotellut, kuinka tekoäly saattaa muuttaa radikaalisti liikenneilmailua. Ensimmäisessä vaiheessa tekoäly ja koneoppiminen toimivat ohjaamomiehistöä tukevina ja vahvistavina apuneuvoina. Tavoitteena on, että 2030-luvulle tultaessa tekoälyteknologian avulla kaupallisilla reittilennoilla tarvittaisiin ohjaamossa vain yksi lentäjä. Vuoden 2035 jälkeen saatetaan kaupallisessa lentoliikenteessä nähdä ensimmäiset täysin autonomiset lentokoneet.[1137] Muutokset tapahtuisivat asteittain, jolloin ensi vaiheessa lentäjän seurana olisi virtuaalinen perämies. Seuraavassa vaiheessa lentäjä ohjaisi konetta maasta datalinkin kautta, ja viimein lennot olisivat täysin autonomisia.[1138] Oletettavaa on, että ensimmäisenä miehittämättömiä lentoja testattaisiin rahtiliikenteessä.

The FLY AI -raportti (Eurocontrol 2020) myöntää yhä autonomisempien järjestelmien paradoksiset vaatimukset. Jatkossa tulee varmistaa, että käyttäjät hallitsevat turvallisuuden kannalta kriittisten toimintojen hallinnan tilanteissa, joissa teknologiset järjestelmät ovat pettäneet. Samalla raportti myöntää, että olemme paradigmaattisen muutoksen kynnyksellä. Järjestelmien autonomia voi kehittyä niin pitkälle, ettei ihmistoimija kykene enää turvallisesti korjaamaan syntyneitä vikatilanteita. Ilmailuturvallisuudessa joudutaan siksi vakavasti pohtimaan, mille periaatteille ihmisen ja koneen yhteistoiminnan halutaan asettuvan.[1139] Airbus-koneperheen suunnittelijat ovat kuitenkin jatkuvasti korostaneet, että ihmistoimijan keskeinen rooli tulee säilymään. Työ muuttuu lentokoneen hallinnasta enemmän strategiseen päätöksentekoon ja lentotehtävän kokonaishallintaan.[1140]

Ihmisen poistaminen ilmailun autonomisen tekniikan järjestelmistä (*human-out-of-the-loop*) on vielä kaukana tulevaisuudessa. Monitieteiset tutkimukset ovat osoittaneet, kuinka vaikeaa ihmisen korvaaminen vaativissa turvallisuuskriittisissä tehtävissä on.[1141] Sullivan (2019) nostaa esiin myös juridiset ongelmat. Miten määritellään lentäjän ja autonomisen teknologian vastuusuhteet onnettomuuksien tapahtuessa? Onko monimutkaisten koodien rakentajat asetettava samanlaiseen vastuuseen, joka lentäjillä on?[1142]

Fantasianomaisten visioiden sijasta mielenkiinto onkin kohdistunut olemassa olevaan tekniikkaan ja sen ihmiskeskeisyyden parantamiseen. Millä tavoin tekoälyä ja koneoppimista voisi käyttää ilmailussa miehistön apuna, niin että ihmistoimijan lopullinen auktoriteetti säilyisi ja periaateohjelmien vaatimus ihmiskeskeisestä teknologiasta toteutuisi?

Sopeutuvan teknologian idea

Yhtenä ratkaisuna ihmisen ja koneen yhteistyöhön on sopeutuvan teknologian (*adaptive technology*) kehittäminen. Kyse on joustavista automaattijärjestelmistä, jotka pystyvät mukautumaan kulloinkin vallitseviin olosuhteisiin esimerkiksi ottamalla huomioon toimintaympäristön muutokset tai lentäjien työkuormituksen. Sopeutuvasta teknologiasta puhuttiin jo 1970-luvulla, mutta varsinainen kiinnostus sen kehittämiseen virisi, kun uudenlainen teknologia tarjosi realistisia mahdollisuuksia sen luomiseen 1990-luvulla.[1143] Sopeutuva automatiikka voisi aktivoitua vasta poikkeuksellisissa tilanteissa. Tällainen tilanne voi esimerkiksi olla lentoonlähdössä kriittisellä hetkellä tapahtuva moottorihäiriö, jolloin käyttöön otettavan automaation määrään vaikuttavat koneen saavutettu nopeus, korkeus ja ulkoiset olosuhteet.[1144]

Sopeutuvan teknologian lisäksi ihmisen ja tekoälyn vuoropuhelun parantamiseksi on hahmoteltu malli myös täydentävästä automatiikasta tai teknologiasta (*complementary automation*). NASAn tutkija Paul C. Schutte on kehittänyt mallia ja käyttää siitä nimitystä *complimation*.[1145] NASA on tukeutunut malliin tutkimushankkeessa, jossa tavoitteena on luoda entistä turvallisempi automaatiota hyödyntävä ohjaamoympäristö. Pyrkimyksenä on ollut löytää ratkaisuja, jotka vähentävät vääränlaista tukeutumista automaatioon sekä varmistavat samalla käytännön lentotaitojen säilymisen.[1146] Mallista on käytetty myös lyhennenimeä *SAFEdeck*.[1147]

Täydentävän teknologian ja tekoälyn avulla pyritään luomaan toimintaympäristö, jossa ihminen säilyttää autonomiansa ja samalla osallistuu mielekkäällä tavalla tehtävän suorittamiseen. Hänen vastuullaan on erityisesti kokonaiskuvan ja perustehtävän varmistaminen. Lentokoneen ohjaamossa tämä merkitsee sitä, että automatiikka vastaa entistä enemmän taito- ja määräyspohjaisista tehtävistä, kuten navigoinnista, määräysten hallinnasta ja säätietojen välittämisestä. Käytännössä täydentävä teknologia voisi merkitä liikennekoneen ohjaamossa esimerkiksi seuraavia ominaisuuksia:

- Ohjaimissa säilyisi ohjaintunto, joka auttaisi lentäjää säilyttämään aluksen ohjaamiseen tarvittavan sensomotorisen muistin.
- Automaatiojärjestelmän muistikapasiteetti ottaisi huomioon lentäjän virheet ja muistuttaisi tarvittaessa edessä olevista tehtävistä. Automaatio osaisi tunnistaa esimerkiksi lennonhallintatietokoneeseen syötetyt virheelliset tiedot.
- Automaatio osallistuisi lennon taktiseen suunnitteluun esittämällä lentäjälle eri lentoväylävaihtoehdot sekä niitä koskevat mahdolliset rajoitukset ja muut erityispiirteet. Lentäjiltä edellytettäisiin kuitenkin aktiivista roolia väylien valinnassa, mikä osaltaan ehkäisisi automaation aiheuttamaa tuudittautumista.
- Järjestelmään olisi rakennettu itsesäilytysominaisuus, joka pyrkisi ennakoimaan ja estämään lentäjien väsymyksestä tai huolimattomuudesta johtuvat virheet. Itsesäilytysominaisuuteen olisi mahdollista liittää myös toiminto, jossa automaatio huolehtii kokonaan koneen ohjaamisesta turvallisesti kentälle. Esimerkiksi automaatio voisi päätellä miehistön suorituskyvyn romahtaneen (*incapacitation*), mikä kytkisi päälle koneen maahan ohjaavat toiminnot.[1148] Tällaisten laitteistojen ensimmäiset versiot on jo hyväksytty yleisilmailukoneiden käyttöön.[1149]

Täydentävän teknologian ja tekoälyn käytön keskeisenä kysymyksenä on tasapainon löytäminen yhä autonomisemman teknologian ja viime kädessä vastuussa olevan ihmisen välillä. Täydentävän teknologian suunnittelussa on luotava toimiva vuorovaikutusmalli, jossa ihminen säilyttää aktiivisuuteensa ja viretilansa, joita tarvitaan erityisesti poikkeustilanteissa.[1150]

Sopeutuvan ja täydentävän teknologian ideoiden toteuttamisen ei tulisi koskea vain lopullista käyttäjää. Ihmiskeskeisyyden periaatteiden tulisi näkyä jo suunnitteluvaiheessa ja uuden teknologian käyttöönotossa. Tämä edellyttää sitä, että suunnittelutyö on mahdollisimman avointa ja eri intressipiirejä kuulevaa. *The Handbook of Human-Machine Interaction* -käsikirjan (2017, suom. *Ihmisen ja koneen vuorovaikutus*) toimittaja Guy Boy tiivistää ajatuksen seuraavasti.

> *Suunnittelutyö on aidosti ihmiskeskeistä silloin, kun mahdollisimman monelle teknologian parissa toimivalle käyttäjälle ja kehittäjälle annetaan suunnittelun eri vaiheissa tilaisuus osallistua huippuasiantuntijoiden kanssa sen luomiseen, rakentamiseen, käyttämiseen, viimeistelyyn, huoltamiseen sekä hylkäämiseen.*[1151]

Ihmisen ja koneen yhä monimutkaisemmaksi käyvää yhteistoimintaa koskevassa keskustelussa korostuu erityisesti yksi tekijä. Sekä Euroopan komissio että lentoturvallisuusvirasto tähdentävät mietinnöissään luotettavuuden (*trustworthiness*) merkitystä. Se on avaintekijä eettisen tekoälyn käytössä.[1152] Luotettavuus on ensinnäkin järjestelmien teknistä toimivuutta, johon kuuluu olennaisena osana ennustettavuus. Kysymys ei ole vain yksittäisen laitteen toimivuudesta, vaan koko järjestelmän toiminnasta siten, että yllätyksiltä vältytään. Tämä näkyy hyvin ilmailussa ja sen huoltotoiminnassa. Moottoreiden ja muiden kriittisten osien valmistajat eivät myy enää pelkkiä luotettavia tuotteita ja niiden varaosia, vaan pikemminkin luotettavia lentotunteja. Se edellyttää puolestaan ennakoivaa huoltotoimintaa, joka perustuu yhä enemmän jatkuvaan lentodatan tekoälypohjaiseen analyysiin.[1153]

Luotettavuudessa on lisäksi kyse yhteisöjen ja yksilöiden perusasennoitumisesta tekemäänsä työhön. Tekoälyn ulottuminen yhä useammalle elämänalueelle korostaa läpinäkyvyyden ja avoimen viestinnän merkitystä. Lee ja See (2004) kiinnittävät huomiota siihen, kuinka monet organisaatiot ovat muuttuneet yhä enemmän itseohjautuviksi, jolloin niissä sovelletaan erilaisia matriisirakenteita ja monimutkaisia automaattiympäristöjä. Tällöin työympäristö on muuttunut monimutkaisemmaksi ja epävarmemmaksi. Nämä muutokset voivat lisätä työn tuottavuutta, mutta samalla myös yllätyksiä.

Työympäristön muutokset vaativatkin yksittäiseltä työntekijältä yhä enemmän kognitiivisia valmiuksia sekä luottamusta.[1154] Turvallisuuskriittisen toiminnan tutkimuksessa huomio onkin kohdistunut yhä enemmän ihmisen kognitiiviseen toimintaan teknologisesti vaativissa ympäristöissä. Hollnagel ja Woods (1999) toteavat, että ihmisen toiminnalle on puhtaan loogisuuden sijaan tyypillisempää "psykoloogisuus". Ihmisen ja koneen yhteistyö edellyttääkin kognitiivisen ja emotionaalisen puolen huomioon ottamista suunnittelutyössä.[1155]

Luotettavuus on emotionaalinen kokemus, joka on tunteena läsnä ihmisen ja teknologian vuorovaikutuksessa. Luotettavuus luo perustan sille, että toiminta voi ylipäätään toteutua. Luotettavuus syntyy luottamuksesta koko teknisen toimintaketjun kaikkiin osapuoliin ja heidän ammatilliseen osaamiseensa sekä eetokseensa. Siksi luottamuksen synnyttämät tunteet, ihmiskeskeinen teknologia ja turvallisuuskriittinen toiminta kuuluvat kiinteästi yhteen. Neurofilosofi Antonio Damasio (1999) katsoo, että juuri tunteiden ja intuitioiden kautta ihminen palauttaa mieleen kokemansa ja suuntautuu samalla kohti uutta.

> *Tunteet ovat kriittisiä tekijöitä, jotka määrittelevät sen, mihin huomio kiinnittyy. Tunteet näet tarjoavat automaattisen viestin organismin aikaisemmista kokemuksista vastaavissa tilanteissa. Sillä tavoin tunteet luovat perustan sille, kuinka asennoitua uudessa tilanteessa hyväksyvästi tai torjuvasti.*[1156]

Turvallisuus paradoksina

> *Olipa käsityksemme pyhästä mikä hyvänsä, yksinkertaisimmat kysymyksemme siitä, mikä on yhden suhde moneen, ajan suhde etäisyyteen ja kuinka nykyinen lepää menneen päällä yhtä luontevasti kuin valomme asettuvat yön pimeään sfääriin, rajautuvat harvoin niin selkeästi kuin lentokoneen ikkunasoikion ääressä.*[1157]

Historioitsija ja liikennelentäjä Mark Vanhoenecker kuvaa kirjassaan *Skyfaring* (suom. *Ilmojen halki*) moniulotteisesti lentämistä sekä matkustajan että koneen päällikön näkökulmista. Matkustajalle lentäminen voi olla rutiininomaista siirtymistä paikasta toiseen, mutta myös mahdollisuus hahmottaa maailmaa uudesta näkökulmasta. Elinympäristömme kauneus ja monimuotoisuus paljastuvat havainnollisella tavalla, kun niitä katsoo matkustajakoneen ikkunasta. Tämän päivän lentomatkustaja voi myös antautua tähän esteettiseen ja elämykselliseen kokemukseen vapautunein mielin. Lentomatkustamisesta on kehittynyt ultraturvallinen matkustusmuoto.

Koneen henkilökunnan näkökulma on laajempi. Jokainen lentomatka on toimintaa vaativassa ympäristössä. Korkealla lentävä matkustajakone on keinotekoinen biosfääri, jossa paineistuksella ja lämmityksellä turvataan ihmisen elintoiminnot. Lisäksi tämä biosfääri kulkee ilman halki liki äänen nopeudella. Tästä vaativasta ympäristöstä huolehtiminen on ilmailun ammattilaisten tehtävä. Matkustamon ja miehistötilat toisistaan erottava verho on kuin symbolinen esirippu, joka erottaa toisistaan kaksi todellisuutta. Matkustajan ei tarvitse tietää, mihin kaikkeen väliverhon takana on valmistauduttu tai mitä kaikkea hänen turvallinen matkantekonsa edellyttää. Henkilökunnalle työssä on läsnä aina selkeän eksistentiaalinen ulottuvuus, johon kuuluu myös kriisiin valmistautuminen.

Runsaan sadan vuoden aikana kaupallinen ilmailu on käynyt läpi monta kehitysvaihetta. Ensimmäisten onnistuneiden moottorilentojen jälkeen ilmailun varhaiset pioneerit pitivät mahdottomana, että jonain päivänä Atlantti voitaisiin ylittää lentämällä.[1158] Kehitys oli kuitenkin yllättävän nopeaa. Toisen maailmansodan jälkeen lentokoneet alkoivat nopeasti korvata pitkien matkojen laivamatkustamista. Ultraturvalliseksi kehittyneestä liikennelentämisestä on muodostunut 2000-luvulla olennainen osa hyvinvoivan maailman elämänmuotoa. 2020-luvun alkaessa tämä elämänmuoto on kuitenkin haastettu.

Vuonna 2016 hyväksytty Pariisin ilmastosopimus ja hallitusten välisen ilmastopaneelin *Global Warming* -raportti vuonna 2019 edellyttävät lentoliikenteeltä määrätietoisia toimia päästöjen vähentämiseksi. Vuonna 2020 laajentunut pandemia yllätti koko toimialan ja maadoitti kolmasosan maailman liikennekonekapasiteetista. Boeing-tehtaan ongelmat B737 MAX -koneen kanssa palauttivat turvallisuuskeskustelun perusasioiden äärelle. Vaikka jälkimmäinen kriisi koskee vain yhtä konevalmistajaa, se on heijastunut koko lentokoneteollisuuteen. Tapausta tutkineen Yhdysvaltain edustajainhuoneen komitean 245-sivuinen loppuraportti päättyy sanoihin, jotka on osoitettu sekä valmistajatehtaalle että ilmailuviranomaiselle.

> *Mutta vain aito, kokonaisvaltainen ja määrätietoinen sitoutuminen toimintakulttuurin muuttamiseen, joka ilmenee Boeingia ja FAAta tutkivan komitean tuloksissa, voi parantaa lentoturvallisuutta ja auttaa kumpaakin todella oppimaan 737 MAX -tragedioiden hirvittävistä opetuksista.*[1159]

Liikenneilmailun 2020-luvun kriisit ja karut opetukset ovat laajuudessaan ja vaikuttavuudessaan poikkeuksellisia. Toimintaympäristö ja taloudelliset edellytykset ovat muuttuneet ennakoimattomasti. Koneiden miehistöt ovat oman toimintansa mikrotasolla tottuneet kohtaamaan sääilmiöiden ja poikkeamien aiheuttamat muutokset. Mikrotason yllättävät muutokset ovat 2020-luvulla laajentuneet makrotasolle. Kaupallisessa ilmailussa joudutaan tekemään nopeita päätöksiä ja etsimään vaihtoehtoisia selviytymisreittejä.

Ilmailun turvallisuuskulttuurin huimasta kehityksestä huolimatta kaupallisen ilmailun näkymät ovat 2020-luvun alkaessa utuiset ja kriisien täyttämät. Tilanne ei ole kuitenkaan uusi ilmailun lyhyessä historiassa. Liikenneilmailun merkittävimmät linjaukset tehtiin keskellä suurta kriisiä toisen maailmansodan vielä riehuessa ja lentoaseen näyttäessä tuhovoimansa. Chicagoon vuonna 1944 kokoontuneet eri maiden lähettämät edustajat näkivät, kuinka tärkeää rauhan rakentamisessa oli ihmisten mahdollisuus liikkua yli maantieteellisten ja poliittisten rajojen. 2020-luvun ilmailu elää samalla tavoin ristiriitaisten motiivien hallitsemassa maailmassa.

Liikenneilmailun kriisit kertovat samalla turvallisuuskriittisille organisaatioille ominaisista paradoksisista ominaispiirteistä. Usein vasta kriisit ja epäonnistumiset paljastavat toiminnan syvärakenteet ja auttavat ymmärtämään, kuinka vaativaa korkean tason luotettavuuden ylläpitäminen on. Karl E. Weickin mukaan toimiva turvallisuuskulttuuri on usein huomaamatonta eivätkä ihmiset välttämättä osaa arvostaa luotettavuutta. ”Koska he eivät näe, mitä kaikkea sen saavuttaminen edellyttää, oletetaan luotettavuuden syntyvän helpommin kuin todellisuudessa tapahtuu.”[1160]

Samaa paradoksista ajattelua edustaa Reason (2000) korostaessaan, että korkean luotettavuustason toiminta on aina tuomionalaista (*doom-laden*). Ilmaisulla hän kuvaa sitä, että turvallisuuskriittisessä toiminnassa ollaan koko ajan syvästi tietoisia epäonnistumisen mahdollisuudesta eikä ajatella, että onnettomuudet voitaisiin täysin eliminoida. Tämä yhteisesti jaettu huoli luo kuitenkin perustan turvalliselle ja kestävälle toiminnalle.[1161] Asenne muistuttaa ajattelua, jossa elämän perustraagisuuden tunnustamisella on keskeinen sija elämän merkityksen löytämisessä. Saman asian pukee sanoiksi professori Sami Pihlström (2018).

> *Mitä hienompi, tärkeämpi ja arvokkaampi jokin asia elämässämme on, sitä traagisempi se katoavaisuudessaan ja rajallisuudessaan on. Tämä koskee rakkautta, moraalia, uskontoa – käytännöllisesti katsoen kaikkea, mitä me ihmiset pidämme elämässämme suurena ja merkityksellisenä.*[1162]

Reason (2000) kiinnittää lisäksi huomiota siihen, että ultraturvallinen toiminta saattaa joutua myös oman menestyksensä uhriksi. Kun turvallisuus on kohentunut riittävästi ja toiminta vakiintunut, sen edelleen parantaminen on yhä vaativampaa. Perinteiset työkalut, kuten sääntely, laadunvalvonta, vakiotoimintamenetelmät, varmistukset ja avoin raportointi ovat jo aktiivisessa käytössä. Tällöin on saavutettu tila, jossa turvallisuutta uhkaavat tekijät ovat täysin arvaamattomia ja niiden kohtaamiseen ja selättämiseen ei ole olemassa varmoja menetelmiä.[1163]

Turvallisuuskriittiset järjestelmät – kaupalliset lentoyhtiöt tyypillisenä esimerkkinä – edustavat nykytutkimuksen mukaan monivuorovaikutteisia ja sopeutuvia rakenteita (*Complex Adaptive Systems*, CAS). Niiden olemukselle on ominaista tietty paradoksisuus. Kompleksisen järjestelmän kriisivalmius edellyttää riittävää mukautuvuutta ja joustavuutta (*requisite variety*). Samalla joustavuus on riskitekijä, joka voisi edesauttaa poikkeamiin tottumista ja vähitellen tapahtuvaa liukumista kohti vaarallisia käytäntöjä.[1164]

Reason katsookin, että korkean luotettavuuden toiminnalle on ominaista aktiivinen tietoisuus, jossa toimijat pitävät mielikuvituksensa vireänä ja yhteisö sallii erilaisten riskimahdollisuuksien avoimen pohtimisen. Kysymyksessä on kriittisesti tietoinen kulttuuri, joka edustaa kollektiivista tarkkaavaisuutta.[1165] Kun käytännön kokemuksia mahdollisista riskitekijöistä ei ole, kollektiivisen tarkkaavaisuuden ja keskinäisen kommunikaation on rakennuttava mielikuvituksen, kertomusten ja symbolisten esitysmallien varaan. Weickin (1987) mukaan tällä narratiivisella jakamisella on turvallisuuskriittisessä toiminnassa keskeinen tehtävä.

> *Siksi kertomuksia ja niihin liittyviä arvoja jakava yhteisö on potentiaalisesti luotettavampi, koska sen jäsenet pystyvät kuvittelemaan, minkälaisia mahdollisia uhkia on olemassa. Samalla he ovat luottavaisempia sen suhteen, että pystyvät käsittelemään näitä ongelmia, koska yhteisössä on kerrottu tarinoita vastaavista selviytymistilanteista.*[1166]

Kriisienkin keskellä liikenneilmailun turvallisuuskulttuuria voidaan pitää yhtenä teollisen ajan suurimmista onnistumiskertomuksista. Onnistumisen taustalla on kehitys, jossa teknisten parannusten ja sääntelyn rinnalle on tullut inhimillisten, kommunikatiivisten ja kulttuuristen tekijöiden yhä parempi ymmärtäminen. Käytännön kokemuksia on siirretty eteenpäin tallennettuina dokumentteina ja yhteisesti jaettuina kertomuksina. Tutkimuksen kautta saatua tietoa on täydentänyt ideointi ja mielikuvituksen voimin tapahtunut työskentely. Olennaista on ollut sen myöntäminen, ettei turvallisuus lisäänny vain kehittelemällä teoreettisia malleja tai kasvattamalla sääntelyä. Toimintakelpoiset mallit ovat syntyneet käytännön toimijoiden ja tutkijoiden kiinteästä vuorovaikutuksesta, jossa on säilytetty kiinteä yhteys elävään elämään ja kunnioitettu käyttäjien kokemuksia.[1167]

Onnistumisen taustalla on lentomatkustamisen eksistentiaalinen luonne. Vaikka matkustamoa ja miehistötiloja erottaa verho, kaikki ovat kuitenkin samassa aluksessa. Matkustaja on lipun ostaessaan hyväksynyt määrätyn riskitason. Koneeseen astuessaan hän luottaa miehistön ammatilliseen osaamiseen. Miehistön jäsenet lähtevät puolestaan matkaan, koska oman ammattitaitonsa lisäksi he luottavat eri tehtävissä työskenteleviin työtovereihinsa: tekniikan rakentajiin ja huoltajiin, lennonjohtajiin ja maahuolintapalvelijoihin sekä laadunvarmistajiin. Tulevaisuudessa tämän luottamuksen tulee ulottua yhä enemmän vaativien järjestelmien ohjelmasuunnittelijoihin ja testaajiin.

Yhteistä matkalaisille on halu ja tarve päästä turvallisesti perille. Samalla he jakavat lentomatkustamisen kokemukset. Taivaalla voi oppia ihmisenä olemisen vahvuudesta ja heikkoudesta. Parhaimmillaan siellä paljastuu uusi näkökulma kotiplaneettamme kauneuteen ja haurauteen.

Siellä meille lainataan valo,
siellä kotimme avataan meille koko painoillaan,
ja siellä kielemme vanhimmat sanat – matka, tie, siipi, vesi,
maa ja ilma, taivas ja yö – saavat uuden elämän.[1168]

LYHENTEET

AA American Airlines
AAIB Air Accidents Investigation Branch
ACAS Airborne Collision Avoidance System
ACRM Anesthesia Crisis Resource Management
ADIRU Air Data Inertial Reference Unit
ADREP Accident and Incident Data Reporting
AI Artificial Intelligent
ALARA As Low As Reasonably Achievable
ALPA Australian Airline Pilots' Association
ASIAS Aviation Safety Information Analysis and Sharing
ASR Air Safety Reporting
ASRS Aviation Safety Reporting System
ATC Air Traffic Control
ATM Air Traffic Management
ATSAP Air Traffic Safety Action Program
ATSB Australian Transport Safety Bureau
ATSM American Society for Testing and Materials
ATTOL Autonomous Taxi, Take-Off and Landing
AWL All Weather Landing System
BASI Bureau of Air Safety Investigations
BEA British European Airways
BOAC British Overseas Airways Corporation
CAA Civil Aviation Authority
CAADRP Civil Aircraft Airworthiness Data Recording Programme
CAS Complex Adaptive Systems
CCQ Cross Crew Qualification
CIRP Critical Incident Response Program
CLR Command Leadership Resource
CORSIA Carbon Offsetting and Reduction Scheme for International Aviation
CRM Cockpit /Crew Resource Management
COS Center of Offshore Safety
CSA Czech Airlines
CSE Cognitive Systems Engineering
CVR Cockpit Voice Recorder
DMU Data Management Unit
EASA European Union Aviation Safety Agency,
EBT Evidence-Based Training
ECAM Electronic Centralized Aircraft Monitor
EFB Electronic Flight Bag
EFCS Electronic Flight Control Systems
EPAS European Plan for Aviation Safety
ERC Event Review Committee

ETSC European Transport Safety Council
ETTO Efficiency Thoroughness Trade-Off
FAR Federal Aviation Regulations
FCMC Fuel Control and Monitoring Computer
FDA Flight Data Analysis
FDAP Flight Data Analysis Program
FDAU Flight Data Acquisition Unit
FDM Flight Data Monitoring
FDR Flight Data Recorder
FMS Flight Management System
FOQA Flight Operational Quality Assurance
FSF Flight Safety Foundation
FT-SPK Fischer-Tropsch Synthetic Paraffinic Kerosene
GAIN Global Aviation Information Network
GDRAS Ground Data Replay and Analysis System
GIGO Garbage In, Garbage Out
GMBM Global Market-Based Measure
GPS Global Positioning System
HEFA Hydro-processed Esters and Fatty Acids
HFACAS Human Factors Analysis and Classification System
HFR Human Factor Reporting
HIC Human-In-Command
HITL Human-In-The-Loop
HOTL Human-On-The-Loop
HRO High Reliability Organizations
HS Helsingin Sanomat
IASS International Air Safety Summit
IATA The International Air Transport Association
ICAN International Commission for Air Navigation
ICAO International Civil Aviation Organization
IDV Individualism Index
IFALPA International Federation of Air Line Pilots' Associations
INES International Nuclear Event Scale
INPO Institute of Power Operations
INS Inertial Navigation System
IPCC Intergovernmental Panel on Climate Change
KLM Koninklijke Luchtvaart Maatschappij
LVM Liikenne- ja viestintäministeriö
LOFT Line-Oriented Flight Training
LORAN Long-range navigation
LOSA Line Oriented Safety Audit
LTO Long-term Orientation
LUT Lappeenrannan-Lahden teknillinen yliopisto
MAS Masculinity Index

MCAS Maneuvering Characteristic Augmentation System
MEL Minimum Equipment List
METAR Meteorological Aerodrome Report
MFF Mixed Fleet Flying
MIPS Material Input Per Service unit
MOCA Maintenance of Certification in Anesthesiology
MoU Memorandum of Understanding
MPC Motor Perceptual Coordination
MPL Multi-Crew Pilot Licence
NASA National Aeronautics and Space Administration
NAA National Aviation Authority
NAT Normal Accident Theory
NDB Non-Directional Beacon
NOTAM Notices to Airmen
NTSB National Transportation Safety Board
OFDM Operational Flight Data Monitoring,
OTKES Onnettomuustutkintakeskus
PDI Power Distance Index
PtL Power to Liquid
PtX Power to X
QAR Quick Access Recorder
QDM Query Direction Magnetic
QNH Query No Height
RAF Royal Air Forces
RAM Air Turbine
SAFEdeck Synergistic Allocation of Flight Expertise on the Flight Deck
SAM Select Assessment for Manufacturing Test
SARP Standards and Recommended Practices,
SAS Scandinavia Airlines System
SCWT Stroop Color and Word Test
SESAR Single European Sky ATM Research
SMM Safety Management Manual
SMS Safety Management System
SOP Standard Operations Procedures
SRIS Safety Recommendations Information System
SRM Safety Risk Management
SRK Skill-Rule-Knowledge
STCA Short-term conflict alert
TAG Trans-cockpit Authority Gradient
TCAS Traffic collision avoidance system
TEM Threat and Error Management
TFMS Traffic Flow Management System
THRIVE Temperature, Hemodynamics, Rhythm, Infusions, Ventilation, Electrolytes
TUKES Turvatekniikan keskus

TWA Trans World Airlines
UAI Uncertainty Avoidance Index
VOR Very High Frequency Omni-directional Range
WAIS Wechsler Adult Intelligence Scale
WHO World Health Organization
WNA World Nuclear Association
WTC World Trade Center
WZT Wartegg Zeichen Test,
YK Yhdistyneet kansakunnat
ZAV Zero Accident Vision
ZFT Zero Flight Time

LEHDET

Aerospace
Aero Safety World
ASRS Directline
Aviation Safety Letter
Aviation Week & Space Technology
Avionics Magazine
Business & Commercial Aviation
Callback
Chicago Tribune
Flight International
Flight Safety Digest
Helsingin Sanomat
Ilmailu
Liikennelentäjä
Monitor
New York Times
Suomen Kuvalehti
The Independent
The Seattle Times
WIZZ Air EBT Newsletter

HAASTATTELUT

Aaltonen, Ismo	2.5.2019; 4.8.2020; 14.12.2021
Koivu, Heli	4.6.2021
Kärmeniemi, Pekka	18.8.2020
Peltola, Petteri	26.8.2021
Saloheimo, Heikki	18.5.2020; 5.1.2022
Soini, Lauri	24.8.2020

KIRJALLISUUS

Aarons, Richard (2003). TSB Closes the Book on Swissair 111. In the final analysis, the pilots might not have had a chance to land safely. *Business & Commercial Aviation* May 2003, Vol. 92(5), 220–227.

Abeyratne, Ruwantissa (2012). Aircraft Accident and Incident Investigation. *Air Navigation Law*. Springer, Berlin. Heidelberg First Online: https://doi.org/10.1007/978-3-642-25835-0_5

Abeyratne, Ruwantissa (2018). Aviation in Crisis. Routledge Revival. New York.

Alexander, David (2013). Resilience and disaster risk reduction: an etymological journey. *Natural Hazards an Earth Systems Sciences*. 13, 2070–2716.

Aleksijevitš, Svetlana (2000). Tšernobylista nousee rukous. Tulevaisuuden kronikka. Suom. Marja-Leena Jaakkola. Tammi, Helsinki. Alkuteos 1997.

Allaz, Camille (2004). The History of Air Cargo and Airmail from the 18th Century. Foyle Publishing, Paris.

Allerton, David (2009). Principles of Flight Simulation. Department of Control and Systems Engineering. The University of Sheffield, Wiley.

Alopaeus, Marianne (1972). Rajankäyntiä. Gummerus, Helsinki.

Amalberti R. (2001). The paradoxes of almost totally safe transportation systems. *Safety Science* 37, 109–126.

Amalberti R. (2021). Professionals, experts, and super experts: an insight into rule-based safety and managed-based safety. *Tribunes de la sécurite industrielle*. 2021/3, 1–5.

Aven, Terje (2011). Quantitative Risk Assessment. The Scientific Platform. Cambridge University Press.

Aven, Terje (2013). On the meaning of a black swan in a risk context. *Safety Science*, 57: 44–51.

Aven, Terje (2015). The Risk concept – historical and recent development trends. *Reliability engineering and system safety*, 99: 33–44.

Backman, Annika (2016). Kuolemaan johtaneiden työturvallisuusrikosten rankaiseminen Suomessa ja Isossa-Britanniassa. Pro gradu -tutkielma. Oikeustieteellinen tiedekunta. Turun yliopisto.

Baker, David, P – Salas, Eduardo – Battles, James, B. – King, Heidi, B. (2012). The Relation between Teamwork and Patient Safety. *Handbook of Human Factors and Ergonomics in Health Care and Patient Safety*. Carayon 2012, 185–198.

Barbieri, Brian (2014). Aviation English: History and Pedagogy. *The Journal of Teaching English for Specific and Academic Purposes*. Vol. 2, No 4, 615–623.

Bartsch, Ronald I. C. (2012) International Aviation Law: A Practical Guide. Routledge; London.

Bauen, Ausilio et al. (2020). Sustainable Aviation Fuels. Status, challenges and prospects of drop-in liquid fuels, hydrogen and electrification in aviation. *Johnson Matthew Technology Review*. 2020, 64(3), 263–278.

Beaty, David (1984). Strange Encounters: Mysteries of the Air. Atheneum.

Beaty, David (1995). The Naked Pilot. The Human Factor in Aircraft Accidents. Airlife, England.

Bennun, Mervyn, E. (1995). Prosecuting Professional Pilots in the United Kingdom after November Oscar: Reflections on the Law and policy. *Journal of Air Law and Commerce*. 61. 2, 331–364.

Baumeister, Stefan – Leung, Abraham – Ryley, Tim (2020). The emission reduction potentials of First Generation Electric Aircraft (FGEA) in Finland. *Journal of Transport Geography*. Volume 85.

Bergs, J. – Hellings, J. – Cleemput, I. (2014). Systematic review and meta analysis of the effect of the World Health Organization surgical safety checklist on postoperative complications. *British Journal of Surgery*, 101: 150–158.

Bibel, George (2008). Beyond the Black Box: The Forensics of Airplane Crashes. JHU Press.

Bijker, Wiebe, E. (1997). Of Bicycles, Bakelites, and Bulbs. Toward a Theory of Sociotechnical Change. The MIT Press, London.

Billings, Charles E. (1997). Aviation Automation: The Search for a Human Centered Approach. *Human Factors in Transportation*. CRC Press, The Ohio State University.

Blake, Robert R. – Mouton, Jane S. (1978). The New Managerial Grid. Gulf Publishing, Houston.

Bowers, C. A. – Deaton, I. – Oser, R. L. – Prince, C. – Kolb, M. (1995). Impact of automation in aircrew communication and decision making performance. *International Journal of Aviation Psychology*, 5: 145–168.

Boy, Guy, A. (eds.) (2017). The Handbook of Human-Machine Interaction. A Human-Centered Design Approach. CRC Press, London.

Brewer, P. – Venaik, S. (2012). On the misuse of national culture dimensions. *International Marketing Review*, Vol. 29 No. 6, 673–683.

Brewer, P. – Venaik, S. (2013). Critical issues in the Hofstede and GLOBE national culture models. *International Marketing Review*, Vol. 30 No. 5, 469–482.

Brooker, Peter (2008). The Überlingen accident: Macro-level safety lessons. *Safety Science*, 46: 1483–1508.

Brymer, Tim (2008). Prosecution of your crew following an incident in a foreign country: Are you ready for this? Flight International Conference, Dubai 1.–2. 12. 2008.

Buck, Robert N. (1994). The Pilot's Burden: Flight Safety and the Roots of Pilot Error. Iowa State University.

Burian, Barbara K. (2004). Emergency and Abnormal Checklist Design Factors Influencing Flight Crew Response: A Case Study. NASA Ames Research Center.

Butler, Roy E. (1993). LOFT: Full-Mission Simulation as Crew Resource Management. Wiener et al. 1993, 231–259.

Cahill, Joan – McDonald, Nick – Losa, Gabriel (2014). A Sociotechnical Model of Flight Crew Task. *Human Factors*, 8:1337–1363.

Cameron, Rebecca H. (1999). Training to Fly. Military Training 1907–1945. Air Force History and Museums Program.

Campbell, Neil A. H. (2007). The Evolution of Flight Data Analysis. http://www.asasi.org/papers/2007/The_Evolution_of_Flight_Dat_Analysis_Neil_Campbell.pdf

Cambell-Laird, Kitty (2004). Aviation English: A Review of the Language of International Civil Aviation. International Professional Communication Conference 2004. IPCC.

Carayon, Pascale (eds.) (2012). Handbook of Human Factors and Ergonomics in Health Care and Patient Safety. CRC Press, London.

Carley, W. M. (1998). Swissair 111 Crash Spurs Debate on Following Cockpit Procedure. Wall Street. December 16. https://www.wsj.com/articles/SB913760693252632000

Casner, Stephen, M. – Geven, Richard W. – Recker, Matthias P. – Schooler, Jonathan, W. (2016). The Retention of Manual Flying Skills in the Automated Cockpit. *Human Factors*, 8: 1506–1516.

Chialastri, Antonio (2019). AF 447 as a Paradigmatic Accident: The Role of Automation on a Modern Airplane. Shmelova et al. 2019, 166–192.

Chidester, Thomas R. (1993). Critical Issues for CRM Training. Wiener et al. 1993, 315–336.

Chute, Rebecca D. – Wiener, Earl L. (1995). Cockpit-cabin communication: I. A tale of two cultures. *International Journal of Aviation Psychology*, 5: 257–276.

Chute, Rebecca D. – Wiener, Earl L. (1996). Cockpit-Cabin Communication: II. Shall we tell the pilots? *International Journal of Aviation Psychology*, 6: 211–231.

Clines, Carol V. (1997). St. Petersburg – Tampa Airboat line. World's FirsT Scheduled Airline Using Winged Aircraft. *Aviation History*. May 1997.

Cocklin, John T. (2004). Swissair 111 Human Factors: Checklist and Cockpit Communication. *Journal of Air Transportation*, 3: 19–42.

Collingwood, R. G. (1994). The Idea of History. Revised edition. Oxford University Press.

Cramoisi, George (eds.) (2012). Air Crash Investigations. Lost over the Atlantic. The Crash pf Air France Flight 447. Mabuhay Publishing.

de Crespigny, Richard (2012). QF32. Macmillan Australia.
de Crespigny, Richard (2018). Fly! Life Lessons from the Cockpit of QF32. Penquin UK.
Crouch, Tom D. (2003) The Bishop's Boys: A Life of Wilbur and Orville Wright. W. W. Norton & Company.
Cruz, Bruno et Dias, Murillo (2020). Crashed Boeing 737–MAX: Fatalities or malpractice? *Global Scientific Journals*, 8: 1.
Crystal, David (2012). English as a global language. Cambrigde University Press.
Culick, Fred E. D. (2001) What the Wright Brothers Did and Did Not Understand About Flight Mechanics – In Modern terms. Joint Propulsion Conference and Exhibit. 8–11.6.2001. Salt Lake City, Utah.
Cushing, Steven (1994). Fatal Words: Communication Clashes and Aircraft Crashes. University of Chicago Press.
Cushing, Steven (1995). Pilot – Air Traffic Control Communications: It's Not (only) What You Say, It's How You Say it. *Flight Safety Digest*. July 995, 1–9.
Cusick, Stephen K. – Cortés, Antonio I. – Rodrigues, Clarence C. (2017). Commercial Aviation Safety. McGraw Hill Education, Chennai.
Dahlmann, Katrin – Alexander Koch – Linke, Florian – Lührs, Benjamin Grewe, Volker – Otten, Tom – Seider, Doreen – Gollnick, Volker Schumann, Ulrich (2016). Climate-Compatible Air Transport System Climate Impact Mitigation Potential for Actual and Future Aircraft. *Aerospace*, 3: 38.
Damasio, Antonio (1999). The feeling of what happens: Body and emotion in the making of consciousness. New York: Harcourt.
Davis, D. R. (1948). Pilot Error: Some laboratory experiments. His Majesty's Stationery Office, London.
Davies, Ronald E. G. (1994). Fallacies and fantasies of Air Transport History. Paladwr Press, McLean. Virginia.
Davis, Ronald M. (2001). BMJ bans "accidents". Accidents are not unpredictable. *British Medical Journal*, 322: 1320–1321.
De Boer, Robert – Dekker, Sidney (2017). Models of Automation Surprise: Results of a Field Survey in Aviation. *Safety*, 3, 20: 1–11.
Debons, Anthony – Jefferson M. Koonce (2009). A Historical Overview of Human factors in Aviation. Wise et al. 2009, 1–11.
Degani, Asaf – Wiener, Earl L. (1990). Human Factors of Flight-Deck Checklist: The Normal Checklist. National Aeronautics and Space Administration. NASA Contactor report 177549. California.
Degani, Asaf – Wiener, Earl L. (1993). Cockpit, Checklist: Concepts, Design, and Use. *Human Factors*, 35(2), 28–43.
Dekker, Sidney W.A. (2002). The Field Guide to Human Error Investigations. Ashgate Publishing Limited.
Dekker, Sidney W.A. (2005). Ten questions about human error. A new view of human factors and system safety. Lawrence Erlbaum, New Jersey.
Dekker, Sidney W.A. (2007). Eve and the Serpent: A Rational Choice to Err. *Journal of Religion and Health,* 46: 571–579.

Dekker, Sidney W. A. (2009). Report of the Flight Crew Human Factors Investigation Conducted for the Dutch Safety Board into the Accident of TK1951, Boeing 737–800 near Amsterdam Schiphol Airport. University of Lund. School of Aviation. Retrieved 24 January 2020.

Dekker, Sidney W. A. (2010a). Just Culture. Balancing Safety and Accountability. Ashgate, Surrey.

Dekker, Sidney W. A. (2010b). Balancing "No Blame" with Accountability in Patient Safety. *The New England Journal of Medicine*. January 21, 2010 (275).

Dekker, Sidney W. A. (2011a). The Criminalization of human error in aviation and healthcare: A review. *Safety Science*, 49: 121–127.

Dekker, Sidney W.A. (2011b). Drift into Failure. From Hunting Broken Compoments to Understanding Complex Systems. Ashgate Books.

Dekker, Sidney – Cilliers, Paul – Hofmeyr, Jan-Hendrik (2011). The complexity of failure: Implications of complexity theory for safety investigations. *Safety Science*, 49: 939–45.

Dekker, Sidney – Hollnagel, Erik (2003). Human Factors and folk models. *Cognition, Technology and Work,* 6: 79–86.

Dekker, Sidney W.A. – Nyce, James M. (2012). Cognitive engineering and the moral theology and witchcraft of cause. *Computational Science and Engineering*. 2012 (14) 207–212.

Dekker, Sidney W.A. – Nyce, James M. (2014). There is safety in power, or power in safety. *Safety Science*, 67: 44–49.

Dekker, Sidney W.A – Long, Robert – Wybo, Jean-Luc (2016a). Zero vision and a Western salvation narrative. *Safety Science*, 88: 219–223.

Dekker, Sidney W.A – Breakey, Hugh (2016b). Just Culture: Improving safety by achieving substantive, procedural and restorative justice. *Safety Science*, 85: 187–193.

Dewey, John (1939). Experience and Nature. Open Court, Las Salle.

Dismukes R.K., Gaba D.M., Howard S.K. (2006). So many roads: facilitated debriefing in healthcare. *Simulation in Healthcare*. 2006; 1: pp. 23.

Dominique, Estival – Candace, Farris – Brett, Molesworth (2016). Aviation English: A lingua franca for pilots and air traffic controllers.Routledge.

Donoghue, J. A. (2008). Training for the Pilot Shortage. Facing the needs of today and, even more, tomorrow. *Aero Safety World*, June 2008, 41–43.

Drew, G. C. (1940). An experimental study of mental fatigue (FPRC Report 227). Medical Research Office London.

Edwards, Elwyn (1972). Man and Machine: Systems for Safety. Proceeding of British Airline Pilots Association Technical Symposium, British Airline Pilots Association, London, 21–36.

Edwards, Elwyn (1988). Introductory Overview. Wiener – Nagel 1988, 3–25.

Ekman, Jussi (2007). Flight Data – lentoturvallisuustyötä vai syyllisten etsintää? *Liikennelentäjä*, 1: 6.

Eskelinen-Rönkä, Päivikki (2005). Puheen ymmärretävyys sivvili-ilmailun radiopuhelinviestinnässä. Diss. University of Helsinki. Department of Speech Sciences Publications 51.

Faccini, Barbara (2013). Four minutes, 23 seconds. Flight AF 447. *Volare Aviation Monthly*. January 2013.

Fanning, Ruth M. – Goldhaber-Fiedhert, Sara N. – Uda, Ankeet D. – Gaba, David M. (2013). Crisis Resource Management. Levine et al. 2013, 95–110.

Feldman, Steven B. (2004). The culture of objectivity: Quantification, uncertainty, and the evaluation of risk at NASA. *Human Relations*, Vol. 57(6): 691–718.

Fennell, P. J. – Muir, H.C. (1992). Passenger attitudes towards airline safety information and comprehension of safety briefings and cards. Civil Aviation Authority. London.

Feynman, Richard P. (1986). Personal Observations on Reliability of Shuttle. Report of the Presidential Commission on the Space Shuttle Challenger Accident. Volume 2: Appendix F.

Fiske, John (1990). Merkkien kieli. Johdatus viestinnän tutkimukseen. Vastapaino, Tampere.

Fitzgerald, Alistair (2010). Air crash investigations: Tenerife Airport disaster: the world's deadliest plane crash ever. Mabuhay Publishing, Lexington.

Ford, Jane R. (2010). The Effects of Joint Flight Attendant and Flight Crew CRM Training Programmes on Intergroup Teamwork and Communication. A thesis submitted for the Degree of Doctor of Philosophy at the University of Otago. Dunedin, New Zealand.

Fraser, Ken (2015). From Black Box to Black Hawk http://www.kenblackbox.com/blackbox.htm

Foushee, H.C. (1984). Dyads and triads at 35.000 feet: Factors affecting group process and aircrew performance. *American Psychologist*, 39: 885–893.

Foushee, Clayton H. – Helmreich, Robert. L. (1988). Group interaction and flight crew performance. Wiener. E. L. – Nagel D.C. 1988,189–227. Academic Press Inc.: San Diego.

Gaba, David, M. (2000). Anaesthesiology as a model for patient safety in health care. *British Medical Journal*, Vol 320, 18. March, 785–788.

Gaba, David, M. (2001). Simulation-based training in anesthesia crisis resource management (ACRM): A decade of experience. *Simulation & Gaming*. Vol 32, No. 2, June 2001, 175–193.

Gaba, David, M. (2010). Crisis resource management and teamwork training in aenesthesia. *British Journal of Anesthesia* 105 (1): 3-6 (2010).

Gaba, David, M. (2013). Pioneers and Profiles. A Personal Memoir by David Gaba. In. Levine 2013, 18-21.

Gaba, David, M. – Fish, Kevin J. – Howard, Steven K. – Burden, Amanda (2015). Crisis Management in Anesthesiology. Second Ed. Elsevier, Philadelphia.

Gardziella, Manfred (1980). Lentäjäryhmän analyysi. Yhteenveto liikennelentäjän persoonallisuuden tutkimuksen tuloksista. Työterveyslaitos 20.10.1980. Moniste (kirjoittajan hallussa).

Gardziella, Manfred (1981). Kriterienvariabeln in einer Pilotengruppe: ein Beitrag zur Persönlichkeitspsychologie des Verkehrsfliegers. Psykologian lisensiaattityö, Turun yliopisto. Työterveyslaitos, Helsinki.
Gardziella, Manfred (1985). Wartegg-piirustustesti: käsikirja. Psykologien Kustannus, Helsinki.
Gardziella, Manfred (1986). Praktische Völkerkundeim Cockpit. *Weder –Noch*. Tangenten zu den finnisch-österreihischen Kulturbeziehungen 447–461. Helsinki.
Garzone, Giuliana Elena – Archibald, James (2010). Discourse, Identities and Roles in Specialized Communication: Linguistic Insights. Peter Lang.
Gawande, Atul (2011). The Checklist Manifesto: How to Get Things Right. Macmillan.
Geiselman, Eric, E. – Johnson, Christopher, M. – Buck, David R. (2013). Flight Deck Automation: Invaluable Collaborator or Insidious Enabler? *Ergonomics in Design*, July 2013, 22–26.
Gherardi, Silvia (1999). Man-Made Disasters 20 years later: critical commentary. *Health, Risk & Society*, Vol 1, No 2.
Giddens, Anthony (1991). Modernity and Self-identity: Self and Society in the Late Modern Age. Stanford University Press, Stanford.
Gordon, Susanne – Mendenhall, Patrick – O'Connor, Bonnie Blair (2013). Beyond the Checklist. What Else Health Care Can Learn from Aviation Teamwork and safety. ILR Pres, London.
Gotcheva, Nadezhda – Oedewald, Pia – Wahlström, Mikael – Macchi, Luigi – Osvalder, Anna-Lisa (2016). Cultural features of design and shared learning for safety: A Nordic nuclear industry perspective. *Safety Science*, 81: 90–98.
Green, Judith (1997). Risk and Misfortune: The Social Construction of Accidents. UCL Press, London.
Green, Judith (2003). The ultimate challenge for risk technologies. Controlling the accidental. *Constructing risk and safety in technological practice*. Jane Summerton – Boel Berner (eds.) Routledge: London, New York 2003, 29–42.
Guldenmund, F. W. (2000). The nature of safety culture: a review of theory and research. *Safety Science*, 34: 215–257.
Haavik, Torgeir K. (2014). On the ontology of safety. *Safety Science*, 67: 37–43.
Habchi, Sandy (2015). Criminal Liability and Aircraft Accident Investigation. A thesis submitted to McGill University in partial fulfillment of the requirements of the degree of Master of Laws. Institute of Air and Space Law. McGill University. Montreal, Quebec.
Halford, Carl – Harper, Michelle (2008). ASIAS: Aviation Safety Information Analysis and Sharing. 27th Digital Avionics Systems Conference. 26.–30.10.2008.
https://ieeexplore.ieee.org/abstract/document/4702784
Hallamaa, Jaana (2017). Yhdessä toimimisen etiikka. Gaudeamus, Helsinki.

Haslbeck, Andreas – Hoermann, Hans-Juergen (2016). Flying the Needles: Flight Deck Automation Erodes Fine-Motor Flying Skills Among Airline Pilots. *Human Factors*, 4: 533–545.

Hancock Cameron, Rebecca (1999). Training to Fly: Military Flight Training, 1907–1945. Air Force History and Museums Program.

Hawkins, F. H. – Orlady, H. W. (eds.) (1993). Human factors in flight. Avebury Technical, England.

Haynes, Al (1991). The Crash of United Flight 232. NASA. Ames Research Center, Dryden Flight Research Facility Edwards. California.

Haynes, Alex B. – Weiser, Thomas G. et al. (2009). A Surgical Safety Checklist to Reduce Morbidity and Mortality in a Global Population. *The New England Journal of Medicine*, 360: 491–499.

Heikkerö, Topi (2009). Tekniikka ja etiikka. Johdatus teoriaan ja käytäntöön. Tekniikan akateemisten liitto, Helsinki.

Heikkerö, Topi (2012). Ethics in Technology. A Philosophical Study. Lexington Books, Lanham.

Heinrich, Herbert W. (1931). Industrial Accident prevention: a Scientific Approach. McGraw-Hill. New York.

Helke, Hannamari (2019). Turvallisuustutkintalaki: tulkinta ja käytäntö. Edita. Helsinki.

Helke, Hannamari (2022). Meriturvallisuustutkinta oikeudellisessa kentässä ja sen suhde rikosoikeudellisen vastuun kohentamiseen. Diss. Helsingin yliopisto, oikeustieteellinen tiedekunta.

Helmreich, Robert L. – Foushee, Clayton H. – Benson, R. – Russini R. (1986). Cockpit management attitudes: Exploring the attitude performance linkage. *Aviation, Space and Environmental Medicine*, 57: 1198–1200

Helmreich, Robert L. (1992). Human factors aspects of the Air Ontario crash at Dryden: Analysis and recommendations. Air Ontario 1363, 319–348.

Helmreich, Robert L. – Foushee, Clayton H. (1993a). Why Crew Resource Management? Empirical and Theoretical Bases of Human Factors Training in Aviation. Wiener et al. 1993, 3–45.

Helmreich, R. L. – Merritt, A. C. – Sherman, P. J. – Gregorich, S. E. – Wiener, E. L. (1993b). The Flight Management Attitudes Questionnaire (FMAQ). The University of Texas.

Helmreich, Robert L. (1994). Anatomy of a System accident: The Crash of Avianca Flight 052. *The International Journal of Aviation Psychology*, 3: 265–284.

Helmreich, Robert L. – Wilhelm, John A. (1998). CRM and culture: National, professional, organizational safety. In. Proceedings of the 9th International Symposium on Aviation Psychology. (635–640). Ohio State University, Columbus.

Helmreich, Robert L. – Klinect, Wilhelm, J. – Merritt, A. C. (1999). Culture error and crew resource management. In E. Salas, C. A. Bowers, & E. Edens (Eds.), *Improving teamwork in organizations: Applications of resource management training*, 1999, 305–331. Hillsdale, NJ: Erlbaum.

Helmreich, Robert L. – Klinect James R. – Wilhelm, John A. (1999b). Models of Threat, Error and CRM in Flight Operations. Proceedings of the Tenth International Symposium on Aviation Psychology. The University of Texas at Austin. Human Factors Research Project: 240, 677–682.

Helmreich, Robert L. (2000). Culture, threat and error: Assessing system safety. University of Texas Human Factors Research Project. The University of Texas at Austin. USA.

Helmreich, Robert L. – Merrit, Ashleigh C. (2001). Culture at Work in Aviation and Medicine. National, Organizational and Professional Influences. Ashgate, Aldershot.

Henchie, S. (2011). Flight Data Monitoring within a Safety Management Programme. Granfield University. UK.

Henriqson, Eden – Schuler, Betina – van Winsen, Roel – Dekker, Sidney (2014). The constitution and effects of safety culture as an object in the discourse of accident prevention: A Foulcaudian approach. *Safety Science*, 70: 465–476.

Heraghty, Derek – Rae, Andrew, J. – Dekker, Sidney (2020). Managing accidents using retributive justice mechanism: When the just culture policy gets done to you. *Safety Science*, 126:1–12.

Herkert, J.– Borenstein, J. – Miller, K. (2020) The Boeing 737 MAX: Lessons for Engineering Ethics. *Science and Engineering Ethics* 26, 2957–2974.

Heylighen, F. – Joslyn, C. – Turchin, V. (eds.) (2000).
Principia Cybernetica Web (Principia Cybernetica, Brussels),
URL:http://cleamc11.vub.ac.be/REFERPCP.html.

History of Flight (2019). Encyclopedia Britannica. https://www.britannica.com/technology/history-of-flight/From airmail-to-airlines-in-the-United-States

Hirvonen, Anne – Matveinen, Tarja (2009). Guanxi-verkostojen merkitys kiinalaisessa liiketoimintaympäristössä. Liiketalouden koulutusohjelma. Opinnäytetyö. Laurea-ammattikorkeakoulu.

van Hoek, Susan – Link, Marion Clayton (1993). From Sky to Sea: A Story of Edwin A. Link. Best Publishing Company.

Hofstede, Geert (1980). Culture's Consequences: International differences in work-related values. Sage, Beverly Hills. CA.

Hofstede, Geert (1991). Cultures and Organizations: Software of the Mind. McGraw-Hill, Maidenhead, UK.

Hofstede, Geert (2002). Dimensions do not exist: A Reply to Brendan McSweeney. *Human Relations* 55 (112), 1355–1361.

Hofstede, Geert (2005). Cultures and Organizations: Software of the Mind. Hofstede, Geert Second Edition. McGraw-Hill, New York.

Holanda, Ray (2009). A History of Aviation safety. Featuring the U.S. Airline System. Authorhouse, Bloomington, Indiana.

Holder, Barbara – Hutchins, Edwin (2011). What pilots learn about autoflight while flying on the line. University of California: San Diego.

Hollnagel, Erik (2004). Barriers and accident prevention. Ashgate, Aldershot.

Hollnagel, Erik (2009). The ETTO Principle: Efficiency-Thoroughness Trade Off. CRC Press, LLC.

Hollnagel, Erik (2013). A tale of two safeties. *Nuclear Safety and Simulation*. Vol 4, Number 1. March 2013.

Hollnagel, Erik (2014). Safety-I and Safety-II: The Past and Future of Safety Management. CRC Press, Farnham.

Hollnagel, Erik (2016). Resilience Engineering: A New Understanding of Safety. *Ergonomics Society of Korea*, 3: 185–191.

Hollnagel, Erik – Woods, David D. (1999). Cognitive Systemes Engineering: New wine in new bottles. *International Journal Human-Computer Studies*, 51: 339–356.

Hopkins, Andrew (1999). The limits of normal accident theory. *Safety Science*, 32: 93–102.

House, Juliane (2003). English as a lingua franca: A threat to multilingualism? *Journal of Sociolinguistics* 7.4, 556–578.

Hoeward, Fred (1998). Wilbur and Orwille. A Biography of the Wright Brothers. Dover Publications New York.

Howard, John W. (2008). "Tower, A I Cleared to Land?" Problematic Communication in Aviation Discourse. *Human Communication Research*, 34: 370–391.

Hutchins, Edwin – Holder, E. Barbara – Pérez, R. Alejandro (2002). Culture and Flight Deck Operations. University of California San Diego.

Hyvärinen, Antti – Juutinen, Tapio – Klemettinen, Juha – Partonen, Kyösti (2016). Kolmosten siivillä. DC-2- ja DC-3-lentokoneet Suomessa. Ilmailumuseon julkaisuja 1. Suomen Ilmailumuseosäätiö. Vantaa.

Hölderlin, Friedrich (1992). Sämtliche Werke und Briefe, Band 2: Gedichte. Jochen Schmidt.

Ibsen, Alexander Z. (2009). The politics of airplane production: The emergence of two technological frames in the competition Boeing and Airbus. *Technology in Society*, 31: 342–349.

Javidan, Mansour – House, Robert J. (2001). Cultural Acumen for the Global Manager: Lessons from Project GLOBE. *Organizational Dynamics*, 4: 289–305.

Jentsch, F. – Bowers, C. (1998). Evidence for the validity of low-fidelity simulation in aircrew research. *International Journal of Aviation Psychology,* 8: 243–260.

Jing, Hung-Sying, – Peng, Shang-Jee – Lu, Joseph C. (2000). On the correlation between cultural background and the commercial aircraft accidents. Institute of Aeronautics and Astronautics. Department of Statistics National Cheng Kung University. Taiwan. ICAS 2000 Congress.

Jing, Hung-Sying – Chen, Berlin (2013). The Influence of Guanxi Gradient on Crew Resource Management and Values in the Cockpit. *Engineering Psychology and Cognitive Ergonomics*. 10th International Conference. Part II. Ed. D. Harris. 150–156.

Jing, Hung-Sying – Batteau, Allen (2015a). The Dragon in the Cockpit. A Chinese view about the differences between China and the West in aviation. International Air Safety Summit, November 2015. Miami.

Jing, Hung-Sying – Batteau, Allen (2015b). The Dragon in the Cockpit. How Western Aviation Concepts Conflict with Chinese Value Systems. Ashgate, New York.

Job, MacArthur (1996). Air Disaster: Volume 1. Fyshwick. Aerospace Publications, Australian Capital Territory.

Job, MacArthur (1999). Air Disasters: Volume 3. Fyshwick. Aerospace Publications, Australian Capital Territory.

Johnson, Christopher W. (2003). Failure in Safety-Critical Systems: A Handbook of Accident and Incident Reporting. University of Glasgow Press, Glasgow.

Johnson, Christopher W. (2006). Linate and Überlingen: Understanding the Role that Public Policy Plays in the Failure of Air Traffic Management Systems. Glasgow Accident Analysis Group. https://www.researchgate.net/publication/228909102

Johnson, Christopher W. (2008). Ten contentions of corporate manslaughter legislation: Public policy and the legal response to workplace accidents. *Safety Science*, 46: 349–370.

Johnson, Daniel. A. (1979). An investigation of factors affecting aircraft passenger attention to safety information presentations. Report ICR-79-1. Federal Aviation Administration. Washington.

Johnston, Neil (1993). CRM: Cross-Cultural Perspectives. Wiener et al. 1993, 367–398.

Johnston, Phillip – Harris, Rozi (2019). The Boeing 737 MAX Saga: Lessons for Software Organizations. *Software Quality Professional*. Volume 21, Issue 3, 4–12.

de Jong, S. A. – Antonissen, Kay – Hoefnagels, E. T. A. – Lonza, Laura Wang, Michael – Faaij, André – Junginger, H. M. (2017). Life-cycle analysis of greenhouse gas emissions from renewable jet fuel production. *Biotechnology for Biofuels*. Vol. 10(1).

Kallio, Paula (2005). Valtion kehitystason vaikutus kulttuuriin. Human Development -indeksillä mitatun kehitystason vaikutus Hofsteden ulottuvuuksiin. Ajallista kritiikkiä Hofsteden ulottuvuuksia kohtaan. Valtio-opin Pro gradu -tutkielma. HY.

Kayten, Phyllis J. (1993). The Accident Investigator's Perspective. Wiener et al. 1993, 283–314.

Kern, Tony (2001). Culture, Environment, CRM. Controlling Pilot Error. McGraw-Hill.

Knuuttila, Jari – Ruuhilehto, Kaarin – Wallenius, Jarkko (2007). Terveydenhuollon vaaratapahtumien raportointi. Terveydenhuollon laadunhallinta. Lääkelaitoksen julkaisusarja 1/2007.

Kohn, Linda, T. – Corrigan, Janet M. – Donaldson, Molla S. (eds.) (2000). To Err Is Human. Building a Safer Health System. Committee on Quality of Health

Care in America. Institute of Medicine. National Academy Press. Washington, D. C.
Koonce, J. M. – Bramble, W. (1998). Personal computer-based flighttraining devices. *The International Journal of Aviation Psychology*, 8: 277–292.
Kornecki, Andrew J. (2004). Approaches to assure safety in Fly-by-Wire systems: Airbus vs. Boeing. IASTED, Conference of Software. *Engineering and Applications*, 471–476.
Koskela, Urpo (1993). Täydellisyyden taakka. *Ilmailu*, 6–7: 16–17.
Koskela, Urpo (2011). Tutkintaraportti todisteena oikeudessa. *Ilmailu*, 10: 48.
Krasnicka, Izabela (2016). English with flying colors: The Aviation English and the International Civil Aviation Organization. *Studies in Logic, Grammar and Rhetoric* 45 (58), 111–124.
Krause-Nehring, Catherine (2007). Die Airbus-Kultur. Eine kulturelle und politische Analyse des Flugzeugbausbei Airbus unter besonderer Berücksichtigung der deutsch-französischen Beziehungen. Zu Erlangung der Doktorwürde an der Universität Passau. Romanische Kulturwissenschaft. Philosophische Fakultät.
Kroeber, Alfred L. – Kluckhohn, Clyde (1952). Culture. A Critical Review of Concepts and Definitions. Papers of the Peabody Museum of American Archaeology and Ethnology, Harvard University, vol. XLVII, no. 1, Cambridge, Massachusetts.
Kuhn, Thomas (1994). Tieteellisten vallankumousten rakenne. Suom. Kimmo Pietiläinen. WSOY, Juva. Englanninkielinen alkuteos 1962.
Kuusisto, Arto (2000). Safety management systems. Audit tools and reliability of auditing. VTT Publications 428. VTT, Espoo.
Landry, Stephen J. – Karwoswski, Waldemar (2012). Advances in Human Factors and Ergonomics Series: Advances in Human Aspects of Aviation. CRC Press, LLC.
Langewiesche, Wolfgang (1990). Stick and Rudder: An Explanation of the Art of Flying. McGraw-Hill Education.
Langewiesche, William (2010a). The miracle plane crash-landing on the Hudson River. *The Sunday Times*. London. January 7, 2010.
Langewiesche, William (2010b). Fly by Wire. Penguin Books.
Langewiesche, William (2019). System Crash. *The New York Times Magazine*. 18.9.2019.
Larouzee, Justin – Le Coze, Jean-Christophe (2020). Good and bad reasons: The Swiss cheese model and its critics. *Safety Science*, 126: 1–11.
Latour, Bruno (1999). Pandora's hope: essays on the reality of science studies: Harvard University Press, Cambridge, Massachusetts.
Lauterpacht, Elihu – Greenwood, C. J. – Oppenheimer, A. G. (2002). International Law Reports. Volume 120. Cambridge University Press.
Lawrenson, Anthony J. – Braithwaite, Graham R. (2018). Regulation or criminalization: What determines legal standards of safety culture in commercial aviation? *Safety Science*, 102: 251–262.

Landry, Steven J. (2012). Human factors and ergonomics in aviation.Handbook of Human Factors and Ergonomics. G. Salvendy (eds.), 1667–1688.

Learmoth, Bob – Nash, Joanna – Cluett, Douglas (eds.) (1977). The First Croydon Airport 1915–1928. Sutton Libraries and Arts Services.

Learmount, David (2009). Trial and error. *Flight International* 6–12.1.2009, 42.

Learmount, David (2010). Criminalisation of air accidents: the solutions may be forged in Europe. Royal Aeronautical Society. 28.4.2010. www.flightglobal.com/news/articles/criminalisation-of-air accidents-the-solutions-may-be-forged-in-341935/

Le Coze, Jean-Christophe (2015a). 1984–2014. Normal Accidents. Was Charles Perrow Right for the Wrong Reason? – *Journal of Contingencies and Crisis Managements*. Vol 23, 4 December 1999, 275–286.

Le Coze, Jean-Christophe (2015b). Reflecting on Jens Rasmussen's legacy. A strong program for a hard problem. *Safety Science*, 71: 123–141.

Lee, D. – Fahey, D. – Forster, P. – Newton, P. – Wit, R. – Lim, L. – Owen, B. – Sausen, R. (2009). Aviation and global climate change in the 21st century. *Atmospheric Environment*, 22–23: 3520–3537.

Lee, John D. – See, Katrina A. (2004). Trust in Automation: Designing for Appropriate Reliance. *Human Factors*, 1: 50–80.

Lehtinen, Pekka (2017). Suru. *Liikennelentäjä*, 3: 40–41.

Leppänen, Jaakko (2019). https://fissioreaktori.wordpress.com/2019/05/19/spoiler-alert/

Levine, Adam I. – DeMaria Jr., Samuel – Schwartz, Andrew D. – Sim, Alan J. (eds.) (2013). The Comprehensive Textbook of Healthcare Simulation. Springer Science & Business Media, New York.

Li, Wen-Chin – Harris, Don (2007). Eastern Minds in Vestern Cockpits: Meta-Analysis of Human Factors in Mishaps from Three Nations. *Aviation, Space and Environmental Medicine*, 4: 420–424.

Liao, Meng-Yuan (2015). Safety Culture in commercial aviation: Differences in perspective between Chinese and Western pilots. *Safety Science*, 79: 193–205.

Lingard, L. – Espin, S. – Whyte, S. – Regehr, G. – Baker, G.R. – Reznick, R. – Bohnen, J. – Orser, B. – Doran, D. – Grober, E. (2004). Communication failures in the operating room: an observational classification of recurrent types and effects. *Quality and Safety in Healthcare*, 13: 330–334.

Liukka, Mari – Hupli, Markku – Turunen, Hannele (2019). Problems with incident reporting: Reports lead rarely to recommendations. *Journal of clinical nursing*. 9–10: 1607–1613.

Lofquist, Eric (2010). The art of measuring nothing: The paradox of measuring safety in a changing civil aviation industry using traditional safety metrics. *Safety Science*, 48: 1520–1529.

Loimer, Hermann – Guarnieri, Michael (1996). Accidents and acts of God: a history of the terms. *American journal of public health*, 1: 101–107.

Lovell, Jim – Kluger, Jeffrey (2000). Apollo 13. Houghton Mifflin Company, Boston-New York.

Lybeck, Tero (2006). Suuren lento-onnettomuuden onnettomuuspaikka onnettomuustutkinnan lähtökohtana. Pro gradu -tutkielma. Käyttäytymistieteellinen tiedekunta. HY.

Lynn, Matthew (1998). Birds of Prey. Boeing vs. Airbus. A battle for the skies. Four Walls Eight Windows, New York.

Lähteenoja, Satu – Lettenmeier, Michael – Saari, Arto (2006). Suomen liikennejärjestelmän luonnonvarojen kulutus. Liikenne MIPS. Ympäristöministeriö, Helsinki.

MacKenzie, David (2010). ICAO: History of the International Civil Aviation Organization. University of Toronto Press, Toronto.

Macrae, Carl (2009). Making risk visible: Identifying and interpreting threats to airline flight safety. *Journal of Occupational Psychology*, 82: 273–293.

Maltby, Caroline (2013). Checklist Memory Items. A preliminary analysis and review in respect of the Safety Recommendation issued by the Danish Accident Investigation Board in response to the serious incident involving aircraft OY-CIM on 13 Sept. 2011. EASA.

Mandu, Christian (2021). Gliding an Airbus A320. Simplicity-Complexity Trade-Off. Lund University.

Manuele, Fred (2002). Heinrich revisited truism or myths. National Safety Council. Itasca, IL

Manuele, Fred (2011). Reviewing Heinrich. Dislodging Two Myth from the Practice of safety. *Professional Safety*. October 2011, 52–61.

Martin, Wayne L. – Murray, Patrick S. – Bates, Paul R. – Lee, Paul S. Y. (2015). Fear-Potentiated Startle: A Review from an Aviation Perspective. *The International Journal of Aviation Psychology*, 2: 97–107.

Marsh, Henry (2014). Do No Harm: Stories of Life, Death and Brain Surgery. Weidenfeld & Nicolson.

Marsh, Henry (2015). Better no look down. *Brain surgery and Psychology*. 6: 466–469.

Maurino, E. Daniel – Murray, Patrick S. (2009). Crew Resource Management. Wise et al. 2009, 10.1.– 10.20.

McBrearty, J.F. (1956). Fail-safe Airframe Design. The Lockheed Philosophy: "The Fail-safe" preferred to "Safe-life". *Flight*. 6, April.

McCall, Janice R. – Pruchnicki, Shawn (2017). Just culture: A case study of accountability relationship boundaries influence on safety in HIGH-consequence industries. *Safety Science*, 94: 143–151.

McKinnon, Margaret C. – Palombo, Daniela J. – Nazarov, Anthony – Kumar, Namita – Khuu, Wayne – Levine, Brian (2015). Threat of Death and Autobiographical Memory – A Study of Passengers from Flight AT236. *Clinical Psychological Science*. SAGE Publications. 4: 487–502.

McSweeney, B. (2002). Hofstede's Identification of National Cultural Differences. A Triumph of Faith a Failure of Analysis. *Human Relations*, 551: 89–118.

Mengelkoch, R. F. – Adams, J. A. – Gainer, C. A. (1971). The forgetting of instrument flying skills. *Human Factors*, 13: 397–405.
Meretoja, Hanna (2017). The Ethics of Storytelling: Narrative Hermeneutics, History, and the Possible. Oxford University Press.
Merritt, Ashleigh – Ratwatte, Surenda (1997). Who are you calling a safetythreat? A debate on safety in mono-versus multi-cultural cockpits. Proceedings of the Ninth International Symposium on Aviation Psychology. 1997, 661–666. Ohio State University.
Merrit, Ashleigh (2000). Culture in cockpit. Do Hosfstede's Dimensions Replicate? *Journal of Cross-Cultural Psychology*. 3: 283–301.
Merritt, Ashleigh – Maurino, Daniel (2004). Cross-cultural factors in aviation safety. *Cultural Ergonomics*, 4: 147–181.
Michaelides-Mateou, Sofia – Mateou, Andrea (2016). Flying in the Face of Criminalization. The Safety Implications of Prosecuting Aviation Professionals for Accidents. Ashgate: Surrey.
Moder, C. L. – Halleck, G. B. (2009). Planes, politics and oral proficiency. Testing international air traffic controllers. *Australian Review of Applied Linquistics*, 3: 25.1–25.16.
Molesworth, Brett R. C. (2014). Examining the Effectiveness of Pre-Flight Cabin Safety Announcements in Commercial Aviation. *The International Journal of Aviation Psychology*, 4: 300–314.
Moroney, William F. – Moroney, Brian W. (2009). Flight Simulation. – Wise et al. *Handbook of Aviation Human Factors*. CRC Press: Boca Raton, London, New York.2009, 423–457.
Moser, Henry M. (1959). The Evolution and Rationale of the ICAO Word Spelling Alphabet. Air Force Cambridge Research Centre. Bedford.
Murata, Atsuo (2021). Cultural aspects as a root cause of organizational failure in risk and crisis management in the Fukushima Daiichi disaster. *Safety Science*, 3: 105091.
Myllymäki, Reino (2019). Onnistunut projekti. Osa 2: Lentoturmatutkinnan opit. Ketterät Kirjat Oy, Karkkila.
Myllymäki, Reino (2020). Uuden teknologian käyttöönotto. Vertailussa lentäminen ja tietotekniikka CxO Academy 26. Ketterät Kirjat Oy, Karkkila.
Mäenpää, Olli (2011). Hallintolaki ja hyvän hallinnon takeet. Edita, Porvoo.
Nowinski, Jessica – Holbrook, Jon B. – Dismukes, R. Key (2003). Human Memory and Cockpit Operations: an ASRS Study. NASA Ames Research Center.
Netjasov, Fedja (2015). Air Transport Safety: An Introduction. Nova Science Publishers, New York.
Newhouse, John (2007). Boeing versus Airbus. The Inside Story of the Greatest International Competition in Business. Knopf Doubleday Publishing Group, New York.
Nieminen, Antti – Lettenmeier, Michael – Saari, Arto – Suomen luonnonsuojeluliitto ry. (2005). Luonnonvarojen kulutus Suomen lentoliikenteessä (Lento-MIPS). Liikenne- ja viestintäministeriö.

Nisula, Jari M. (2015a). Moderni turvallisuusajattelu. *Finnanest* 48(4), 328–331.
Nisula, Jari M. (2015b). Riskiperusteinen vaikuttaminen. Tiedosta toimenpiteisiin -projekti. Trafin tutkimuksia 11/2015.
Nisula, Jari M. (2018). A risk management framework for a complex adaptive transport system. Multiagent Systems [cs.MA]. Université Paul Sabatier – Toulouse III, 2018.
Nixon, Jim – Braitwaithe, Graham B. (2018). What do aircraft accident investigators do and what makes them good at it? Developing a competency framework for investigators using grounded theory. *Safety Science*, 103: 153–161.
Noort, Mark C. – Reader, Tom W. – Gillespie, Alex (2021). Safety voice and safety listening during aviation accidents: Cockpit voice recordings reveal that speaking-up to power is not enough. *Safety Science*, 7: 105260.
Norris, Guy (2017). Turbofans Are Not Finished Yet. *Aviation Week & Space Technology*. Aug 8, 2017.
Nyström, Tom (2009). Koulutusta kautta aikojen. *Liikennelentäjä*, 2: 10–13.
Oberholzner, Frank (2011). From Act of God to an Insurable Risk: The Change in the Perception of Hailstorms and Thunderstorms since Early Modern Period. *Environment and History*, 17: 133–152.
Ocker, William C. – Crane, Carl J. (1932). Blind Flight in Theory and Practice. San Antonio, TX: The Naylor Co.
Oksanen, Heikki (2013). Itsekriminointisuoja ja ilmailun Just Culture erityisesti poikkeamailmoituksissa ja turvallisuustutkinnassa. Oikeustieteellinen tiedekunta. Rikosoikeuden pro gradu -tutkielma. 30.11.2013. Helsingin yliopisto.
O'Leary, Mike J. – Chappel, Sheryl L. (1996). Confidential incident reporting systems create vital awareness of safety problems. *ICAO Bulletin*. 1996/51. No 8.
O'Leary, Mike (2002). The British Airways human factors reporting programme. *Reliability Engineering and System Safety*, 75: 245–255.
Oliver, Nick – Calvard, Thomas – Potocnik, Kristina (2019). Safe limits, mindful organizing and loss of control on commercial aviation. *Safety Science*, 120: 772–780.
Olson, Wesley A. – Sarter, Nadine B. (2001). Management by Consent in Human-Machine Systems: When and why it breaks down. *Human Factors*, 5: 255–266.
O'Neil, Patrick D. – Krane, Dale (2012). Policy and Organizational Change in the Federal Aviation Administration: The Ontogenesis of a High Reliability Organization. *Public Administration Review* January/February 2012, 98–111.
Oravasaari, Tomi (2020). Vety lentokoneiden polttoaineena mahdollisuuksia ja haasteista. Tuloksia logistiikan ja merenkulun tutkimus- ja kehitystoiminnasta 2020.Toim. Ville Hettu ja Pauli Potinkara. XAMK kehittää 129, 106–115. Kaakkois-Suomen ammattikorkeakoulu, Kotka.

Oster, Clinton V. – Strong, John S. – Zorn, Kurt C. (2013). Analyzing aviation safety: Problems, challenges, opportunities. *Research in Transport Economics*, 43: 148–164.

Ottaway, Susan (2013). The Wind beneath My Wings: John Hutchinson Concorde Pilot. Thistle Publishing.

Pagels, E. H. (1988). Adam, Eve, and the serpent. Weidenfeld & Nicholson, London.

Palmer, Bill (2013). Understanding Air France 447. Revised eBook 1.06.

Parasuraman, Raja – Bahri, Toufik (1992). Theory and design of Adaptive Automation in Aviation Systems. Cognitive Science Laboratory. The Catholic University of America.

Parasuraman, Raja – Molloy, Robert – Singh, Indramani L. (1993). Performance Consequences of Automation-Induced "Complacency". *The International Journal of Aviation Psychology*. 1: 1–23.

Panasuraman, Raja – Moulona, Mustapha (eds.) (1996). Automation and Human Performance. Theory and Applications. CTC Press: New York.

Parasuraman, Raja – Sheridan, T. B. – Wickens, C. D. (2000). A model for types and levels of human interaction with automation. IEEE Transactions on Systems, Man, and Cybernetics – Part A: Systems and Humans, vol. 30, No. 3, 286–297.

Parasuraman, Raja – Manzey, Dietrich H. (2010). Complacency and Bias in Human Use of Automation: An Attentional Integration. *Human Factors*, 52: 381–410.

Pariès, Jean (2021). Another look at rule-based and managed safety. Some further thoughts in response to René Amalberti. *Tribunes de la sécurité industrielle*. 2021/0, 1–5.

Parker, Andrew B. (2006). Public Attitudes, Perceptions and Behaviours towards Cabin Safety Communications. Australian Transport Safety Board Research and analysis Report. B2004/0238.

Peltola, Petteri (2021). Is EASA as a Regulator an Ally, Threat or Obstacle to a NAA Inspector? Thesis work submitted in partial fulfilment of the requirement for the MSc in Human Factors and System Safety. Lund University.

Perrow, Charles (1984). Normal Accidents: Living With High Risk Technologies. Princenton University Press, Princenton, N.J.

Pesonen, Eero (2011). Tarkistuslistan vaikutus potilasturvallisuuteen. *Finnanest,* 44: 18–20.

Philips, Dennis (1991). Linguistic security in the syntactic structures of air traffic control English. *English World-Wide*, 1: 103–124.

Phillips, E. H. (2002). Africa Leads in Hull Losses; FSF Cites Challenges to Flying. *Aviation Week & Space Tecnhology*, 16: 44–45.

Pidgeon, Nick F. – O'Leary, Mike (2000). Man-made disasters: why technology and organizations (sometimes) fail. *Safety Science*, 34: 15–30.

Pihlström, Sami (1999). Emergenssistä – Kommentti Kari Enqvistille. *Tieteessä tapahtuu*, 17(1). https://journal.fi/tt/article/view/66464

Pihlström, Sami (2018). Ota elämä vakavasti. Negatiivisen ajattelijan opas. Ntamo, Helsinki.
Pierson, Kristofer (2014). Pilots in Command. Your best trip, every trip. Aviation Supplies & Academic, Inc. Newcastle.
Piironen, Juha (2013). Turvallisuustutkinta. Turvallisuustutkintaa sääntelevä lainsäädäntö ja sen suhde kansainvälisiin sopimusmääräyksiin ja EU-oikeuteen. Liikennevirastontutkimuksia ja selvityksiä 7/2013. Liikennevirasto.
Piric, Selma – Roelen, Alfred – Karanikas, Nektariois-Kaspers, Steffen – van Aalst, Robbert – de Boer, Robert. J. (2015). How much do Organization Plan for a Positive Safety Culture? Introducing the Aviation Acsademy Safety Culture Perspectives (AVAC-SCP) Tool. *AUP Advances*, 1: 118–129.
Plokhy, Serhii (2020. Chernobyl: The History of a Nuclear Catastrophe. Publisher: Basic Books. *Tšernobyl: Ydinkatastrofin historia.* Suom. Tiina Ohimaa. Kustannusosakeyhtiö Otava. 2020.
Potthast, Jörg (2003). Narratives of trust in constructing risk and danger. Interpretations of the Swissair 111 crash. – Summerton – Berner, Constructing risk and safety in technological practice. Routledge: London and NY. 2003, 43–65.
Powell, Stephen M. – Hill, Ruth Kimberley (2006). My copilot is a nurse. Using Crew Resource Management in the OR. *AORN Journal*, 1: 179–202.
Pronovost P. et al. (2006). An intervention to decrease catheter-related bloodstream infections in the ICU. *New England Journal of Medicine*, 355: 2725–2732.
Pronovost, Peter – Vohr, Eric (2011). Safe Patients, Smart Hospitals: How One Doctor's Checklist Can Help Us Change Health Care from the Inside Out. Hudson Street Press.
Quinn, Kenneth (2007). Battling Accident Criminalization. *Aero Safety World*. Jan 2007, 12. http://www.flightsafety.org/asw/jan07/asw_jan07_p11-14.pdf
Ragan, Peter H. (1997). Aviation English: An Introduction. *Journal of Aviation/Aerospace Education & Research*. 7: 25–36.
Rasmussen, Jens (1983). Skills, rules, and knowledge; signals, signs, and symbols, and other distinctions in human performance models. IEEE Transactions on Systems, Man, and Cybernetics. SMC-13, No 3, 257–266.
Rasmussen, Jens (1985). Trends in human reliability analysis. *Ergonomics*. Vol. 28. 1185–1195.
Rasmussen, Jens (1997). Risk Management in a Dynamic Society: A Modelling Problem. *Safety Science*, 2/3: 183–213.
Rasmussen, Jens – Svedung, Inge. (2002). Graphic representation of accident scenarios: Mapping system structure and the causation of accidents. *Safety Science*, 40(5), 397–417.
Reader, Tom W. – Noort, Mark C. – Shorrock, Steven – Kirwan, Barry (2015). Safety sans Frontières: An International Culture Model.*Risk Analysis*, 4: 770–789.
Reason, James (1990). Human error. Cambrigde University Press.

Reason, James (1997). Managing the risks of organizational accidents. Ashgate, Aldershot.
Reason, James (1998). Achieving a safe culture: theory and practice. *Work Stress* 12(3), 293–306.
Reason, James (1999). Are we casting the net too widely in our search for the factors contributing to errors and accidents? Misumi et al. *Nuclear Safety: A Human Factors Perspective*. Taylor & Francis: London, 210–223.
Reason, James (2000). Safety paradoxes and safety culture. *Injury Control and Safety Promotion*, 7: 1, 3–14.
Reason, James (2008). The Human Contribution. Unsafe Acts, Accidents and Heroic Recoveries. CRC Press: London.
Reason, J. – Hollnagel, E. – Paries, J. (2006). Revisiting the "Swiss Cheese" Model of Accidents. EEC Note No. 13/06. Eurocontrol. European Organisation for the Safety of Air Navigation.
Reason, James – Parker, Dianne – Lawton, Rebecca (1998). Organizational controls and safety: The varieties of rule-related behavior. *Journal of Occupational and Organizational Psychology*, 71: 289–304.
Reiman, Teemu – Oedewald, Pia (2008). Turvallisuuskriittiset organisaatiot. Onnettomuudet, kulttuuri ja johtaminen. Edita, Helsinki.
Reiman, Teemu – Pietikäinen, Elina (2012). Leading indicators of system safety. Monitoring and driving the organizational safety potential. *Safety Science* 50, 1993–2000.
Reiman, T. – Rollenhagen, C. – Pietikäinen, E. – Heikkilä, J. (2015). Principles of adaptive management in complex safety critical organizations. *Safety Science*, 71: 80–92.
Rinne, Jari (2018). Lento-onnettomuudet lentoturvallisuuden kehittäjänä. Ketterät Kirjat Oy, Tuusula.
Robertson, Fiona – Jonhson, Edward (1988). Airspeak: Radiotelephony Communication for Pilots. Prencite-Hall.
Rochlin, Gene I. – Todd, R. LaPorte – Roberts, Karlene H. (1987). The self designing high-reliability organization; Aircraft carrier flight operations at sea. *Naval War College Review*, 4: 76–90.
Rogers, James (2011). Have we gone too far in translating ideas from aviation to patient safety? Yes. *British Medical Journal*, 342: c7309 doi.
Rolfe, J. M. – Staples, K. J. (1988). Flight Simulation. Cambridge Aerospace Series. Cambridge University Press.
Rosen, Kathleen (2013). The History of Simulation. Levine et al. *The Comprehensive Textbook of Healthcare Simulation*. Springer Science & Business Media. New York. 50–52.
Rosling, Hans – Rosling, Ola – Rosling Rönnlund, Anna (2018). Factfulness: Ten reasons we're wrong about the world – and why things are better than you think. Flatiron Books, New York. *Faktojen maailma*. Suom. Matti Kinnunen. Otava 2018.

Ruffell Smith, H. P. (1979). A simulator study of interaction of pilot workload with errors, vigilance, and decisions. NASA Technical Memorandum 78482. Moffett Field. CA: NASA Ames Research Center.
Saarinen, Risto (2017). Oppi luottamuksesta. Gaudeamus, Helsinki.
Sabbagh, Karl. (1996) Twenty-First-Century Jet: The Making and Marketing of the Boeing 777. Scribner
Sagan, Scott D. (1993). The Limits of Safety. Organizations, Accidents and Nuclear Weapons. Princeton University Press.
Salas, Eduardo – Bower, Clint A. – Rhodenizer, Lori (1998). It is not how much you have, but how you use it: Toward a rational use of simulation to support aviation training. *The International Journal of Aviation Psychology*. 3: 197–208.
Salas, E. – Prince, C. – Bowers, C. – Stout, R. – Oser, R. L. – Cannon-Bowers, J. A. (1999). A methodology for enhancing crew resource management training. *Human Factors*, 41: 161–172.
Salas, E. – Burke, C. – Bowers, C. A. – Wilson, K. A. (2001). Team training in the skies: Does Crew Resource Management (CRM) training work? *Human factors*, 43: 641–674.
Salas, E. – Wilson, K. – Burke, S. (2006). Does Crew Resource Management Training Work? An Update, an Extension, and Some Critical Needs. *Human Factors*, 48: 392–412.
Salo, Paula (2013). "Pitäiskö soittaa pojille?" Kilpailevat diskurssit lentäjien ja matkustamomiehistön välisessä viestintäsuhteessa. Pro gradu -tutkielma. Puheviestintä. Käyttäytymistieteellinen tiedekunta. HY.
Salvendy, Gavriel (eds.) (2012). Handbook of Human Factors and Ergonomics. John Wiley & Sons, New Jersey.
de Saint-Exupéry, Antoine (1994). Yölento. Suom. Anni Mannerkorpi. Tammi, Helsinki. *Vol de Nuit*. Gallimard, 1931
Sandelin, Henrik – Roine, Risto P. (2018). Diagnostiset virheet ovat keskeisiä potilasturvallisuutta vaarantavia tekijöitä. *Duodecim*. 134: 1873–1874.
Sarter, Nadine B. (1997). Team Play with a Powerful and Independent Agent: Operational Experiences and Automation Surprises on the Airbus A-320. *Human Factors*, 39: 553–569.
Sax, Harry C. – Browne, Patrick et al. (2009). Can Aviation-Based Team Training Elicit Sustainable Behavioral Change? *The Archives of Surgery*, 12: 1133–1137.
Scerbo, Mark W. (1996). Theoretical Perspectives on Adaptive Automation. Panasuraman, Raja – Moulona, Mustapha (eds.), *Automation and Human Performance. Theory and Applications*. CTC Press, New York. 1996, 37–64.
Schultz, Charles M. (1966). Snoopy and Red Baron. Holt, Rinehart and Winston.
Schroeder, Chris – Harms, Dieter (2007). MPL represent a state-of-the-art ab initio airline pilot training programme. ICAO Journal 3/2007.
Schroeder, David J. (2017). A Historical Overview of Commercial Pilot Selection. Oklahoma City. OK. https://www.iaasm.org/ICASM2017/PresentationPDFs/54.pdf

Schultz, Timothy Paul (2018). The Problem with Pilots: How Physicians, Engineers and Airpower Enthusiasts Redefined Flight. Johns Hopkins University Press.

Schutte, Paul C. – Goodrich, Kenneth – Williams, Ralph (2017). Synergistic Allocation of Flight Expertise on the Flight Deck (SAFEdeck): A Design Concept to Combat Mode Confusion, Complacency, and Skill Loss in the Flight Deck. Stanton N. – Landry S. – Di Bucchianico G. – Vallicelli A. (eds.), *Advances in Human Aspects of Transportation. Advances in Intelligent Systems and Computing*, 484, 899–911. Springer.

Schutte, Paul, C. (1999). Complementation: An Alternative to Automation. *Journal of Information Technology Impact*. 3: 113–118.

Schutte, Paul, C. (2017). How to make the most of your human: design considerations for human–machine interactions. *Cognition, Technology and Work* 19, 233–249. https://doi.org/10.1007/s10111-017-0418-2.

Schäfer, Andreas W. – Barret, Steven R. H. – Doyme, Khan – Dray, Lynnette. M. – Gnadt, Albert R. –Self, Rod – O'Sullivan, Aidan – Synodinos, Anthanasios P. – Torija, Antonio J. (2019). Technological, economic and environmental prospects of all-electric aircraft. *Nature Energy*, Vol. 4. February 2019, 160–166.

Scott, Malcolm (2005). Automation: Pilots as Machine-Minders or as Professional Aviators? *Air Safety Week*; New York. Vol 19, Iss. 16. (Apr.25).

Sexton, J. B. – Wilhelm, J. A. – Helmreich, R. J. – Merritt, A. C. – Klinect, J. R. (2001). Flight management attitudes and safety survey (FMASS). A short version of the FMAQ. University of Texas.

Sear, Jeremy (2001). The ARL "Black Box" Flight Recorder – Invention and Memory. Department of History. Faculty of Arts. The University of Melbourne.

Seneviratne, Dimuth – Molesworth, Brett R.C. (2015). Employing humour and celebrities to manipulate passengers' attention to pre-flight safety briefing videos in commercial aviation. *Safety Science,* 75: 130–135.

Sexton, Bryan – Thomas, Eric J. – Helmreich, Robert J. (2000). Error, stress and teamwork in medicine and aviation cross sectional surveys. *British Journal of Medicine*. Vol. 320, 745–749.

Shappell, Scott A. – Wiegmann, Douglas A. (1999). Human Factors Analysis of Aviation Accident Data: Developing a Needs-Based, Data-Driven Safety Program. US: Department of Transportation.

Shappell, Scott A. – Wiegmann, Douglas A. (2003). Human Error Approach to Aviation Accident Analysis. The Human Factors Analysis and Classification System. Ashgate.

Sherman, Paul J. – Helmreich, Robert L. – Merrit, Ashleigh C. (1997).National Culture and Flight Deck Automation: Results of Multination Survey. *International Journal of Aviation Psychology*, 4: 311–329.

Shmelova, Tetiana – Sikirda, Yuliya – Rizun, Nina – Kucherov, Dmytro Dergachov, Kostantin (2109). Automated Systems in the Aviation and Aerospace Industries. Kharkiv Aviation Institute, Ukraine.

Silvast, Antti (2006). Keskeytyksestä kritiikkeihin: sähkönjakelun häiriöiden kokemuksia ja kohtaamisia. Pro gradu -tutkielma. Sosiologian laitos, HY.

Singh, Neil (2009). On a wing and a prayer: surgeons learning from the aviation industry. *Journal of the Society of Medicine*, 102: 360–364.

Sipilä, Seppo – Haikarainen, Raine – Wahl, Hannu-Matti (2018). Malmi – Helsingin lentoasema. Minerva.

Sgobba, Tommaso (2019). B-737 MAX and the crash of the regulatory system. *Journal of the Space Safety Engineering*, 4: 299–303.

Sklet, Snorre (2004). Onnettomuustutkinnan menetelmiä. Suom. Veikko Kirkkola. TUKES-julkaisu 6/2004.

Smith, Denis (2000). On a wing and a prayer? Exploring the human components of technological failure. *Systems Research and Behavioral Science*, 6: 543–559.

Snook, S. A. (2000). Friendly Fire. The accidental shootdown of US Black Hawks over Northern Iraq. Princenton, NJ. Princenton University Press.

Soeters, Joseph L. – Boer, Peter C. (2000). Culture and Flight Safety in Military Aviation. *International Journal of Aviation Psychology*, 2: 111–133.

Soini, Lauri (2018). Critical Incident Response Program (CIRP). *Liikennelentäjä*, 4: 44–45.

Solomon, Elaine – Relles, Dina (2011). Criminalization of Air Disasters: What goal, if any, is being achieved. *Journal of Air Law and Commerce*, 3: 407–456.

Sorsa, Matti (2000). Anestesiologi ääriolosuhteissa – symposiumi Team Resource Management (TRM). *Finnanest*, 33, 2.

Sorsa, Matti (2016). Turvallisuus ei kaipaa sankareita. *Erve Uutiset* 26.4.2016.

Spenser, Jay (2008). The Airplane. How ideas gave us wings. Harper, New York.

Stanton, N. – Landry, S. – Di Bucchianico, G. – Vallicelli, A. (eds.) (2017) Advances in Human Aspects of Transportation. Advances in Intelligent Systems and Computing. Vol. 484. Springer.

St. Pierre, Michael – Hofinger, Gesine – Buerschaper, Cornelius – Simon, Robert (2011). Crisis Management in Acute Care Settings: Human Factors, Team Psychology, and Patient Safety in a High Stakes Environment. Springer Science & Business Media.

Stahel, Philip F. (2008). Learning from aviation safety: a call formal "readbacks" in surgery. *Patient Safety in Surgery*, 2:21.

Starbuck, William – Farjoun, Moshe (eds.) (2005). Organization at the Limit: Lessons from the Columbia Disaster. Blackwell Publishing.,

Sullenberg, Chelsey B. (2009). Highest Duty: My Search for What Really Matters. William Morrow & Company.

Sullivan, Patricia – Girginer, Handan (2002). The use of discourse analysis to enhance ESP teacher knowledge. An example using aviation English. *English for Specific Purpose*, 21: 397–404.

Sullivan, Kevin (2019). No Man's Land: The Untold Story of Automation and QF72. ABC Books.

Summerton, Jane – Berner, Boel (2003). Constructing risk and safety in technological practice. Routledge, London and New York.
Sutcliffe, Kathleen M. (2011). High Reliability Organizations (HROs). *Best Practice & Research Clinical Anaesthesiology,* 25: 133–144.
R. I. Sutton R.I. – Staw, B. (Eds.) (1999). Research in organizational behavior, Vol. 21: 81–123. Elsevier Science/JAI Press.
Söderholm. Kristiina (2013). Licensing model development for small modular reactors (SMRs) – Focusing on the Finnish regulatoryframework. Diss. Acta Universitatis Lappeenrantaensis 528. Lappeenranta University of Technology.
Tajima, Atsushi (2004). Fatal miscommunication: English in aviation safety. *World Englishes*, 3: 451–470.
Takala, R. S. K. – Pauniaho, S-L. – Kotkansalo, A. – Helmiö, P. – Blomgren, K. – Helminen M.– Kinnunen, M. – Aaltonen, R. – Katila, A. J. – Peltomaa, K. – Ikonen, T. S. (2014). A pilot study of the implementation of WHO surgical checklist in Finland: improvements in activities and communication. *Acta Anaesthesiologica Scandinavica*, 55: 1206–1214.
Taleb, Nassim (2007). The black swan: The impact of the highly improbable. Random House, New York
Teperi, Anna-Maria (2012). Improving the mastery of human factors in a safety critical ATM organization. Faculty of Behavioural Sciences, Institute of Behavioural Sciences, Cognitive Science. University of Helsinki.
Teperi, Anna-Maija – Leppänen, Anneli – Norros, Leena (2015). Application of new human factors tool in an air traffic management organization. *Safety Science*, 73: 23–33.
Teperi, Anna-Maria – Puro, Vuokko – Perttula, Pia – Ratilainen, Henriikka –Tiikkaja, Maria – Miilunpalo, Päivi – Sihvola, Maria (2016). Merenkulun turvallisuuskulttuurin arviointi ja kehittäminen – parempaa turvallisuutta inhimillisten tekijöiden hallinnalla. SeaSafety-loppuraportti. Työterveyslaitos.
Teperi, Anna-Maria – Puro, Vuokko – Tiikkaja, Maria – Ratilainen, Henriikka (2018). Developing and implementing a human factors (HF) tool to improve safety management in the nuclear industry. Research Report, HUMTOOL. Finnish Institute of Occupational Health. Helsinki.
Teperi, Anna-Maria – Ruotsala, Riikka – Asikainen, Ilkka – Ala-Laurinaho, Arja – Lantto, Eero – Paajanen, Teemu (2020). Turvallisesti raiteilla: Opas inhimillisten ja organisatoristen tekijöiden huomiointiin työssä. Työturvallisuuslaitos.
Teperi, Anna-Maria – Ruotsala, Riikka – Ala-Laurinaho, Arja – Asikainen, Ilkka – Lantto, Eero – Paajanen, Teemu (2021). Inhimilliset tekijätturvallisuudessa – interventioiden vaikutukset ja toimivuus. Loppuraportti. Työterveyslaitos.
Tomayko, James E. (2000). Computers take flight: A history of NASA's pioneering digital Fly-by-Wire project. The NASA History Series. NASA History Office, Washington D.C.

Turner, Barry A. (1978). Man-Made Disasters. Wykeham Publications, London.
Turner, Barry A. – Pidgeon, Nick F. (1997). Man-Made Diasters, 2nd Edition. Butterworth-Heineman, London.
Turney, Mary A. (2017). Tapping Diverse Talent in Aviation: Culture, Gender, and Diversity. Routledge.
Tversky, Amos – Kahneman, Daniel (1981). The Framing of Decisions and the Psychology of Choice. *Science*, Vol 211, 453–458.
Ziegler, Bernard (2008). Les cows-boys d'Airbus. Carnet de bord d'un pilote (1972–1997). Omakustanne.
Zwetsloot, Gerard I. J.M. – Aaltonen, Markku – Wybo, Jean-Luc – Saari, Jorma – Kines, Pete – De Beeck, Rik Op. (2013). The case for research into the zero accident vision. *Safety Science*, 58: 41–48.
Zwetsloot, Gerard I. J. M. – Kines, Pete – Wybo, Jean-Luc – Ruotsala, Riikka – Drupsteen, Linda – Bezemer, Robert A. (2017). Zero Accident Vision based strategies in organisations: Innovative perspectives. *Safety Science*, 91: 260–268.
Vapaavuori, Eero K. – Sorsa, Matti – Nurmi, Lasse – Kuronen, Pentti (1992). Lentävä ihminen. Ilmailufysiologian ja -psykologian oppikirja. Valtion painatuskeskus, Helsinki.
Vanhoenacker, Mark (2016). Ilmojen halki. Pilotin matkassa. Suom. Kaisa Sivenius. Kustannusosakeyhtiö Teos, Helsinki. *Skyfaring: A Journey with a Pilot*. Vintage. (2015).
Vaughan, Diane (1996). The Challenger launch decision: risky technology, culture, and deviance at NASA. American Council of Learned Societies. University of Chicago Press 1996.
Visala, Aku (2018). Vapaan tahdon filosofia. Gaudeamus, Helsinki.
Wachter, Robert M. (2004). The End of the Beginning: Patient safety five years after "To Err is Human". *Quality of Care,* 30 Nov, 534–546.
Wachter, Robert M. – Provonost, Peter J. (2006). The 100,000 Lives Campaign: A Scientific and Policy Review. *The Joint Commission Journal on Quality and Patient Safety*, 11: 621–627.
Wachter, Robert M. – Provonost, Peter J. (2009). Balancing "No Blame" with Accountability in Patient Safety. *The New England Journal of Medicine*, Oct. 1., 1401–1406.
Walker, Guy (2017). Redefining the incidents to learn from: Safety science insights acquired on the journey from black boxes to Flight Data Monitoring. *Safety Science*, 99: 14–22.
Walker, Samuel J. (2004). Three Mile Island: A Nuclear Crisis in Historical Perspective. University of California Press, Berkeley
Wanhill, R. J. H. – Molent, L. – Barter, S. A. – Amsterdam E. (2015). Milestone Case Histories in Aircraft Structural Integrity. NationalAerospace Laboratory. NLR.
Warren, David R. (1954). A Device for Assisting Investigation into Aircraft Accidents. ARL-MECH-ENG-TECH-MEMO-142.

Weeks, F. – Glover, A. – Johnson, E. – Stevens, P. (1984). Seaspeak Reference Manual. Essential English for International Maritime Use. Pergammon Press, Oxford

Wegg, John (1983). Finnair - the art of flying since 1923. Finnair, Helsinki.

Weick, Karl E. (1987). Organizational Culture as a Source of High Reliability. *California Management Review*, 2: 112–127.

Weick, Karl E. (1998). Foresights of Failure: An Appreciation of Barry Turner. *Journal of Contingencies and Crisis Management*, Vol. 62: 72–75.

Weick, Karl E. – Roberts, Karlene H. (1993). Collective Mind in Organizations: Heedful Interrelating on Flight Deck. *Administrative Science Quarterly*. 3: 357–381.

Weick Karl E. – Sutcliffe K. M. – Obstfeld D. (1999). Organizing for high reliability: processes of collective mindfulness. Sutton R. – Staw B. (Eds.), *Research in Organizational Behavior*, 21: 23–81.

Weick, Karl E. – Sutcliffe, Kathleen M. (2015). Managing the Unexpected. Sustained Performance in a Complex World. Third Edition. Wiley.

Weller, Jennifer – Boyd, Matthew (2014). Making a Difference through Improving Teamwork in the Operating Room: A Systematic Review of the Evidence on What Works. *Current Anesthesiology Reports*, 4:77–83.

Wendel, Bradley W. (2019). Technological Solutions to Human Error and how they can kill You. Understanding the Boeing 737 MAX Products Liability Ligitation. 84 *Journal of Air Law and Commerce*, 37: 379–444.

Weyer, Johannes (2006). Modes of Governance of Hybrid Systems. The mid-Air Collision at Ueberlingen and the Impact of Smart Technology. *Science, Technology & Innovation Studies*, Vol 2, 127–149.

Whitaker, David K. – Brattebø, Guttorm – Smith, Andrew F. – Staender, Sven E. A. (2011). The Helsinki Declaration on Patient Safety in Anaesthesiology: Putting words into practice. *Best Practice & Research Clinical Anaesthesiology*, 25: 277–290.

Whittingham, R. B. (2004). The Blame Machine: Why Human Error Causes Accidents. Routledge, Amsterdam

Wickens, Christopher D. – Hooey, Becky L. – Gore, Brian F. – Sebok, Angelia – Koenicke, Corey S. (2009). Identifying Black Swans in NexGen: Predicting Human Performance in Off-Nominal Conditions. *Human Factors*, 5: 638–651.

Wiegmann D. A. – Shappel S. A. (2000). Human error and crew resource management naval aviation mishaps: A review of U.S. Naval Safety Center data. 1990–1996. *Aviation, Space and Environmental Medicine*, 70: 1147–1151.

Wiener, Earl L. – Curry, Renwick E. (1980). Flight-deck automation: promises and problems. *Ergonomics*, 10: 995–1011.

Wiener, Earl L. – Nagel, David C. (1988). Human Factors in Aviation. Academic Press Inc., San Diego.

Wiener, Earl L. – Kanki, Barbara G. – Helmreich, Robert L. (eds.) (1993) Cockpit Resource Management. Academic Press Inc., San Diego.

Wilkinson, Stephan (1993). The November Oscar Incident. Air and Space Smithsonian -magazine. http://picma.info/sites/default/files/Documents/Events/November%20Oscar%20article.pdf

Willis, Sara – Clarke, Sharon – O'Connor, Elinor (2017). Contextualizing leadership: Transformational Leadership and Management-By Exception-Active in safety-critical contexts. *Journal of Occupational and Organizational Psychology*, 90: 281–305. The British Psychological Society. Alliance Manchester Business School, University of Manchester, UK.

Windsor, J. A – Petrov, M. S. (2010). Patient safety in medicine: are surgeons ready for checklist? *ANZ Journal of Surgery*, 80: 3–10.

Winter, Scott R. et al. (2018). Pilot performance comparison between electronic and paper instrument approach charts. *Safety Science*, 103: 280–286.

Wise, John A. – Hopkin, David V. – Garland, Daniel J. (2009). Handbook of Aviation Human Factors. CRC Press: Boca Raton, London, New York.

Wise, Marshall – Muratori, Matteo – Kyle, Page (2017). Biojet fuels and emissions mitigation in aviation: An integrated assessmentmodeling analysis. *Transportation Research* Part D 52, 244–253.

de Wit, Paulus – Cruz, Roberto (2019). Learning from AF447: Human machine interaction. *Safety Science,* 112: 48–56.

Wohl, Robert (1994). A Passion for Wings. Aviation and the Western Imagination 1908–1918. Yale University Press. New Have – London

Woods, D. D. – Cook R. I. (2002) Nine Steps to Move Forward from Error. *Cognition, Technology & Work*, 4:137–144.

Woods, David (2005). Creating Foresight: Lessons for Enchancing Resilience from Columbia. Starbuck – Moshe, Organization at the Limit. 2005, 289–308.

Wright, Orville (1988). How We Invented the Airplane: An Illustrated History. Ed. Fred. C. Kelly. New York: Dover.

Yamamori, Hisaaki – Mito, Takao (1993). Keeping CRM is keeping the flight safe. Wiener et al., *Cockpit Resource Management* 1993, 399–420.

Yerkes, Robert M. – Dodson, John D. (1908). The Relation of Strength of Stimulus to Rapidity of Habit-Information. *Journal of Comparative and Neurological Psychology,* 18: 459–482.

Ylikangas, Heikki (1978). Oikeus historiallisena ilmiönä. Suomen lakimiesliiton kustannus Oy: Helsinki.

ILMAILUN TURVALLISUUSTUTKINNAT (aikajärjestyksessä)

Grand Canyon (1956). Accident Investigation Report. Trans World Airlines Lockheed 1049A and United Airlines Douglas DC-7 Grand Canyon, Arizona June 30, 1956. Civil Aeronautics Board. https://lessonslearned.faa.gov/UAL718/CAB_accident_report.pdf

Trans World Airlines 514 (1974). Aircraft Accident Report. Boeing 727-231. Berryville, Virginia. 1.12.1974. NTSB.

Tenerife 1977 (1978). Aircraft accident report Pan Am B747 and KLM B747 Tenerife, Canary Islands 27.3.1977. Human Factors Report.

United Airlines 173 (1978). NTSB. Aircraft Accident Report. United Airlines. Dec 28.1978.

Pan Am Clipper 759 (1982). http://libraryonline.erau.edu/online-full text/ntsb/aircraft-accident-reports/AAR83-02.pdf

Air Florida 90 (1982). Air Florida, Inc., Boeing 737-222, N62AF, Collision with 14th Street Bridge, Near Washington National Airport, Washington, D.C., January 13, 1982. National Transportation Safety Board Bureau of Accident Investigation Washington, D.C. 20594. WUN 3453-B. NTSB.

Delta Airlines 191 (1985). https://www.ntsb.gov/investigations/accidentreports/pages/aar 605.aspx

Challenger (1986). Investigation of the Challenger Accident. Report of the Committee on Science and Technology. House of Representatives Ninety-Ninth Congress, Second Session Oct. 29, 1986. U.S. Government Printing Office 64-4200. Washington 1986.

United Airlines Flight 232 (1989). Aircraft accident report. United Airlines Flight 232, McDonnel Douglas DC-10-10. Sioux Gateway Airport. July 19, 1989. PB90-9, 10406. NTSB.

British Midland 092 (1989). Report No: 4/1990. Report on the accident to Boeing 737-400, G-OBME, near Kegworth, Leicestershire on 8 January 1989.

Pan Am 103 (1990). Air Accidents Investigation Branch, UK Department of Transport. Aircraft Accident Report 2/90: Report on the Accident to Boeing 747-121, N739PA at Lockerbie, Dumfriesshire, Scotland on 21 December 1988.

Air Inter 148 (1992). Official Report of the Commission of Investigation into the accident on 20 January 1992 near Monte Sainte Odile (Bas Rhin) of the Airbus A320 registered F-GGED operated by Air Inter. Ministry of Transport and Tourism. France.

Air Ontario 1363 (1992). Commission of inquiry into the Air Ontario accident at Dryden: Final Report. Technical appendices. Toronto, Ontario: Minister of Supply and Services.

China Airlines 140 (1994). Aircraft Accident Investigation Report 96-5. Nagoya Airport, April 26, 1994. Aircraft Accident Investigation Commission. Ministry of Transport.

Ansett 703 (1995). Transport Accident Investigation Commission. Occurrence Report Details. Report Details. Investigation 95-011: de Havilland DHC-8 ZK-NEY, controlled flight into terrain, near Palmerston North, 9 June 1995.

Royal Majesty (1995). Marine Accident Report. Grounding of the Panamanian Passenger Ship Royal Majesty on Rose and Crown Shoal near Nantucket, Massachusetts, June 10, 1995. NTSB.

Comair 3272 (1997). Aircraft accident report in-flight icing encounter and uncontrolled collision with terrain. Embraer EMB-120T, N265CA. Monroe, Michigan 9.1.1997. NTSB.

Swissair 111 (1998). Aviation Investigation Report In-Flight Fire Leading to Collision with Water. McDonnell Douglas MD-11 HB-IWF, Peggy's Cove, Nova Scotia 5 nm SW, 2 September 1998. Report Number A98H0003.

Korean Air Cargo 8059 (1999). Report on the accident to B747, HL-7451 near London Stansted Airport on 22 December 1999. Air Accidents Investigation Branch.

Qantas 1 (1999). Investigation Report 199904538. Boeing 747-438, VH OJH. Bangkok, Thailand 23 September 1999. Department of Transport and Regional Services. Australian Transport Safety Bureau.

Alaska Airlines 261 (2000). Aircraft Accident Report. Alaska Airlines Flight 261, McDonnell Douglas MD-83, N963AS. Anacapa Island, California. January 31, 2000. NTSB/AAR-02/01.

Concorde (2000). Final report. Accident on 25 July 2000 at "La Patte d'Oie" in Gonesse (95) to the Concorde registered F-BTSC operated by Air France. Bureau Enquêtes-Accidents.

Japan Airlines (2001). Accident Investigation Report Outline concerning Boeing 747-400d.

Air Transat 236 (2001). Final Report All Engines-out Landing Due to Fuel Exhaustion Air Transat Airbus A330-243 marks C-GITS Lajes, Azores, Portugal 24 August 2001. Aviation Accidents Prevention and Investigation. Government of Portugal 22 / ACCID /GPIAA / 2001.

China Airlines 611 (2002). Aviation Occurrence Report Volume I. ASC-AOR 05-02-001. In-Flight breakup over the Taiwan strait northeast of Makung, Penghu Island. China Airlines Flight C611l May 25, 2002. Aviation Safety Control.

Überlingen (2002). Investigation Report. AX001-1-2/02. May 2004. German Federal Bureau of Aircraft Accidents Investigation.

Columbia (2003). Columbia Accident Investigation Board. Volume 1. Report August 2003. National Aeronautics and Space Administration and the Government Printing Office Washington, D.C.

Linate (2004). Agenzia Nazionale per la Sicurezza del Volvo. Milani, Linate, ground collision between Boeing MD-87 (SE-DMA) and Cessna 525-A (D-IEVX). Reference A/1/04, 20th January 2004.

Ryanair (2005). Serious Incident to B737-800, Registration EI-DAV, on approach to Rome Ciampino and Fiumincino Airports September 7th 2005. Agenzia Nazionale per la Sicurezza del Volvo.

Qantas 72 (2008). Final In-flight upset 154 km west of Learmonth, WA 7 October 2008. VH-QPA Airbus A330-303. Australian Transport Safety Board Report.

OTKES (2009). Riippuliito-onnettomuus Jämsässä 15.2.2009. OTKES B1/2009L.

Qantas 32 (2010). In-Flight uncontained engine failure Airbus A380-842, VH-OQA. ATSB Transport Safety Report. Australian Government.

US Airways 1549 (2010). National Transportation Safety Board Accident Report, "Loss of Thrust in Both Engines after Encountering a Flock of Birds and Subsequent Ditching on the Hudson River, US Airways Flight 1549, Airbus A320-214, N106US," NTSB/AAR-10/03,PB2010-910403, 4 May 2010.

ATSB (2011). Aviation Occurrence Investigation AO-2010-089 Interim factual. Australian Transport Safety Bureau. 18 May 2011. Retrieved 19 May 2011.

Air France 447 (2012). Final Report on the accident on 1st June 2009 to the Airbus A330-203 registered F-GZCP operated by Air France flight AF 447 Rio de Janeiro – Paris. Bureau d'Enquêtes et d'Analyses pour la sécurité de l'aviation civile.

Asiana Airlines 214 (2013). Descent Below Visual Glidepath and Impact with Seawall Asiana Airlines Flight 214 Boeing 777-200ER, HL7742. San Francisco, California. July 6, 2013. Accident Report NTSB/AAR-14/01. PB2014-105984.

Associated Airlines 361 (2013). Report on accident involving Associated Airline Embraer 120 5N-BJY 3.10.2013. Accident Investigation Bureau: Nigeria.

Cimber Air OY-CIM (2013). Serious incident to ATR72-212A (OY-CIM). Copenhagen Airport, Kastrup (EKCH), Denmark. On 13 September 2011. Report Number HCLJ510-2011-11.

Japan Airlines (2013). Aircraft Incident Report. Auxiliary Power Unit Battery Fire Japan Airlines Boeing 787-8, JA829J. Boston, Massachusetts, January 7, 2013. National Transportation Safety Board.

Malaysian Airlines 370 (2014). Safety Investigation Report. The Malaysian ICAO Annex 13 Safety Investigation Team for MH370. 2.7.2018.

OTKES (2014). Kahdeksan laskuvarjohyppääjän kuolemaan johtanut lento-onnettomuus Jämijärvellä 20.4.2014. L2014-02.

Emirates 521 (2016). https://reports.aviation-safety.net/2016/201608030_B773_A6-EMW_PRELIM.pdf

Wizz Air (2016). Final Report 2016-004-4P. Serious Incident. Sofia (Bulgaria), 03 January 2016. Airbus A320-232. HA-LYP. Transportation Safety Bureau. Bulgaria.

OTKES (2018) Liikennelentokoneen evakuoiminen matkustamossa olleen savun vuoksi Turun lentoasemalla 3.12.2017. OTKES. L2017-06

Lion Air 610 (2018). Aircraft Accident Investigation Report. Lion Mentari Airlines Boeing 737-8 (MAX); PK-LQP. Tanjung Karawang, West Java., 29 October 2018. Komite Nasional Ksellamatan Transportasi. Republic of Indonesia.

EasyJet U2-211 (2019). https://www.aeroinside.com/item/13708/easyjet a319-at-glasgow-on-sep-30th-2018-first-officer-incapacitated
Ethiopian Airlines 302 (2019). Aircraft Accident Investigation Preliminary Report. Ethiopian Airlines Group B737-8 (MAX) Registered ET-AVJ.March 10, 2019. Report No. AI-01/19. Federal Democratic Republic of Ethiopia, Ministry of Transport. Aircraft Accident Investigation Bureau.
Ethiopian Airlines 302 Interim (2020). The Federal Democratic Republic of Ethiopia. Ministry of Transport Aircraft Accident Investigation Bureau. Interim Investigation Report on Accident to the B737-8 (MAX). Report No. AI-01/19
Final Committee Report B737 MAX (2020). The design, development and certification of the Boeing 737 MAX. Prepared for chair of the Committee on Transportation and Infrastructure Peter A. Defazio and Chair of the Subcommittee on Aviation Rick Larsen by majority staff of the Committee on Transportation and Infrastructure. The House Committee of Transportation and Infrastructure.
B737 MAX Memorandum Opinion (2021). In the Court of Chancery of the State of Delaware in re the Boeing Company Derivative Ligitation. C.C. No 2019-0907-MTZ. Date Decided: September 7, 2021.
Emirates 231 (2021). https://www.aeroinside.com/16528/emirates-b773 at-dubai-on-dec-20th-2021-overran-runway-on-departure

MUUT LÄHTEET

Airbus (2020). Is this the next "clean" energy to power aviation? How hydrogen could be a game-changer for future aircraft. https://www.airbus.com/newsroom/stories/Is-this-the-next clean-energy-to-power-aviation.html
BASI (1998). Bureau of Air Safety Investigations. Advanced Technology Aircraft Safety Survey Report. Department of Transport and Regional Development. Australia.
CAA (2003). Flight Data Monitoring. A Guide to Good Practice. Civil Aviation Authority, London.
CIRP (2012). Critical Incident Response Program Guide. Air Line Pilots Association Intl.
Civil Aviation Regulations (1996). The Civil Aviation Regulations (Investigation of Air Accidents and Incidents). Law No. 2798, Nov. 1996.
CORSIA (2016). Resolution A40-19: Consolidated statement of continuing ICAO policies and practices related to environmental protection Carbon Offsetting and Reduction Scheme for International Aviation (CORSIA).
EASA (2016). Acceptable Means of Compliance (AMC) and Guidance Material (GM) to Annex III Organisation Requirements for Air Operations. Regulation (EU) 965/2012 on air operations AMC & GM to Annex III (Part-ORO). European Aviation Safety Agency.

EASA (2020a). Artificial Intelligence Roadmap. A human-centric approach to AI in aviation. European Union Aviation Safety Agency.
EASA (2020b). Notification of a Proposal to issue an Airworthiness Directive. PAD No.: 20-184. 24 November 2020. European Union Aviation Safety Agency.
EASA (2020c). EASA certifies electric aircraft, first type certification for fully electric plane world-wide. https://www.easa.europa.eu/newsroom-and-events/press releases/easa-certifies-electric-aircraft-first-type-certification-fully
EASA (2021). European Plan for Aviation Safety 2021–2025.
ETSC (1996). Increasing the Survival Rate in Aircraft Accidents: Impact Protection, Fire Survivability, and Evacuation. European Transport Safety Council Brussels, Belgium.
EU Investigation and prevention of accidents (2010). The investigation and prevention of accidents and incidents in civil aviation and repealing Directive 94/56/EC. Regulation (EU) No 996/2010 of the European Parliament and of the Council. 20.10.2010.
EU 549/2004. Euroopan parlamentin ja neuvoston asetus (EY) N:o 549/2004, annettu 10. päivänä maaliskuuta 2004, yhtenäisen eurooppalaisen ilmatilan toteuttamisen puitteista (puiteasetus).
EU 219/2007. Euroopan neuvoston asetus (EY) N:o 219/2007, annettu 27. päivänä helmikuuta 2007, yhteisyrityksen perustamisesta uuden sukupolven eurooppalaisen ilmaliikenteen hallintajärjestelmän (SESAR) kehittämiseksi.
EU 376/2014. EU:n parlamentin ja neuvoston asetus N:o 376/2014 poikkeamien ilmoittamisesta, analysoinnista ja seurannasta siviili-ilmailun alalla.
EU 1139/2018. EU:n parlamentin ja neuvoston asetus No 1139/2018 yhteisistä siviili-ilmailua koskevista säännöistä ja Euroopan unionin lentoturvallisuusviraston perustamisesta.
Eurocontrol (2006a). Revisiting the "Swiss Cheese" Model of Accidents. EEC Note No 13/06. European Organisation for the Safety of Air Navigation.
Eurocontrol (2006b). Establishment of "Just Culture" principles in ATM safety data reporting and assessment. Safety Regulation Commission. EAM 2/GUI 6. European Organisation for the Safety of Air Navigation.
Eurocontrol (2008). Just Culture Guidance Material Interfacing with the Judicial System. European Air Traffic Management. Eurocontrol 08/02/06-07.
Eurocontrol (2009). A White Paper on Resilience Engineering for ATM. Eurocontrol (2013). From Safety-I to Safety-II. A White Paper. DNM Safety. Eurocontrol (2014). Regulation (EU) No 376/2014 of the European Parliament and of the Council of 3 April 2014 on the reporting, analysis and follow-up of occurrences in civil aviation.
Eurocontrol (2020). The FLY AI Report. Demystifying and Accelerating AI in Aviation/ATM. 5.3.2020.
European Commission (2019) Ethics Guidelines for Trustworthy AI. EU High Level Expert Group on AI.

European Parliament (2015). The precautionary principle. Definitions, applications and governance. December 2015 — PE 573.876.
FAA (1996). The Interfaces between Flight crews and Modern Flight Deck Systems. Federal Aviation Administration Human Factors Team Report. June 18, 1996.
FAA (2001). Protection of Voluntarily Submitted Information. Code of Federal Regulations (CFR). Part 193.
FAA (2002). Advisory Circular. Aviation Safety Action Program (ASAP). 120 66b.
FAA (2004). Central Joint Aviation Authorities. Joint Operation Evaluation FAA Board Report. Airbus A320-A330-A340 CCQ & MFF. 12. March 2004.
FAA (2013). Operational Use of Flight Path Management Systems. Flight Deck Automation Working Group. Final Report. FAA.
FAA (2020a). Federal Aviation Administration, 14 CFR Part 39. RIN 2120 AA64 Airworthiness Directives; The Boeing Company Airplanes.
FAA (2020b). Rescission of Emergency Order of Prohibition.
FSF (2006). Aviation safety groups issue joint resolution condemning criminalization of accident investigations. Flight Safety Foundation. Washington DC.
Fukushima (2012). The National Diet of Japan. The official report of the Fukushima Nuclear Accident Independet Investigation Commission.
GAIN (2004). A Roadmap to Just Culture: Enhancing the Safety Environment. GAIN Working Group E. Global Aviation Information Network.
Grand Jury Texas (2021). Indictment. United States v. Mark A. Forkner. In the United States District Court for the Northern District of Texas Fort Worth Division.
IATA (2013). Evidence-Based Training Implementation Guide. International Air Transport Association. Montreal–Geneva.
IATA (2014). Data Report for Evidence-Based Training.
IATA (2019). Aircraft Technology Roadmap 2050.
IATA (2020). Safety Report 2019 (Issued April 2020), 56th Edition.
IATA (2021a). Safety Report 2020 (Issued April 2021), 57th Edition.
IATA (2021b). Competency Assessment and Evaluation for Pilots, Instructors and Evaluators. Guidance Material.
ICAO (1944). Convention on International Civil Aviation done at Chicago on the 7th day of December. ICAO, Montreal.
ICAO (1993). Human factors digest No 7: Investigation of human factors in accidents and incidents.
ICAO (2001). Aeronautical Telecommunications. International Standards and Recommended Practices and Procedures for Air Navigation Services. Annex 10 to the Convention on International Civil Aviation. Sixth Edition. October 2001. Volume II. Communication Procedure including those with PANS status.
ICAO (2003). Manual of Aircraft Accident and Incident Investigation. Doc 9756AN/965.

ICAO (2004). Cross-Cultural Factors in Aviation Safety. Human Factors Digest No 16. Cir. 302.

ICAO (2010). Operation of Aircraft. Annex 6.2. Part 1. International Commercial Air Transport.

ICAO (2103a). Manual of Evidence-based Training. Doc 9995, AN/497. First Edition.

ICAO (2013b). Safety Management Manual (SMM). Third Edition.

ICAO (2015a). Manual of Criteria for the Qualification of Flight Simulation Training Devices. Volume 1–Aeroplanes. Doc 9625. Fourth Edition. ICAO (2015b). Training. Procedures for Air Navigation Services. Doc 9868, Second Edition.

ICAO (2015c). Second High-Level Safety Conference 2015 (HLSC 2015). Planning for Global Aviation Safety Improvement. Safety Data, Performance Metrics and Indicators. Montréal, 2 to 5 February 2015. Information Paper.

ICAO (2016a). Training. Second Edition, 2016, Doc 9868. ICAO, Procedures for Air Navigation Services.

ICAO (2016b). On Board a Sustainable Future. Environmental Report.

ICAO (2016c). Annex 19. Safety Management. Second Edition, July 2016.

ICAO (2017). Annex 16. Environmental Protection. Volume III. Aeroplane CO2 Emissions. First Edition.

ICAO (2018). Annual Report 2018. The World of Air Transport in 2018. International Law Reports 120 (2002). Ed. Sir Elihu Lauterpacht Greenwood, C. J. – Oppenheimer, A. G. Grotius Publications. Cambrigde University Press.

IPCC (2018). Global Warming of 1.5°C. An IPCC Special Report on the impacts of global warming of 1.5°C above pre-industrial levels and related global greenhouse gas emission pathways, in the context of strengthening the global response to the threat of climate change, sustainable development, and efforts to eradicate poverty. Intergovernmental Panel on Climate Change.

LVM (2020). Fossiilittoman liikenteen tiekartta -työryhmän loppuraportti. Liikenne- ja viestintäministeriön julkaisuja 2020:17.

Joint Commission (2003). Joint Commission on Accreditation of Healthcare Organizations 2003. Sentinel event statistics: 24 June 2003.

Ministry of Justice (2007). Understanding the Corporate Manslaughter and Corporate Homicide Act.

NTSB (2001). Survivability of Accidents Involving Part 121 U.S. Air Carrier Operations, 1983 Through 2000, March 2001. NationalTransportation Safety Board 2001b. Washington DC, USA.

Memorandum of Understanding (2008). Memorandum of understanding (MoU), agreed between the Crown Prosecution Service (CPS) and the Air Accidents Investigation Branch (AAIB), the Marine Accident Investigation Branch (MAIB) and the Rail Accident Investigation Branch (RAIB).

NASA (2007). The Naturalistic Flight Deck System: An Integrated System Concept for Improved Single-Pilot Operations. NASA/TM-2007 215090.

Paris Convention (1919) Convention Relating to the Regulation of Aerial Navigation, 1 J. Air L. & Com. 94 (1930)
Perustietoa Olkiluoto 3:sta (2009). Toimintaperiaate, käyttö, turvallisuus. Teollisuuden Voima Oyj.
Royal Majesty (1995). Marine Accident Report. Grounding of the Panamanian Passenger Ship Royal Majesty on Rose and Crown Shoal near Nantucket, Massachusetts, June 10, 1995. NTSB.
The 9-11 Commission Report (2013). https://www.911commission.gov/report/911Report.pdf
The Postal History of ICAO (2018). https://www.icao.int/secretariat/PostalHistory/index.html
The House Committee (2020). Final Committee Report. The design, development and certification of the Boeing 737 MAX. September 2020. The House Committee on Transportation & Infrastructure.
Traficom (2020). Suomen ilmailun turvallisuusohjelma. Versio 7.0. Traficomin julkaisuja 231/2020.
Traficom (2021a). Suomen ilmailun turvallisuussuunnitelma 2021–2025. Suomen ilmailun turvallisuusohjelman liite 1. Traficom julkaisuja 14/2021.
Traficom (2021b). Turvallisuuskulttuuri ja muut kulttuuriset elementit ilmailun arjessa. https://www.traficom.fi/fi/liikenne/ilmailu/turvallisuuskulttuuri-ja-muut-kulttuuriset-elementit-ilmailun-arjessa
United Nations (2009). United Nations Convention on Contracts for the International Carriage of Goods Wholly or Partly by Sea. UN, Vienna 2009.
Warsaw Convention (1929). Convention for the unification of certain rules for international carriage by air. IATA.
WHO (2008). Implementation Manual Surgical Safety Checklist. Safe Surgery Saves Lives.
WHO (2009). Guidelines for Safe Surgery 2009. Safe Surgery Saves Lives. Patient Safety. World Alliance for Safer Health Care.
WNA (2013). Aviation Licensing and Lifetime Management – What Can Nuclear Learn? World Nuclear Association. January 2013. WNA Report No.: 2013/001.

Johdanto

1 Beauty 1984, 19.

Luku 1. Tekninen kehitys rakentaa turvallisuutta

2 Wright 1988, 5.
3 Milton Wright toimi opettajana ja protestanttisen vähemmistökirkon piispana. Wright 1988, 3.
4 Ibid.3.
5 Spenser 2008, 16–36.
6 Beaty 1995, 22.
7 Howard 1998, 74–77.
8 Holanda 2009, 5.
9 Culick 2001. Veljekset joutuivat käyttämään merkittävän osan ajastaan erilaisiin patenttiriitoihin, jotka eivät välttämättä vieneet kehitystä eteenpäin. Ks. Crouch 2003.
10 Riskin määritelmästä, ks. Aven 2011, 16–32; Aven 2012; Nisula 2018, 30–35.
11 Learmount 2009, 42.
12 Wohl 1994, 31.
13 Wright 1988, 60.
14 Holanda 2009, 25.
15 Dedons ja Koonce 2009, 1–1.
16 Holanda 2009, 26.
17 Näitä ovat esim. Charles M. Schulzin Tenavat-sarjakuvista saksalaisen kolmitaso-Fokkerin legendaarinen lentäjä, "Punainen paroni" Manfred von Richthofen. Samoin Hayao Miyazakin ohjaama ja käsikirjoittama piirroselokuva Porco Rosso (suom. Punainen sika) vuodelta 1992. Schultz 1966.
18 Wohl 1994, 1.
19 Debons et Koonce 2009, 1–4. Wise et al. 2009, 1–4.
20 Holanda 2009, 28.
21 *Flight Safety Digest*. August–September 2002, 10.
22 de Saint-Excupéry 1962, 70.
23 Postilentämisen varhaisesta historiasta ks. Allaz 2004, 26–30.
24 Holanda 2009, 347.
25 Perrow 1984, 125.
26 Clines 1997.
27 Bartsch 2012, 16.
28 Holanda 2009, 54–56.
29 Cusick et al. 2017, 16.

30 Bartsch 2012, 1–3.
31 *ICAO Journal* 2003/8.
32 Paris Convention 1919. Ks. myös Allaz 2004, 54–55.
33 Bartsch 2012, 17.
34 *The Postal History of ICAO* 2018.
35 O'Neill ja Krane 2012, 104.
37 Holanda 2009, 41–42.
38 *Flight Safety Digest*. August–September 2002, 38.
39 Edwards 1988, 22.
40 Ocker ja Crane 1932.
41 Wegg 1983, 209. 6.10.1923 perustettu ČSA siirtyi Travel Service Airlines -yhtiön omistukseen vuonna 2017 ja on käytössä ainoastaan markkinointinimenä.
42 Bartsch 2012, 11.
43 Cusik et al. 2017, 166.
44 Allaz 2004, 32.
45 Cusick et al. 2018, 166.
46 Holanda 2009.
47 Cusick et al. 2018, 387.
48 Ibid. 166
49 Chicagon kokouksesta, ks. MacKenzie 2010, 24–59. Kohtalon ironiaa on se, että virallinen kutsu historialliseen kokoukseen lähetettiin WTC:n iskujen päivänä 11.9. MacKenzie 2010, 25.
50 Bartsch 2012, 18
51 Bartsch 2012, 18.
52 MacKenzie 2015, 28.
53 ICAO 1944.
54 *ICAO Journal* 2014/4, 23.
55 ICAO 1944.
56 Bartsch 2012, 50–51.
57 Chicago Convention 1944; Artikla 64.
58 Ongelmia aiheutti Espanjan rooli. Francon hallitsema Espanja ei ollut YK:n jäsenmaa, mutta kylläkin allekirjoittanut Chicagon sopimuksen. Espanja vetäytyikin ICAO:n jäsenyydestä, ja järjestö pystyi liittymän YK:iin. Asia ratkesi vuonna 1950, kun YK hyväksyi Espanjan jäsenyyden. Samalla maasta tuli myös ICAO:n jäsen. MacKenzie 2015, 90–91.
59 *The Postal History of ICAO*. https://applications.icao.int/postalhistory/Introduction.htm
60 Rosling 2018, 127–128.
61 MacKenzie 2015, 33.
62 Bartsch 2012, 20.
63 Konetyyppi palveli yhtiötä aina vuoteen 1970. Hyvärinen et al. 2016, 73. Ks. myös Wegg 1983, 85–95.

64 *"..international civil aviation may be developed in a safe and orderly manner and that international air transport services may be established on the basis of equality of opportunity and operated soundly and economically"*. Chicago Convention 1944, artikla 44.
65 Bartsch lainaa ravikilpailuissa käytettyä termiä *quinella* kuvaamaan järjestön turvallisuusajattelun ideaa. *Safety quinella* on kuin kaksi kilpailun voittajaehdokasta, jotka kisaavat tasapäisesti ja joista kumpikin on vuorollaan johdossa. Bartsch 2012, 53.
66 MacKenzie 2015, 5–14, 32–33.
67 Ibid. 83.
68 MacKenzie 2015, 35.
69 Ibid. 49.
70 *Lingua franca* -käsitteestä, ks. Dominique et al. 2016; Alun perin *franca* on viitannut arabian sanaan *lisan-al-farang* ja tarkoittanut lähinnä Länsi-Euroopassa asuvia frankkeja ja heidän puhumaansa kieltä. House 2003, 557–558.
71 Kielikysymys oli kuuma aihe ICAO:n työskentelyssä koko 1950-luvun. Ks. Krasnicka 2016; MacKenzie 2015, 155–164.
72 https://www.finlex.fi/fi/sopimukset/sopsviite/1949/19490011
73 MacKenzie 2015, 100.
74 Piironen 2013, 18.
75 Ibid. 22.
76 Latour 1999, 304.
77 Silvast (2006, 1–17) on tutkinut sähköverkon jakeluhäiriöitä ja soveltanut Latourin teoriaa.
78 http://erscharter.eu/tags/accidentology-16_fi
79 Dekker ja Nye 2014, 45.
80 Beck 1995, 16.
81 Onnettomuuden määrittelystä ja onnettomuustutkinnan käsitteistöstä, ks. Sklet 2004, 11–15; Helke 2019, 12–13.
82 *Associated Airlines* 361.
83 Ks. esim. Reuters 9.10.2013.
84 United Nations 2009, Article 17.3.a.
85 Loimer ja Guarnieri 1996, 103–104.
86 Hollnagel 2004, 4–6.
87 Loimer ja Guarmieri 1996, 101.
88 Ks. esim. Oberholzner 2011.
89 Green 2003, 30.
90 Aven 2015, 33.
91 Nisula 2018, 40. Ks. myös Nisula 2015a.
92 Davis 2001, 1320.
93 Ibid. 1321.

94 Nolla tapaturmaa -foorumista (*Zero Accident Vision*), ks. www.nollis.fi
95 Näin esim. *The Concise Oxford Dictionary*. Keskeisten turvallisuuskäsitteiden määrittelystä ks. myös Nisula 2018, 25–29.
96 Reason 2000, 5.
97 http://www.aib.gov.ng/media/1164/aib_associated_5n-bjy_final_report.pdf
98 Holada 2009, 164.
99 https://www.historynet.com/the-legendary-lockheed-constellation.htm
100 Davies 1994, 97.
101 Lento tapahtui 2.5.1952. Lynn 1998, 27.
102 https://yle.fi/aihe/artikkeli/2007/01/16/reaktiolentokone-comet-seutulassa
103 https://aviation-safety.net/database/record.php?id=19540110-1
104 https://aviation-safety.net/database/record.php?id=19540408-2
105 Comet-onnettomuuksien kulttuurisesta ja taloudellista merkityksestä, ks. Lynn 1998, 11–32.
106 Bibel 2008, 113.
107 Ibid. 111–116.
108 Comet-koneiden pohjalta kehitetty Nimrod-meritiedustelukone oli RAF:n palveluksessa aina vuoteen 2011 asti.
109 Davies 1994, 105.
110 Onnettomuustutkinnan raportit: https://web.archive.org/web/20080703165044/http://www.geocities.com/CapeCanaveral/Lab/8803/comgalyp.htm
111 Wanhill et al. 2015, 7.
112 Ks. esim. McBrearty 1956.
113 Rinnakkaisperiaate on keskeinen osa erityisesti ydinvoimalaturvallisuutta. Ks. esim. Perustietoa Olkiluoto 3:sta, 2009, 21–23.
114 Wanhill et al. 2015, 11–12
115 Gawande 2011, 32–34.
116 *Blue Sky*. Vol. 9. Issue 2. Feb 2011. Ks. myös Gordon et al. 2013, 127; Schultz 2018; 91–92.
117 Gawande 2011, 34.
118 Gordon et al. 2013, 127.
119 Degani ja Wiener 1990, 7.
120 Degani 1993, 5.
121 Onnettomuuslennot olivat Northwest Airlines 255 (1987), Delta Air Lines 1141 (1989) ja USAir 5050 (1990).
122 Degani et al. 1990, p.1.
123 Burian 2004.
124 Nowinski et al. 2003, 1–2.
125 Maltby 2013, 3.
126 Ibid. 5–6.

127 Potthast 2003, 45. Kirjoittaja analysoi *New York Times* -lehdessä käytyä keskustelua onnettomuudesta. Materiaalina on 500 toimitukselle lähetettyä lukijakirjettä. Potthast 2003, 43–65.
128 Cocklin 2004, 25.
129 Carley 1998. Lainaus McCall ja Pruchnicki 2017, 148.
130 Onnettomuuden taustoista, ks. Whittingham 2004, 235–242.
131 Swissair 111, 216–217.
132 Flight International 2007, Oct. 16–22, 12.
133 Ks. esim. McCall et al. 2017, 148–149.
134 Ks. esim. Aarons 2003, 220–227.
135 Cimber Air OY-CIM 2013.
136 Ibid. 40.
137 Maltby 2013.
138 Hollnagel 2009. Myös US Airways 1549 -lennon kohdalla miehistö joutui kiireisessä pakkotilanteessa priorisoimaan tehtävät ja keskittymään pakkolaskun kannalta olennaisimpiin valmisteluihin. US Airways 1549, 88.
139 Pariès 2021, 3.
140 Ks. esim. Cusick et al. 2018, 394–398; Reiman ja Oedewald 2008, 218–220.
141 *Flight Safety Digest*. August–September 2003, 15.
142 Warrenin isä Hubert Warren oli kuollut vuonna 1934 yhdessä Australian historian ensimmäisistä lento-onnettomuuksista. https://www.britannica.com/biography/David–Ronald–Warren
143 Sear 2001, 9.
144 Warren 1954.
145 Walker 2017, 15.
146 http://kenblackbox.com/blackbox.htm
147 Laitteistot tunnettiin nimellä ”Davell Red Egg”, mikä viittasi valmistajan lisäksi väritykseen ja pyöreään, iskuja kestävään muotoon. Walker 2017, 15.
148 Sear 2001, 16. Blackbox-nimitystä lienee käytetty ensimmäisen kerran 1920-luvulla Albert Abramsin kehittämästä sähköisestä uskomushoitolaitteesta. Reflexophone-nimellä markkinoitu, mustaan puukuoreen suljettu laite oli kaupallinen menestys ja herätti aikoinaan mediajulkisuutta. http://www.nolindan.com/lindancollection/ql209.html .
149 Campbell 2007, 2.
150 Laitteistoja valmistettiin kymmenisen kappaletta, ja pari niistä ostettiin myös ulkomaille. *Tekniikan historia* 1/2013. Ks. myös https://www.vlmyrsky.fi/historia/19
151 David Warrenille (1925–2010) on myönnetty erityisesti 2000-luvulla lukuisia kunnianosoituksia ja palkintoja lennontallentimien kehitystyöhön liittyvistä ansioistaan. http://kenblackbox.com/blackbox.htm
152 Aircraft – Australasia’s Aviation Magazine. July 1962, 28. Sitaatti ks. Campbell 2007, 2.

153 Walker 2017, 15.
154 Walker 2017, 15. Ks. myös https://aviation-safety.net/database/record.php?id=19651027-0.
155 Campbell 2007, 18.
156 Ibid. 14.
157 Sear 2001, 21.
158 *Tekniikan historia* 1/2013.
159 Cusick et al. 2017, 298–299.
160 Pan Am Clipper 759, 1982.
161 Holada 2009, 214.
162 Delta Airlines Flight 191, 1987; Holada 215–216.
163 Holada 2009, 216; Cusick et al. 2018, 280–281.
164 Walker 2017, 16.
165 Cusick et al. 2017, 244.
166 Amalberti 2001.
167 Ks. esim. Reiman ja Pietikäinen 2012, 1994–1999; Reiman ja Oedewald 2008, 68–71.
168 Ks. esim. Collingwood 1994, 282–302.
169 Meretoja 2017, 2.
170 Sukkulan laukaisusta käydyn puhelinkokouksen muistio, ks. Challenger 1986, 222–254.
171 Weick 1987, 115. Ks. myös Feldman 2004, 713–714.
172 Weick 1987, 125.
173 Ks. esim. Amalberti 2001.
174 Reiman ja Oedewald 2008, 70.
175 Amalberti 2001, 111. Kirjoittajan mukaan ultraturvallisessa toiminnassa on saavutettu yksi vakava onnettomuus jopa 10 miljoonaa operaatiota kohden. Ibid. 109.
176 Ibid. 121.
177 Heli Koivu, sähköposti 22.4.2021.
178 Suomessa noudatettavat menettelyt ja ohjeet on kuvattu ilmailuohjeessa GEN T1-4.
179 Reiman ja Pietikäinen 2012, 1993.
180 Weick 1987, 118–119. Ks. myös Hollnagel 2014, 5.
181 ICAO. Annex 6. I/3.
182 Yhdysvalloissa on käytössä lyhenne FOQA (*Flight Operational Quality Assurance*). Muualla maailmassa käytetään lyhenteitä FDM (*Flight Data Monitoring*), FDA (*Flight Data Analysis*) tai FDAP (*Flight Data Analysis Program*). Cusick et al. 2017, 244–245.
183 Campbell 2007, 18.
184 Tiedon tallentamista ja analyysiä varten nykyaikainen matkustajakone on varustettu useammalla toisistaan riippumattomalla laitteistolla ja ohjelmistolla. Näitä

ovat mm. koneen järjestelmien arvoja tallentava FDAU (Flight *Data Acquisition Unit*), lentotietoja tallentava DMU (*Data Management Unit*) sekä tarkkoja lentoarvoja tallentava ja nopeasti purettava QAR (*Quick Access Recorder*). Cusick et al. 2017, 246–247.

185 Analysointiohjelma tunnetaan mm. lyhenteenä GDRAS (*Ground Data Replay and Analysis System*).

186 CAA 2003, 1–2.

187 Raportoinnissa voidaan kuvata, mitä ko. tilanteessa tapahtui ja mitkä reunaehdot vaikuttivat (esim. lennonjohdon selvitykset). Heli Koivu, sähköposti 22.4.2021.

188 Cusick et al. 2017, 247–249.

189 Ks. esim. Ekman 2007.

190 Henchie 2011; Walker 2017, 21.

191 US Railroad Safety Appliance Act 1893. Matkustajista käytettiin nimitystä "viattomat sivulliset" (*innocent bystanders*). Hollnagel 2014, 25.

192 Heinrich 1931.

193 Dominoteoriansa Heinrich esitteli ensimmäisen kerran kirjansa vuonna 1950 ilmestyneessä painoksessa.

194 https://www.britannica.com/topic/domino-theory

195 Heinrich 1931, 91.

196 Ks. esim. Manuele 2002.

197 Reiman ja Oedewalde 2008, 195, 413–418.

198 Manuele 2011, 52.

Luku 2. Turvallisuus, inhimilliset tekijät ja miehistöyhteistyö

199 Wiener et al. 1988, xvii.

200 Myllymäki 2020, 94–95.

201 Cameron 1999, 54.

202 Vapaavuori et al. 1992, 23.

203 Schroeder 2017.

204 Tunnettuja tutkimuksia olivat mm. Davies 1948 ja Drew 1940. *Pilot error: some laboratory experiments* (1948); Drew, *An experimental study of mental fatigue* (1940).

205 Wiener ja Nagel 1988, 8.

206 Katsaus sodanjälkeisen tutkimukseen ks. Wiener ja Nagel 1988, 9. Tutkimuksissa paljastui mm., että useampia osoittimia käyttävät korkeusmittarit olivat syynä moniin virhetulkintoihin. Havainto johti mittarinäyttöjen selkeyttämiseen. Edwards 1988, 18.

207 Ks. esim. Hollnegel ja Woods 1999, 340–341.

208 Ilmailulääketieteen ja -psykologian kehityksestä ks. Vapaavuori et al. 1992, 5–11.

209 Vapaavuori et al. 1992, 219.
210 Shappel ja Wiegmann 2003, 2.
211 ICAO 1993, 5.
212 Dekker 2002, 58.
213 Edwards 1972.
214 Hawkins ja Orlady 1993.
215 Ks. esim. Wiener ja Nagel 1988, 11–17.
216 ICAO 1993. Ks. myös ICAO 2013b, 2.4.2.–2.4.4.
217 SHELL-mallista ks. Edwards 1988, 11–25; Cusick et al. 2018, 59–60; Vapaavuori et al. 1992, 85–88.
218 Edwards 1988, 11–15.
219 IATA 2021a, 2.
220 https://www.lentoposti.fi/uutiset/suomen_lentoliikenne_v_hentynyt_825_prosenttia_ilmailualalla_on_edess_pitk_toipilasaika
221 Edwards 1988, 14.
222 Ibid. 16.
223 Cusick et al. 2018, 140–142.
224 Edwards 1988, 23.
225 Hunter 1989. Teoksessa Wise et al. 2009, 13–8.
226 Wise et al. 2009, 13–2.
227 Ibid. 13–8.
228 Ibid. 12–3.
229 Gardziella 1981. Tutkimuksessa lentäjille tehtiin laaja testipaketti, johon kuuluvat mm. älykkyystesti (WAIS), reaktiotesti (SAM), motoriikan koordinaatiotesti (MPC), myokineettinen persoonallisuustesti, SCWT (väri- ja sanatesti), Wartegg-piirustustesti ja päätöksentekotesti. Ks. myös Gardziella 1980, 1.
230 Nyström 2009, 11.
231 Gardziella 1986, 447–461.
232 Warteggin piirrostesti (*Wartegg Zeichen Test*, WZT) perustui itävaltalais-saksalaisen psykologin Ehrig Warteggiin (1897–1983) Saksassa 1930-luvulla kehittämiin teorioihin. Testattavan tehtävänä oli jatkaa piirtämistä kahdeksassa neliössä, joiden sisällä oli erilaisia aihioita. Testi oli käytössä Suomessa vielä 2000-luvulla, jolloin heräisi keskustelu testin pätevyydestä ja heikosta akateemisesta tutkimusnäytöstä. Gardziella oli Wartegg-testien vahva puolestapuhuja, ja hän sovitti saksalaisen testiaineiston suomalaiseen käyttöön. Hänen ja lentäjäyhdistyksen välillä syntyi jännitteitä, ja Finnair siirsi lentäjien psykologisen testaamisen omalle lento-osastolleen. Nyström 2009, 11. Ks. myös Gardziella 1985.
233 Sorsa 2016.
234 Air Florida 1982
235 Wiener et al. 1993, 296–297.

236 Näitä olivat mm. lennonjohdon paineet, konetyypin herkkyys jäänmuodostukselle sekä koneen käsikirjan epäselvät ilmaisut koskien siipien jäänpoistoa. Buck 1994, 139–146.
237 Puutteet koskivat erityisesti ns. MEL (*Minimun Equipment List*) -vaatimuksia, jotka määrittelevät, mitä laitteet pitää missäkin käyttötilanteessa olla toimivia.
238 Air Ontario 1363.
239 Reason 1997, 163.
240 Job 1999, 62. Ks. myös *Aviation Safety Letter* 1/2004.
241 Helmreich 1992. Ks. myös Helmreich ja Foushee 1993, 13–15.
242 Helmreich ja Merrit 1998, 36–39.
243 Ibid. 5.
244 Cusick et al. 2018, 128.
245 Gordon et al. 2013, 28.
246 Kayten 1993, 296–298.
247 Ibid. 298.
248 *Poor Teamwork as a Cause of Aircraft Accidents* 1951. Teoksessa Kern 2001, 6.
249 Ks. esim. Lovell ja Kluger 2000.
250 Ruffel Smith 1979.
251 Chidester 1993, 315–316
252 Koeohjelman aikana nauhoitettuja keskusteluja hyödynnettiin jatkotutkimuksessakin. Helmreich ja Foushee 1993, 17.
253 Tenerife 1978, 27.
254 Näitä olivat erityisesti Eastern Airlines 401 -lennon tuhoutuminen 1972 Floridassa (Lockheed L-1011) sekä European Airwaysin lento 548 (HS Trident) samana vuonna.
255 United Airlines 173.
256 Ibid. 26, 27.
257 Yksityiskohtainen kuvaus lennon vaiheista ja käydyistä keskusteluista, ks. Beaty 1995, 58–67.
258 Ks. Gordon et al. 2013, 15–17: Beaty 1995, 61–66.
259 Cusick 2018, 129.
260 United Airlines 173. Recommendation No. AAR–79–47.
261 Ensimmäisen kerran CRM-lyhennettä on mahdollisesti käyttänyt NASAn ilmailupsykologina toiminut John K. Lauber. Gordon et al. 2013, 27.
262 United Flight 227. Ks. myös Gordon et al. 2013, 30.
263 St. Pierre et al. 2011, 243: Kohn et al. 2000, 180.
264 Gordon et al. 2013, VII.
265 US Airways 1549, 2010.
266 Sullenberg 2009.
267 Gordon et al. 2013, VIII.
268 Sullenberg 20098, 238–239.
269 Blake ja Mouton 1978.

270 Gordon et al. 2015, 30–31; Helmreich ja Foushee 1993, 28–29.
271 Gordon et al. 2015, 30.
272 Garnegien kirja on vuonna 1937 ilmestynyt elämäntaito-opas, jota on myyty yli 15 miljoonaa kappaletta. Teosta pidetään alan klassikkona. Helmreich ja Foushee 1993, 28.
273 Vapaavuori et al. 1992, 235.
274 Cusick et al. 2018, 29.
275 Wise et al. 2009, 10–3.
276 Butler 1993, 236.
277 Ibid. 246.
278 Näitä järjestelmiä ovat mm. sähköinen integroitu kuvaruutunäyttö (*Electronic Flight Instrument System*, EFIS), lennonhallintajärjestelmä (*Flight Management System*, FMS) ja Airbus-koneiden keskistetty monitorointijärjestelmä (*Electronic Centralized Aircraft Monitor*, ECAM). Ks. esim. Cusick et al. 2018, 764–765.
279 Wiener et al. 1993, 254.
280 British Midland 092, 1989.
281 Whittingham 2004, 207.
282 Ks. esim. Smith 2000.
283 Ibid. 109.
284 Chute ja Wiener 1996, 217–219.
285 Chute ja Wiener 1995, 261.
286 Salo 2013, 8. Ks. myös Chute ja Wiener 1995, 261.
287 Cusik et al. 2017, 131.
288 Salo 2013.
289 Ford 2010,395.
290 Euroopan ilmailuviranomaisen viimeisin päivitys on vuodelta 2015 (2015/005/R). FAA FAR 121.542.
291 Chute ja Wiener 1996, 217.
292 Salo 2013, 52.
293 Germanwings 9525.
294 Ibid. 98–103.
295 https://ad.easa.europa.eu/ad/2016–09
296 Ks. ilmailulaki 7.11.2014/864, 56§.
297 Vanhoenecker 2016, 238.
298 Gordon et al. 2013, VIII.
299 Matti Sorsan haastattelu. MTV3-uutiset 26.3.2015.
300 Wise et al. 2009, 209.
301 Pariés ja Amalberti 1995. Teoksessa Wise et al. 2009, 209. Ks. myös Ford 2010, 395.
302 Wise et al. 2009, 212.
303 Helmreich et al. 1999. Ks. myös Wise et al. 2009, 213.
304 Helmreich 2000, 7.

305 Wise et al. 2009, 213. EASA edellyttää, että CRM-koulutukseen sisältyy myös joustavuuden (resilienssin) vahvistamiseen liittyvä osuus. EASA 2016, 167.
306 Pierson 2014, 8.
307 A380 on varustettu sähköisellä monitorointi- ja hälytysjärjestelmällä (ECAM). Järjestelmä analysoi jatkuvasti 1320:n "tarkistuslistan" välityksellä lentokoneen järjestelmien toimivuutta. ECAM käyttää kuutta eri väriä ilmoittamaan poikkeamatilanteen laadusta ja vakavuudesta. Qantas 32, 182–200. Ks. myös de Crespigny 2018: 1. Ks. myös https://www.aerosociety.com/news/exclusive-qantas-qf32-flight-from-the-cockpit/
308 de Crespigny 2018: 1.
309 Qantas 32, 2011, 34–36.
310 ATSB 2011.
311 ATBS 2011, 255–256.
312 Ibid. 37. Ks. myös Salas et al. 1999, 161–172.
313 ATSB 2011, 37–38.
314 ATSB 2011, 36–37.
315 de Crespigny 2012; de Crespigny 2018.
316 https://www.aerosociety.com/news/exclusive-qantas-qf32-flight-from-the-cockpit/#sthash.6LZ4jxGR.dpuf
317 Foushee 1984.
318 Wiegmann ja Shappel 2001; Salas et al. 2000, 400.
319 Salas et al. 1999, 165.
320 Salas et al. 2006.
321 Salas et al. 2001.
322 Helmreich ja Foushee 1993. Ks. Helmreich ja Merrit 1998, 156–166.
323 Salas et al. 2006, 410.
324 Helmreich ja Wilhelm 1998. Lainattu artikkelista Salas et al. 2000, 506.
325 22.12.1999 tuhoutui Lontoon Stansteadin kentän läheisyydessä Korean Air Cargon B747 rahtikone. Onnettomuustutkintaselostuksessa suositeltiin yhtiötä varmistamaan, että CRM-koulutuksen materiaalit toimivat myös korealaisessa kulttuuriympäristössä. Korean Air Cargo 8059, Safety Recommendation No 2003–62.
326 Ks. esim. Bowers et al. 1995.
327 O'Leary 2002, 246.
328 Helmreich ja Foushee 1999, 4.
329 Salas et al. 1999, 165.
330 Wiener et al. 1993, 489.
331 Ks. esim. Cahill et al. 2014.
332 Teperi 2012; Teperi et al. 2015.
333 Teperi 2012, 8. Ks myös Teperi et al. 2015.
334 Teperi et al. 2018.
335 Teperi et al. 2016.
336 Teperi et al. 2021.

337 Teperi et al. 2020.
338 Pierson 2014, 69.
339 Koskela 1993, 17. Koskela toimi pitkään Finnairin pääohjaajana sekä kansainvälisen lentoturvallisuuskomitea Icaruksen jäsenenä.
340 Heinrich 1931.
341 Turner 1978. Keskeiset kohdat, ks. http://www.mindtherisk.com/literature/157-man-made-disasters-by-barry-a-turner
342 Turnerin merkityksestä onnettomuuksien sosiologiselle tutkimukselle, ks. Gherardi 1999, 233–239.
343 Turner ja Pidgeon 1997.
344 Ibid. 72.
345 Turner 1978, 85.
346 Ibid. 74.
347 Turnerin teorian analysointia, ks. Pidgeon ja Leary 2000.
348 Weick 1998, 72.
349 Turner 1978, 201.
350 Tenerife 1977.
351 Ks. esim. Fitzgerald 2010; Rinne 2018, 1–46.
352 Vastaavanlaisia kiitotieonnettomuuksia ovat mm. 7.12.1983 tapahtuneet Iberia 350 (B727) ja Aviaco 134 (DC-9) sekä Northwest 1482 (DC-9) ja Northwest 299 (B727) lentojen yhteentörmäämiset. Kummassakin tapauksessa huonon näkyvyyden lisäksi onnettomuuksiin vaikuttivat kiitotiemerkintöihin, radioliikenteeseen ja miehistön yhteistoimintaan liittyneet kommunikaatio-ongelmat.
353 Tenerife 1978, 14–15.
354 Ibid. 17–18.
355 Cusick et al. 2018, 103.
356 Beaty 1995, 31.
357 Viestinnän teorioista, ks. esim. Fiske 1990, 13–40.
358 Dominique 2016, 16.
359 Tutkimuksen tekijä oli Yhdysvaltain ilmavoimien majuri ja viestintäasiantuntija F.D. Handy. Moser 1959, 9.
360 Radioaakkosten historiasta ks. Moser 1959.
361 Moder ja Halleck 2009, 25.2. Teoksessa Krasnicka 2016, 113.
362 Näitä olivat erityisesti *International Convention for Air Navigation* (1919) ja *Air Commerce Act* (1926). Gilbert 1973, 364.
363 Gilbert 1973, 365.
364 Groydonin varhaishistoriasta, ks. Learmonth et al. 1977.
365 Gilbert 1973, 366.
366 Grand Canyon 1956.
367 Ks. esim. https://www.faa.gov/about/history/brief_history/
368 Tajima 2004, 453.
369 Dominique et al. 2016, 17–18.

370 Cambell-Laird 2004, 258.
371 Robertson et al. 1988, I.
372 Ilmailuenglannin rakenteesta, ks. Philips 1991, 109.
373 Chrystal 2012, 106–107.
374 Ilmailun telekommunikaation kehityksestä, ks. ICAO 2001.
375 Ragan 1997, 34.
376 Onnettomuuden radioliikenteen analysointia, ks. Rinne 2018, 43–44; Tajima 2004, 459–461.
377 Suomalaisesta ilmailun radiopuhelinliikenteestä, ks. TrafiCom 2011. ROGER-kuittaus perustuu alun perin sähkötyksessä käytettyyn kirjainkuittaukseen R (*Recieved*) WILCO on puolestaan lyhennys sanoista *I will comply*.
378 Cushing 1994; 1995.
379 Weick 1987, 121.
380 Vapaavuori et al. 1992, 233.
381 Crystal 2012, 108; Campbell-Laird 2004, 259.
382 Barbieri 2014, 616. Ilmailuenglannin kulttuurisesta merkityksestä, ks. Turney 2017.
383 Tajima 2004, 465–466. Ks. myös Sullivan ja Girginer 2002.
384 Howard 2008, 385. Ks. myös Helmreich 1994, 282.
385 House 2003, 574–575.
386 Avianca 52.
387 Helmreich 1994, 262–66.
388 Tajima 2004, 458.
389 Ragan 1997, 32–33.
390 Avianca 52, 64–65.
391 Näitä olivat mm. American Airlines 965 (1990), Saudi Arabian Airlines 763:n ja Kazakhstan Airlines 1907:n törmäys Charkhi Dadrin kylän yläpuolella sekä Garuda Indonesia Airlines 152. Krasnicka 2016, 113. Barbierin mukaan vuosina 1976–2001 tapahtui seitsemän onnettomuutta, joissa osasyynä olisivat olleet kommunikaatio-ongelmat. Näissä onnettomuuksissa kuoli yhteensä 1 460 ihmistä. Barbieri 2014, 617. Boeing-tehtaan teettämän tutkimuksen mukaan noin 11 % kaupallisen liikenteen kuolemaan johtaneissa onnettomuuksissa keskeisenä syynä olisi ollut virheellinen viestintä. Tajima 2004, 453.
392 ICAO 1998, *Assembly Resolution* A32–16.
393 ICAO, *Annex* 1: Rec. 1.2.9.; *Annex* 10: Rec. 5.2.
394 ICAO, *Annex* 1, ATT A-1. Ks. myös Krasnicka 2016, 115–116.
395 Krasnicka 2016, 118–119.
396 EASA. Directive 2006/23/EC. Ks. myös Krasnicka 2016, 120–121.
397 Crystal 2012, 106. Ks. myös Weeks et al. 1984.
398 Wiener et al. 1993, 129.
399 Helmreich et Merrit 1998, 77.

400 ICAO, *Manual on Information and Instructions for Passenger Safety*. Doc 10086. Ks. myös ICAO *Annex* 6, Part 1. Tyypillinen kuulutus on *arm the doors*, joka on käsky poistaa varmistukset hätäliukumäkien laukaisulaitteista. Samoin henkilökunta istuu nelipistevöissä selkä menosuuntaan ja käyttää lähdön hetkellä tulelta suojaavia sormikkaita.

401 Parker 2006, 1.

402 Johnson 1979, 3.

403 Lainaus Molesworth 2014, 302.

404 Ibid. 10.

405 Johnson 1979.

406 Vapaavuori et al. (1992) ehdottavat, että turvaohjeet pitäisi antaa 12-vuotiaiden lapsien tulkittavaksi. Jos he pystyvät tulkitsemaan ohjeet oikein, on "kohtuullinen todennäköisyys, että ohje täyttää vaatimukset". Vapaavuori et al. 1992, 242.

407 Molesworth 2014, 309.

408 Seneviratne ja Molesworth 2015, 130.

409 Molesworth 2014, 310.

410 Wood, R 2001. Safety cards and safety briefings: getting passengers' attention. *Air Safety Week*, vol. 15, iss. 10. Lainaus Parker 2004, 10.

411 Lento-onnettomuudella tarkoitetaan tässä yhteydessä tapahtumaa, jossa "henkilö kuolee tai loukkaantuu vakavasti tai jossa lentokone kärsii rakenteellisia vaurioita". Ks. esim. NTSB 49 CFR Part 830.2.

412 Fennel ja Muir 1992. Lainattu teoksesta Parker 2004, 10.

413 ETSC 1996, 6.

414 NTSB 2001b, 6.

415 Ks. esim. OTKES 2018.

416 Parker 2006, IX.

417 Helmreich et al. 1999, 6.

418 FAA 14. CFR § 91.3; Ilmailulaki 7.11.2014/864, 56§.

419 Vapaavuori et al. 1992, 233.

420 Salo 2013, 10.

421 Gordon et al. 2013, 48.

422 Pierson 2014, 23.

423 Nämä rajoitukset on lueteltu ICAO:n jäsenmaiden viranomaismääräyksessä MMEL (*Master Minimun Equipment Lists*).

424 Pierson 2014. 27–28. Tekijä käyttää tätä muistisääntöä myös käydessään ohjaamossa läpi normaalia tarkistuslistaa. Ibid. 33–35.

425 Wilkinson 1993, 4.

426 Tiivis kuvaus tapahtumien ketjusta, ks. Reiman ja Oedewald 2008, 178–183.

427 Onnettomuuden historiallisesta merkityksestä, ks. Walker 2004.

428 Perrow 1984.

429 Perrow 1984, 9.

430 Perrow 1984, 123.
431 Esimerkiksi sairaaloiden potilasturvallisuutta käsittelevä *The Err is human* -raportti tukeutuu vahvasti Perrow'n teorioihin. Ks. Kohn et al. 2000, 52, 57.
432 Reiman ja Oedewald 2008, 237–238.
433 Perrow 1999, 339. Ks. myös Le Coze 2015a, 276.
434 Ks. esim. Sagan 1993. Myös Bourrier 2011.
435 Ks. esim. Hopkins 1999.
436 Challenger 1986, 290.291.
437 Feldman 2004, 714. Ks. myös Reiman ja Oedewald 2008, 137–138.
438 Ks. Vaughan 1996, 12–17.
439 Ks. esim. Hopkins 1999, 93–102; Le Coze 2015a, 275–286; Reiman ja Oedewald 2008, 132–140.
440 Ks. esim. Le Coze 2015a, 283–284.
441 Perrow 1999, 168–169.
442 Ibid. 329.

Luku 3. Onnettomuudet ja oikeudenmukainen toimintakulttuuri

443 Ansett 703.
444 OTKES 2009.
445 Dekker 2011a, 123.
446 Lauterpacht et al. 2002, 272–300.
447 Ks. *Flight International*, Dec 11–Dec 17, 2007; 172, 5117.
448 Keski-Suomen käräjäoikeuden ratkaisu 30.8.2011 11/2612.
449 Keski-Suomen KäO R11/1341, s. 6–7.
450 *Ilmailu* 2011/8, 46–47; 2011/10, 48.
451 OTKES 2008.
452 Helsingin KäO 15.2.2013. Ks. myös *Suomen Kuvalehti* 15.2.2013.
453 Helke 2019, 168–173. Ks. myös Helke 2022.
454 *Chicago Convention* 1944, Artikla 26.
455 Euroopan Neuvoston direktiivi 94/56/EY. 21.11.1994. Direktiivi on sittemmin kumottu ja korvattu asetuksella No. 996/2010, EUVL L 295/35, 12.11.2010.
456 EU 996/2010. EU:n asetus N:o 996/2010. Siviili-ilmailun onnettomuuksien ja vaaratilanteiden tutkinnasta ja ehkäisemisestä ja direktiivin 94/56/EY kumoamisesta.
457 EU 996/2010, 4.
458 Ibid. 3.Artikla, 3.
459 EU 996/2010, 15.
460 ICAO 2003.
461 Ibid. 5.1.2.

462 ICAO 2013b.
463 Ismo Aaltonen haastattelu 4.8.2020. Tekstissä viitataan Jämijärvellä tapahtuneeseen onnettomuuteen, jossa laskuvarjohyppääjiä kuljettaneen koneen maahansyöksyssä kuoli kahdeksan henkeä. Ks. OTKES 2014.
464 Nixon et al. 2018, 158.
465 Onnettomuustutkinnan menetelmistä ja periaatteista, ks. Sklet 2004.
466 ICAO 2013b.
467 *The Postal History of ICAO* 2018.
468 Turvallisuustutkinnan kehityksestä, ks. Piironen 2013, 16–18; Oksala 2013, 36–38, 49–60.
469 Ks. turvallisuustutkintalaki 20.5.2011/525. Luku 3, 19–20§.
470 Euroopan parlamentin ja neuvoston asetus poikkeamien ilmoittamisesta, analysoinnista ja seurannasta siviili-ilmailun alalla, 3.4.2014. N:o 376/2014 (5).
471 EU 996/2010, EUVL L 295/35, 12.11.2010; Turvallisuustutkintalaki 20.5.2011/525.
472 EU 376/2014 (6).
473 EU:n poikkeamadirektiivin ”ainoana tarkoituksena on ehkäistä onnettomuudet ja vaaratilanteet eikä syyllisyyden tai vahingonkorvausvelvollisuuden osoittaminen.” Poikkeamadirektiivi 2003/42/EY 1. artikla; Ilmailuohje GEN T1–4, 15.11.2015.
474 Keskeinen ilmailumääräys on OPS M1–1 (ilmailulaki 864/2014, 3§).
475 Sisäasiainministeriön poliisiosaston ohje lento-onnettomuuksien tutkinnasta 25.6.2009.
476 Helke 2019, 90–93; Piironen 2013, 166–167.
477 Turvallisuustutkintalaki 20.5.2011/525. Luku 3, 17–26§. Ks. myös Lybeck 2006, 6–11.
478 Piironen 2013, 160–209.
479 Rasmussen ja Svedung 2000. Ks. myös Le Coze 2015b, 134–136; Rasmussen 1997; Sklet 2004, 58–62.
480 Woods ja Cook 2002, 137–138.
481 Ibd. 179–180. Ks. myös Mäenpää 2011, 189–193.
482 Ismo Aaltonen, haastattelu 4.8.2020.
483 Überlingen 2002.
484 Ks. Brooker 2008; Johnson 2006; Reason et al. 2006; Weyer 2006;
485 Brooker 2008, 1483. Murhaaja sai Sveitsissä vankeusrangaistuksen. Vapautumisen jälkeen hänet karkoitettiin Venäjälle. Kotiseudullaan Ossetiassa häntä pidettiin kuitenkin kansallissankarina ja nimitettiin mm. julkisten töiden varaministeriksi. *The New York Times* 30.6.2012.
486 Reason et al. 2006, Liite 1. Ks. myös Brooker 2007, 1488–1490.
487 Osana eurooppalaista SESAR-hanketta on kehitetty TCAS-tekniikkaa tehokkaampi, tekoälyyn tukeutuva ACAS-X-järjestelmä. Ks. Eurocontrol 2020, 69.
488 Reason et al. 2008, 2.
489 Brooker 2008, 1483.

490 Cusick et al. 2017, 63.
491 Brooker 2008, 1501.
492 Snook 2000. Kirjoittaja on USA:n sotilasakatemian professori, ja teos perustuu hänen väitöskirjaansa. Reiman ja Oedewald 2008, 221–231 kuvaavat tiiviisti Snookin keskeiset tutkimustulokset.
493 Linate 2004.
494 http://news.bbc.co.uk/2/hi/europe/6977136.stm
495 Linaten onnettomuuden juridisista ongelmista, ks. Solomon ja Relles 2011, 430–433.
496 Garzone et al. 2010, 213–215.
497 *Flight International;* Apr 27–May 3, 2004; 165, 4931.
498 Lofquist 2010, 1522.
499 Johnson C. 2003, 851–853.
500 Johnson C. 2006 (ilman sivunumeroa).
501 Dekker et al. 2012, 211.
502 https://www.icao.int/safety/Documents/ICAO_SR_2018_30082018.pdf
503 Ks. esim. Oster et al. 2013, 148–164.
504 Habchi 2015, 11.
505 Lybeck mainitsee ainoana tuntemanaan tutkimuksena NTSB:n roolia onnettomuustutkinnassa käsittelevän selvityksen (Lebov et al. 1999). Lybeck 2006, 12.
506 https://aviation-safety.net/wikibase/wiki.php?id=147119. Ks. myös Dekker 2002, 23–24.
507 Wilkinson 1993, 2.
508 Ks. Bennun 1995; Dekker 2007, 29–38; Wilkinson 1993.
509 Wilkinson 1993, 10.
510 Ks. esim. Abeyratne 2012, 5.1.; Brymer 2008; Dekker 2011a, 123; FSF 2006; Habchi 2015, 11–15; Lawrenson et al. 2018; Learnmount 2010, 1–3.; Solomon ja Relles 2011, 430–437.
511 HS 15.1.2003. Ks. myös HS 22.2.1997.
512 FSF 2006; Luettelo tunnetuimmista onnettomuuksista ja niihin liittyneistä oikeusprosesseista, ks. Dunn et al. 2009; Lawrenson ja Braithwaite 2018, 254–257.
513 Lawrenson ja Braithwaite 2018, 258.
514 Michaelides-Mateou et al. 2016, XXI.
515 Ministry of Justice 2007. Ks. myös Lawrenson ja Braithwaite 2018, 258–259.
516 Näitä onnettomuuksia olivat mm. Herald of Free Enterprise -lautan haaksirikko, Kings Crossin metroaseman tulipalo sekä Claphamin, Landbroken ja Hartfieldin junaonnettomuudet. Lawrenson ja Braithwaite 2018, 259.
517 Dekker (2011, 123) käsittelee artikkelissaan tätä median, populismin ja ahdistuksen keskinäistä suhdetta.
518 Quinn 2007, 12.
519 Ks. erityisesti Giddens 1991.
520 Solomon ja Relles 2011, 140.

521 Michaelides-Mateou ja Mateou 2016, 69. Ks. myös McCall et al. 2017, 143.
522 Ks. esim. Dekker 2011a, 123.
523 EU Investigation and prevention of accidents 2010. Article 3.2.
524 Solomon ja Relles 2011, 409.
525 Ibld. 2. Ks. myös Dekker 2007, 37.
526 Concorde 2000.
527 Davies 1994, 117. Pääministeri Churchill lausui 20.8.1940 puheessaan: *"Never was so much owed by so many to so few."*
528 Cusick et al. 2017, 71.
529 Onnettomuuden taustatekijöistä, ks. Cusick et al. 2017, 70–77.
530 Oikeusprosessista ks. Solomon 2011, 427–429.
531 *Flight International* Feb. 9–Feb 15, 2010.
532 Kriittisiä äänenpainoja oikeusprosessista ja onnettomuustutkinnasta on esittänyt mm. entinen koneen kapteeni John Hutchinson. Ks. myös Ottaway 2013.
533 Solomon 2011, 426.
535 Ibid. 427–429.
536 Ylikangas 1978, 118–120.
537 Solomon 2011, 426.
538 Habchi 2015, 34–35.
539 Ks. esim. Bartsch2012, 31–46; Habchi 2015, 29–37; Learmount 2010; Solomon 2011, 415–438:
540 Civil Aviation Regulations 1996, 9(1).
541 Memorandum of Understanding 2008, 3.
542 Pan Am 103.
543 Habchi 2015, 33.
544 Solomon 2011, 415–416.
545 Ibld. 417–418.
546 American Airilines 965 onnettomuuden tutkintamateriaalia ei luovutettu. Päinvastainen päätös tehtiin USAIR 1016 onnettomuuden kohdalla. Eurocontrol 2006b, 20.
547 Ks. esim. Wise et al. 2009, 29.
548 Ks. esim. Lawrenson ja Braithwaite 2018; Learnmouth 2010; Lofquist 2010.
549 Dekker et al. 2011, 944.
550 Aleksijevitš 2000.
551 Reaktoriturvallisuuden tutkimusprofessori Jaakko Leppänen on blogissaan kuvannut yksityiskohtaisesti onnettomuuden ja tv-sarjan taustoja. Leppänen 2019.
552 Teos kuvaa tapahtuman taustat, kulun ja vaikutukset neuvostoyhteiskuntaan. Plokhy 2018.
553 Reason tunnustaa, että hänen teoreettiseen ajatteluunsa on ratkaisevasti vaikuttanut yhteistyö Jens Rasmussenin kanssa. Reason 1990, XII. Ks. Rasmussen 1983. Ks. myös Le Coze 2015b, 125.
554 Reason 1990, 193.

555 Reiman ja Oedewald 2008, 121.
556 Reason 1998, 299.
557 Reason 1990, 208.
558 Larouzée ja Guanieri tulkitsevat, että teorian luomisessa merkittävä rooli olisi ollut Reasonin läheisellä yhteistyökumppanilla, ydininsinööri John Wreathallilla (Larouzée ja Guanieri 2015).
559 Hollnagel 2004; Ks. myös Reiman ja Oedewald 2008, 1999.
560 Suomen atomienergialaki 7 b § (23.5.2008/342).
561 Ks. Reason 1997, 10.11.
562 Reason 1997, 10.
563 Metaforan valintaan saattoivat vaikuttaa Reasonin kaksi vuotta kestäneet lääketieteen opinnot. Larouzee ja Le Coze 2020, 3.
564 Reason 1990, 197–198. Reasonin ajattelun yksityiskohdista ja kehittymisestä ks. Reiman ja Oedewald 2008, 195–203.
565 Cusick et al. 2017, 63.
566 Reason 1997, 71; Reason 1990, 7.
567 Shappell ja Wiegman 1999; 2003.
568 Larouzee ja Le Coze 2020, 10.
569 Lehtinen 2017, 40.
570 Ilmailulaki luettelee tekijöitä, kuten sairaudet ja väsymyksen, joiden vuoksi lentäjän tulee kieltäytyä lennolle lähtemisestä. Ilmailulaki 864/2014, 170§.
571 Ryanair 2005, 14, 35.
572 ICAO 2013b, 2–9.
573 Ibid. 2–6.
574 Euroopan ilmatilaa valvova EUROCONTROL käynnisti oman turvallisuuskulttuuriohjelmansa 2006.
575 ICAO 2004, Cir. 302.
576 Eri turvallisuuskulttuurimalleista, ks. Guldenmund 2000. Ks. myös Traficom 2021b.
577 Reason 1998, 294.
578 Netjasov 2015, 75.
579 Weick 1987, 118–119
580 Reason et al. 1998, 289. Ks. myös Lofquist 210, 1523.
581 Oster et al. 2013, 150.
582 Weick 1987, 120; Reason 1998, 294.
583 Reason 1998, 294.
584 Ks. esim. European Parliament 2015.
585 Sertifiointiprosessien kalleus on johtanut siihen, että volyymeiltään vähäisemmän yleisilmailun puolella tyyppihyväksyttyjen lentokoneiden kehitys on ollut hidasta. Voimakkaimmin kehitys on tapahtunut ns. tyyppihyväksymättömien (*experimental*) koneiden kohdalla.
586 Reason 1998, 294.

587 Ibid. 299.
588 Reason 1990, 207–209.
589 Ks. esim. Eurocontrol 2006b; GAIN 2004.
590 Reason 1997, 195–220.
591 Oksanen 2013, 38.
592 Esim. Piric et al. 2015.
593 Reason 1997, 195. Ks. myös Oksanen 2013, 41.
594 Mm. Heraghty at al. 2020 arvostelevat ns. retributiivisen rangaistusteorian soveltamista onnettomuustapauksiin.
595 Dekker ja Breakey 2016, 187; Reason 1999, 210.
596 Wachter ja Provonost 2009, 1402.
597 Wachter ja Provonost 2009. Ks. myös Dekker 2010b, 275.
598 Reason 1997, 208.
599 Just Culturen ja itsekriminointisuojan välisestä suhteesta, ks. Oksanen 2013.
600 EU 376/2014, 41.
601 Wise et al. 2009, 29.4.2.2. Ks. myös Habchi 2015, 13–15.
602 Shappel ja Wiegman 1999. Lainaus Habchi 2015, 13.
603 Ks. esim. Traficom 2020, 31–32; Traficom 2021a, 15–16.
604 Eurocontrol 2020, 32–33.
605 Eurocontrol 2008,7.
606 Tapauskertomus käännetty vapaasti. Ks. Cusick et al. 2017, 253.
607 Virheiden luokittelusta, ks. Reason 1990, 53–96.
608 Eurocontrol 2006b, 21.
609 Reason 1998, 303. Sitaatti McCall ja Pruchnicki 2017, 149.
610 EU 376/2014, 3. artikla; Ilmailulaki 2017, 125§.
611 Ibid. 127§. Suomessa ei vuoteen 2020 mennessä ole tiettävästi oikeuden ennakkopäätöksiä lain tulkinnasta. Haastattelu Lauri Soini 24.8.2020.
612 Traficom 2020, 31.
613 Ilmailulaki 2017, 128§; Ks. myös Oksanen 2013, 65–66.
614 Lofquist 2010, 1523.
615 ICAO 2013b, 2.10.1.
616 ICAO 2010, Annex 6.2.
617 Trans World Airlines 514.
618 Ibid. 29.
619 Halford ja Harper 2008, 2.C.5–1.; O'Leary ja Chappell 1996, 11.
620 Keskeisiä tutkimusyksiköitä ovat olleet NASAn Ames Research Center sekä Battelle Laboratories. Cusick et al. 2018, 251.
621 FAA 1996, Appendix F, F–5.
622 FSF *Cabin Crew Safety*. Vol 32, No 5. 1997.
623 Cusick et al. 2018, 252. Ks. myös Ford 2010, 37–38.
624 ASRS:n julkaisuja ovat kuukausittainen *Callback* sekä jatkuvasti päivittyvä *ASRS Directline*. Cusick et al. 2017, 252.

625 FAA Advisory Circular Program 2002.
626 Heli Koivu, sähköposti 22.4.2021.
627 FAA Protection of Voluntarily Submitted Information 2001.
628 Halford ja Harper 2008, 2.C.5-2.–5.
629https://www.icao.int/APAC/Meetings/2013_APRAST3/ASIAS%20brief%20GH%2005%202013.pdf
630 Cusick et al. 2017, 256–262.
631 Tämä käy hyvin ilmi ICAO:n vuonna 2015 järjestetyn turvallisuuskonferenssin vertailevasta aineistosta. Ks. ICAO 2015c, 3.
632 EU 2014.
633 Heli Koivu, sähköposti 22.4.2021.
634 Lofquist 2010, 1522.
635 Jaottelua käyttää mm. ICAO 2013b, 2.2.
636 ICAO 2013b, 1.3.
637 Reiman ja Oedewald 2008, 300.
638 Dekker 2007, X.
639 Cusick et al. luettelevat ASAP-, ASRS- ja ASIAS-järjestelmien lisäksi 13 keskeistä raportointi-instrumenttia (2017, 257).
640 ICAO 2016c.
641 ICAO 2013b, 4-1–4-4.; Cusick et al. 392–394.
642 O'Leary 2002, 245.
643 ICAO 2010, Annex 6.1.3.
644 Cusick et al. 2013, 404.
645 Reiman ja Oedewald 2008, 345. Auditoinnista turvallisuusjohtamisen osana, ks. Kuusisto 2000.
646 Cusick et al. 2017, 409–413.
647 Peltola 2021, 37–38.
648 EU 2018/1139, 13.
649 Traficom 2020.
650 Traficom 2021a.
651 Malaysian Airlines 370. Lennosta 370 on ilmestynyt suuri määrä tutkimusta, kirjallisuutta ja artikkeleita. Ks. https://en.wikipedia.org/wiki/Malaysia_Airlines_Flight_370
652 *The Independent* 13.7.2019.
653 Malyasian Airlines 370, 443. Onnettomuustutkinnasta aavan meren alueella, ks. Piironen 2013, 126–130.
654 Näin on arveltu tapahtuneen mm. Qantas-yhtiön B747-koneen epäonnistuneen laskun jälkeen 23.9.1999. Ks. Qantas 1. Ks. myös ICAO Annex 13: 1 ja EU 996/2010, artikla 2: 1; Helke 2019, 12–18.
655 Dekker 2007, X. Ks. myös Green 2003, 31.
656 Reiman ja Oedewald 2008, 220.

657 Lennon AF447 onnettomuustutkinta nosti systeemiset tekijät keskusteluun ja johti samalla koulutusohjelmien muutoksiin.
658 Ibid. 36.
659 China Airlines 2002.
660 Columbia 2003, Vol. 201.
661 Woods 2004.
662 Weick ja Sutcliffe 2015, 50.
663 Saarinen 2017, 88.
664 MacCall et al. 2017, 144.
665 EU 326/2014, 33.
666 Ibid. 145.
667 Lee ja See 2004, 51.
668 Saarinen 2017, 192.
669 Saarinen 2017, 120
670 1. Moos 3:9.
671 Haastattelu Lauri Soini 24.8.2020.
672 Winter et al. 2018, 282. Ks. myös https://www.livescience.com/26914-why-we-are-all-above-average.html
673 Ks. esim. *Ilmailu* 6–7/1993.
674 O'Leary 2002, 247–248. Ohjelmasta on käytetty myös nimeä *Confidential Human Factors Reporting Programme* (CHIRP). Ford 2010, 39.
675 O'Leary ja Chappel 1999.
676 CIRP 2012.
677 Työssä kohdatut ja purkamatta jääneet kokemukset voivat aktualisoitua yllättäen myöhemmin. Ks. esim. EasyJet U2-211.
678 Soini 2018, 44.
679 Lehtinen 2017, 41.
680 Rochlin et al. 1987, 78. Ks. myös Weick et al. 1993, 357.
681 Rochlin et al. 1987.
682 Ks. esim. Reiman ja Oedewald 2008, 232–235.
683 Weick et. al. 1993, 363.
684 Weick 1987, 118.
685 Ibid. 188
686 Gotcheva et al. 2016, 93.
687 Söderholm 2013, 135–144.
688 WNA 2013, 18.
689 Ks. http://sidneydekker.com/
690 Dekker 2007.
691 Dekker 2007, 571. Ks. myös Dekker 2012.
692 Dekker 2012, 208–209.
693 Dekker et al. 2016, 221. Ks. myös Pagels 1988.
694 Dekker 2007, 579.

695 Dekker ja Nyce 2012, 208.
696 Dekker 2011b, 198–202. Ks. myös Henriqson et al. 2014.
697 Dekker et al. 2016a, 219, alaviite 1.
698 Teknologinen kehitys on nostanut kysymykset tahdonvapaudesta jälleen filosofiseen keskusteluun. Tiivis kuvaus nykykeskustelusta, ks. Visala 2018.
699 Dekker 2007, 571.
700 Zwetsloot et al. 2013, 44–45.
701 Suomalaisia ZAV-tutkijoita ovat mm. Markku Aaltonen, Riikka Ruotsala ja Jorma Saari. Toimintaa koordinoi Suomessa Työterveyslaitos. Ks. www.nollis.fi
702 Dekker et al. 2016a, 219–222.
703 Zwetsloot et al. 2017, 263–264.
704 Ks. esim. Dekker 2016b.
705 Dekker 2016a, 223.

Luku 4. Kriisejä ja toimivia turvallisuusmalleja

706 Aviators: The Wright Brothers. *Time* 29 March 1999. Sitaatti esiintyy useissa julisteissa ja artikkeleissa. Ks. esim. https://best-quotations.com/authquotes.php?auth=194
707 Abeyratne 2018, esipuhe.
708 IATA 2020.
709 Ultraturvallisessa systeemissä tapahtuu yksi tuhoisa onnettomuus 10 miljoonaa operaatiota kohden. Amalberti 2001, 109. Ks. myös Reiman ja Oedewald 2008, 315–316.
710 IATA koostuu yli 270 lentoyhtiöstä, jotka yhdessä vastaavat 95 prosentista kansainvälisestä säännöllisestä lentoliikenteestä.
711 IATA 2020, 1.
712 IATA 2021a, Chairman Foreword.
713 https://www.flightglobal.com/fleets/mixed-fortunes-globally-as-active-fleet-drops-towards-7000-aircraft/137893.article
714 *The Seattle Times* 6.10.2020.
715 https://www.kotus.fi/nyt/kuukauden_sana/kuukauden_sanat_2019/kuukauden_sana_heinakuussa_on_lentohapea.30745.news ; https://www.iata.org/en/pressroom/speeches/2019-09-03-01/
716 IATA:n pääjohtaja Alexandre De Juniac katsoi vuonna 2019, että ympäristöä koskevat uhkatekijät tulevat olemaan kansainvälisen ilmailun suurimpia uhkatekijöitä. https://www.iata.org/en/pressroom/speeches/2019-09-03-01/
717 Schäfer et al. 2019, 160.
718 IPCC 2018, 601; Lee et al. 2009.
719 Cohen et al. 2011.

720 IATA 2019, 8; ICAO 2018.
721 Wise et al. 2017, 250.
722 Ks. esim. ICAO 2017, vii.; ICAO 2016b, 146–147.
723 CORSIA 2016.
724 https://www.icao.int/environmental-protection/Pages/market-based-measures_old.aspx
725 ICAO 2017.
726 LVM 2020, 137–145.
727 ICAO 2016b, 136–140.
728 ICAO 2016b, 151–152.
729 Dahlmann et al. 2016.
730 Norris 2017. Guy Norris (Aug 8, 2017). "Turbofans Are Not Finished Yet". *Aviation Week & Space Technology*.
731 Lauri Soini, sähköposti 24.4.2021.
732 IATA 2019, 8.
733 IPCC 2018, 4.3.3.5 Shipping, freight and aviation.
734 LVM 2020, 119.
735 Schäfer et al. 2019, 161.
736 https://www.flightglobal.com/air-transport/norwegian-authorities-aim-for-electric-aircraft-debut-by-2030/137146.article .Sähköisen lentämisen mahdollisuuksista Suomessa ks. Baumeister et al. 2020.
737 EASA 2020c.
738 IPCC 2018, 646; Muratori et al. Wise et al. 2017.
739 de Jong, S. et al., 2017. Ks. myös LVM 2020, 105–107.
740 LVM 2020, 105. Tiivis kuvaus uusiutuvista ja synteettisistä ilmailupolttoaineista, ks. Bauen et al. 2020.
741 Airbus 2020.
742 Oravasaari 2020, 112–113.
743 Japan Airlines 2013.
744 LVM 2020, 116.
745 IATA 2019, 31.
746 Oravasaari 2020, 108–109.
747 Polttoaineiden on täytettävä yhdysvaltalainen ASTM D7566 -standardi.
748 LVM 2020, 103.
749 Sähköpolttoaineet täyttävät ASTM-vaatimukset, koska niiden valmistus tapahtuu ns. FT-SPK-menetelmällä.
750 Alkuperäisen sopimuksen tavoitteena oli kehittää kansainvälinen siviili-ilmailu "turvalliseksi ja hyvin järjestetyksi ja harjoittaa sitä yhtäläisten mahdollisuuksien pohjalta terveesti ja taloudellisesti". ICAO 1944, Preamble.
751 Ks. esim. Nieminen et al. 2005, 28.
752 Lähteenoja et al. 2006, 84.

753 https://www.faa.gov/air_traffic/technology/tbo/
754 EU 549/2004.
755 EU 219/2007, 2. Galileo-paikannusjärjestelmästä, ks. https://www.maanmittauslaitos.fi/tutkimus/teematietoa/paikannusjarjestelma-galileo
756 Eurocontrol 2020.
757 Sipilä et a. 2018, 44–45.
758 Marsh 2015, 466. Sitatti on Lerichen kirjasta *La philosphie de la chirurgie* (1951).
759 Ks. esim. Marsh 2014.
760 Komitean taustalla on Yhdysvaltain kansallinen lääketieteellinen akatemia (The National Academy of Medicine, NAM – entiseltä nimeltään Institute of Medicine, IoM).
761 Kohn et al. 2000, 1.
762 Kohn et al. 2000.
763 Ibid. 5.
764 Ibid. 42
765 Ibid. 42.
766 Wachter 2004, 535.
767 Ks. myös Dekker 2011a.
768 Kohn et al. 2000, 49.
769 Ibid. 95–97.
770 Kohn et al. 2000, 160–162. Tukialustoiminnan turvallisuuskulttuurista ks. 7.4.
771 Wick et al. 1993, 357.
772 Ibid. 358.
773 Stahel 2008, 1; Wachter et al. 2006.
774 WHO Surgical Safety Checklist 2008, 5.
775 Gaba 2000, 786.
776 Gaba et al. 2015, V.
777 Rosen 2013, 18–23.
778 Gaba et al. 2015, 4.
779 Gaba 2015;
780 Gaba et al. 2001, 181–182.
781 Gaba 2001.
782 Rosen 2013, 22.
783 Gaba 2001, 1982.
784 Sorsa 2000.
785 MOCA (Maintenance of Certification in Anesthesiology) järjestelmästä, ks. http://www.theaba.org/MOCA/About-MOCA-2-0 ; Gaba et al. 2015, viii.
786 Ks. esim. Baker et al. 2012, 185–196.
787 Joint Commission 2003.
788 Lindgard et al. 2004.

789 Esim. THRIVE (Temperature, Hemodynamics, Rhythm, Infusions, Ventilation, Electrolytes). Gaba et al. 2015, 25–53.
790 Gordon et al. 2013, 190–192.
791 Gaba et al. 2015, 40–41.
792 Rogers 2011.
793 Gaba et al. 2015, 6–24.
794 Rogers 2011.
795 Knuuttila et al. 2007. Ks. myös http://awanic.com/haipro/
796 Sandelin ja Roine 2018, 1874.
797 Liukka et al. 2019, 1612.
798 Sax et al. 2009, 1137.
799 Sandelin ja Roine 2018, 1874.
800 Gawande 2011, 146.
801 Ks. esim. WHO 2009, 80.
802 Gawande 2011, 37–39: Pronovost 2011.
803 Pronovost et al. 2006, 2731.
804 Gawande 2011, 38. Katetrit saattoivat aiheuttaa vuosittain Yhdysvalloissa 80 000 verenkiertoinfektiota, joista jopa 28 000 johti potilaan kuolemaan. Yhden potilaan hoitokulut olivat noin 45 000 dollaria, jolloin infektioiden kokonaishinnaksi tuli 2,3 miljardia dollaria vuodessa. Pronovost et al. 2006, 2726.
805 Gawande 2011, 98–100.
806 WHO 2009.
807 WHO 2008.
808 Ibid. 10–19.
809 Gaba et al. 2015, 30.
810 Windsor et al. 2010.
811 Pesonen 2011, 18.
812 https://www.flightsafetyaustralia.com/2015/11/those-who-wont-avoiding-gear-up-landings/
813 Ks. esim. Powell et Hill 2006, 180.
814 Gawande 2011, 108.
815 Rogers 2011.
816 Haynes et al. 2009. Tutkimukseen liittyi tutkijoiden itsensäkin tunnistamia metodologisia ongelmia. Ks. Pesonen 2011, 19–20; Haynes et al. 2009, 497–498.
817 Bergs et al. 2014, 157.
818 Sexton et al. 2000, 747.
819 Takala et a. 2011, 1212.
820 Weller ja Boyd 2014, 79.
821 Singh 2009, 363.
822 The 9–11 Commission Report 2013.

823 Hollnagel on työskennellyt psykologian professorina Etelä-Tanskan (Odensen) yliopistossa. Hänen tutkimuksensa keskittyvät resilienssiin, järjestelmäturvallisuuteen sekä ihmisen ja koneen yhteistoimintaan. Ks. http://www.erikhollnagel.com/
824 Hollnagel 2004. Ks. Eurocontrol 2009; Eurocontrol 2013.
825 Hollnagel 2004, 47–50. Ks. myös Reiman ja Oedewald 2008, 184–220.
826 Ibid. 54–58.
827 Reiman ja Oedewld 2008, 207.
828 Hollnagel 2004, 27. Ks. myös Reiman ja Oedewald 2008, 186.
829 Hollnagel 2013, 5; Hollnagel 2014, 62–67; Hollnagel 2016, 185–186.
830 Hollnagel 2016, 186.
831 Weick 1987, 118–119.
832 Hollnagel 2014, 21. Kas. myös Haavik 2021, 4.
833 Hollnagel 2014, 46–47.
834 Hollnagel 2016, 190.
835 Eurocontrol 2013. Euroopan komission valkoiset kirjat (*The White Paper*) ovat asiakirjoja, jotka sisältävät ehdotuksia tiettyä alaa koskevaksi Euroopan unionin toiminnaksi. Valkoisen kirjan tarkoituksena on käynnistää keskustelu yleisön, sidosryhmien, Euroopan parlamentin ja neuvoston kanssa ja helpottaa siten poliittisen yksimielisyyden saavuttamista.
836 FAA 1996, 27–29.
837 Ibid. 22.
838 Eurocontrol 2013, 18.
839 Nisula 2018, 42–44. Ks. myös Reiman et al. 2015, 81–84.
840 Nisula 2015b.
841 Eurocontrol 2913, 16.
842 Ibid. 17
843 Pakkotilanteissa voidaan tunnistaa tuttuja elementtejä ja valita ratkaisu niiden perusteella. Esim. Baghdadissa ohjuksen vakavasti vaurioittaman A300-koneen miehistö kertoi jälkeenpäin saaneensa toimintamallin vuonna 1989 tapahtuneesta UA 232 -lennon selviytymikertomuksesta. Lauri Soini, sähköposti 24.4.2021. Ks. myös https://aviation-safety.net/database/record.php?id=20031122-0
844 Pihlström 1999. Tekijä kuvaa tiivisti aiheesta 1990-luvulla käytyä keskustelua.
845 Rasmunssen 1997, 189–191.
846 Nisula 208, 50; Reiman et al. 2015; Vaughan 1996.
847 Reiman et al. 2015, 84.
848 Reiman ja Oedewald 2008, 213–215.
849 Alaska Airlines Flight 261. Yksityiskohtainen kuvaus tapahtuneesta, ks. Dekker 2011b, 25–35.
850 Dekker 2005, X, 26. Ks. myös Dekker 2011b.

Luku 5. Autonominen tekniikka ja ihminen

851 Merrit ja Ratwatte 1997, 664. Lainaus Tajima 2004, 452.
852 Helmreich 2000, 2.
853 Aer Lingus -lentoyhtiön kapteenin ja psykologi Neil Johnsonin kirjoittamaa artikkelia kulttuurien välisestä vaikutuksesta on pidetty merkittävänä keskustelun avaajana. Ks. Johnston 1993; Helmreich ja Merrit 1998, XVII.
854 Helmreich ja Merrit 1998, 21.
855 Johnston 1993, 370–371.
856 Hung-Sying Jing et al. 2000.
857 Phillips 2000.
858 Hutchins et al. 2002, 7.
859 ICAO:n turvallisuusjohtamisen käsikirja korostaa, kuinka turvallisuustehokkuutta tavoiteltaessa kansallisilla ja kansainvälisillä normeilla ja kulttuureilla on ilmeisen merkittävä vaikutus. ICAO, SMM 2013, 2–1.
860 Hutchins et al. 2002, 18; Reiman ja Oedewald 2008, 148.
861 Rasmunssen 1985, 1188.
862 Hofstede 1980.
863 Hosfstede työskenteli ennen akateemista uraansa kansainvälisen IBM:n palveluksessa ja keräsi tällöin 116 000 kyselykaavakkeen aineiston. Hofstede 1984, 11.
864 Hofstede 1991.
865 Helmreich ja Merrit 1998, xvi; Johnston 1998, 374–380; Reader et al. 2015; Soeters ja Boer 2000.
866 Kroeber ja Kluckhol 1952, 149.
867 Hofstede 2005, 4–6.
868 Ibid. 4–5.
869 Hofstede 1984, 65–109. Hofstede on lainannut käsitteen hollantilaiselta sosiaalipsykologi Mauk Mulderilta. Hofstede 1991, 24.
870 Hofstede 1980, 65–109; Hofstede 1991, 23–48.
871 Termi on lainattu organisaatiopsykologeilta James G. March ja Richard M. Cyert. Hofstede 1984, 113.
872 Hofstede 1980, 110–147; Hofstede 1991, 109–138.
873 Hofstede 1980, 148–175; Hofstede 1991, 49–78.
874 Hofstede 1980, 176–210; Hosfstede 1991, 79–107.
875 Hofstede 1991, 139–158.
876 Hofstede 1991, 170–173.
877 Ks. esim. McSweeney 2002 ja Hofstede 2002. Brewer ja Venaik 2012; Brewer ja Venaik 2013.
878 Ks. esim. Javidan ja House 2001; Kallio 2005, 10.
879 Helmreich ja Merrit 1998, 105.
880 Ks. esim. Johnston 1993, 370.
881 Ibid. 105.

882 Ks. Helmreich et al. 1986.
883 Helmreich ja Merrit 1998, 23.
884 Helmreich et al. 1993b.
885 Helmreich ja Merrit 1998, 93–94. Ks. myös Merrit 2000.
886 Ibd. 95–96.
887 Hosftede 2005, 117–153.
888 Helmreich ja Merrit 1998, 98.
889 Li ja Harris 2007, 424.
890 Noort et al. 2021.
891 FAA 1996, 25.
892 China Airlines 140, 1994.
893 Hung-Sying ja Batteau 2015, 10; FAA 1996, Foreword.
894 Ibid. 6.1.–3.
895 Vastaava ristiriitatilanne koettiin Karair-yhtiön tilauslennolla 9.1.1989. Tuolloin miehistö onnistui ohittamaan automatiikan ja saamaan Airbus 300-koneen hallintaan. Myllymäki 2019, 135–136.
896 Hung-Sying ja Batteau 2015a, 9.
897 Ibid. 41.
898 Jing ja Batteau 2015b, 42.
899 Liao 2015, 195.
900 Pekka Kärmeniemen haastattelu 18.8.2020.
901 Jing ja Batteau 2015a.
902 Jing ja Batteau 2015b.
903 Jing ja Batteau 2015a.
904 Wen-Chin Li et al. 2009, 723.
905 Jing 2013, 150–151.
906 Jing ja Batteau 2015b, 24.
907 Hirvonen ja Matveinen 2009, 38–48.
908 Ks. esim. Hirvonen et Matveinen 2009.
909 Ks. esim. Liao 2015, 195; Jing ja Chen 2013; Jing ja Batteau 2015b, 119–142;
910 Jing ja Chen 2013, 152.
911 Jing ja Batteau 2015b, 31.
912 King ja Chen 2013, 154–155.
913 Liao 2015, 203–204.
914 Jing ja Batteau 2015b, 32.
915 Yamamori ja Mito 1993, 413.
916 Fukushima 2012, 9.
917 Murata 2021, 7–8.
918 Sherman et al. 1997.
919 Ibid. 312–313.
920 Ibid. 325. Ks. myös FAA 1996, 117–118.
921 Ibid. 326.

922 Turney 2017.
923 FAA 1996, 120.
924 Helmreich ja Merrit 1998, 57.
925 Cusick et al. 2017, 121–123.
926 Ks. esim. Pierson 2014, 125–143.
927 Helmreich ja Merrit 1998, 30–31.
928 Helmreich ja Merrit 1998, 32.
929 Ibid. 42–52.
930 Ibid. 35.
931 Ibid. 34–39.
932 Seasafety 2016.
933 Ibid. 14.
934 OTKB1/2001M; OTK 2/1995.
935 Helmreich ja Merrit 1998, 36–37.
936 Earl Wiener 1999. Sitaatti O'Leary 2002, 246.
937 Ks. Knuuttila 1998, 14–15; Mitcham 1994, 117–118.
938 Perrow 1984, 339. Käsite on tullut tunnetuksi erityisesti saksalaisen Martin Heideggerin (1889–1976) ja ranskalaisen Jaques Ellulin (1912–1994) teknologiakriittisistä ajatuksista.
939 Teknologian etiikasta, ks. Heikkerö 2009; 2012.
940 Air France 447. Ks. myös Rinne 2018, 147–183. Yksityiskohtainen kuvaus (ransk.) lennon vaiheista, ks. http://norbert-jacquet.jacno.com/airbus-af447-rio-paris-les-rapports-dexpertise-judiciaire/
941 Rinne 2018, 148–150. *Flight International* 10-16 May 2011.
942 Cusick et al. 2018, 211–212.
943Cramoisi 2101; Oliver at al. 2019; Palmer 2013; de Wit et al. 2019. Ks. esim. *Flight International* 7–13 Jun 2011, 10–16 Jul 2012.
944 Chialastri 2019.
945 Thomas Kuhn *The Structure of Scientific Revolution* (1962) -teos toi paradigmatermin yleiseen tieteenfilosofiseen keskusteluun. Kuhn 1994.
946 Palmer 2013, 2362.
947 Ks. Cusick et al. 2018, 106–107.
948 Ks. Air France 447, 210–212. Sekaannusta aiheutti muun muassa se, että sakkauksesta varoittava äänisignaali lopetti toimintansa, kun ilmanopeus pieneni riittävästi. Kuvaus lennon ratkaisevista minuuteista, ks. Faccini 2013.
949 *Flight International* 7–13. Jun 2011.
950 Ks. esim. Winter et al. 2018, 281.
951 Mengelkoch et al. 1971.
952 Tutkimuksen kohteena oli 23 yhdysvaltalaista B747-400 -koneen lentäjää. Casner et al. 2014.
953 Casner et al. 2014, 1514–1515.
954 Halsbeck et al. 2016.

955 FAA 1996, 35.
956 Ibid. 25.
957 Air France 477, 204.
958 FAA 2013.
959 Ibid. 129.
960 Ibid. 73.
961 Ibid. 38.
962 Ibid. 75.
963 Mustien joutsenten olemassaoloa pidettiin mahdottomana, kunnes sellaisia löydettiin vuonna 1697 Uudesta-Seelannista. Taleb 2007. Ks. myös Aven 2013; Nisula 2018, 35–38; Wickens et al. 2009.
964 Geiselman et al. 2013, 24.
965 Alopaeus 1975, 56.
966 Cramoisi 2012, 291.
967 de Wit et al. 2019.
968 de Wit et al. 2019, 53–54.
969 Air France 2012, 153.
970 Langewiesche 1990, 3–4. Kirjan ensipainos ilmestyi 1944, ja siitä on otettu vuoteen 2020 mennessä 22 painosta.
971 Martin et al. 2015.
972 Näitä onnettomuuksia ovat mm. AF 447 (BEA 2012), Air Inter 148 (BEA 1993), Asiana 214 (NTSB 2014), Colgan Air Flight 3407 (NTSB 2010), West Caribbean Airways Flight 708 (BEA 2006) ja Turkish Airlines Flight 1951 (Dutch Safety Board 201). Samaan kategoriaan voidaan laskea kuuluvaksi myös B 737 MAX -onnettomuudet Lion Air 610 (2018) ja Ethiopian 302 (2019).
973 Ks. esim. Sidney Dekkerin tutkimus automaation ja inhimillisten tekijöiden vaikutuksesta Turkis Airlines 1951:n onnettomuudessa. Dekker 2009.
974 Ks. esim. de Wit et al. 2019, 54–55.
975 Oliver et. al. 2019, 779.
976 BASI 1998, 20.
977 Sarter 1997, 559–561.
978 FAA 1996, 33.
979 M. W. Scerbo 1996. Sitaatti Garland et al. 1999, 180.
980 Yerkes-Dodson 1908.
981 Tutkimusta ei tehty ihmisillä, vaan laboratorio-olosuhteissa hiirillä. Tuloksia on arvostelijoiden mielestä ylitulkittu ja sovellettu kritiikittömästi eri elämänalueille. Ks. esim. Dekker ja Hollnagel 2004, 82.
982 De Boer ja Dekker 2017.
983 Lainaus Parasuraman et al. 1993, 2.
984 Ibid. 17. Ks. myös Parasuraman 2000, 291.
985 Parasuraman 1993, 18.
986 Parasuraman et al. 2010, 382.

987 Ks. Royal Majesty 1995. Ks. myös Dekker 2002, 110–111.
988 Esim. Asiana Airlines 214 -onnettomuuden jälkeen tutkijalautakunta edellytti ilmailuviranomaiselta toimia, joilla parannetaan miehistön ja automaation yhteistyötä. Asiana Airlines 214, 130. Golgan Air Flight 3407:n kohdalla tutkijalautakunta katsoi, että osasyynä oli miehistön turvautuminen liian pitkään automaatioon. Ks. myös Northwest Airlines Flight 188. Comair 3272 -onnettomuudessa autopilotti pyrki kompensoimaan siipien jäätymistä, jolloin kone joutui liian suurelle kohtauskulmalle. Comair 3272, 1997. Wizz Air 2016 -vaaratilanteessa perämiehen virheellinen toiminta käynnisti tapahtumasarjan, jossa lentäjien ja autopilotin toiminnat johtivat vakavaan ristiriitatilanteeseen. Wizz Air 2016.
989 Schutte 2017, 240. Ks. myös Wiener et al. 1988, 458.
990 Schutte 2017, 240.
991 Geiselman et al. 2013, 25.
992 Akateeminen tutkimus on kuitenkin ollut näistä perustavaa laatua olevista eroista yllättävän vähän kiinnostunut. Ibsen 2009, 342.
993 Lynn 1998, 105.
994 Ibid. 117.
995 Lynn 1998,110. Lentoyhtiöiden (mm. Virgin Atlantic) markkinoinnissakin saatettiin käyttää slogania ”4 engines 4 long haul”.
996 Fly-by-Wire-tekniikasta lentoturvallisuuden näkökulmasta, ks. Kornecki 2004.
997 Ibsen 2009, 346.
998 Lynn 1998, 164.
999 Biljker 1997, 122–127.
1000 Ks. esim. Ibsen 2009, 345.
1001 Lynn 1998, 164. Ziegler kuvaa projektin vaatimatonta, mutta innostuksen sävyttämää alkua muistelmateoksessaan (Ziegler 2008).
1002 Sarter 1997, 555,
1003 Sullenberg 2010, 239. Ks. myös Langewiesche 2010a. Onnistuneen laskun yhtenä edellytyksenä oli, että koneen päällikkö päätti käynnistää APU-turbiinin, joka mahdollisti koneen suoritusaluesuojauksen täysmittaisen toiminnan. US Airways 1549, 88.
1004 Lentäjien on mahdollista kytkeä suojaustoiminto pois päältä. Se edellyttää kuitenkin poikkeustoimia. Suojaustoimintoja ei myöskään ole mahdollista palauttaa lennon aikana normaalimuotoon.
1005 Ibsen 2009, 243. Airbus-koneiden ohjausjärjestelmistä, ks. esim. https://www.skybrary.aero/index.php/Flight_Control_Laws
1006 https://www.skybrary.aero/index.php/Electronic_Centralized_Aircraft_Monitor_(ECAM)
1007 Holder ja Hutchins 2011.
1008 Langenwiesche 2019.
1009 *Avionics Magazine* 2000; 24; 20–2. Sitaatti Ibsen 2009, 347.

1010 Käytössä ovat lyhenteet CCQ (*Cross Crew Qualification*) ja MFF (*MIxed Fleet Flying*). Ks. esim. EASA 2004.
1011 Ibsen 2009, 347.
1012 Grand Jury Texas 2021, 6.
1013 Wise et al. 2009, 374.
1014 Krause-Nehring 2007.
1015 Vuonna 2017 noin 3,9 % maailman liikennelentäjistä oli naisia. Sukupuoliroolien muuttumisesta ilmailussa ks. Turney 2017.
1016 www.frauenmachenkarriere.de/Brancheninformation/Tourismus und Verkehr.
1017 Langewiesche 2010b, 108.
1018 Ibsen 2009, 344.
1019 Helmreich et al. 1998, 91.
1020 Cusick 2018, 300.
1021 Beaty 1995, 131. Ks. myös Sabbagh 1996, 149–151.
1022 Ibsen 2009, 348.
1023 Sabbagh 1996, 149.
1024 Ibid. 153–160.
1025 Ibid. 159. Ks. myös Ibsen 2009, 348.
1026 Ibsen 2009, 348.
1027 Lion Air 610. Ks. myös http://www.lentoposti.fi/uutiset/lion_airin_boeing_737_max_koneen_turmaan_johtivat_monet_syyt_taustalla_kiistelty_mcas_j_rjestelm
1028 Ethiopian Airlines 302. Ks. myös http://www.lentoposti.fi/uutiset/kohtauskulma_anturilta_v_ri_arvoja_lento_et302_sy_ksyi_maahan_noin_500_solmun_nopeudella
1029 Lion Air 610. Ks. myös http://www.lentoposti.fi/uutiset/lion_airin_boeing_737_max_koneen_turmaan_johtivat_monet_syyt_taustalla_kiistelty_mcas_j_rjestelm
1030 Ethiopian Airlines 302. Ks. myös http://www.lentoposti.fi/uutiset/kohtauskulma_anturilta_v_ri_arvoja_lento_et302_sy_ksyi_maahan_noin_500_solmun_nopeudella
1031 Langenwiesche 2019.
1032 https://www.eetasia.com/news/article/Automation-and-Boeings-B737-Max-Crash
1033 Newhouse 2007, 100. Ks. myös Langenwiesche 2019, 38.
1034 Cruz ja Dias 2020.
1035 Johnston ja Harris 2019, 4. MCAS-järjestelmän toiminnasta, ks. Ethiopian Airlines 302 Interim 2020, 116–130.
1036 B737 MAX -onnettomuudet virittivät mediassa runsaasti keskustelua. Koneen ohjausjärjestelmän yksityiskohtiin ja onnettomuuksien taustatekijöihin löytyy tietoa mm. ilmailun ammattilaisten ylläpitämästä www.lentopostia.fi-sivustolta.
1037 Johnston ja Harris 2019, 9.

1038 Wendel 2019, 400. Kirjoittaja siteeraa *Seattle Times* (22.6.2018) -lehden artikkelia, jonka mukaan Boening-tehtaan arvioi MCAS-järjestelmän voivan vikaantua yhden kerran 223 triljoonan lentotunnin aikana.
1039 Hollnagel 2004, 59–65.
1040 FAA 2020b.
1041 EASA 2020b.
1042 Konetyypin ohjelmistot päivitettiin, sekä sähkö- ja anturijärjestelmiä ja niihin kytkettyjä hälytysnäyttöjä parannettiin. Koneen käsikirjaa täydennettiin, ja lisäksi lentäjien koulutukseen lisättiin kahden tunnin perehdytys parannetun MCAS-järjestelmän toimintaan. IATA 2020, 10.
1043 Ethiopian Airlines 302 Interim 20020, 132.
1044 Sgobba 2019.
1045 Final Committee Report B737 MAX, 6.
1046 B737 MAX Memorandum Opinion 2021, 1–2.
1047 Grand Jury Texas 2021.
1048 *Chicago Tribune*. February 29, 2004.
1049 Final Committee Report B737 MAX, 36.
1050 Johnston ja Harris 2020, 20. Ks. myös Herkert et al. 2020.
1051 Rasmussen 1997, 189–190. Ks. myös Dekker 2011, XIII.
1052 Näitä ovat mm. Three Mile Islandin onnettomuuden jälkeen perustettu INPO (Institute of Power Organizations) ja Deepwater Horizon -onnettomuuden jälkeen syntynyt COS (Center of Offshore Safety). Sgobba 2019, 302–303.
1053 Pariès 2021, 3.
1054 FAA 1996, 25.
1055 Reiman ja Oedewald 207, 246.
1056 Resilienssin käsitehistoriasta, ks. Aleksander 2013, 2707–2716.
1057 Ibid. 2713.
1058 Weick ja Sutcliffe 2015.
1059 https://www.ntsb.gov/investigations/AccidentReports/Reports/AAR-90-06.pdf.
1060 Käsitteiden suomennoksissa on tukeuduttu Reiman ja Oedewald 2008, 234 – 235. Onnettomuuden analyysiä, ks. myös Reason 1997, 79–82.
1061 Weick ja Sutcliffe 2015, 50.
1062 Feynman 1986.
1063 Vaughan 1996, 394.
1064 Ks. Vaughan 1996, 62. Vaughanin Challenger-sukkulan tuhon analyysiin keskittyvästä teoksesta on muodostunut yksi turvallisuustutkinnan klassikoista. Sitaatti: https://www.flightsafetyaustralia.com/2017/05/safety-in-mind-normalisation-of-deviance/ Ks. myös Reiman et Oedewald 2008, 279–280.
1065 Ohjaamokeskusteluiden tallennus: https://aviation-safety.net/investigation/cvr/transcripts/cvr_ua232.pdf
1066 Weick ja Sutcliffe 2015, 62–76.
1067 Weick ja Sutcliffe 2015, 80.

1068 United Airlines 232, 76.
1069 Weick ja Sutcliffe 2015, 115.
1070 Ibid. 126.
1071 Ibid. 126–127.
1072 Haynes 1991. Tekstissä käytetään sittemmin poisjäänyttä ilmaisua *Command Leadership Resource* (CLR). Se korvautui 1990-luvulla nimellä *Cockpit/Crew Resource Management* (CRM).
1073 http://clear-prop.org/aviation/haynes.html Myös Hudson-jokeen laskeutuneen US 1549 -lennon yhteydessä hyvillä olosuhteilla oli ratkaiseva mekritys. Mikäli näkyvyyttä ei olisi ollut ja kone olisi joutunut laskeutumaan keskelle rakennuksia, lopputulos olisi ollut todennäköisesti katastrofaalinen "riippumatta miehistön taidon määrästä". Wendel 2019, 425 (alaviite 210).

Luku 6. Kohti ihmiskeskeistä teknologiaa

1074 Air Transat 236.
1075 Ks. esim. Cramoisi 2010.
1076 Airbusin koulutusohjelma keskittyy lähinnä moottoreiden uudelleen käynnistämiseen. Ks. Mandu 2021, 1–2.
1077 Kuvaavaa tilanteen poikkeuksellisuudelle oli, että moottoreiden sammuttua elintärkeän sähkövirran ja hydraulipaineen tuottamisesta vastasi ilmavirrassa pyörivä hätägeneraattori (*Ram Air Turbine*, RAM). Air Transat 236, 26.
1078 Ks. esim. Olson ja Sarter 2001, 255–266; Wiener et al. 1988, 455–459. Willis et al. 2017. Ks. myös Billings 1997.
1079 Air Transat. 236, 61.
1080 Ibid. 61
1081 Tversky ja Kahneman 1981.
1082 Kansainvälinen liikennelentäjien liitto (IFALPA) palkitsi koneen kapteeni Pichén Superior Airmanship Award -palkinnolla. Lennolla mukana ollut tutkija julkaisi 2014 artikkelin matkustajien posttraumaattisista kokemuksista. McKinnnon et al. 2015.
1083 Schutte 2017, 235.
1084 Ibid.237.
1085 Rolfe et al. 1988, 15.
1086 Ibid. 15–16.
1087 Ibid. 16. Patenttihakemuksessa käytettiin ilmaisua *Combination Training Device for Student Aviators and Entertainment Apparatus.* Ks. esim. Hoek et al. 1993.
1088 Hancock Cameron 1999, 265–267.
1089 Allerton 2009, 3.
1090 Yli 600-sivuinen dokumentti on pohjana jäsenvaltioiden kansallisille määräyksille. Ks. ICAO 2015.

1091 Vuonna 1948 lentosimulaattoria varten kehitettyä Whirlwind-tietokonetta on pidetty yleiskäyttöisten PC-koneiden esiasteena. Moroney et al. 2009, 426.
1092 Yleinen käytäntö kuitenkin on, että koulutusohjelmaan kuuluu lyhyt lento ja laskuharjoittelu myös oikealla koneella. Allerton 2009, 9.
1093 Moroney et al. 2009, 428.
1094 Ibid. 429.
1095 Ks. esim. Jentsch et al. 1998; Koonce et al. 1998.
1096 Tiivis kuvaus simulaattorikoulutuksen kehittymisestä 1990-luvulla. Ks. Salas et al. 1998.
1097 IATA 2013, 37–38.
1098 Tyypillinen arvio on, että modernissa suihkumoottorissa tapahtuu yksi vaurio noin 100 000 lentotuntia kohden. *WIZZ Air EBT Newsletter*, June 2020.
1099 IATA 2014.
1100 Pätevyydellä tarkoitetaan "tiedon, taitojen ja asenteiden yhdistelmää, joka vaaditaan tehtävän suorittamiseen sovitun standardin mukaisesti tiettyjen ehtojen vallitessa." ICAO 2016a, 1–1–1.
1101 IATA 2021b, 26–29.
1102 ICAO 2013a
1103 Ks. esim. http://www.ebt-foundation.com/about-ebt
1104 Ks. ICAO 2015b.
1105 Donoghue 2008, 42.
1106 Ks. esim. Schroeder ja Harms 2007.
1107 Heikki Salohcimon haastattelu 7.10.2020.
1108 Qantas 72. Ks. myös Sullivan 2019.
1109 Ibid. 213–215.
1110 Sullivan jatkoi tapahtuneen jälkeen vuoteen 2016. Hän kärsi kuitenkin tapahtuneen johdosta traumaperäisestä stressihäiriöstä. Kirjoittaja kuvaa avoimesti tuntemuksiaan vaaratilanteen synnyttämästä ahdistuksesta. Sullivan 2019.
1111 Esim. B787:n sähköjärjestelmät tulee sammuttaa vähintään 51 päivän jälkeen, jotta vältetään lentodataverkkoon kasautuvat aikamäärevirheet. Ne voivat pahimmillaan syöttää vanhoja arvoja koneen näytöille ja johtaa vakaviin seuraamuksiin. FAA 2020a.
1112 EASA 2020a,2.
1113 EASA 2020a, 2.
1114 Eurocontrol 2020.
1115 Ibid. 995, 1006.
1116 Wiener et al. 1980, 996.
1117 Ihmisen valvontavaltaa tekoälyjärjestelmissä on selkeytetty myös kolmella eri lyhenteellä. HITL (*human-in-the-loop*) ilmaisee tilaa, jossa järjestelmä edellyttää ihmisen osallistumista ja ihminen voi osallistua jokaiseen järjestelmän päätöksentekoketjuun. HOTL (*human-on-the-loop*) kuvaa järjestelmää, joka mahdollistaa ihmisen osallistumisen ja toiminnan seuraamisen. HIC (*human-in-command*) periaate

kuvaa puolestaan, että ihminen voi valvoa järjestelmän yleistä toimintaa ja päättää, milloin tekoälyjärjestelmää käytetään ja milloin ei. Ks. esim. European Commission 2019, 19.

1118 Parasuranam et al. 2000, 287–289. Ks. myös Chialastri 2012, 81.

1119 Rasmussen 1983. Ks. myös Le Coze 2015b, 125–127; Reason 1990; 2008. Rasmussenin kolmijakoa voi peilata Aristoteleen edustamaan kolmenlaisen inhimillisen toiminnan aktiviteettiin. Ensimmäinen on puhdas tekeminen eli tuotannollinen valmistaminen (*poiesis*), joka on moraalisesti neutraalia. Toisella toiminnan alueella (*praksis*) joudutaan kohtaamaan moraalikysymykset. Kolmas, tieteellisen ja teoreettisen toiminnan alue (*theoria*) on Aristoteleen mukaan moraalisen harkinnan ulkopuolella. Nykyisessä teknologisoituneessa maailmassa aristoteleläinen kolmijako on kyseenalaistettu. Ks. esim. Heikkerö 2009, 69–70.

1120 Chialastri 2012, 86.

1121 Ibid. 83.

1122 Rasmussen 1983, 257.

1123 Wendel 2019, 430.

1124 Ibid. 260.

1125 Schutte 2017, 238.

1126 Hollnagel 2004.

1127 Hollnagel 2009. 4Tehokkuuden ja turvallisuuden keskinäistä jännitettä käsittelevät myös Amalberti (2021) ja Pariès (2021) keskinäisessä keskustelussaan.

1128 Reason 2008, 17.

1129 McCall et al. 2017, 145.

1130 https://www.pea.com/blog/posts/6-pilot-rules-that-everyone-should-live-by/

1131 Ns. Weinerin laki 29. Ks. esim. https://paulrobichaux.com/2013/07/26/weiners-laws/

1132 EASA 2020a, 2.

1133 Kyseessä on EU:n komission asettama työryhmä *Hi*gh-Level Expert Group on Artificial Intelligence (AI HLEG), joka julkaisi 2019 tekoälyn eettiseen käyttöön liittyvän periaateohjelmansa *Ethics guidelines for trustworthy AI*. Työryhmän puheenjohtaja on suomalainen Pekka Ala-Pietilä. European Commission 2019.

1134 European Commission 2019, 6.

1135 Ibid. 44.

1136 European Commission 2019, 19, 44–45.

1137 EASA 2020b, 13.

1138 Ibid. 12.

1139 Eurocontrol 2020, 26–27.

1140 Airbus on kehittämässä älypohjaiseen maisemantunnistukseen tukeutuvaa ATTOL-järjestelmää, joka tulee ratkaisevasti helpottamaan lentäjien työtaakkaa rullauksissa, nousuissa ja laskuissa. Eurocontrol 2020, 68.

1141 Tiivis kokonaisesitys ihmisen ja ilmailuergonomian yhteistoiminnasta, ks. Landry 2012.

1142 Sullivan 2019, 276–277.
1143 Sopeutuvasta automaatiosta ks. esim. Parasuraman et al. 1992; Parasuraman et al. 2000; Scerbo 1996.
1144 Parasauraman 2000, 289.
1145 Schutte 2017, 241.
1146 NASA 2007.
1147 *Synergistic Allocation of Flight Expertise on the Flight Deck* (SAFEdeck). Ks. esim. Schutte et al. 2017; Schutte 2017.
1148 Schutte 2017, 245–246; Schutte et al. 2017; NASA 2007.
1149 Yhdysvaltalainen Garmin-yhtiö on saanut hyväksynnän Autoland-järjestelmälle, jossa hätätilanteessa esimerkiksi matkustaja voi aktivoida automaattisen laskeutumistoiminnon. Autoland etsii sopivan lentokentän, lähettää automaattisesti hätäkutsun ja laskee koneen kentälle sekä sammuttaa moottorin. Ks. esim. https://www.flyingmag.com/story/avionics/garmin-autoland-flight-tested/
1150 Ks. esim. Schutte 1999.
1151 Boy 2017, 441.
1152 European Commission 2019, 5.
1153 Ibid. 8
1154 Lee ja See 2004.
1155 Kirjoittajat hahmottelevat suunnittelumallia (*Cognitive Systems Engineering*, CSE), jossa keskeistä on päämäärätietoisuus, toimintaympäristön symbolinen hahmottaminen ja kekseliäs hyödyntäminen (*heuristic knowledge*). Hollnagel ja Woods 1999, 341–347.
1156 Damasio 1999, 273. Sitaatti Lee ja See 2004, 76.
1157 Vanhoenacker 2016, 25.
1158 Näin esim. Wilbur Wright haastattelussa 25.3.1909 (*Illinois Bulletin*).
1159 Final Committee Report B737 MAX. 2020, 328.
1160 Weick 1987, 120.
1161 Reason 2000, 11.
1162 Pihlström 2018, 18.
1163 Reason 2000, 10. Liikenneilmailussa tällaisia tapahtumia ovat olleet jo aikaisemmin mainitut United Airlinesin onnettomuus ja Qantasin vaaratilanteet. Ks. United Airlines 232; Qantas 32; Qantas 72.
1164 Ks. esim. Nisula 2018, 74–77.
1165 Reason 2000, 10. Weick et al. (1999) käyttää tästä asenteesta ilmaisua *collective mindfulness*.
1166 Weick 1987, 112–113.
1167 Haavik 2014, 42.
1168 Vanhoenacker 2016, 26.

KIITOKSET

Tämän kirjan syntyyn on vaikuttanut kaksi vahvaa tekijää, joita kumpaakin yhdistää kolmas. Ensimmäinen tekijä on akateeminen. Väitöskirjassani *Informaatiosta kommunikaatioon* (2001) tutkin viestintä- ja teknologiaetiikan kysymyksiä. Tutkimustyö vahvisti kiinnostustani yhä autonomisemman teknologian synnyttämiin ihmiskuvan ja etiikan kysymyksiin.

Toiseksi olen ollut pitkään kiinnostunut ilmailusta ja harrastanut sitä 1980-luvulta alkaen. Ilmailuturvallisuuden pohtiminen on virittänyt ajatuksia ihmisen rajallisuudesta ja selviytymiskyvystä. Teologina olen tuntenut kiinnostusta näihin eksistentiaalisiin kysymyksiin.

Näitä kahta maailmaa yhdistää kolmas tekijä: vuorovaikutus eritaustaisten asiantuntijoiden kanssa. Kirjoitustyötäni ovat kannustaneet monet keskustelut, joita olen saanut käydä sekä ilmailu- että tiedeyhteisössä.

Rohkaisusta, keskusteluista ja tekstini kriittisestä lukemisesta haluan erityisesti kiittää seuraavia ilmailun ammattilaisia: Ari Aho, Jussi Ekman, Pauli Immonen, Matias Jaskari, Vesa Kaartinen, Pekka Kärmeniemi, Eero Lumme, Heikki Saloheimo, Lauri Soini, Matti Sorsa, Juha-Matti Terämä ja Matti Viitanen. Urpo Koskelaa kiitokseni ei enää tavoita.

Ilmailuviranomaisten ja turvallisuustutkinnan näkökulmia ovat puolestaan avanneet Ismo Aaltonen, Heli Koivu, Petteri Peltola ja Marko Tähtivaara.

Ajatustyötäni ovat virittäneet keskustelut, joita olen käynyt lennonopettajieni, tarkastuslentäjien ja ilmailijaystävieni kanssa. Monet näistä keskusteluista on käyty Malmin lentoaseman historiallisessa miljöössä.

Akateemisesta maailmasta haluan mainita erityisesti professori Jaana Hallamaan, jonka tuki on vuosien ajan ollut ratkaisevan tärkeää. Yhdessä hänen sekä tutkijatohtori Taina Kalliokosken ja VTM, liikennelentäjä Eero Lumpeen kanssa olen saanut olla mukana Strategisen tutkimuksen neuvoston monitieteisessä ETAIROS-konsortiossa.

Tutkimusprofessori Anna-Maria Teperi, tutkimusjohtaja Tomi Oravasaari ja pääsihteeri Hannamari Helke ovat antaneet tekstistäni tärkeää palautta. Toimittaja Erja Saarinen on tehnyt kirjaan kielenhuollon ja taittanut tekstin.

Kiitän Helsingin yliopiston teologista tiedekuntaa, että se on mahdollistanut vierailevan tutkijapaikan ja tarjonnut samalla inspiroivan keskusteluympäristön. Olen myös kiitollinen Helsingin yliopiston humanistis-yhteiskuntatieteellisen instituutin myöntämästä julkaisutuesta sekä Suomen tietokirjailijoiden apurahasta.

Erityisen kiitoksen osoitan puolisolleni Leenalle. Hän on vuosikymmenten ajan jaksanut kuunnella miehensä ylipitkiä ilmailuesitelmiä rohkaisten samalla tutkimustyöhön.